삼고 산림생태학

손요환 · 구창덕 · 김춘식 · 노남진 · 박필선 · 윤충원 · 이계한

향 문 사

내가 오늘 이 책을 읽을 수 있다는 것은 내 생애에 가장 기록될 날이다. 훗날 내가 이 책을 다시 손에 들었을 때 오늘과 그 날을 비교해 보고, 나의 지식이 넓어졌음을 감개 깊게 느낄 것이다.

년　　월　　일

성 명

머리말

『신고 산림생태학』이 발간된 지도 벌써 8년이 경과하였다. 그 사이 산림에 영향을 미치는 자연환경은 물론이고 사회 · 경제적 환경도 빠르게 변화하였다. 무엇보다 인류가 이제껏 한 번도 겪어 보지 못한 급격한 기후변화에 따라 이상기상 현상의 발생이 빈번해졌고, 각종 재난과 재해로 이어지면서 인명과 재산에 막대한 피해를 입히고 있으며, 나아가 지구 생태계의 지속가능성까지 위협하고 있어 우려의 목소리가 커지고 있다.

이러한 변화는 자연자원과 환경, 그 가운데서도 산림의 중요성을 더욱 부각하는 계기로 작용하였고, 산림을 보다 깊이 이해해야 한다는 사회적 공감대가 확산하여 결과적으로 산림생태학에 대한 높은 관심을 불러일으켰다. 한편 국내외를 막론하고 그간에 산림생태계와 관련한 새로운 연구 성과들이 많이 축적되었다. 이러한 배경에서 『신고 산림생태학』 개정의 필요성이 제기된바 집필진을 보강하고 내용을 수정 · 보완한 개정판을 출간하기에 이르렀다. 기후변화를 포함한 산림 교란을 심도 있게 다룬 별도의 장을 추가하였고, 기존 내용의 상당 부분을 최신의 자료와 통계 수치를 기반으로 개편하였다.

『삼고 산림생태학』을 기존의 『신고 산림생태학』과 비교했을 때 크게 달라진 점은 다음과 같다. 우선 제Ⅰ편 제1장 「산림 환경」에서 '산림토양' 부분은 핵심적인 내용 위주로 간략히 정리하였다. 또한 제3장 「임분의 구조」에서 '임분 동태'를 별도의 소제목으로 분리하여 내용을 보완하였다.

제Ⅱ편에서는 기존의 제3장과 제4장을 합하여 제3장 「산림 내 상호작용」으로 재편하였다. 기존 제4장 「산림생물과 물리적 환경과의 상호작용」에 포함되었던 '교란' 부분을 제Ⅰ편 제1장 '산림 교란' 부분과 통합 · 확대하여 제4장 「산림 교란」의 독립된 장으로 구성하였다. 제5장에는 '백두대간'의 개념과 핵심 내용을 새로 추가하였다.

제Ⅲ편은 전체를 재편성하여 제1장 '기후변화', 제2장 '산림 생물다양성', 제3장 '지속가능성과 복원'을 다루었다. 제1장 「기후변화와 산림생태계」에서는 산림관리와 직접 연관이 있는 내용을 중심으로 보완하고, 기후변화의 기본적 현상은 제Ⅱ편 제4장 「산림 교란」에서 설명하였다. 또한 제3장에 '지속가능성'과 관련한 국내 현황을 추가하였으며 '산림경관 복원' 부분을 크게 개선하였다.

『삼고 산림생태학』은, 산림생태계를 이해하고 이를 바탕으로 산림을 관리하는 데 필요한 기초 이론과 실제 사례를 소개하기 위한 목적으로 집필되었다. 산림과학을 전공하는 대학생을 염두에 두고 집필하였으나 관련 분야 연구자에게도 도움이 되도록 가능한 한 많은 참고문헌을 포함하기 위해 노력하였다.

이 책에 오류가 있다면 전적으로 집필진의 부족함에 기인하므로 이를 겸손히 수용하여 수정해 나갈 생각이다. 귀중한 원고를 집필해 주신 공저자 교수님들께 감사드리고, 자료를 정리한 김형섭 박사와 조희재 양, 박지은 양을 비롯한 여러 학생들에게도 고마운 마음을 전한다. 아울러 출판을 맡아 준 향문사 대표와 관계자들께도 감사의 뜻을 표한다.

고려대학교 연구실에서
저자대표 손요환

서 론 11

손요환

제 I 편 산림생태계의 구조

제1장 산림 환경 24

김춘식

제2장 산림의 생물적 구성원 68

박필선

제3장 임분의 구조 92

박필선

제 Ⅱ 편 산림생태계의 기능

제1장 물질 생산 118

손요환

제2장 양분 순환 137

손요환

제3장 산림 내 상호작용 164

구창덕 · 노남진

제4장 산림 교란 214 노남진 · 김춘식

제5장 산림의 공간적 변화 235 윤충원

제6장 산림의 시간적 변화 269 윤충원

제Ⅲ편 산림생태계 관리

제1장 기후변화와 산림생태계 300 이계한

제2장 산림 생물다양성 보전 325 이계한

제3장 산림생태계 지속가능성과 산림복원 340 이계한

서 론

0·1 생태학과 산림생태학

0·1·1 생태학의 개념과 기원

생태학(生態學, ecology)은 인간을 포함한 생물체의 분포와 수, 생산성 그리고 생물체와 환경의 관계를 다루는 과학이다. 즉 생물체가 환경과 관련하여 지리적으로 어느 범위까지 얼마나 많이 분포하며 시간에 따라 생물체의 수는 어떻게 변화하는가를 연구하는 학문으로, 핵심은 생물체와 환경의 관련성이다. 여기에서 말하는 환경은 단지 물리적·화학적 상태만을 의미하지 않고 생물체에 영향을 미치는 생물적 요소와 비생물적 요소를 모두 포함한다(그림 0-1 참조). 또한 관계는 생물체와 물리적인 주변 환경의 상호작용은 물론이고 생물체와 같은 종(種) 또는 다른 종의 상호작용도 포함한다.

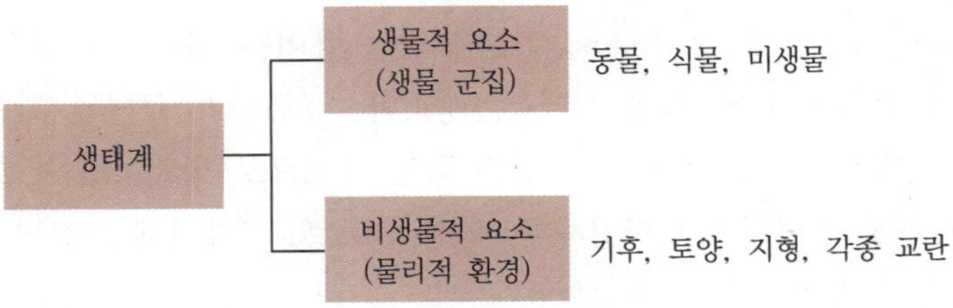

그림 0-1 생태계의 구성 요소

생물체와 환경의 관계는 생태계(生態系, ecosystem)라는 바탕에서 일어난다. 생태계라는 용어는 1935년 영국의 식물학자인 아서 탠슬리(Arthur Tansley)가 처음 사용하였으며, 생물적 요소와 비생물적 요소가 하나의 단위가 되어 상호작용의 기능을 하는 계(系)를 가리킨다. 탠슬리는 생물적 요소를 중심으로 생태계를 설명한 반면에 이후 로우(J.S. Rowe)나 트롤(C. Troll) 등은 생물이 살아가는 데 영향을 주는 비생물적 요소, 특히 지리적 요소를 중심으로 생태계를 설명하였다(Kashian *et al.*, 2023). 사실 생태계는 표현이 불가능할 정도로 복잡한 계이며, 셀 수 없이 많은 상호작용이 외부 동력의 영향을 받아 일어나므로 간단히 정의하기 어렵고, 아울러 변화를 정확히 예측하기는 불가능하다(Binkley, 2021).

생태계의 경계를 명확히 설정하기는 어렵지만 보통의 경우 이해하고자 하는 대상에 따라 경계와 크기가 정해진다. 즉 어떤 내용을 파악하고자 하는가에 따라 생태계는 매우 작은 규모부터 전 지구 차원까지 다양할 수 있다. 예를 들면 바위에서 사는 지의류(地衣類)가 암석의 풍화에 미치는 영향을 알아보려 할 경우 범위는 불과 수 밀리미터의 단위일 수 있고 생태계의 면적도 매우 좁다. 그러나 산림 벌채로 인한 하천의 수량 변화를 이해하고자 한다면 범위는 수십 킬로미터의 유역에 걸쳐서 나타나고 생태계의 면적도 그만큼 넓어진다. 심지어 화석연료의 연소로 인한 전 지구적 기후변화를 파악하려 한다면 수천 킬로미터의 범위에 영향이 나타나기 때문에 생태계 면적은 지구 전체가 된다(Chapin *et al.*, 2002).

생태계는 물리적 실체라기보다는 하나의 개념에 더 가깝다. 이 개념에는 구조, 기능, 복잡성, 상호작용 및 상호 의존성, 시간적 변화 등 다섯 가지의 속성이 포함되어 있다. 구조에는 생물군집과, 에너지 · 물 · 양분을 공급할 수 있는 토양이나 대기와 같은 비생물 요소가 포함된다. 기능은 생물군집과 물리적 환경 사이에서 일어나는 에너지와 물질의 이동 및 교환을 뜻한다. 복잡성은, 생태계가 다양한 생물체를 포함하기 때문에 여기에서 일어나는 여러 현상은 구조와 기능을 충분히 고려함으로써 추정할 수 있다는 의미이다. 또한 생태계의 구성 요소 사이에는 서로 연관성이 있기 때문에 하나의 변화가 나머지 모든 요소에 영향을 미치는 상호작용 및 상호 의존성의 속성이 있으며, 생태계는 불변하는 정적인 계가 아니라 에너지와 물질의 이동 및 교환, 그리고 구조와 기능이 시간에 따라 계속 변화하는 속성이 있다(Kimmins, 2004). 생태계 개념의 발달 과정에서 초기에는 에너지 또는 탄소 중심으로 생태계의 속성을 이해하였지만 여기에 점차 양분과 수분을 포함하는 방향으로 확대되었다(Aber & Melillo, 2001).

생태학(oecologie; oikos, 집 + logos, 학문)이라는 용어는 1866년 독일의 생물학자인 에른스트 헤켈(Ernst Haeckel)에 의해 형태학, 생리학, 분류학과 구별된 학문으로서 최초로 사용되었고, 1890년대에 이르러 비로소 독립된 학문 영역으로 발전하였다. 그러나 생태학은 과학 분야 중에서 가장 광범위하고 다양하며, 역사적으로도 생태학에 포함된 세부 분야는 생태학 용어가 생기기 훨씬 이전부터 존재하였다.

인류가 지구에 출현한 이래 먹잇감을 사냥할 때나 열매를 채집할 때에도 먹이가 되는 동식물과 환경의 관련성에 대한 지식은 있었을 것이다. 순전히 경험에 바탕을 둔 이러한 지식은 점차 문명이 발달함에 따라 보다 정밀한 방법으로 자연현상을 관찰하고 결과를 해석한 논리적 지식으로 진화해 나갔다. 관찰과 해석의 오랜 역사가 흐른 뒤 마침내 자연사(natural history)라는 영역이 등장하기에 이르렀다. 자연사에는 식물학, 동물학, 지질학 등과 더불어 생태학이 포함되었으며 물리학, 화학, 천문학 등의 기원도 자연사에서 비롯되었다.

자연사에 내재된 과학의 개념은 초기 그리스 시대의 비판적 사고로부터 기인했다고 볼 수 있다(Egerton, 2001). 탈레스(Thales, 기원전 약 547~460년)는 최초로 자연현상을 신화에 근거하지 않고 합리적 가설을 바탕으로 설명하였다. 모든 물질은 물에서 기인한다고 보았으며 변화를 설명하는 데 있어 물질에 초점을 두었다. 예를 들어 땅에 심긴 종자에 물을 주면 물이 나무로 바뀐다고 주장하였다. 시간이 지남에 따라 물질 중심의 사고는 현상 중심으로 바뀌었고, 관찰에 의한 증거를 제시하고 해석한 뒤 이를 바탕으로 결론을 도출하는 과학의 개념으로 점차 발전하였다.

20세기 초반 생태학은 식생 변화와 토양 발달의 측면에서 많은 학문적 성과를 내었다. 또한 20세기 중반에는 환경오염을 비롯한 환경문제의 심각성이 전 세계적으로 부상함에 따라 연구 범위가 다양한 영역으로 확장되어 학문의 경계가 넓어지고 괄목할 만한 성과를 거두었으며, 지금으로부터 대략 40~50년 전부터는 생물학의 주요 학문 분야로 자리 잡았다.

추가로 생태학은 생태계에서 일어나는 현상을 설명할 뿐이지 가치 판단과는 구별되는 학문 체계임을 인식할 필요가 있다. 하나의 생태계가 다른 생태계보다 좋다 나쁘다는 식의 가치 판단은 보편적인 사회 · 경제적 기준에 따르며, 이러한 가치 판단을 돕기 위해 생태학 자료가 사용될 뿐이다.

0·1·2 생태학의 세부 분류

지구 표면에서 생물체가 살고 있는 영역은 크게 물과 육지로 나눌 수 있고, 여기에서 생물체와 환경의 관계를 다루면 각각 수생태학(水生態學, aquatic ecology)과 육상생태학(陸上生態學, terrestrial ecology)이 된다. 수생태학도 물이 담수인 경우 육수생태학(陸水生態學, freshwater ecology), 해수인 경우 해양생태학(海洋生態學, marine ecology)으로 나눌 수 있다. 육상생태학은 식물 부류에 따라 초지생태학(草地生態學, grassland ecology)과 산림생태학(山林生態學, forest ecology)으로 나누기도 한다. 또한 물 환경이나 육지 환경을 막론하고 연구 대상이 되는 생물체에 따라 미생물생태학(微生物生態學, microbial ecology), 식물생태학(植物生態學, plant ecology), 동물생태학(動物生態學, animal ecology) 등으로 나누기도 한다.

이와 같이 환경 또는 생물체 부류에 따라 생태학을 분류할 수 있지만 이와 함께 생물체의 단위에 따른 세부 생태학도 있다. 즉 생물체 단일 개체를 대상으로 생활사와 환경에 대한 반응을 다루면 개체생태학(個體生態學, autecology) 또는 행동생태학(行動生態學, behavioral ecology), 동일한 종 생물체 집단의 분포나 수, 생산성 등을 다루면 개체군생태학(個體群生態學, population ecology)이 된다. 또한 여러 개체군의 공간적 분포나 수의 변화 등을 다루면 군집생태학(群集生態學, community ecology), 생물군집과 비생물적 환경의 관련성을 다루면 생태계생태학(生態系生態學, ecosystem ecology)이 된다.

생물체를 구성하는 기관, 조직, 세포, 분자 등을 대상으로 연구하는 학문인 해부학, 형태학, 생리학, 세포생물학, 생화학 등의 영역은 생물체를 기본으로 하는 생태학과 구별되지만, 이들 단위에서도 환경과의 관련성을 다룰 때에는 생태학에 포함시키기도 한다(예 생리생태학, physiological ecology). 생태학에서는 모든 부류의 생물체가 연구 대상이기 때문에 분류학적 경계가 없으며, 따라서 생태학은 기능적이고 유기적인 구조에 기반을 둔 과학적 지식이라고 할 수 있다(Kimmins, 2004).

0·1·3 산림생태학의 연구 대상

산림생태학은 일반 생태학을, 임목과 목본식물이 우점하고 있는 산림이라는 특정한 유형의 생태계에 적용한 학문이다. 산림생태학에서는 산림생태계를 구성하는 개별 종의 개체 단위부터 개체군, 군집, 생태계 단위까지 연구를 진행하지만 모두 전술한 생태계의 다섯 가지 속성을 바탕으로 한 접근이 필요하다. 물론 전통적으로 산림생태학에서는 임목 생장이나 수확 측면에서의 군집 단위 연구에 보다 관심이 많았다. 하지만 산림생태계 자체의 매우 복잡한 속성에도 불구하고 임목을 포함한 다양한 생물상을 지탱하고 있는 물리적 환경으로부터 생물체

그림 0–2 산림생태학의 연구 초점에 관한 비교(A: 전통적 관점, B: 생태계 관점; 실선은 연구의 초점, 점선은 연구 대상이 아니지만 잠재적으로 중요한 결정 인자) [Kimmins, 2004]

를 분리할 수 없다는 측면에서 전체 산림생태계를 대상으로 개체, 개체군, 군집, 생태계 등 모든 단위에서 환경과 함께 연구할 때 비로소 산림생태학의 진정한 가치가 드러난다고 할 수 있다(Kashian *et al.*, 2023).

그림 0-2를 보면 A에 나타낸 전통적 산림생태학은 특정 단위의 실체(개체, 개체군, 군집)에 초점을 두고 있다면 B에 나타낸 생태계 관점의 산림생태학은 어느 단위에서든 잠재적으로 다른 실체, 환경 인자 및 상호작용을 모두 염두에 두고 있다(Kimmins, 2004). 즉 생태계 관점의 산림생태학에서는 ①산림생태계를 구성하는 임목을 중심으로 하는 생물체, ②이들 생물체 사이는 물론 생물체와 환경의 복잡한 상호작용을 포함하는 기능, 그리고 ③생물체 출현의 공간적 경향과 전체 산림생태계의 상호작용 등을 총체적으로 연구한다고 볼 수 있다(Kashian *et al.*, 2023).

0·2 산림생태학과 산림관리

0·2·1 임업의 발달 과정

지구 표면의 71%는 물로 덮여 있고 나머지 29%는 육지이며, 육지 면적의 약 33%가 산림이다(표 0-1 참조). 산림은 육상에서 가장 넓은 면적을 차지하고 있고 이로부터 생산되는 제반 가치와 서비스는 다른 어느 식생 유형보다도 크다.

인류는 지금까지 산림에 의존하며 발전해 왔고 앞으로도 계속 산림을 기반으로 살아갈 것이다. 인구가 많지 않았던 과거에는 산림에 대한 인간의 영향이 제한적이었지만, 인구가 증

표 0-1 육지 표면의 유형별 면적과 비율

유 형	면적($10^6 km^2$)	비율(%)
산림지	43.0	33.2
경작지(목본, 초본)	21.1	16.4
황무지	19.4	15.1
관목지	16.1	12.5
빙하 및 만년설	14.4	11.1
듬성듬성한 천연 식생지	8.9	6.9
내륙 수면	3.8	2.9
완전히 혹은 주기적으로 침수되는 관목 및 초본	1.9	1.5
도시 및 인공 건설지	0.4	0.3
맹그로브	0.2	0.1
계	129.2	100.0

[FAO, 2020]

가하면서 식량을 생산하기 위해 산림을 벌채하여 농경지로 개간하는 일이 많아졌다. 농경지에서 추가로 공급한 식량은 인구 증가를 가속화하므로 더 많은 식량을 생산하기 위해 또 다른 산림을 농경지로 전용하는 악순환이 반복된다. 아울러 전쟁에 필요한 선박이나 각종 물자를 조달하기 위해 산림을 벌채하는 일이 늘어나고, 사회적 · 문화적 발달과 더불어 목재 수요가 커지는 등 인구가 증가함에 따라 황폐화한 산림의 면적이 점차 넓어지는 경향을 보인다(그림 0-3 참조).

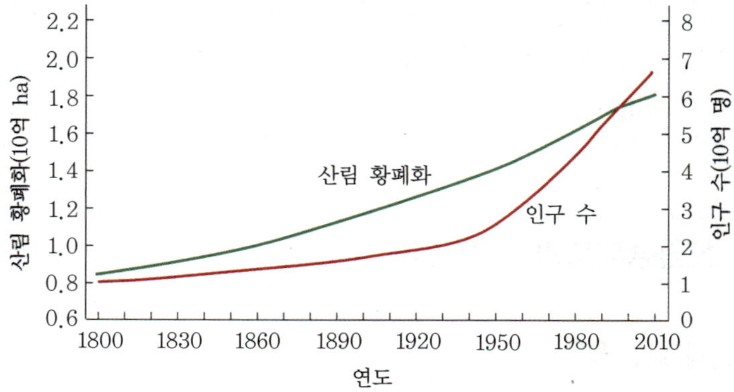

그림 0-3 인구 증가와 산림 황폐화 면적의 관계[FAO, 2012]

이에 따라 전 세계의 산림면적은 지속적으로 감소하였고 특히 1990~2020년의 30년 동안 총 1억 7,800만 ha의 산림이 사라졌다. 10년 단위로 나누어 보면 1990~2000년 사이에는 매년 780만 ha의 산림이 줄어들었으나 2000~2010년 사이에는 매년 520만 ha, 2010~2020년 사이에는 매년 470만 ha의 산림이 줄어들어 감소 속도가 차츰 느려지고 있다. 이는 일부 국가의 산림 황폐화가 줄고 또 다른 일부 국가에서 신규조림과 천연림 확대로 산림면적이 증가한 결과이다(FAO, 2022). 최근 들어 전 지구 차원의 인구 증가 속도가 둔화하고는 있지만, 앞으로 상당 기간 동안 인구 증가가 계속되고 사회가 산림으로부터 공급받고자 하는 각종 가치와 서비스가 증가함에 따라 산림 이용에 대한 인위적 압력은 지속적으로 커질 것으로 예상된다.

임업은 사회에서 필요로 하는 제반 가치와 서비스를 지속적으로 생산해 내기 위해 필요한 산림관리에 관한 기술과 산업으로 정의할 수 있으며, 임업의 발달은 크게 세 단계로 구분할 수 있다(Kimmins, 2004). 임업 이전에는 통제가 없고 벌채 위주의 단순한 산림관리에 그쳐 무분별한 이용과 산림 황폐화를 초래하고 동시에 임업의 발달을 촉발하는 계기가 되기도 하였다. 이때는 사회 발전과 더불어 증가한 임산물 수요를 충족하기 위해 산림의 재생 한계를 초과하여 무계획적으로 벌채하고, 그 결과로 국지적인 산림 황폐화가 일어나면 인근 지역으로 이동하여 계속 수확하거나 무역 또는 전쟁을 통해 임산물을 확보해 왔다.

임업의 1단계는 규제 임업으로서 각종 법률과 규정으로 산림의 벌채와 이용을 통제하지만,

산림생태계의 제반 속성을 고려하지 않음으로 인해 지속가능한 가치와 서비스 생산이라는 임업의 목표를 달성하지 못하는 단계이다.

임업의 2단계는 생태 기반 임업으로서 산림생태계의 속성에 기반을 둔 관리로 전통적인 임산물 생산은 물론이고 산림생태계의 기능을 지속가능하게 하는 데도 어느 정도 성공하지만, 사회에서 요구하는 모든 가치와 서비스를 지속가능하게 생산하지는 못하는 단계이다. 생산 임업의 측면에서는 지속가능하다고 볼 수 있지만 생물다양성, 심미적 · 정신적 가치를 포함한 모든 산림생태계의 서비스를 제공하는 데에는 미흡하다.

임업의 3단계는 사회 임업으로서 생태적 · 생물적으로뿐만 아니라 사회적 · 환경적 가치까지도 지속가능한 생산에 도달한 단계이다. 산림생태계의 속성에 더해 사회가 요구하는 모든 가치를 지속가능하게 생산해 낼 수 있다.

전 세계적으로 보면 과도한 벌채로 인해 아직까지 산림 황폐화가 진행 중인 임업 이전의 단계에 놓여 있는 국가도 있지만, 많은 국가가 이미 규제 임업 단계에서 생태 기반 임업 단계로 넘어가는 추세에 있다.

0·2·2 산림생태학과 산림관리의 관계

산림을 관리하는 방식은 과거부터 현재까지 계속 발전해 왔으며 앞으로도 진화할 것이다. 한 가지 분명한 사실은 목재, 수자원, 야생동물, 휴양 등 한 가지에 초점을 둔 이용 중심의 관리에서 벗어나 점차 산림생태계 전체를 중시하고 산림생태계의 복잡성과 이질성 그리고 지속가능성과 건전성을 염두에 두고 산림을 관리하게 되었다는 점이다. 이를 위해서 산림생태계 자체를 파악하고 여기서 얻은 자료와 정보를 바탕으로 적합한 산림 보전 및 관리 방안을 강구해야 한다. 이와 관련하여 일부 학자는 조림학을 산림의 조성, 구성, 구조, 생장을 조절하는 이론과 기법이라고 정의하고 동시에 조림학을 응용산림생태학이라고 칭하여(Ashton & Kelty, 2018) 산림을 관리하기 위한 기초가 산림생태학임을 강조한 바 있다(Kashian *et al.*, 2023).

산림생태계의 관리, 보전, 복원 등은 산림생태계의 구조와 기능에 대한 이해에 기반하고 있다. 특히 산림을 대상으로 인위적 간섭을 할 경우 최종적으로 내려진 결정이 과연 적절한지 여부는 산림생태계에 관한 지식과 자료에 어느 정도 기초했는지에 따라 달라진다. 아울러 산업화 과정에서 발생한 대기오염과 대기 중 이산화탄소 농도 증가에 따른 기후변화, 그리고 각종 필요에 의한 외래종 도입 등 인간의 활동으로 발생한 여러 환경문제가 점차 심각해짐에 따라 이들 문제가 산림생태계에 미치는 영향을 파악하고 대응하는 방안도 결국 산림생태계에 대한 깊은 이해를 필요로 한다(Kashian *et al.*, 2023).

산림생태학과 임업의 관계는 마치 집터와 집의 관계와 같아서 기초가 되는 산림생태학의 발전 없이는 임업의 발전을 기대하기 어렵다(Kimmins, 2004). 집터가 튼튼하다고 하여 반드시 좋은 집이 지어지지는 않지만 집터가 튼튼하지 못하면 결코 좋은 집을 지을 수 없는 이치와 같다. 특히 임업에서 지속가능한 생산을 위해서는 생태계 단위로 산림을 관리하는 일이 필수적이다. 임업 활동의 결과가 단지 임목에 국한되는 것이 아니라 산림생태계 전체에 영향을 주며 임목은 산림생태계를 구성하는 여러 구성 요소 중 하나에 불과하다는 점을 이해할 필요가 있다. 이와 같은 산림생태계의 속성에 대한 이해(산림생태학)를 바탕으로 산림생태계의 속성을 지속할 때 비로소 지속가능한 생산과 생물다양성 유지(임업)가 가능하다(Barnes *et al.*, 1998).

임업은 사회에서 필요로 하는 각종 가치와 서비스를 생산해 내므로 사회를 떠나서는 임업이 존재할 수 없다. 최근에는 산림의 기능이 목재를 비롯한 임산물을 주로 공급하던 전통적 개념에서 벗어나 수자원 함양, 공기 정화, 야생동물 서식처 제공, 휴양 기능 제공 등 다양한 가치와 서비스로 이미 확대되었다. 또한 시간이 흐름에 따라 사회가 요구하는 산림의 가치가 변하므로 현 세대에서 요구하는 가치와 서비스뿐만 아니라 미래 세대가 필요로 할 가치와 서비스까지 염두에 둔 산림관리가 필요하다. 이를 위해서는 산림생태계에서 다양한 가치가 만들어지는 기작과 이를 지속가능하게 생산하는 방법에 대한 학문적 이해가 뒷받침되어야 한다.

0·3 산림생태학의 내용과 발전

0·3·1 산림생태학의 주요 내용

산림생태학에서는 산림생태계의 구조와 기능을 주로 다룬다. 우선 구조 면에서 생태계 구성 요소의 시간적·공간적 변이를 통해 이들의 복잡한 구성 상태를 이해하도록 한다. 여기에는 산림식생의 공간적 구성을 도면에 표시하고 계량화하는 방법도 포함한다. 기능 면에서는 에너지 이동의 결과로 나타나는 물질 생산과 분해, 그리고 그 과정에서 동반되는 양분 순환을 중점적으로 다룬다. 특히 물질 생산에서는 산림 경영과 관리 측면에서 응용할 수 있는 물질 분배의 원칙, 기후나 토양 성질과 같은 환경 차이에 따른 물질 생산의 차이, 또는 임령 변화에 따른 물질 생산의 차이를 상세히 알아볼 필요가 있다.

또한 산림생태계 구성 요소 간의 상호 관련성, 즉 산림군집을 구성하는 임목이나 다른 생물체와 기후·지형·토양 등 비생물적 요소 간의 관계를 비롯하여 임목과 동물·식물·미생물 등 생물적 요소 간의 관계도 알아본다. 이러한 모든 현상은 시간에 따라 변하므로 산림생태계의 구조, 기능, 복잡성, 상호 관련성 등의 시간에 따른 변화 양상을 확인하는 일도 산림생태학의 주요 내용이다(Barnes *et al.*, 1998; Kimmins, 2004).

0·3·2 산림생태학의 발전과 전망

현재 인류가 당면하고 있는 인구 증가, 환경오염, 생물다양성, 지속가능성, 기후변화 등의 문제는 모두 산림과 밀접한 관련을 맺고 있다(Perry *et al.*, 2008; Smith & Smith, 2015). 인구 증가에 따라 식량 생산에 필요한 토지 확보는 대부분 산림 전용을 통해 이루어지며, 토지이용 변화와 각종 환경오염으로 산림이 파괴되거나 쇠퇴하고 있다. 산림은 생물다양성 유지에 중요한 역할을 하지만 이를 가로막는 교란과 시업이 끊임없이 일어나고 있다. 산림 훼손으로 인해 지구의 지속가능성이 위협을 받고 아울러 급격한 기후변화도 산림에 크게 영향을 끼친다. 건강한 산림을 유지하고 확대하는 일은 인류 생존과 번영에 필수적이며, 이의 기초가 되는 산림생태학은 의미가 매우 크다.

환경 중에서도 특히 산림만 놓고 보면 산불처럼 이전과는 확연히 다른 교란, 침입종 확대와 멸종 위협, 산림의 대규모 손실, 파편화(조각화)와 산림 배치의 변화 등이 광범위하게 일어나고 있다(Binkley, 2021; Perry *et al.*, 2008). 결국 산림의 지속가능성에까지 영향을 미치므로 여기에 어떻게 대응할지가 중요한 과제이다. 이에 따라 ①천연림을 인위적 간섭으로부터 보호하고 대신 목재 생산과 같은 특정 목적을 위해 일정한 산림을 집약적으로 관리하거나 ②동일한 지역의 산림을 자원 생산, 생물다양성 유지, 생태계서비스 향상 등 다양한 목적을 동시에 달성하도록 관리하는 등 두 가지 방식을 놓고 어느 쪽이 더 적절한지에 대한 의견이 여전히 엇갈리고 있다(Kashian *et al.*, 2023).

산림의 지속가능성은 구체적으로 ①생물다양성과 생태계서비스가 악화하지 않는 한계점 이하로 자연자원을 이용하도록 계획하고 실제 실행 과정을 모니터링하며, ②자연은 공간적으로 동질적이지 않으므로 위치에 따른 비대칭적인 생태적 역할을 확인하여 이에 맞게 관리하고, ③예컨대 불필요하고 위해가 되는 교란이나 종과 연결되는 것이 아니라 바람직한 현상을 가져오는 생태적 과정에서 연결성이 유지되도록 하고, ④산림의 지속가능성을 장기적으로 위협할 수 있는 토지이용 방식을 제한하며, ⑤전술한 두 가지 산림관리 방식을 택일하기보다는 양자 사이에서 나타날 수 있는 적합한 방식을 모색하는 등의 과정을 통해 달성할 수 있다. 결국 산림의 지속가능성을 위협하지 않도록 인위적 활동이 생태계의 생태적 한계를 넘지 않게 관리하는 일이 무엇보다 중요하다(Kashian *et al.*, 2023).

산림의 지속가능성은 단지 산림을 생태적으로 관리한다고 해서 달성되지 않는다. 산림이 갖는 사회적 · 경제적 · 정치적 의미를 무시해서는 결코 해결 방안을 찾을 수 없다. 자연의 이치를 파악하고 이에 따라 적절한 방안을 강구하며, 이렇게 실행한 결과를 사회가 이해하고 받아들일 수 있도록 해야 한다(Perry *et al.*, 2008). 산림 내 모든 생물은 상호 의존적이며 생물에 영향을 주는 모든 인자가 통합되어 있다는 인식 없이는 산림의 지속가능성을 결코 달성할 수 없다.

급격한 기후변화 혹은 기후위기에 대응하기 위해 전 세계는 지구의 평균온도가 산업화 이전에 비해 1.5℃보다 높아지지 않도록 노력한다고 합의한 바 있다. 이를 위해 2050년까지는 탄소 배출량과 탄소 흡수량이 같아서 탄소의 순배출량이 '0'이 되는 이른바 탄소중립을 달성하고자 각국이 노력하고 있다. 탄소 배출량을 줄이는 데에는 한계가 있기 때문에 탄소 흡수량을 최대한 늘리는 과제가 주목을 받고 있으며, 산림이 탄소 흡수에서 매우 중요한 역할을 하리라 기대된다. 이는 산림생태계의 탄소 순환 기작에 대한 이해를 바탕으로 한 적절한 관리를 통해서만 가능한 일이므로 산림생태학의 중요성이 더욱 부각될 것으로 예상된다.

전통적으로 산림생태학은 목재 중심의 임산물 생산을 위한 기술의 근거가 되는 학문이었지만, 앞으로는 전 지구 차원의 환경 변화가 산림생태계에 미치는 영향을 이해하고 과학기술의 발전에 따라 등장하는 새로운 도구와 기법을 활용하여 다양한 세대와 사회로부터 요구되는 광범위한 가치와 서비스를 지속가능하게 생산해 낼 수 있는 산림생태계의 속성을 파악하는 방향으로 확장해 갈 것이다. 예를 들어 특정한 산림생태계를 대상으로 경계를 설정하여 구분하고 도면으로 나타내며 속성을 기술하고 기작을 연구할 때 전통적인 야외 조사와 일부 원격탐사 자료를 사용하는 방식에서 더 나아가 지리정보체계(地理情報體系, geographic information system, GIS)를 이용하면 보다 정확하게 생태계의 속성을 파악할 수 있다. 또한 위성영상 자료를 이용하여 생태계의 공간적 범위를 지역, 국가, 전 지구 차원으로 확대할 수 있으며, 각종 모형을 활용하여 생태계의 속성을 이해하고 미래의 변화를 예측할 수도 있다. 산림생태계의 속성을 다양한 공간 및 시간 단위에서 이해할 수 있는 도구들이 점차 보편화하고 있다(Waring & Running, 2007).

한편 그동안 임업 생산 측면에서 주로 지상부 임목에 치중하여 산림생태계를 연구하고 관리하였다면, 지하부에서 일어나는 미생물과 임목의 관계나 토양과의 상호작용을 파악하고 이를 지상부와 연계하여 관리하는 접근이 앞으로 산림생태학에서 필요한 연구 분야이다. 무엇보다도 전술한 바와 같이 산림생태학의 관점이 특정 종의 임목 단위에서 생태계 단위로 확대되어 생물과 제반 환경 인자 간의 복잡한 관계를 구명하고 이해하는 방향으로 발전할 것이다. 아울러 이러한 바탕 위에서 산림관리도 개별 임목 중심에서 생태계 단위로 바뀜에 따라 생태계 기반 관리 기술이 중심이 될 것이다. 나아가 대기권(大氣圈, atmosphere) 및 수권(水圈, hydrosphere)과의 사이에서 일어나는 산림생태계의 상호작용이 산림생태학에서 중요하게 다루어지며, 이를 파악하는 데 필요한 모형 등의 방법론도 다양하게 개발될 것으로 예상된다(Chapin *et al.*, 2002).

연습문제 ▌

1. 산림생태학의 기원과 발전 과정, 그리고 전망에 대해 서술하시오.
2. 전통적 관점 및 생태계 관점에서의 산림생태학 연구의 차이를 설명하시오.
3. 산림생태학과 산림관리는 어떤 관계가 있는지 설명하시오.
4. 과학기술의 발전에 따라 등장한, 산림생태학에 응용할 수 있는 기법과 도구를 나열하시오.
5. 사회와 환경의 변화에 대응하는 산림생태학의 접근 방안에 대해 설명하시오.

참고문헌

1. 손요환, 구창덕, 김춘식, 박필선, 윤충원, 이계한. 2016. 신고 산림생태학. 향문사.
2. Aber JD, Melillo JM. 2001. Terrestrial Ecosystems. 2nd ed. Harcourt/Academic Press.
3. Ashton MS, Kelty MJ. 2018. The Practice of Silviculture: Applied Forest Ecology. 10th ed. Wiley.
4. Barnes BV, Zak DR, Denton SR, Spurr SH. 1998. Forest Ecology. 4th ed. Wiley.
5. Binkley D. 2021. Forest Ecology: An Evidence-Based Approach. Wiley Blackwell.
6. Chapin FS, Matson PA, Mooney HA. 2002. Principles of Terrestrial Ecosystem Ecology. Springer.
7. Egerton FN. 2001. A history of the ecological sciences: Early Greek origins. Bulletin of the Ecological Society of America 82: 93-97.
8. FAO. 2012. State of the World's Forests 2012.
9. FAO. 2020. FAOSTAT 2020.
10. FAO. 2020. Global Forest Resources Assessment 2020 Main Report.
11. Kashian DM, Zak DR, Barnes BV, Spurr SH. 2023. Forest Ecology. 5th ed. Wiley.
12. Kimmins JP. 2004. Forest Ecology: A Foundation for Sustainable Forest Management and Environmental Ethics in Forestry. 3rd ed. Prentice Hall.
13. Perry DA, Oren R, Hart SC. 2008. Forest Ecosystems. 2nd ed. Johns Hopkins.
14. Smith TM, Smith RL. 2015. Elements of Ecology. 9th ed. Pearson.
15. Waring RH, Running SW. 2007. Forest Ecosystems: Analysis at Multiple Scales. 3rd ed. Academic Press.

MEMO

제 I 편

산림생태계의 구조

산림생태계의 토양으로부터 방출되는 온실가스를 측정하기 위해 정적 챔버(static chamber)를 설치하여 시료를 채취한다. 이산화탄소(CO_2)는 장비(LI-8100A)를 활용하면 현장에서 측정이 가능하고, 메탄(CH_4)과 아산화질소(N_2O)는 진공 처리한 유리병에 시료를 주입한 후 실험실로 가져가 가스크로마토그래피(gas chromatography)로 분석한다.

제1장

산림 환경

산림은 경관에 따라 변화하고 이러한 변화 양상 중 일부는 온도나 식물유효수분(available water)과 같은 환경요인의 구배(gradient)로부터 발생한다. 경관에 따른 우점 수종의 변화 양상(그림 1-1 참조)은 해발고가 상승함에 따라 온도가 낮아지고 강수량이 증가하는 환경적 요인과 관계가 깊다. 산림에서 발생하는 모든 화학적 · 생물적 과정은 환경 온도(environmental temperature), 수분 영역(water regime), 태양복사(solar radiation)와 같은 물리적 현상의 영향을 받는다. 결과적으로 태양에너지에 의한 화학적 · 생물적 작용은 산림 내 다양한 미세 환경조건을 만들어 낸다. 예를 들면 수목이 빛을 받으면 잎에서 광합성작용이 일어나면서 수분이 증발(증산)하며 이에 따라 대기의 습도가 올라가고 잎의 표면 온도가 떨어진다. 잎에서의 수분 증발산은 많은 양의 수분과 양분이 토양으로부터 수관부까지 물리적으로 상승하도록 유도하며 빛에 의해 가열된 잎을 식혀 준다.

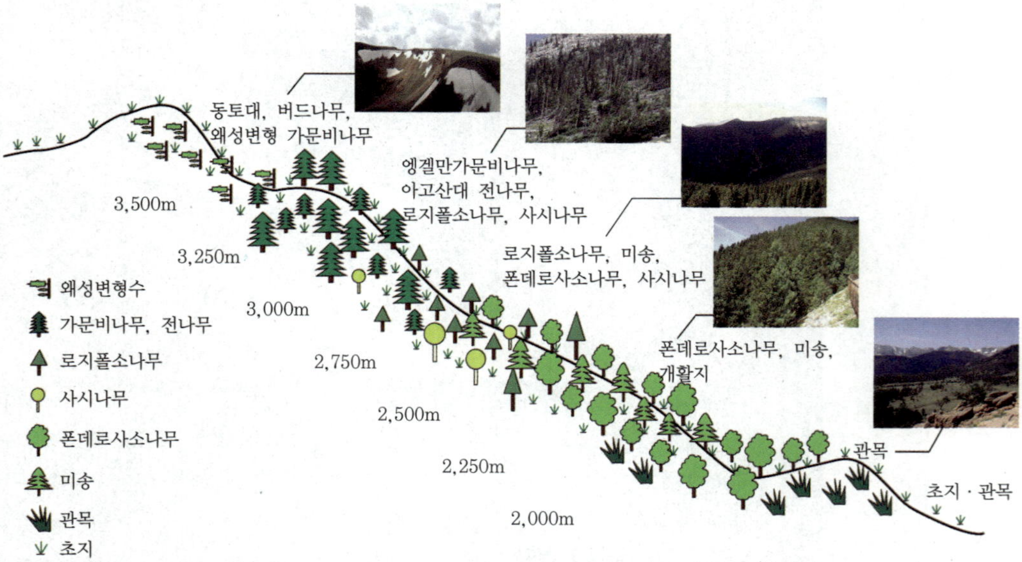

그림 1-1 미국 콜로라도주 북부 로키산맥의 해발고에 따른 식생 변화 양상(환경요인의 직접적인 영향 아래 해발고가 낮고 건조한 지역은 초지나 관목 또는 소나무, 해발고가 높은 지역은 가문비나무와 전나무가 우점하거나 동토대가 출현한다.)[Binkley, 2021]

1·1 기후

기후는 산림의 발생과 생장에 큰 영향을 끼치는 물리적 요인이다. 극단적으로 춥거나 산불 발생이 빈번한 지역을 제외하고 임목이 온도와 습도에 의해 일어나는 증발 수요(evaporative demand)를 극복할 만큼 수분이 충분한 지역에 산림이 분포한다. 생산성이 높은 산림은, 대부분 강수량이 증발하는 수분량에 가깝거나 이보다 많은 온난한 지역에서 나타나는 경향이 있다.

1·1·1 태양복사에너지

태양은 약 5,800K(5,530℃)의 에너지를 방출한다. 방출된 에너지는 대기를 통과하고 지구 표면에 도달한 뒤 열에너지로 전환됨으로써 기온 상승과 수분 증발 등 생태적인 영향력을 결정하는 데 주요한 역할을 한다. 지표면에 흡수되는 태양광의 양은 시간, 위도, 경사, 방위, 지면의 색, 구름의 양, 대기오염 정도 등에 따라 다르며, 식물과 동물의 환경 적응 및 진화에 관여하고 생명체의 생리적 · 형태적 반응도 결정한다.

태양광 중 가시광선은 녹색식물이 광합성에 사용하는 에너지와, 식물이 생장 및 발달을 하고 환경요인의 변화에 적응하거나 반응할 수 있는 전달 신호를 제공한다. 광합성은 고등식물의 잎 내 엽록소에서 이루어지며, 광에너지는 광합성 산물인 화학에너지로 저장된다. 지구의 총광합성량은 220Pg C/yr이며, 탄수화물 형태인 1g의 연소열을 38.9kJ이라고 할 때 총광합성의 에너지양은 7.84×10^{21}J이다. 광합성에 의해 포집되는 태양에너지는 지구에너지 총량의 0.3% 정도로 낮은 비율을 차지한다(Ågren & Andersson, 2012).

지구 표면에 도달하는 연평균 태양복사에너지는 342W/m^2이며 0.25~3.0μm 파장의 단파(短波, short wave)복사(태양복사)로 대기에 도달한다. 이 중 77W/m^2(22%)가 우주로 반사되거나 산란되며, 67W/m^2(20%)는 구름이나 대기의 기체 분자에 의해 흡수된다. 나머지 중 30W/m^2(9%)는 지구 표면에서 부분적으로 반사되고 168W/m^2(49%)는 지표면에 흡수된다(그림 1-2 참조).

지구로부터 반사되는 단파복사는 107W/m^2이며, 나머지 235W/m^2는 지구의 열에너지를 유지하기 위한 5~60μm 파장의 장파(長波, long wave)복사(지구복사)로 대기에 방출된다. 지구 표면의 평균온도는 14℃로, 이는 장파복사가 대기에 의해 흡수되거나 환원되어 지표면을 가열하기 때문이다.

지표면 부근의 대기는 단파복사를 흡수할 수 없지만 장파복사는 수증기나 이산화탄소와 같은 대기 성분에 의해 흡수되며 이들 물질이 지구 온실효과에서 중요한 역할을 한다. 그러나 지구 표면의 모든 장파복사가 대기에 의해 흡수되지는 않으며, 대기 기체에 의한 흡수가 극히 적은 10~13μm의 파장 영역이 존재하는데 이를 대기의 창(atmospheric window)이라고 한다.

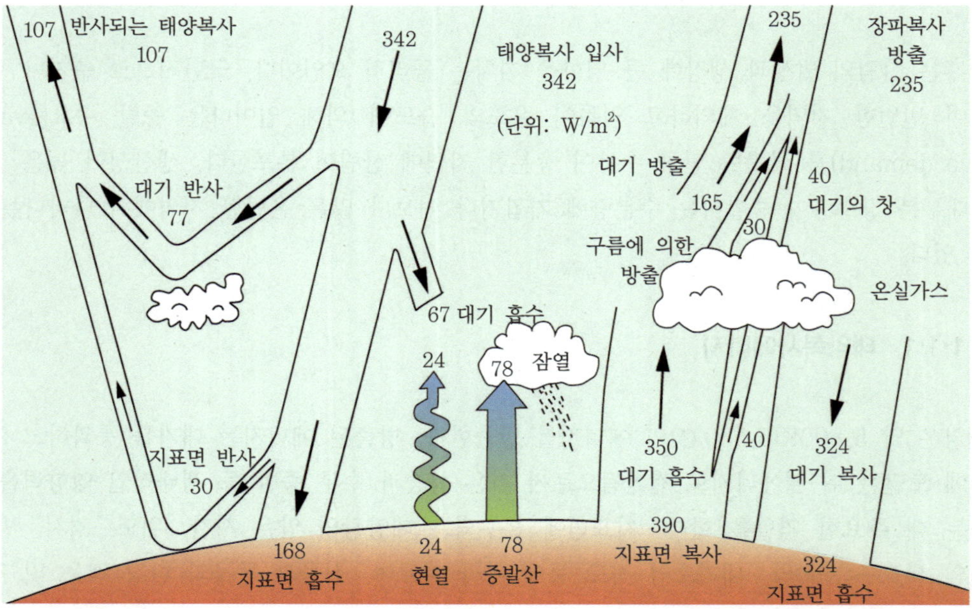

그림 1-2 지구의 태양복사 및 지구복사 수지[Kiehl & Trenberth, 1997]

1·1·2 알베도

지구 표면에 도달한 태양복사에너지는 지표면에서 복사 또는 흡수된다. 알베도(albedo)는 입사되는 단파복사에 대한 반사되는 단파복사의 비를 뜻하며 태양의 고도각, 구름, 눈, 얼음, 토지 피복도와 같은 지표면의 상태나 대기의 혼탁도 등에 따라 값이 달라진다. 즉 알베도는 지표면의 반사 정도에 따라 값이 변한다. 예를 들면 눈 덮인 흰색 표면은 알베도가 높고, 흙으로 덮인 표면은 알베도 값의 범위가 넓으며, 물과 나무로 덮인 표면과 해양은 알베도가 낮다(표 1-1 참조). 특히 산림 지역은 알베도가 매우 낮아 지구에서 가장 효율적인 복사 및 흡수 표면을 가지고 있음을 알 수 있다.

표 1-1 지표면의 특성에 따른 알베도

지표면 특성	알베도 값
침엽수림	0.09~0.15
활엽수림	0.15~0.20
농업 경작지	0.18~0.25
사바나(녹색)	0.16~0.26
습한 흑색 토양	0.05
건조한 흑색 토양	0.13
밝은 모래	0.40
습한 토양	0.1~0.2
사막	0.20~0.45
대양 및 호수	0.03~0.10
눈	0.75~0.90

[Chapin *et al.*, 2002]

1·1·3 산림생태계의 태양복사

태양복사는 식물의 생장에 필요한 에너지 공급원일 뿐만 아니라 식물의 생리·생태적 특성에 많은 영향을 미친다. 태양복사는 해발고, 위도, 계절에 따라 주야간 변화하며 공기, 토양 온도, 강우, 바람 등의 기후 조건에도 영향을 주어 생물의 분포와 적응성을 결정하는 가장 중요한 환경요인이다. 또한 수분을 포함한 무기 환경의 변화를 일으키고, 증산작용을 촉진함으로써 직간접적으로 수목 체내의 수분 손실을 유도하기도 한다.

산림군락의 경우 태양복사는 상층 임관의 잎에서 광합성에 유효한 파장이 선택적으로 흡수·이용되므로 임상(林床, forest floor)에 도달한 광은 상층 임관과 광질이 다르다. 특히 임상에 도달한 광은 적색광/원적색광(R/FR)의 비율이 낮아 종자 발아가 억제되고, 흡수된 광이 바이오매스(biomass)로 전환되는 효율, 즉 광흡수이용효율(light absorption and use efficiency)이 높은 잎의 형성을 유도한다. 낮은 광도에서 자라는 식물의 경우 광합성 능력 및 기공전도도가 낮고 호흡속도가 느리며, 광합성에 관여하는 단백질인 루비스코(RuBisCO, ribulose-1,5-bisphosphate carboxylase/oxygenase)의 함량이 줄어든다. 이는 낮은 광도에서 효율적으로 광합성을 할 수 있도록 생리적·형태적 특성이 순화·적응한 결과이다.

잎에 의한 광의 흡수는 수목과 임분의 생산력을 결정하는 중요한 요소로, 광합성 산물의 할당·분배와 같은 기능에 부분적으로 기여한다. 하나의 임분 단위에서 대경목과 우세목이

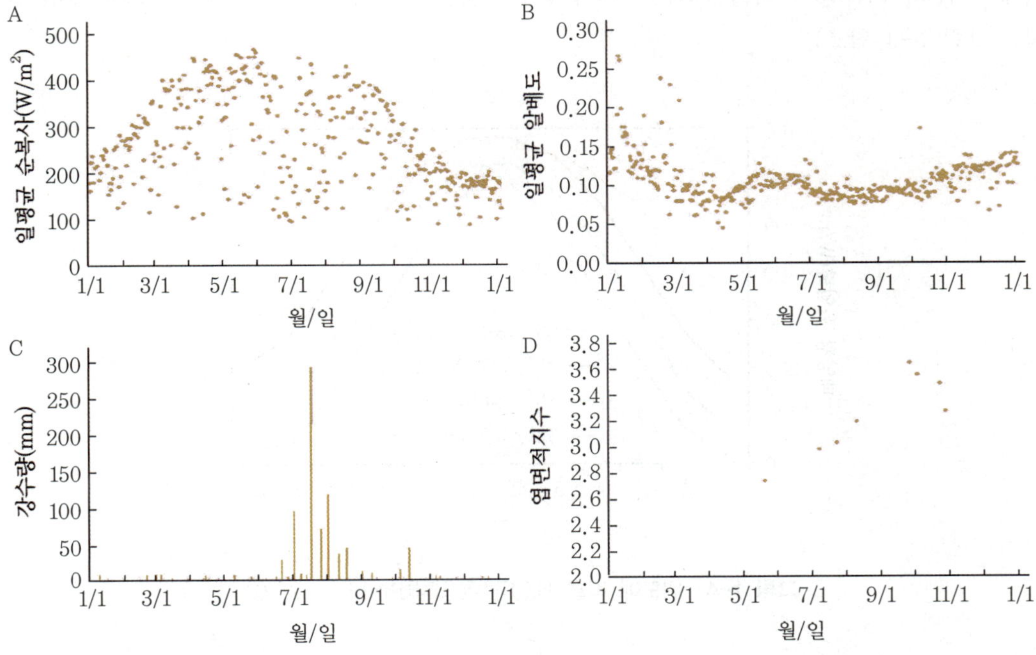

그림 1-3 혼효림의 일평균 순복사량(A), 알베도(B), 강수량(C) 및 엽면적지수(D)
(경기 포천시 국립수목원)[김연희 등, 2003]

소경목과 열세목에 비해 생장이 우수한 이유는 광흡수이용효율이 높고 줄기 목질부의 생장에 광합성 산물을 효율적으로 분배하기 때문이다(Binkley *et al.*, 2013).

태양복사에너지는 기상 상태에 따라 달라지지만 낮에는 단파복사로 인해 지표면을 향하는 반면에 밤에는 지표면에서 대기로 복사에너지를 방출한다. 서어나무 · 졸참나무 · 잣나무 혼효림에서 일평균 순복사량은 봄에 가장 많고(약 340W/m^2) 겨울에 가장 적다(약 240W/m^2). 여름에는 강수가 빈번하고(장마 기간) 대기 중에 구름이 많아 하향 단파복사를 차단 또는 산란하므로 봄에 비해 순복사량이 감소한다(그림 1–3 A 참조). 알베도는 산림군락의 구조, 수종, 수고, 엽면적 등의 영향을 받는다. 눈이 쌓이는 겨울철(1월)에 알베도가 최대를 나타내고, 나머지 임목 생장기간(5~8월)에는 봄철에 비해 감소하는 경향을 보여 주로 0.1 가까이에 분포한다(그림 1–3 B 참조).

1·1·4 온도와 강수

열에너지 공급원인 태양복사에너지로부터 흡수된 지구 표면의 복사열을 기온(氣溫, temperature)이라고 한다. 밤낮의 기온차는 지구의 자전 때문이며, 지구가 태양 주위를 돌면서 태양복사량이 변화함에 따라 기온이 오르내리는 계절적 변이가 발생한다. 한편 지구는 구형이기 때문에 태양에너지가 모든 지역에 동일한 강도로 도달하지 않는다. 적도에 가까운 저위도(북위 23°) 지역은 태양광에 수직으로 노출되기 때문에 보다 많은 태양복사에너지를 받는 반면에 고위도(북위 53°) 지역은 태양복사에너지가 넓은 면적에 확산하고 저위도보다 유입량이 적다(그림 1–4 참조).

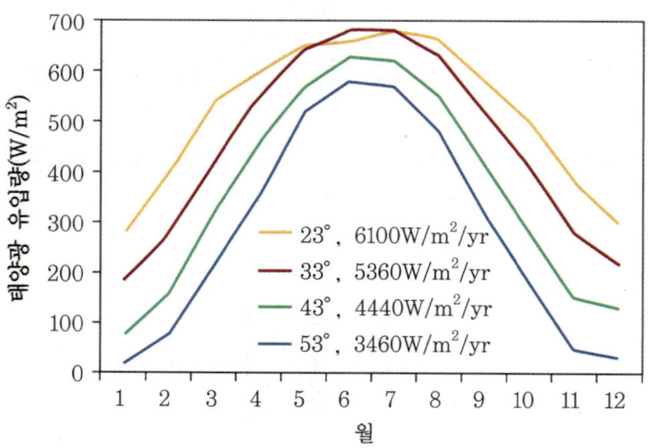

그림 1–4 위도에 따른 태양광 유입량[Binkley, 2021]

지구의 기온 변화 양상은 적도에 가까운 열대나 북극 · 남극과 같은 한대 조건에서도 유사한 경향을 보인다. 연평균기온과 위도 또는 태양복사에너지의 관계에 대한 통계적 설명력

(r^2, 결정계수)은 동일하며(그림 1-5 참조), 이는 지구가 자전축이 기운 채 태양 주위를 돌고 태양복사에너지의 양이 위도와 강하게 연관되어 있기 때문이다.

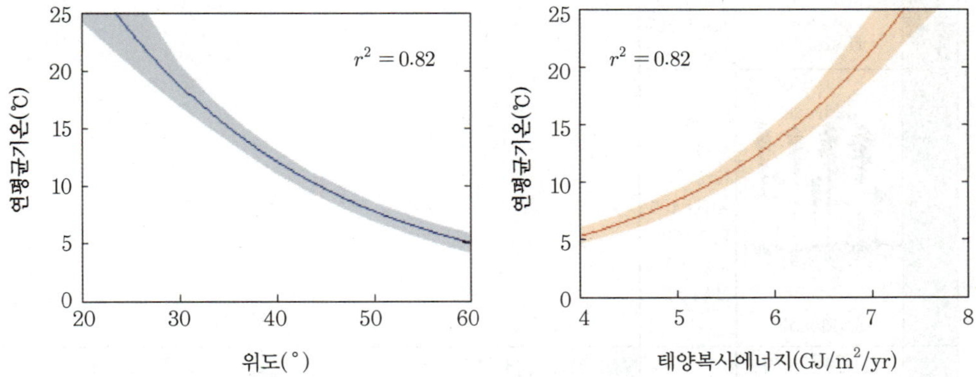

그림 1-5 연평균기온과 위도 및 태양복사에너지의 관계[Binkley, 2021]

강수(降水, precipitation)는 대기가 수증기에 의해 포화되었을 때 발생하며 비, 눈, 우박 등 대기 중의 작은 물방울이나 빙정 등이 구름으로부터 땅에 떨어져 내리는 현상을 말한다. 강수는 지구에서 수자원의 양을 결정하는 가장 중요한 요인이며 시공간적 분포가 균일하지 않다. 예를 들면 아마존과 콩고 유역의 열대우림은 매년 2,000mm 이상 강우가 발생하는 반면에 북아프리카와 중앙아시아 사막 지역은 100mm 이하로 내린다. 일반적으로 식물의 수고, 밀도, 종다양성 등은 온난·습윤 기후 지역에서 한랭·건조 기후 지역으로 갈수록 감소한다.

강수량과 온도는 식생과 토양의 발달을 제어하는 가장 중요한 입지 요인이다. 유사한 기후 조건과 모재에는 유사한 식생과 토양이 발달하며 이를 식물군계라고 한다(그림 1-6 참조). 식물군계 중 북극(arctic) 식물군계와 고산 동토대(tundra)는 보통 수목 식생이 드물게 나타나며 강수량이 매우 적고 온도가 매우 낮다. 대부분 이탄토와 히스토솔(Histosols) 토양에 키가 작은 관목류, 소수의 초본류, 사초류, 이끼류, 지의류 등이 분포하며, 영구동토대 이탄토 지역은 젤리솔(Gelisols) 토양이 분포한다. 바이오매스는 0.5~15Mg C/ha이고 순생산량은 0.05~2Mg C/ha/yr로 낮다.

일반적으로 북극 식물군계 아래의 북방 지역(boreal zone)은 주로 한대침엽수림(taiga)이 분포하고 연평균기온이 −3~6℃, 강수량이 300~600mm/yr이며, 강수에 의한 토양 내 용탈과 풍화가 심하고 잘 발달한 조부식 형태의 유기물층과 스포도솔(Spodosols) 토양이 분포한다. 물이 정체된 지역의 습지는 부식층이 이탄층으로 발달할 가능성도 있다. 지상부 바이오매스는 30~200Mg C/ha이고 순생산량은 2~10Mg C/ha/yr로 낮으며 질소 흡수량은 10~30 kg N/ha/yr이다.

온대 지역(temperate zone)은 초지, 온대림, 온대우림 등 다양한 식물군계가 발달하며 온도나 강수량도 변이가 광범위하다. 예를 들면 강수량이 250~300mm/yr 이하이고 연평균기

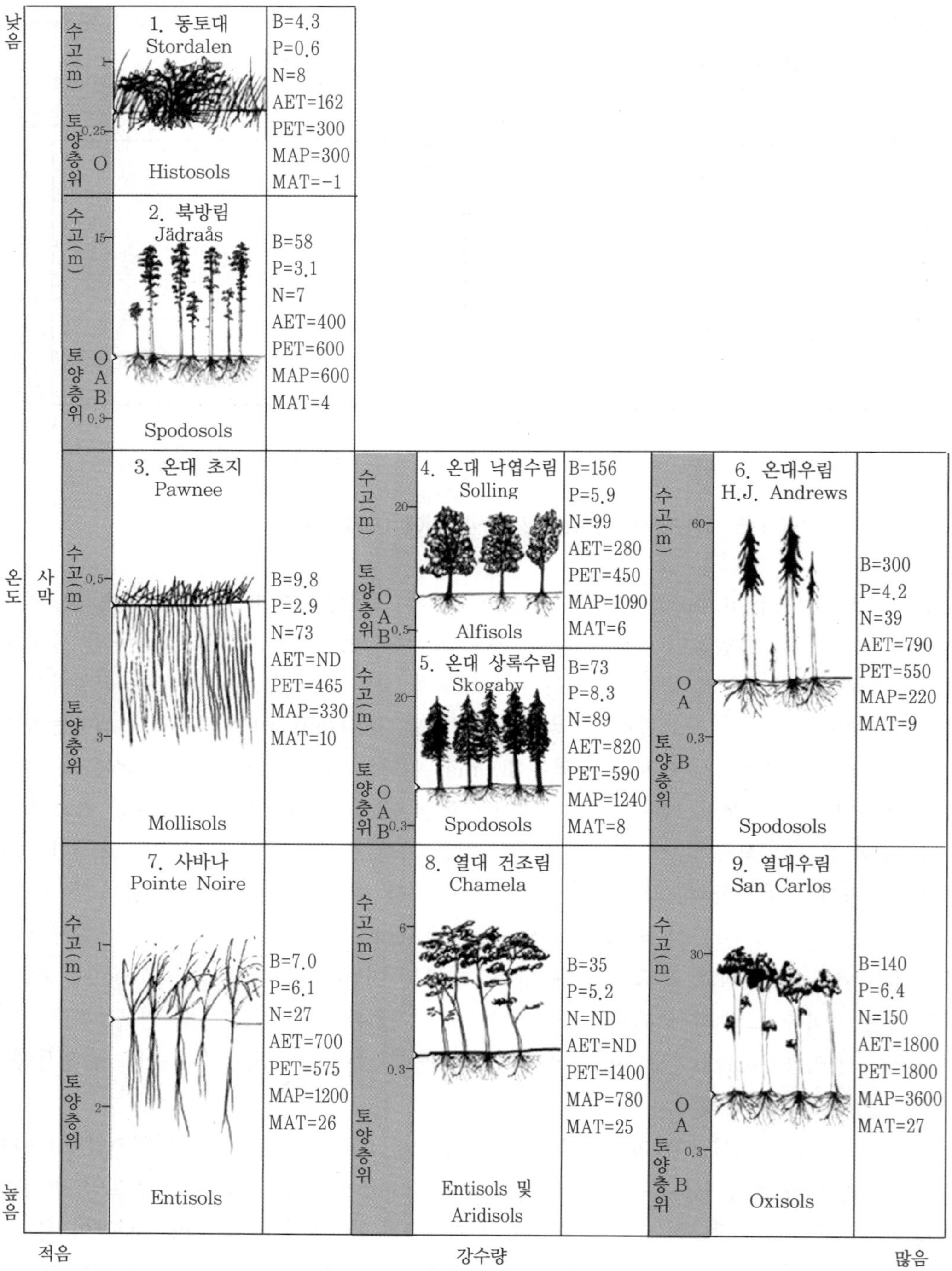

B: 지상부와 지하부의 바이오매스(Mg C/ha), P: 지상부와 지하부의 바이오매스 순생산량(Mg C/ha/yr), N: 식생에 의한 연 질소 흡수량(kg N/ha/yr), AET: 실증발산량(mm/yr), PET: 잠재증발산량(mm/yr), MAP: 연평균강수량(mm/yr), MAT: 연평균기온(℃), ND: 자료 없음

그림 1-6 연평균강수량과 연평균기온에 따른 식물군계 분포별 바이오매스와 순생산량 [Ågren & Andersson, 2012]

온이 7℃인 지역은 초지가 분포하며 몰리솔(Mollisols) 토양과 애리디솔(Aridisols) 토양이 발달한다. 연평균기온 5~8℃, 연평균강수량 600~1,200mm, 연증발산량 400~800mm인 지역은 낙엽수림과 상록침엽수림이 발달하거나 식재된다. 강수의 토양 침투에 따른 용탈이 발생하여 알피솔(Alfisols) 토양과 스포도솔 토양이 주로 발달하고, 부식은 정부식이나 반부식이 분포한다. 지상부 바이오매스는 30~300Mg C/ha이고 순생산량은 3~13Mg C/ha/yr이며 질소 흡수량은 40~100kg N/ha/yr이다.

한편 연평균기온 10℃, 연평균강수량 1,500~2,000mm, 연증발산량 700mm 정도인 지역에서는 침엽수가 우점하는 온대우림(temperate rain forest)이 나타난다. 이 지역은 기후적 요인에 의해 분포가 제한되고, 북아메리카 서부 해안지대가 대표적인 지역으로 임목이 수고 90m까지 자라며 스포도솔 토양이 분포한다. 유기물층은 낙엽층과 부식층이 존재한다. 지상부 바이오매스는 30~1,000Mg C/ha이고 순생산량은 3~13Mg C/ha/yr이며 질소 흡수량은 산림 생산력에 따라 다르지만 90~120kg N/ha/yr이다.

열대 지역에는 초지(사바나), 관목대, 계절림, 우림 등이 나타난다. 연증발산량이 400~800mm인 지역은 세립질의 토양과 함께 초지가 분포하고, 바이오매스와 순생산량이 낮은 편이어서 초지의 바이오매스는 1~2Mg C/ha, 순생산량은 1~7Mg C/ha/yr이다. 엔티솔(Entisols) 토양과 초지의 경우 몰리솔 토양이 분포하며, 우기와 건기가 뚜렷하고 점토가 풍부한 초지의 경우 토양 수분의 함량에 따라 점토의 수축과 팽창이 발생하는 버티솔(Vertisols) 토양이 분포한다.

건조한 지역으로 이동할수록 가시나무 숲이나 관목 숲으로 전환되기도 한다. 연증발산량이 800~1,400mm로 강수량을 초과하는 지역은 건기 동안 토양 수분의 상부 이동으로 인해 석회화나 염류화와 같은 토양생성 작용이 일어나며 애리디솔 토양이 분포한다.

열대우림의 경우 다양한 생활형 분포와 함께 다층 구조를 이루며 교목, 관목, 덩굴류, 이끼류, 초본류, 착생식물 등이 있어 종풍부도와 생물다양성이 높다. 교목은 수고가 40~60m이고 임목이 연중 생장한다. 연평균기온이 27℃ 이상이고 강수량이 3,500mm 이상이며 증발산량이 1,800mm 정도이다. 토양 하부로 수분이 이동함에 따라 용탈이 심하게 발생한다. 지상부의 바이오매스는 30~400Mg C/ha이고 순생산량은 5~17Mg C/ha/yr이다. 풍화가 극도로 발생한 옥시솔(Oxisols) 토양이 분포하고, 라테라이트화 작용이 활발하며 낙엽 분해가 빠르다. 질소 흡수량은 생산력에 따라 다르지만 140~160kg N/ha/yr이다. 잔뿌리(가는뿌리, 세근, fine root)이 낙엽층에 잘 발달하여 양분 용탈을 최소화하는 역할을 한다.

1·1·5 산림생태계의 온도와 강수

계절, 위도, 방위로 인해 초래되는 온도 변화의 양상은 산림의 구조와 동태에 다양한 영향을 끼칠 수 있다. 극한에서는 생물적 과정이 중단되어 온도가 빙점 이하로 떨어지면 생물의 활동이 거의 일어나지 않는다. 극단적인 고온에서는 식물 기관의 기능을 상실하여 고사한다.

생물적 과정은 대부분 온도에 민감하게 반응하여 10℃의 변동에 대해 종종 두 배 또는 그 이상의 변화가 발생하기도 한다.

온도가 상승하면 보다 많은 증발 스트레스가 발생하고 잎 내로 이동해야 할 이산화탄소의 공급 속도가 감소한다. 만일 고온에서 이러한 반응의 산물이 세포 내에 축적되면 더 이상의 반응은 억제될 수 있다. 광합성은 호흡과 같이 단순한 지수적 경향으로 증가하지 않는다. 파나마 열대우림의 경우 온도가 상승하면 수목의 광호흡도 증가하여 광합성의 변화는 둥근 돔(dome) 형태를 보인다(그림 1-7 참조).

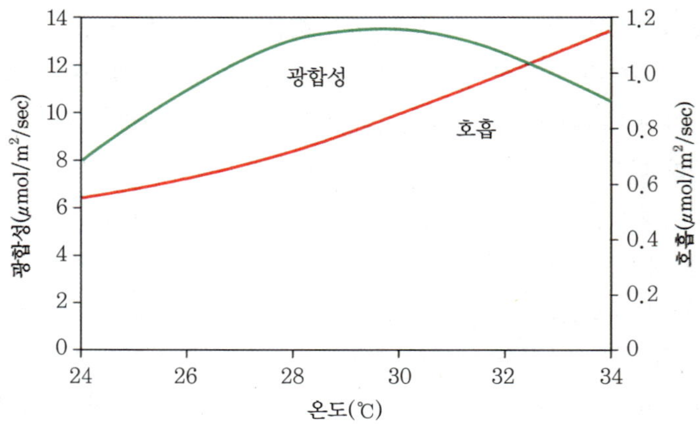

그림 1-7 파나마 열대우림 수목의 잎에서 나타난 온도와 광합성 및 호흡의 관계
[Binkley, 2021]

임목 벌채에 따른 여름철 온도의 일변화 중 최고온도는 산림 지역이 임목 벌채지에 비해 낮고 최저온도는 임목 벌채지에 비해 높다(표 1-2 참조). 이는 산림 지역의 경우 주간에 태양복사에너지의 대부분이 수관의 잎에 의해 차단되고 증산작용이 발생함으로써 급속한 온도 상승을 예방하는 효과가 있기 때문이다. 또한 야간에는 수관이 수간으로부터의 급속한 열 손실을 막고 임목과 임목 사이의 공간에 복사열을 투입하므로 대기 온도가 임목 벌채지보다 높다(Chen *et al.*, 1999). 한편 해발고가 높은 모두베기(개벌, 皆伐, clearcuting) 벌채지는 야간에 차가운 공기가 토양 표면 가까이 정체되어 골라베기 임지에 비해 낮은 온도를 보이며, 골라베기(택벌, 擇伐, selective cutting) 임지는 수관이 공기의 혼합을 촉진하고 차가운

표 1-2 미국 몬태나주 높은 해발고에 위치한 모두베기와 골라베기 임지의 온도 변화

구 분	미벌채 산림	골라베기	모두베기
최고기온	35℃	52℃	56℃
최저기온	2℃	2℃	−5℃
무상기일	110일	110일	25일

[Binkley, 2021]

공기가 토양에 정체하는 것을 제한하기 때문에 모두베기에 비해 온도가 높다. 이는 임목 수확 시 살아 있는 나무를 어느 정도 남겨 두어야 임내 급격한 온도 저하를 예방할 수 있다는 근거가 된다.

모두베기 지역의 토양 표면 온도는 공간별로 상당한 차이가 있다. 실제로 여름철 오후 기온이 34℃일 때 낙엽층의 표면 온도는 50℃를 초과하여 식재된 묘목이 고사하기에 충분할 정도로 높았다(그림 1-8 참조). 광물질 토양의 경우 열에너지를 토양 깊숙이 전달하므로 표면 온도가 낙엽층에 비해 다소 낮다. 고사목에서 온도가 가장 낮은 이유는 목질부에 축적된 수분이 증발하면서 열에너지를 소모하기 때문이다.

그림 1-8 미국 몬태나주 모두베기 지역에서 측정한 토양 표면 온도의 공간적 분포
[Binkley, 2021]

온도는 생물계절학(生物季節學, phenology)의 관점에서도 상당히 중요하다. 스웨덴에서 가문비나무 눈(bud)은 겨울철 영하 40℃에서도 견딘 뒤 봄에 개엽(開葉, budbreak)하여 새로운 침엽을 형성한다. 개엽시기는 날짜가 정해져 있다기보다 기온에 따라 달라지며, 한 계절이 온난한 정도를 측정하는 데 일반적으로 사용하는 유효적산온도(effective accumulated temperature), 즉 생장도일(生長度日, growing degree-days)과 밀접한 관련이 있다. 유효적산온도는 며칠간의 적정 온도에 대한 생물적 반응이 단지 하루나 이틀의 고온으로부터도 발생할 수 있다는 개념이다. 온도의 누적값을 계산하려면, 개엽과 같은 하나의 생물적 반응을 이끌어 내기에는 낮은 온도로 여겨지는 일평균기온 5℃와 같은 하나의 기준 온도가 필요하다. 일평균기온이 기준 온도보다 높은 경우만 온도 차를 합산하며, 예를 들면 기준 온도가 5℃일 경우 일평균기온이 10℃인 3일은 (10℃－5℃)×3일＝15℃, 15℃인 3일은 (15℃－5℃)×3일＝30℃로 유효적산온도를 계산한다. 스웨덴 가문비나무의 개엽시기도 정해진 날짜를 기반으로 조사한 경우보다 유효적산온도의 관점에서 조사한 경우의 연 변이가 작았다.

저온은 식물의 생장을 지연하므로 한대기후에서 생육하는 수목은 온대나 열대 기후에서 생육하는 수목에 비해 느리게 생장하리라고 쉽게 추측할 수 있다. 열대기후 지역에서 연평균기온이 20℃에서 22℃로 상승 시 목재 생산은 22% 증가한 반면에(그림 1-9 A 참조) 동일한 온도 조건에서 연강수량이 500mm(열대건조림)에서 2,000mm(열대우림)로 증가해도 목재 생산은 약 14%만 증가하였다(그림 1-9 B 참조). 목재 생산에 있어서 기온의 영향은 시비, 하층 경쟁식생 조절, 유전적으로 우수한 클론 식재 등 집약적인 산림 작업이 가능한 조림지에서 뚜렷하며, 브라질의 단벌기 유칼립투스 조림지는 관리되지 않은(unmanaged) 열대림에 비해 높은 생장률을 보였다(그림 1-9 C 참조).

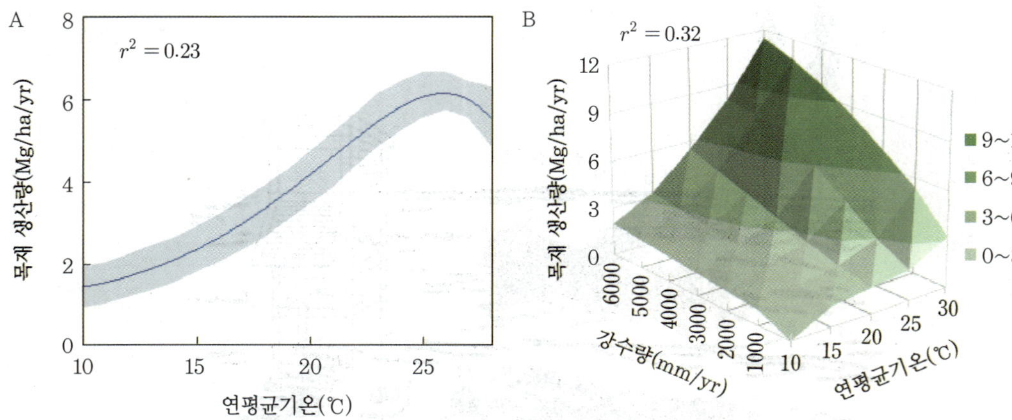

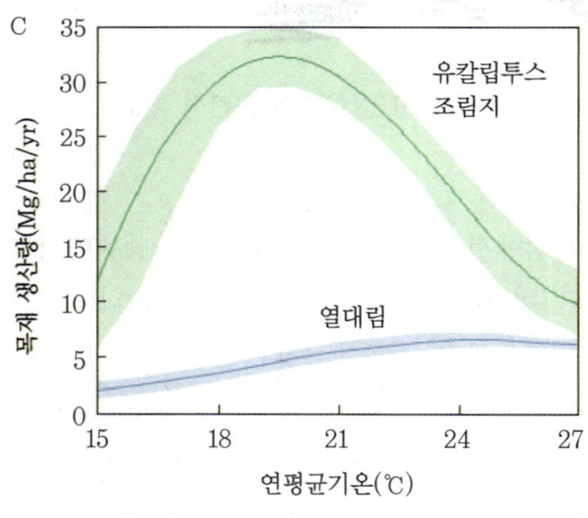

그림 1-9 연평균기온과 목재 생산량의 관계
[Binkley, 2021]

A: 열대림의 목재 생산량은 연평균기온의 상승과 함께 증가하였으나 25℃ 이상에서는 감소함

B: 온도와 강수량 변수의 결정계수는 0.32로 온도의 단일 변수 0.23에 비해 설명력이 증가함

C: 동일 온도에서 집약적으로 관리되는 남아메리카 유칼립투스 조림지는 비경영 열대림에 비해 목재 생산량이 크게 증가함

우리나라는 유라시아 대륙과 태평양의 열적 차이로 인해 발생하는 아시아 몬순(Asia monsoon)의 직접적인 영향을 받으며, 지형이 복잡하고 산지가 많아 지역 간 기후 차이가 뚜렷하고 강수량 분포도 산지의 영향이 강하게 반영된다. 또한 강수의 계절적 불균형에 더해 지형적 특성이 복잡하게 얽혀 있어 강수 패턴을 예측하기 매우 어려우며, 평지에서 단순한 비나 눈이 내릴 만한 작은 저기압이라도 산지에서는 심한 폭풍우나 폭풍설이 일어난다(표 1-3 참조).

표 1-3 해발고에 따른 강수량의 변화(단위: mm)

구 분	79m(북강릉)	485m(사기막)	1,157m(선자령)
평균	2.8	3.9	4.7
최대	65.0	76.0	120.5

㈜ 관측시기 2013년 2월 1일~9월 30일[국립산림과학원, 2014]

우리나라와 같은 복잡한 지형에서는 좁은 지역 내에서도 기상의 변이가 크기 때문에 공간적으로 정밀한 기상 정보를 제공할 수 있는 산악기상관측망의 중요성이 높아지고 있다(국립산림과학원, 2022). 산악기상관측망에서 얻은 산림 미기상 자료는 산불이나 산사태와 같은 산림재해 예측력을 향상할 수 있다(그림 1-10 참조).

그림 1-10 산악기상관측망(국립산림과학원 진주산림과학연구시험림)

1·1·6 바람

바람은 태양복사에너지가 열에너지를 거쳐 운동에너지로 전환되는 과정에서 대기압의 차이로 인해 고기압에서 저기압으로 공기가 이동하는 동안 생기는 현상이며, 지면과 대기의 상호작용을 원활하게 하고 온도를 낮추는 역할을 한다.

산악 지역에서는 계곡의 위치나 방위에 따라 온도가 상승하는 정도의 차이가 생겨 하루 중에도 바람 부는 방향이 바뀐다. 산지의 경우 일반적으로 낮에는 경사면 및 골짜기가 태양복사에 의해 가열되고 공기가 가벼워져 상승하기 때문에 산꼭대기로 향하는 골바람(valley wind)이 불고, 밤에는 복사냉각(radiative cooling)에 의해 무거워진 공기가 낮은 곳으로 향하기 때문에 골짜기로 산바람(mountain wind)이 분다(그림 1-11 A · B 참조).

또한 계곡부 사면의 경우 낮 동안 내리쬐는 태양광의 방향이 수직에 가깝기 때문에 사면과 그 위의 공기가 인접한 저지대보다 더 빨리 가열되고 공기의 밀도가 감소하여 공기가 상승하는 활승바람(anabatic wind)이 발생한다(그림 1-11 C 참조). 반면에 밤에는 지표면 부근의 냉각된 공기가 중력에 의해 경사면을 따라 흘러내리는 활강바람(katabatic wind)이 발생한다(그림 1-11 D 참조).

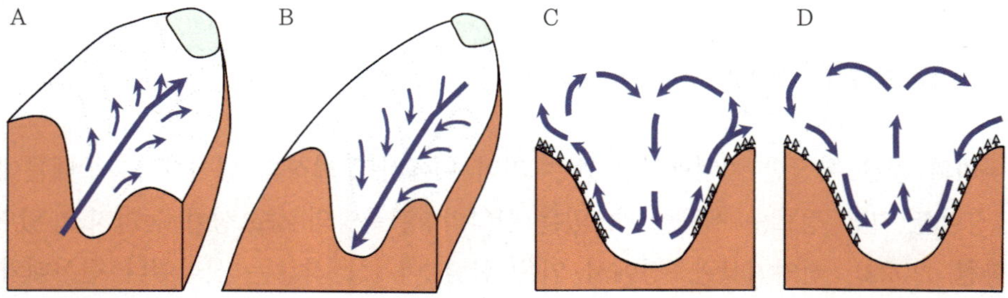

그림 1-11 산지 계곡에서 부는 바람의 방향[Kimmins, 2004]
A: 골바람 B: 산바람 C: 활승바람 D: 활강바람

한편 산림 지역에서 야간 복사냉각에 의해 형성된 찬 공기는 주변 기온을 낮추며, 특히 산복(높은 고도) 부분의 차고 무거운 공기가 아래(낮은 고도)로 흐르는 이류(移流, advection)를 형성하기 때문에 계곡 바닥의 기온이 산기슭보다 낮아지는 기온역전(vertical temperature inversion) 현상이 발생한다(그림 1-12 참조).

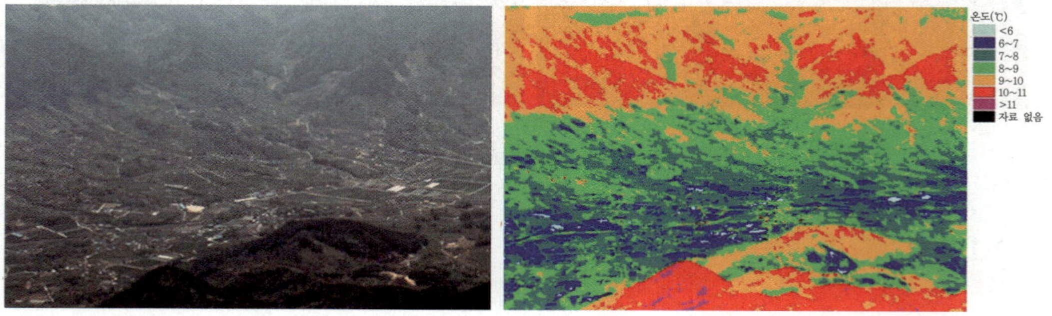

그림 1-12 경남 하동군 악양계곡의 지면 밝기 온도(2011년 5월 17일 05시 20분)[윤진일, 2011]

1·1·7 산림생태계의 바람

산림생태계는 바람과 복잡한 관계를 형성하며, 특히 식생은 대기와 지표면의 연결체로서 지면 가까이 부는 바람의 속도를 늦춰 주므로 하층 식물이 생존할 수 있다(표 1-4 참조). 산림군집의 경우 표면적이 넓은 잎, 가지, 수피 등이 마찰면으로 작용하여 풍속을 효과적으로 줄이고, 난기류를 유발하여 군집 내외부의 에너지, 수분, 이산화탄소를 빠른 속도로 수송하며, 잎 표면의 이산화탄소 부족을 막는 동시에 태양광이 하층까지 투과할 수 있게 한다.

바람에 대한 산림의 저항력은 수종, 임분 밀도, 임분 구조 등에 따라 달라진다. 하층식생이 거의 없는 동령림의 경우 수관층은 풍속이 느린 반면에 지면과 수관 하부에서는 상당한

표 1-4 산림의 풍속 감소 효과

수 종	풍속(km/hr)	감소율(%)
스트로브잣나무	2.4	82
방크스소나무	13.1	72
포플러류	5.3	68
미국솔송나무	3.9	67
폰데로사소나무	9.0	49

[Kimmins, 2004]

바람이 발생한다. 그러나 산림군집이 다층인 경우에는 상부 수관 아래의 모든 높이에서 풍속이 감소할 수 있다. 산림군집에 의한 풍속 감소는 약풍보다 강풍에서 효과적이다. 즉 개활지에서 6km/hr, 50km/hr의 풍속은 산림에서 각각 2km/hr, 7km/hr 정도로 감소한다(Kimmins, 2004).

대부분의 식물은 27~36km/hr의 연속 바람에 의해 잎 크기나 절간 생장이 억제되고, 70km/hr 이상의 연속 바람에는 생장이 크게 감소하여 고사한다(Kimmins, 2004). 바람이 강하게 부는 고산에서 생육하는 수목은 바람을 맞는 쪽 수관의 잎과 눈이 탈락하고 가지가 발달하기 어려워 깃발형 나무(flag-shaped tree, 편형수, 偏形樹)로 자라거나(그림 1-13 참조) 지면을 기듯이 왜성변형수(矮性變形樹, krummholz)로 자라기도 한다. 우리나라 해발 1,550m 이상의 아고산대 교목한계선 상부에서 볼 수 있는 분비나무, 눈잣나무, 사스래나무, 신갈나무 등의 아교목형 왜성변형수는 강풍에 의한 모래, 얼음 알갱이, 눈의 기계적 마찰과 쌓인 눈의 압력, 건조와 한랭 피해, 생리적 스트레스 등이 복합적으로 작용하여 형성된다(공우석, 2000).

그림 1-13 강풍의 영향으로 형성된 깃발형 수관

1·1·8 수분

지구 생태계의 물 수지는 다양한 요소로 구성되어 있으며, 지구의 연간 총강수량은 486,000km^3/yr 정도로 추정하고 있다. 그중 대륙에는 113,000km^3/yr가 강수로 유입되었다가 약 2/3인 73,000km^3/yr는 증발산을 통해 대기로 환원되고 40,000km^3/yr는 지표 유거수나 지하 심층수로 흘러 강과 바다로 간다(그림 1-14 참조).

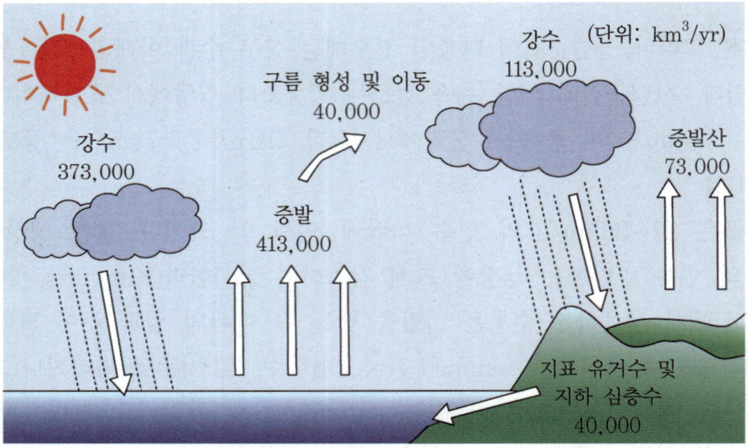

그림 1-14 지구의 물 수지

강수량은 주로 대규모의 지형적 특징에 의해 결정되며, 식생의 특성과 토양의 물리적 성질이 수분 손실의 경로를 바꾸기도 한다. 예를 들면 강수량의 상당 부분은 식생의 수관에서 차단되어 지면에 도달하지 못하고 수관으로부터 증발하거나, 가지 또는 줄기를 타고 흘러 지면에 도달한다(그림 1-15 참조). 수관적하우(수관통과우, throughfall)는 수관의 틈이나 잎 또는 가지로부터 직접 지면에 떨어지는 강수를 말하며 잎의 외관과 밀도에 따라 양이 결정된다. 또한 잎 부분이 젖는 동안 차단된 강수는 증발하거나 가지와 줄기를 타고 흘러 지면에 도달하는 수간류하수(수간류, stemflow)가 된다.

수관적하우와 수간류하수로 지면에 도달하는 강수량은 소규모 공간적 범위에서 토양의 특성을 좌우하며, 수관으로부터 여러 가지 물질이 토양으로 이동하는 수송 경로로서 역할을 한다. 특히 수용성인 칼륨이온은 수간류하수나 수관적하우에 다량 용해될 수 있어 수관으로부터 손실되는 칼륨의 양이 낙엽·낙지로부터 손실되는 양보다 많은 경우도 있다(Ågren & Andersson, 2012).

액상 형태로 지면에 도달한 강수는 토양으로 침투하거나 지면을 따라 계류로 흘러간다. 지표 유거수는 토양의 침투율을 초과할 때에만 발생하며, 강수 침투율은 0.25~250mm/hr로 곳곳의 차이가 크다. 예를 들면 모래가 많은 토양은 점토가 많은 토양보다 침투율이 높고,

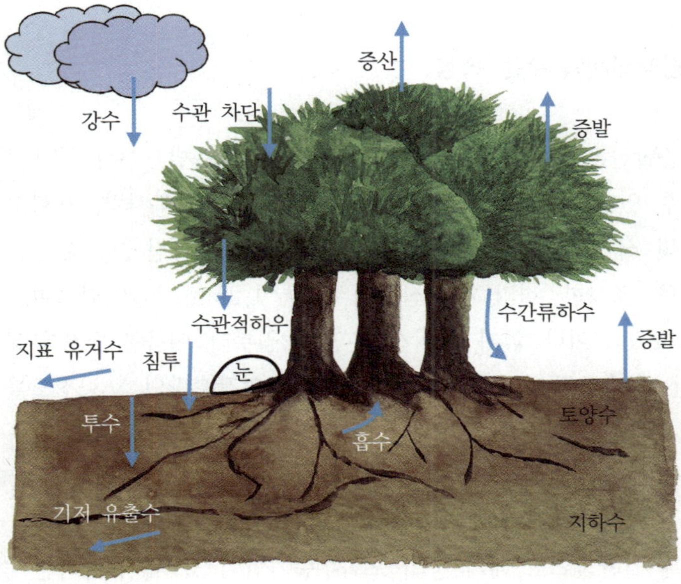

그림 1-15 산림생태계의 수분 이동 경로[Waring & Running, 2007]

지렁이와 같은 토양동물의 이동 과정에서 생긴 공간은 강수 침투율을 크게 높인다. 건조한 토양은 젖은 토양보다 침투율이 높고, 침투율은 강수 시간이 경과함에 따라 감소한다. 한편 식생이나 지표면의 낙엽층은 물의 수평적 이동을 지연시켜 물이 토양에 침투할 기회를 늘린다. 침투한 물은 식생에 의해 흡수된 뒤 증산을 통해 대기로 돌아가고, 일부는 지하수에 유입되거나 지하 유출수로 흘러 하천이나 호소로 빠져나간다. 지면에 도달한 물의 아주 적은 양만이 토양 내 모세관에 저장되었다가 식생에 이용된다.

1·1·9 증발산

증발산(evapotranspiration)은 지구 생태계의 에너지 · 물 · 탄소 순환과 서로 연결되어 있으며, 각각의 정량적 추정치는 생태계의 수분 순환을 이해하는 데 중요하다. 생태계로부터의 물 손실은 주로 증산과 증발을 통해 결정되며 태양복사, 미기후, 식생 구조와 밀접한 관계가 있다. 태양복사 중 잠열(潛熱, latent heat)은 물의 증발에 사용되는 에너지이며 식생의 증산이나 지표 자유수의 직접 증발에 관여한다. 현열(顯熱, sensible heat)은 대기 운동에 의해 운반되는 에너지로 대기의 온도 구배를 따라 확산한다.

현열과 잠열의 비를 보웬비(Bowen ratio)라고 한다. 습윤한 지역은 잠열에 의한 손실이 우세하여 보웬비가 작은 반면에 건조한 환경에서는 보웬비가 크다. 또한 활엽수림에서 임목 생육기간 동안 보웬비가 낮은 현상은 높은 잠열과 낮은 현열 플럭스(flux)가 원인이며, 겨울 동안의 높은 보웬비는 낮은 현열 플럭스에 기인한다(Stoy *et al.*, 2006).

1·1·10 산림생태계의 수문 속성

산림생태계의 증발산은 유기물층이나 토양 표면에서의 증발, 수관 차단 증발, 잎에서의 증산 등으로 나눌 수 있다. 증발산을 조절하는 주요 인자는 순복사량, 포화수증기압, 기공전도도 등이며 계절 및 식생의 영향을 받는다. 경기 파주시 설마천에서 참나무류와 잣나무가 우점한 침활혼효림을 조사한 결과 증발산량이 평균 1.2mm/day이었으며, 식물 생장기간인 5~7월에는 2.2mm/day이나 잎이 떨어진 후인 12월부터 이듬해 2월까지는 0.5mm/day로 감소하여 계절 간 차이가 뚜렷하였고, 총증발산량은 연강수량의 1/3 정도를 차지하였다(권효정 등, 2009).

산림식생에 의한 증발산은 여름철 기온 강하에 효과적이어서 침엽수나 활엽수 군락지 모두 평균기온이 도시 지역에 비해 낮게 나타난다(표 1-5 참조). 기화열로 식물 내부의 온도를 떨어뜨리는 증발산은 일반적으로 대기 중의 포화수증기압이 클 때 증가하는 경향을 보이며, 여름철 낮 동안 산림식생은 기공개폐를 통해 증산량의 조절에 관여한다. 한편 식생군락 상부와 하부의 온도 차는 수관에 의한 일사 차단 효과와 누적증발산량의 증가에 기인한다.

표 1-5 경기 광릉 침엽수 군락, 활엽수 군락, 도시 지역(포천시)의 여름철 최고 · 최저 · 평균 기온

측정 시기	기온 (℃)	활엽수 군락 상부 (40m)	활엽수 군락 하부 (1m)	침엽수 군락 상부 (40m)	침엽수 군락 하부 (1m)	포천시 AWC (1.9m)
2016년 6~8월	최고	33.5	32.0	33.7	31.1	35.3
	최저	15.3	14.6	12.5	10.8	10.8
	평균	24.0	22.8	23.1	22.4	24.5
2017년 6~8월	최고	33.1	30.8	33.5	30.9	34.7
	최저	13.4	12.3	10.5	8.9	9.8
	평균	23.6	22.6	22.9	22.1	24.1

㈜ AWC: 방재기상관측소[이호진 등, 2018]

강우 발생 시 강수량의 일부는 식생의 수관부에서 차단되어 대기로 증발하며 강우 강도나 분포, 기상 조건, 산림군집의 구조적 특성에 따라 변화한다. 수관차단손실량은 총강우량으로부터 수관적하우와 수간류하수를 뺀 값을 뜻한다. 산림생태계의 연간 차단손실량은 식생군집에 따라 다르지만 침엽수 임분은 총강우량의 25~50%, 활엽수 임분은 총강우량의 10~28%로 알려져 있다(표 1-6 참조). 일반적으로 침엽수 임분은 활엽수 임분에 비해 엽면적지수(leaf area index, LAI)가 크고 사계절 잎을 달고 있는 특성 때문에 비와 눈을 더 많이 차단한다.

표 1-6 산림 지역의 임분 형태에 따른 강우의 수관차단손실량

임 분	강수량 (mm)	강우강도 (mm/hr)	수관적하우 (mm)	차단손실량 (mm)	차단율 (%)
혼효림	1,733.2	6.7	1,312.6 (75.8%)*	321.4	18.5
침엽수림	1,477.3	6.0	945.2 (64.0%)	481.5	32.6
활엽수림	1,172.4	6.2	758.7 (64.7%)	341.5	29.1

㊟ * 괄호 안의 값은 전체 강우에 대한 비율[Kim *et al.*, 2012]

산림에서 솎아베기(간벌, 間伐, thinning)를 실시할 경우 상층 임관의 일부가 제거됨으로써 수관에 의한 강우의 차단손실량에 변화가 발생한다(표 1-7 참조). 차단율은 솎아베기 강도와 밀접한 관련이 있으며, 잣나무나 전나무 같은 침엽수 임분은 솎아베기 실행 후 차단율이 10% 정도 감소한다.

임분 형태에 따른 계류 유출량의 경우 미국 노스캐롤라이나주 코위타(Coweeta) 유역에서 조사한 결과에 따르면 활엽수림에서 연강수량 2,160mm 중 차단손실량이 145mm, 증산량이

표 1-7 솎아베기를 실시한 임분의 강우 차단손실량의 변화

수 종	처 리	수관적하우 (mm)	수간류하수 (mm)	차단손실량 (mm)	차단율 (%)	강우량 (mm)
잣나무	대조구	85.8	6.5	74.0	44.6	166.0
	간벌구	100.2	7.5	58.3	35.1	
전나무	대조구	90.1	7.8	68.1	41.0	
	간벌구	104.8	8.2	53.0	31.9	

[Kim *et al.*, 2012]

그림 1-16 산림 유역의 유출량 측정 시설(국립산림과학원 진주산림과학연구시험림)

200mm/yr로 관측되어 강수량의 약 84%인 1,800mm/yr가 계류로 유출되었다. 반면에 동일 지역에 위치한 스트로브잣나무 조림지에서는 280mm/yr의 차단손실량과 420mm/yr의 증산손실로 총증발산은 강수량의 약 30%인 700mm으로 관측되어 연간 1,460mm가 계류로 유출되었다(Ford *et al.*, 2011). 참고로 산림 내로 유입된 강수가 계류를 통해 유출되는 양은 V-형 웨어(weir)를 설치하여 관측할 수 있다(그림 1-16 참조).

1·2 지형

1·2·1 지형 형성 및 구분

지표는 기반암을 이루는 암석 및 암설의 풍화와 이 과정에서 공급된 각종 풍화 산물의 운반 · 침식 · 퇴적 작용을 거치면서 다양한 형태의 지형(地形, topography)을 형성한다(이광률, 2014). 지형은 지표에서 나타나는 각종 생태 현상을 결정하는 주요 요인이며, 구조적 인자(지형, 토양), 순환적 인자(물, 공기), 생물적 인자(식물, 동물) 등 세 가지 인자가 동적으로 상호작용하여 서로 다른 인자에 영향을 끼치며 지형이 발달한다(박수진, 2004).

순환적 인자가 지표면에서 장기적으로 지형 및 토양의 형태를 결정하지만 생물적 인자도 직간접적인 영향을 끼친다. 예를 들면 지표면 전역에 걸쳐 발생하는 순환적 인자인 물은 침식 및 운송 수단으로서 개별 지형의 형성에 직간접적인 영향을 미치고, 지표에 대한 기상학적 영향뿐만 아니라 생물의 활동에 필요한 영양분도 공급한다. 또한 지표수의 흐름 및 지표물질의 운반 등과 관련하여 지표의 형태나 지표를 피복하고 있는 토양의 구조적 요소가 물과 각종 물질의 공간적인 이동 경로와 양을 결정하며 식생의 공간적 분포에 많은 영향을 끼친다. 한 지점에서 나타난 지화학적 · 수문학적 · 생태학적 작용과 지형의 연관성을 효과적으로 읽어 내고 물질, 물, 에너지의 흐름을 정량화하여 해당 지점의 지형적 특성을 파악하는 일은 생태계의 구조와 기능을 이해하는 데 중요하다.

지형을 분류하는 방법에는 지형의 형태와 형성 작용을 중시하여 형성 시기와 구성 물질 등에 따라 분류하는 성인적 분류법(generic classification), 그리고 경사, 고도, 곡면율과 같은 지형상에서 추출한 정보로 지형을 분류하는 형태적 분류법(morphometric classification)이 있다(박수진, 2004). 지형의 공간적인 범위는 지역(regional) 규모 200~2,000km, 경관(landscape) 규모 10~200km, 지방(local) 규모 1~10km이며 대륙 규모부터 0.1ha의 작은 공간 규모까지 다양한 척도로 나타낸다.

지형 발달에 있어서 경사 형태에 따라 볼록(상승)사면, 직선(평행)사면, 오목(하강)사면으로 사면의 유형을 나눈다. 또한 우리나라 산림 지역의 지형은 평탄지, 구릉지, 산지로 구분하고 사면의 위치에 따라 산정, 산복, 산록, 계곡 등으로 구분한다(표 1-8 참조). 산정부의 평탄면에서는 주로 잔적토가 발달하고 침식과 사면 운동으로 인해 물질의 순유출이 발생한다. 산복부의 중앙부에 나타나는 직선사면의 경우 물질의 유출이 우세한 상부 사면과 물질의 유입이 우세한 하부 사면의 중간에 위치하여 침식, 산사태, 포행, 토양층 내부에서의 물질 이동 등이 발생하고, 상부 사면으로부터의 유입량과 하부 사면으로의 유출량이 균형을 이루어 평행한 형태의 사면이 만들어진다. 산록부에서는 지형적으로 지면의 사면 운동이나 퇴적 등에 의해 물질이 축적될 수 있다.

표 1-8 산림 지역의 지형 구분 및 사면 위치 기준

구 분		기 준
지형	평탄지	경사도 5° 미만의 평탄한 지역(주로 평야 지대에 분포)
	구릉지	경사도 5~10°의 낮은 산지이며 주로 평탄지 주위와 산지 전면에 위치하여 산지와 평탄지 간의 전이적인 지형
	산지	고산지 주변, 산맥의 줄기 등 연속된 산지의 일부이며 단일 사면의 경사 길이가 500m 이상인 지형
사면 위치	산정	구릉지 및 산지의 8부 능선 이상의 경사면
	산복	구릉지 및 산지의 4~7부 능선의 경사면
	산록	구릉지와 산지의 사면 하단부에 위치하며 주로 경작지에 연접한 3부 능선 이하의 경사면
	계곡	산록과 산록 간의 계간

[국립산림과학원, 2012]

지형의 위치나 요인은 미기후뿐만 아니라 토양 수분, 토성, 통기성, 양분 유효도와 같은 토양의 물리·화학적 특성과 밀접한 관련이 있다. 지형의 위치는 산림 생산력에 영향을 끼쳐 산록이 산정에 비해 산림 생산력이 높게 나타난다. 또한 산림생태계에서 식생에 의해 나타나는 지형학적 기능의 경우 수관의 강수 차단이나 증산을 통해 생태계의 수분 순환에 기여한다. 지면의 낙엽은 강우를 차단하여 토양이 받는 침식 에너지를 경감하고, 토양 유기물의 증가는 물 저장 능력, 침투율 및 투수율을 증진하여 식생의 생육을 촉진한다. 뿌리는 토양입자를 결합하여 지면의 침식을 억제하고, 지상부의 바이오매스는 지표면 미지형(microtopography)의 형성에 기여한다. 특히 산림식생의 공간적 분포는 고도 및 사면향과 같은 지형 인자, 기온 및 강수량과 같은 기후 인자, 토양 수분 함량과 같은 수문 인자 등의 여러 자연환경 인자와 밀접한 관련이 있기 때문에 동일한 고도 또는 사면향에서도 식생종이나 군락 분포(그림 1-17 참조) 및 산림 생산력이 다르게 나타난다.

그림 1-17 지형에 따른 굴참나무 임분(계곡)과 소나무 임분(산복)의 분포

1·2·2 경사

사면 발달의 결과인 경사는 토양침식, 식생 분포, 인간의 토지이용 등과 관련이 깊은 주요 지형 인자이다. 지형은 기반암으로부터 시작되기 때문에 지형 발달 시 암석의 풍화에 대한 저항력, 물리 · 화학적 특성이 반영되어 지형의 기복과 경사도가 정해지기도 한다.

우리나라의 경우 화강암 지대의 산지는 노출된 암괴의 풍화가 단열(斷裂, frature) 면을 따라 제한적으로 이루어져 기복이 심하고 높은 산악 지형을 형성한 곳이 많다. 그러나 편암 및 편마암 지대는 암괴의 노출 없이 일정한 두께의 풍화 산물로 덮여 있고 일정한 사면 경사를 유지한다. 석회암, 사암, 이암과 같은 퇴적암 지대는 초기 풍화가 용이하여 단열이나 절리(節理, joint)를 따라 풍화 산물이 쉽게 형성되지만 표층 풍화에 그치고 사면을 따라 풍화 산물이 빠르게 제거되므로 급경사면을 이루는 경향이 있다.

경사가 심하면 심할수록 경사지의 표면적이 수평지의 표면적보다 넓어진다. 이와 같은 이유로 적절한 경사의 양호한 입지는 평탄한 지역에 비해 단위면적당 임목 밀도가 높거나 산림 생산력이 높다. 그러나 경사가 심할수록 완만한 경사지보다 물, 눈, 토양 등의 이동이 급속할 수 있어서 침식, 눈사태, 산사태 등의 위험이 높아지며, 이상재가 형성되어 목재의 질이 저하할 수 있다(그림 1-18 참조).

그림 1-18 경사지에서 생육 중인 편백(압축이상재, A)과 백합나무(신장이상재, B)의 만곡된 수간

우리나라에서는 산림 내 경사를 평탄지 5° 미만, 완경사지 5~15°, 경사지 16~20°, 급경사지 21~25°, 험준지 26~30°, 절험지 31° 이상 등 여섯 단계로 구분하고 있다(국립산림과학원, 2012). 사면 경사에 따른 식생 분포를 보면 소나무는 15°, 참나무류는 28° 부근의 경사에서 가장 높은 출현 빈도를 나타낸다(그림 1-19 A 참조). 이는 해발고가 높아 급경사를 이루는 산정 부근에 신갈나무와 같은 참나무류가 우점하기 때문이다(그림 1-19 B 참조).

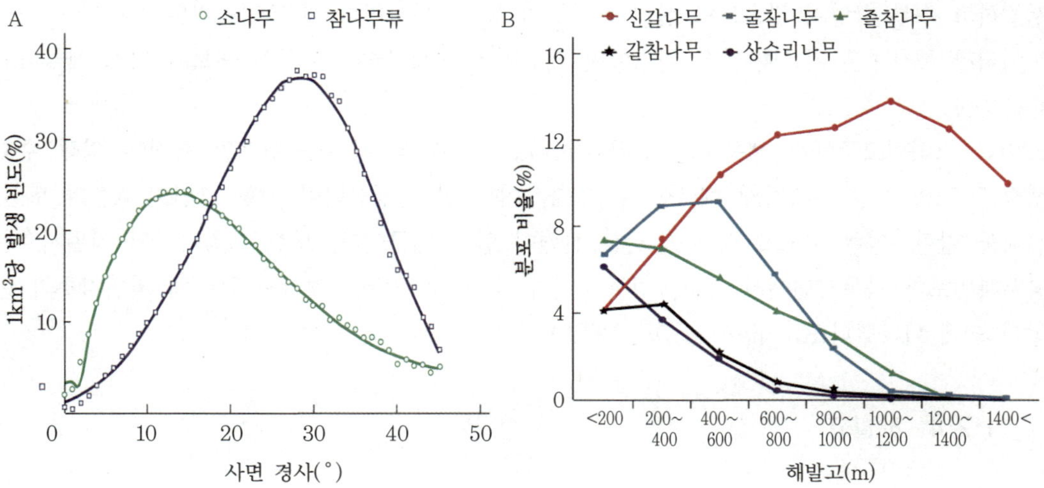

그림 1-19 경사에 따른 소나무와 참나무류의 발생 빈도(A) 및 참나무류의 해발고별 분포(B) [이종수 등, 2006; 한국임업진흥원, 2013]

1·2·3 방위

국지적으로 다양한 경사, 방위와 함께 지형이 복잡한 경우가 많고 그 결과 생물상이나 생태계의 기능에 뚜렷한 차이가 발생하기 때문에 사면의 방위는 중요한 의미를 지닌다. 사면 방위는 지표면에 도달하는 태양복사와 직접적인 관계가 있으며 대기나 토양 온도, 강수량, 토양 수분 함량 등의 차이를 가져와 식생의 생장과 발달에 큰 영향을 끼친다.

북반구 온대 지역에서는 하루 중 가장 고온인 시간 동안 태양이 남쪽에 있으므로 남사면이 다른 사면보다 태양광을 많이 받는다(그림 1-20 참조). 이에 따라 남 · 남서 · 남동 사면은 온도가 높고 건조하여 산림 생산력이 낮은 반면에 북사면은 태양복사가 적게 유입됨으로써

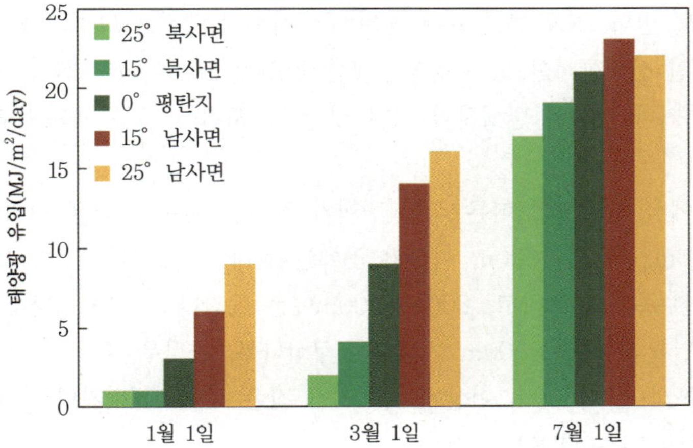

그림 1-20 북반구의 방위에 따른 태양광의 일중 유입량[Binkley, 2021]

서늘하고 수분 함량이 많으므로 산림 생산력이 높다. 동사면과 서사면은 거의 유사한 특성을 보이지만 동사면은 기온이 낮은 아침에만 태양광에 직접 노출되어 서사면보다 다소 서늘하고 습윤하다.

미국 오하이오주에서 생육하는 흑참나무(black oak)의 경우 지형적인 특징에 의해 수고 생장을 75% 이상 정확하게 예측할 수 있다. 이는 산림 생산력이 지형 요인인 A층의 토심, 유기물 함량, 양분 유효도 등과 밀접한 관련이 있기 때문이다. 또한 흑참나무의 지위지수는 남서사면보다 북동사면에서 높고, 경사가 심한 지역이 완만한 경사지에 비해 지위지수의 변동이 크게 나타났다(Kashian *et al.*, 2023).

1·2·4 해발고

지구 표면의 25% 이상은 해발고 300m 이상의 산악 지형이다. 다양하고 복합적인 환경 변화를 보이는 이들 지역은 생물의 종다양성뿐만 아니라 수자원 공급을 비롯하여 인간의 생활에도 많은 영향을 끼친다(Körner, 2007). 해발고가 상승함에 따라 기후와 같은 환경조건이 변화하며 각각의 환경에 적응하고 진화한 다양한 생물상이 존재한다. 특정 지역이나 지형의 해발고는 기후와 함께 식물의 정착과 생장에 제한요인으로 작용한다.

해발고에 따른 기후 인자는 위도, 방위, 경사도 등에 따라 달라지지만, 특정 입지의 기후 요인에 관한 정보가 없을 경우 해발고가 식물의 분포 및 생육 효과를 판정하는 중대한 지표가 된다(그림 1-21 참조). 즉 해발고는 유사한 지형의 산악 지역이나 고위도와 저위도의 식생을 비교할 때 중요하다. 예를 들면 계류를 따라 분포하는 산림식생의 경우 높은 해발고와 낮은 해발고 사이에 현저한 차이가 있다.

해발고는 산림생태계의 종 구성, 생장률, 생산력, 형태적 특성 등 여러 가지 측면에 영향을 미친다. 해발고가 낮은 산지에서는 상록활엽수와 낙엽활엽수가 혼효하지만 해발고가 높아지면서 낙엽활엽수가 주로 분포하고, 해발고가 가장 높은 곳에서는 상록침엽수 또는 낙엽활엽수가 혼효하기도 한다. 또한 해발고가 높은 곳에서는 상업적으로 가치가 있는 재목을 생산할 수 있는 한계인 산림한계선 또는 용재한계선(timber line)이 분포한다. 산림한계선은, 기온이 낮고 건조하거나 강풍이 발생하며 지형 및 토양 조건이 임목 생육에 적당하지 않은 곳에서 나타난다.

우리나라 산림에서 해발고에 따른 식생 변화가 잘 나타나는 지역은 한라산(해발 1,950m)이다. 남사면 700m, 북사면 600m 이하인 곳에는 녹나무, 후박나무, 가시나무류, 동백나무 등 난대 상록활엽수종이 분포하고, 600~1,300m에는 졸참나무, 개서어나무, 서어나무, 단풍나무 등 온대 낙엽활엽수종, 1,500m 이상에는 구상나무, 소나무, 주목, 전나무, 분비나무 등 침엽수림대가 분포하며, 1,800m 이상에서는 키가 작은 주목, 개비자나무, 시로미, 눈향나무 등이 자란다(그림 1-21 A 참조).

우리나라 온대 북부 천연림의 경우 사면에 따른 태양복사나 기후 요인으로 인해 정상 부근에서는 신갈나무가 우점하고 해발고가 낮은 곳의 동사면에는 서어나무와 소나무가, 서사면에는 층층나무가 주로 분포한다(그림 1-21 B 참조).

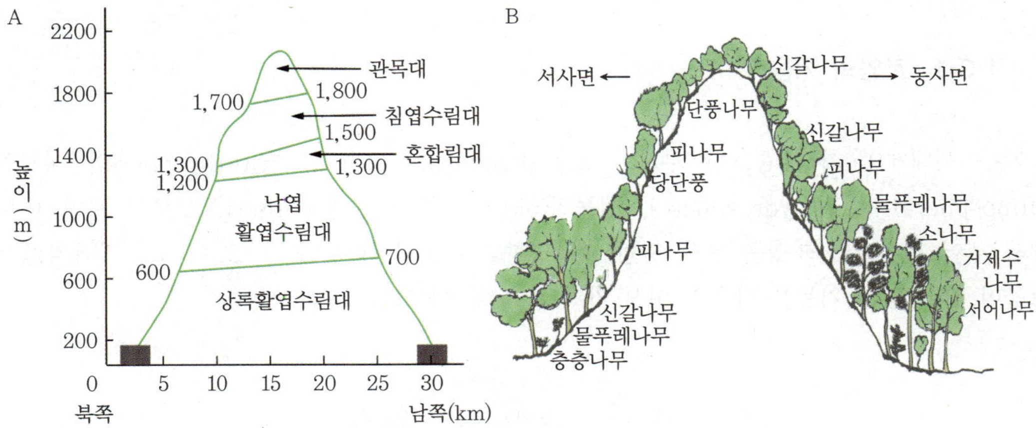

그림 1-21 해발고 및 사면에 따른 한라산의 산림대 분포(A)와 온대 북부 천연림의 식생 분포(B) [국립산림과학원, 2012]

임목의 생장에 영향을 끼칠 수 있는 대부분의 환경요인은 해발고에 따라 다양하게 변화하며, 천연림이나 조림지에서는 해발고가 높아짐에 따라 산림 생산력이 감소한다. 이는 임목 생장에 가장 큰 영향을 끼치는 환경요인인 기온이 해발고가 100m 상승할 때마다 0.56~0.62℃씩 하강하면서 식물의 광합성, 호흡, 세포 신장이나 줄기 생장이 감소하기 때문이다. 기온 변화 외에도 임목 생장기간이 줄고 풍속이 증가하기 때문에(표 1-9 참조) 식물 조직의 온도 저하, 기공개폐, 광합성 및 강풍에 의한 물리적 손상 등의 영향으로 산림 생산력이 떨어질 수 있다. 또한 해발고가 높은 곳에서는 구름, 대기압 감소, 자외선 증가 등으로 인해 임목 생육이 감소할 수 있으며, 해발고 상승에 따른 토양 온도, 양분 유효도, 동절기 토양수분 상태와 같은 토양 환경의 변화도 산림 생산력 감소의 원인이 된다.

표 1-9 해발고에 따른 풍속의 변화(단위: m/sec)

구 분	79m(북강릉)		485m(사기막)		1,157m(선자령)	
	평균 풍속	최대 풍속	평균 풍속	최대 풍속	평균 풍속	최대 풍속
평균	2.0	5.0	1.6	5.7	7.9	15.5
최대	5.6	13.4	4.4	21.9	21.8	38.0
최소	0.8	1.6	0.1	1.4	1.6	3.7

㈜ 관측시기 2013년 2월 1일~9월 30일[국립산림과학원, 2014]

1·3 토양

1·3·1 토양의 기능

지구 생태계의 가장 중요한 부분인 토양권(pedosphere)은 암석권(lithosphere), 대기권(atmosphere), 수권(hydrosphere), 생물권(biosphere)의 연결체(interface)로서 토양 내부에서 일어나는 여러 과정을 통해 광범위한 영향을 주고받는다(그림 1-22 참조). 생태계에서 토양이 맡고 있는 기능은 다음의 여섯 가지로 구분한다(그림 1-23 참조).

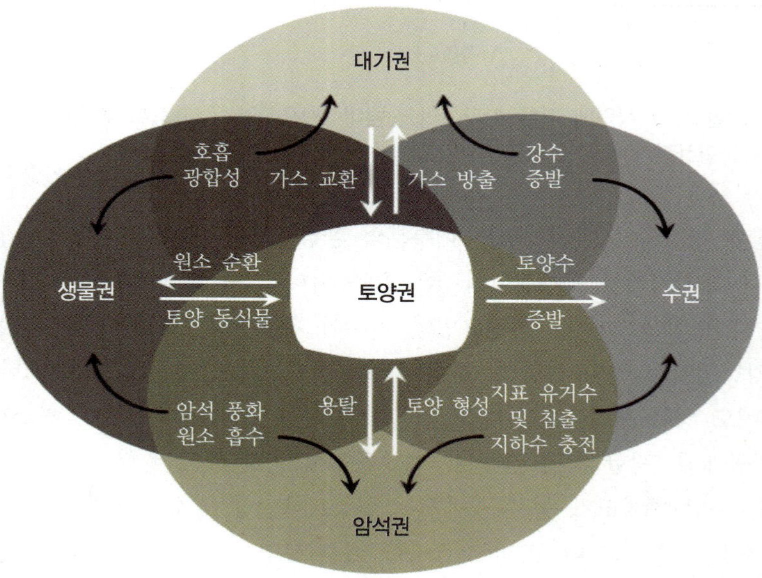

그림 1-22 대기권, 수권, 생물권, 암석권의 연결체인 토양권[Needelman, 2013]

첫째, 토양은 식물 생장을 지원하는 배지로서 뿌리로의 양분 공급, 물리적 지탱, 공기 수송, 극단적인 온도나 기후 조건에서의 완충 역할, 양분의 운반 통로, 독성물질로부터의 식물 보호 등 다양한 역할을 한다. 식물의 뿌리는 양분 흡수나 생리 · 대사 활동을 위한 에너지를 필요로 하며 에너지는 호흡을 통해 얻을 수 있기 때문에 산소 공급과 이산화탄소 방출이 충분하려면 토양 내 환기 및 통기가 잘되어야 한다. 또한 토양 내에는 다양한 크기의 공극이 있어 식물의 광합성, 세포 팽압, 양분 수송 등에 필요한 수분과 산소를 공급한다. 토양이 물을 보유할 수 있는 능력은 강수가 발생하지 않는 기간 동안 식물의 생존을 가능하게 하며, 비열과 융해율이 높은 물은 토양의 열적 성질을 결정하기도 한다.

둘째, 토양은 고등식물, 곰팡이, 곤충, 미생물을 비롯한 토양생물의 서식처이다. 토양은 산도, 통기성, 무산소 조건과 같은 물리 · 화학적 환경이 다양하며 그 결과 토양에서 발견되는 생명체도 거대한 다양성을 보인다.

셋째, 토양생물은 소비자이자 분해자의 역할을 한다. 생태계에서 발생한 유기성 폐자원을 분해하고 에너지원이나 양분으로 재순환하여 식물 생육에 필수적인 양분을 제공한다.

넷째, 토양은 물을 공급하고 정화하는 기능을 한다. 토양층 내부에 물을 저장해 두었다가 내보내거나 양이온 및 음이온 흡착과 같은 과정을 통해 물속 오염물질을 제거한다.

다섯째, 토양은 대기와 생태계 사이의 가스 교환에 중요한 역할을 한다. 이산화탄소나 질소산화물과 같은 가스를 대기로 방출하며, 특별한 조건에서는 메탄과 같은 가스가 토양층으로 흡수되기도 한다. 통기성이 양호한 토양은 식물 생장에 유해한 가스로부터 뿌리를 보호하고 독성물질의 생성을 억제할 뿐만 아니라 유기화합물의 분해를 촉진하는 역할도 한다.

여섯째, 토양은 여러 건축자재의 재료, 도로 및 건물과 같은 구조물의 기초로 이용된다.

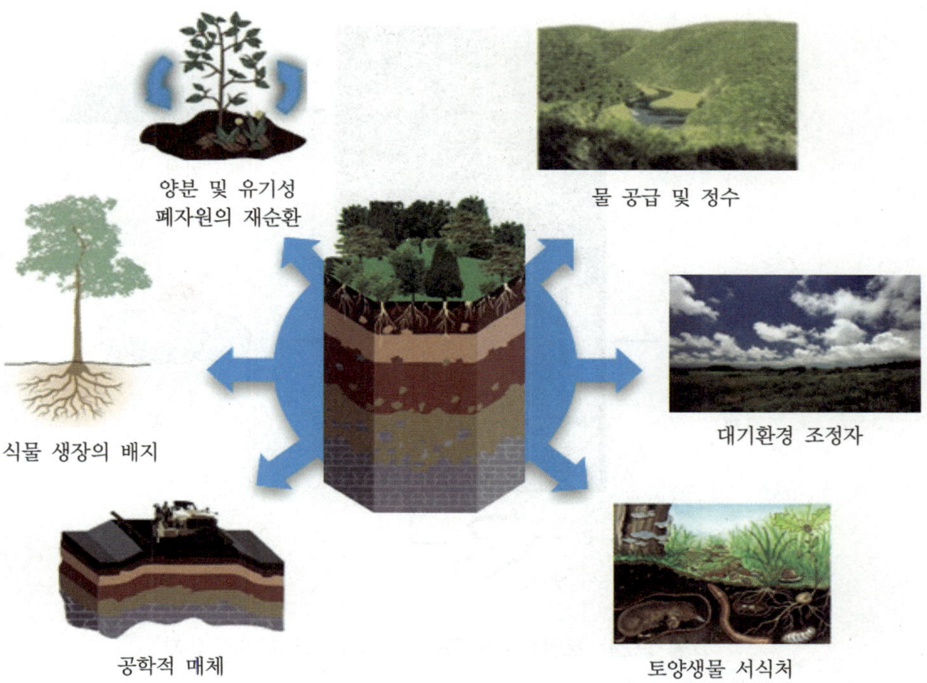

그림 1-23 생태계에서 토양이 하는 여섯 가지 기능[Needelman, 2013]

1·3·2 토양생성 인자

토양은 모재, 기후, 지형, 생물, 시간 등 다섯 가지 토양생성 인자의 다양한 조합에 의해 발달하고(그림 1-24 참조), 시간 경과와 함께 모재에 작용하는 지형 요인에 의해 변형되며, 기후 요인과 생명체의 복합적인 영향으로부터 유래한 특성을 지니고 있는 동적 자연체(natural body)라고 정의한다. 모재(母材, parent material)는 토양생성에 작용하는 기질이며, 유기질 토양(Histosols) 등 일부 특수한 토양을 제외한 모든 토양 모재는 지각변동, 융기 및 침식 등에 의해 지표에 노출되고 물리 · 화학 · 생물적 풍화작용을 거쳐 생성된 광물질로 구성되어 있다. 토성, 토양광물 조성, 토양층위 발달 등은 모재의 영향을 주로 받는다. 토양 모재인 암석은 토양의 물리 · 화학적 특성을 결정하며, 토양생성 인자 중 하나인 지형의 형성에 영향을 끼친다. 지형은 강수 유입 형태, 수분 보유 능력, 경사도에 따른 토양유실, 토양 용액 내 물질의 이동 방향, 토양침식 및 배수와 밀접한 관련이 있으며 식생의 성립과도 관계가 깊다.

토양생성에 가장 큰 역할을 하는 생물은 식생이다. 수목과 초본의 낙엽 · 낙지, 토양 내 뿌리 등은 토양 유기물 공급원이며 토양생성 작용뿐만 아니라 토양단면의 발달에도 영향을 끼친다. 동일한 조건의 토양이라도 토양 성숙의 정도를 나타내는 토양단면의 발달은 시간이 경과함에 따라 다르게 나타난다.

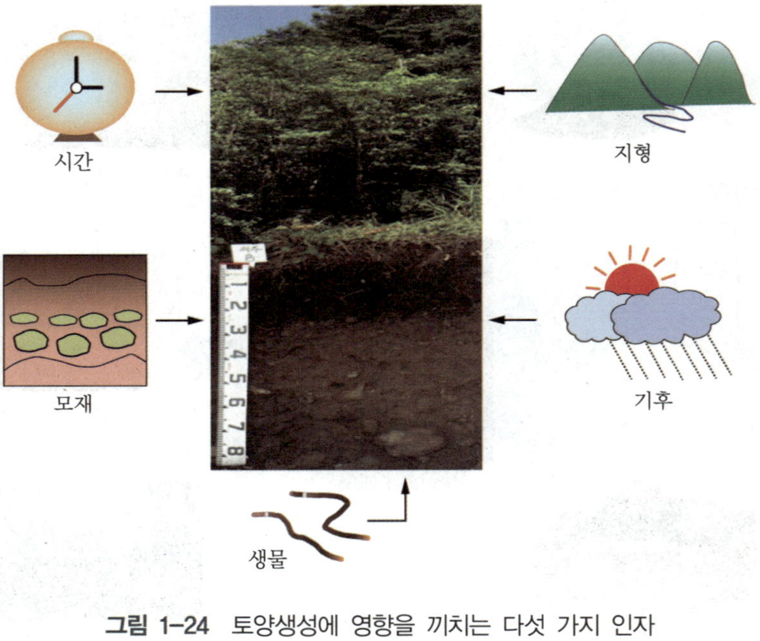

그림 1-24 토양생성에 영향을 끼치는 다섯 가지 인자

1·3·3 토양의 물리적 속성

[1] 토양입자 및 구조

토양은 무기물, 유기물, 공기, 수분, 생물 등으로 구성된 3차원체이며, 광물질 토양과 유기질 토양으로 크게 구분한다. 광물질 토양은 화학적 조성이 다른 여러 암석으로부터 유래하고 자갈, 돌, 모래, 미사, 점토 등으로 구성되며, 입경의 크기가 작을수록 토양의 특성 및 반응에 미치는 영향이 크다(표 1-10 참조). 유기질 토양은 식물체 분해에 따른 유기성 잔재나

분해가 잘 진행된 부식 등을 포함한다. 광물질 토양에도 다양한 무기질과 유기질이 혼합되어 있기 때문에 광물질 토양과 유기질 토양의 경계가 항상 분명하지는 않다.

표 1-10 토양입자의 크기에 따른 특성 및 반응

구 분	모 래	미 사	점 토
입자 지름(mm)	2.0~0.05	0.05~0.002	<0.002
관측 수단	육안	현미경	전자현미경
수분 보유 능력	낮음	중간~높음	높음
통기성	양호	중간	불량
배수율	높음	낮음~중간	매우 낮음
토양 유기물 수준	낮음	중간~높음	높음~중간
유기물 분해속도	빠름	중간	느림
답압 용이성	낮음	중간	높음
침식 민감도(바람)	중간(세사는 높음)	높음	낮음
침식 민감도(물)	낮음	높음	입단일 때 낮음
오염물질 용출 잠재도	높음	중간	낮음
식물 양분 저장 능력	불량	중간~높음	높음
pH 완충력	낮음	중간	높음

[Weil & Brady, 2017]

토양입자의 크기에 따른 전통적 분류에서는 토양을 모래, 미사, 점토로 분류한다. 광물질 입자 크기의 점진적인 변화는 물리·화학적 풍화작용을 통해 1차광물(primary mineral)이 2차광물(secondary mineral)로 변형되는 과정에서 발생한다. 크기가 0.001mm 이하인 2차광물을 콜로이드(colloid)라고 하며 흡착, 촉매, 침전, 미생물 군집화 활성 등에 중요한 역할을 한다. 또한 콜로이드 표면은 전하를 띠고 있어 이온을 끌어당길 수 있으며 토양 수분 함량, 토양 pH 등에 영향을 끼친다. 토양은 공기나 수분이 점유하는 여러 크기의 공극계로 구성되며, 토양 수분의 이동·저장 및 식물 뿌리의 발달과 밀접한 관계가 있다.

토양구조는 입단을 형성할 수 있는 토양의 능력에 따라 구형(입상, 단립), 판형, 괴상형(각괴상, 아각괴상), 주형(원주형, 각주상) 등 여러 가지 형태로 나타난다(그림 1-25 참조). 토

그림 1-25 토양의 구조(A: 입상, B: 아각괴상, C: 각괴상)

양구조는 토양의 동결 · 해동, 건조 · 습윤, 팽창 · 수축과 같은 토양에 작용하는 힘이나 뿌리의 통과, 토양동물 · 곰팡이 · 세균의 활동과 같은 여러 과정을 거쳐 형성된다.

2 토양 공기

토양 공기는 토양 내에서 일어나는 여러 가지 생물 · 화학적 과정에 필수적이며 뿌리의 분포, 뿌리의 호흡과 양분 흡수, 토양생물 등은 토양 공기의 양과 구성에 직접적으로 관여한다. 토양 공기의 구성은 주로 토양생물의 활동이나 토양 공기와 대기 사이의 교환에 의해 결정된다.

토양에서 발생하는 여러 가지 과정은 산소 소모와 이산화탄소 생성을 수반하기 때문에 CO_2/O_2 지수가 대기보다 토양 공기에서 높다. 비록 생태계나 계절에 따라 상당한 변이가 있지만 토양과 대기 사이의 가스 교환은 생물적 활동과 확산 과정의 결과이다. 만약 토양 공기의 용적비가 10% 이하로 줄어들면 뿌리 기능이 방해를 받으며, 식물은 이러한 상황에 적응하기 위해 고유한 형태적 특성을 띠는 경우가 있다.

3 토양의 밀도 및 공극

자연 상태의 토양 밀도는 건조토양의 무게를 부피로 나눈 값이며 이때 무기질 입자 및 유기물을 모두 포함한다. 토양 밀도는 입자밀도와 용적밀도로 구분한다. 입자밀도(particle density)는 공극을 고려하지 않은 입자만의 밀도로 2.6~2.75g/cm^{3}에 분포한다. 용적밀도(bulk density)는 공기와 일부 수분을 포함한 용적비로 일정 부피 내 건조토양의 무게를 나눈 값이다. 용적밀도가 증가하면 공극률은 감소한다.

토양에서 고체 입자를 제외한 부분으로 공기와 물이 채워져 있는 공간을 공극(pore space)이라고 한다. 공극 내 공기와 물의 구성비는 항상 변하며, 건조토양 내의 공간은 대부분 공기가 차 있고 습한 토양에는 수분이 많다. 입자가 거친 토양은 공극이 크지만 점토가 많은 토양보다 총공극량은 적다. 이는 입단화 구조를 보이는 점토의 경우 모래보다 공극량이 많아 단위부피당 무게도 가볍기 때문이다.

공극은 모세관공극(capillary pore, micropore)과 비모세관공극(noncapillary pore, macropore)으로 구분한다. 모세관공극이 많은 토양은 수분 보유력이 높지만 침투 속도가 느리고, 비모세관공극이 많은 토양은 통기성이 좋고 침투 속도가 빠르지만 수분 보유력이 낮다.

4 토양수

토양 내 유효수분의 함량은 식물의 생산력 수준을 결정하며 기후 요인과 함수관계가 있다. 만약 강수량이 증발산량보다 많으면 물은 토양층 하부로 이동하고, 증발산량보다 강수량이 적을 경우 수분은 토양층 상부로 이동하여 토양단면의 발달에 중요한 역할을 한다. 토양수는 순수한 물 외에도 용존 유기물이나 무기 성분이 용해되어 있어서 토양용액(soil solution)이라고 하며, 식물의 뿌리에 칼슘, 칼륨, 질소, 인과 같은 양분을 제공한다. 토양용액은 토양입자, 유기물, 점토입자 등의 표면에 흡착된 양이온·음이온의 계속적인 교환이 일어나기 때문에 동적인 특성을 보인다.

토양수는 크게 중력수, 모세관수, 흡습수 등의 세 가지로 구분한다. 중력수(gravitational water)는 토양의 비모세관공극을 따라 중력에 의해 자유롭게 이동하는 수분을 말하며, 보통 토양 내에 일시적으로 저장되었다가 측방 또는 하층으로 이동하여 지하수위에 도달한다. 모세관수(capillary water)는 식물 생장에 가장 유효한 수분이며, 모세관수의 결핍은 토양 표면의 증발 정도나 식생에 따라 다르게 나타난다. 흡습수(hygroscopic water)는 모세관수가 제거된 후 토양입자 사이에 얇은 막을 형성하며 단단하게 결합되어 있으므로 임목 생장에는 유효하지 않다.

토양 공극이 물로 완전히 포화되어 있을 때의 토양 내 수분량을 최대용수량이라고 한다. 중력에 의해 토양층 하부로 수분이 이동하여 수분퍼텐셜이 −10~−30kPa일 때에는 포장용수량(field capacity)이라고 하며, 수분퍼텐셜이 −1,500kPa 이하일 때에는 영구위조점(permanent wilting point) 단계라고 한다(그림 1−26 A 참조). 포장용수량과 영구위조점 사이의 수분량을 식물유효수분이라고 하며, 양토 계열 토성의 식물유효수분 함량이 다른 토성급에 비해 높다(그림 1−26 B 참조).

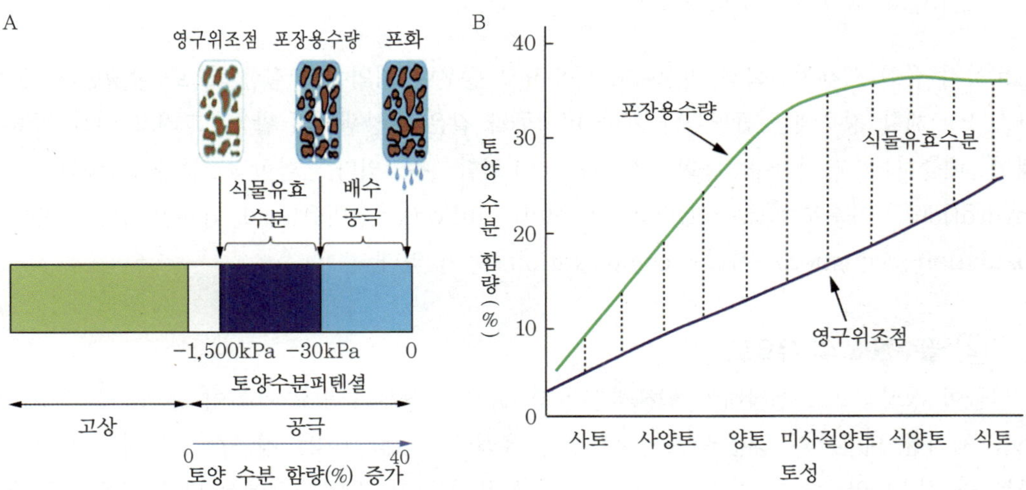

그림 1−26 수분퍼텐셜에 따른 토양 수분(A)과 토성에 따른 식물유효수분 함량(B)[O'Geen, 2013]

1·3·4 토양의 화학적 속성

1 풍화작용

식물과 토양의 반응에 필수적인 광물질의 화학적 특성은 주로 모암으로부터 유래한다. 지구상에는 화성암, 변성암, 퇴적암 등 세 종류의 암석이 존재하며 이 중 퇴적암이 지표면의 약 75%를 차지하고 있다. 화성암은 지구 내부의 마그마나 화산활동의 결과로 생성되고, 변성암은 화성암이나 퇴적암이 열과 압력에 의해 변성되어 생성된다. 화성암과 변성암으로부터 풍화된 물질이 유역에 운반되고 압력이 작용하면 퇴적암이 생성된다.

모암은 물리 · 화학적 과정인 풍화작용을 거치면서 점차 변질되며, 물리적 과정인 암석의 붕괴를 통해 1차광물이 생성된다. 물리적 풍화를 유발하는 가장 커다란 힘은 온도이지만 물, 얼음, 바람 등도 마찰에 의한 풍화를 촉진한다. 또한 뿌리, 균근성 뿌리 및 동물의 활동도 물리적 풍화에 영향을 끼칠 수 있다. 풍화작용의 강도는 광물질의 저항성이 강한지 약한지에 따라 달라진다. 풍화급은 풍화에 대한 모암의 저항성을 나타내며, 1급은 쉽게 풍화되는 반면에 5급은 풍화에 대한 저항성이 강하다(표 1-11 참조).

표 1-11 여러 가지 광물질의 풍화급

풍화급	광 물	성 분
1	석회석, 백운석, 석고	Ca, Mg, C, O, S
2	인회석	Ca, P, O
3	흑운모, 각섬석, 휘석, 사장석	Ca, K, Fe, Mg, Al, Si, O, H
4	백운모, 사장석, 장석	Ca, K, Na, Fe, Al, Si, O
5	석영, 고령석	Si, O

[Ågren & Andersson, 2012]

화학적 풍화는 생지화학적 과정이며 따뜻하고 습윤한 지역에서 집중적으로 발생한다. 물과 산소가 존재할 경우에는 곰팡이나 기타 미생물과 같은 토양생물의 활동, 그리고 이들 생물체에서 배출하는 유기산이 풍화 과정을 가속화할 수 있다. 화학적 풍화작용에는 수화(hydration), 가수분해(hydrolysis), 용해(dissolution), 산반응(acid reaction), 산화환원(oxidation-reduction), 복합화(complexation) 등이 있다.

2 필수원소 및 유효도

식물이 정상적으로 생장하기 위해서는 여러 종류의 양분이 필요하며 이 중 탄소, 수소, 산소를 제외한 대부분의 양분은 토양으로부터 유래한다(그림 1-27 참조). 토양에서 유래하는 양분 중 질소, 인, 칼륨, 칼슘, 마그네슘, 황 등은 식물이 생장 과정에서 많은 양을 요구하기 때문에 다량양분(macronutrient)이라고 한다. 철, 망가니즈, 구리 등도 필수적이지만 적은 양을 흡수하기 때문에 미량양분(micronutrient)이라고 한다.

토양용액 내에 이온 상태로 용존하는 여러 양분이 뿌리를 통해 흡수되는 기작에는 뿌리 차단(root interception), 확산(diffusion), 집단류(mass flow) 등이 있다. 뿌리는 양분의 농도차에 반응하기 때문에 양분 유효도가 높은 쪽으로 생장하는 경향이 있다. 양분의 농도 구배는 뿌리로부터 멀어질수록 낮아진다.

토양의 산 · 염기 상태는 양분 유효도뿐만 아니라 토양의 화학 · 생물적 과정에 영향을 끼친다. 토양의 pH 5.5~6.5는 양분 유효도와 생산력에 가장 적합한 범위이며(그림 1-28 참

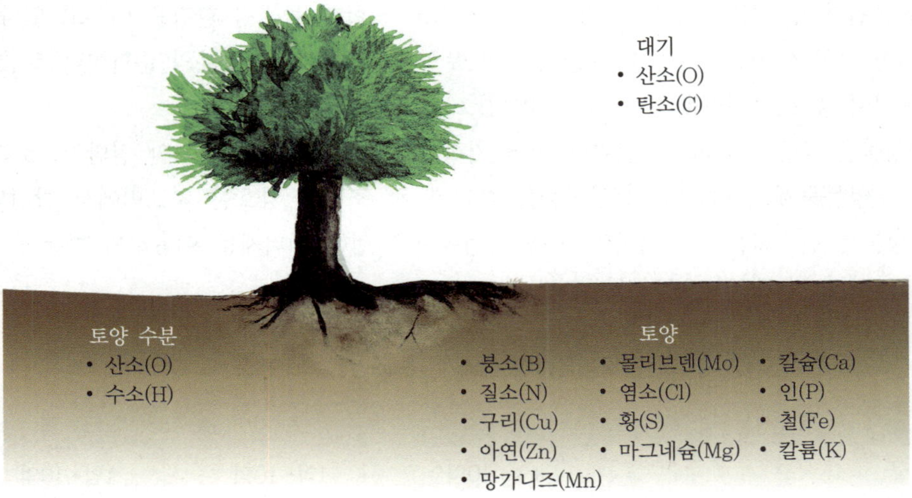

그림 1-27 식물 생장을 위한 필수원소

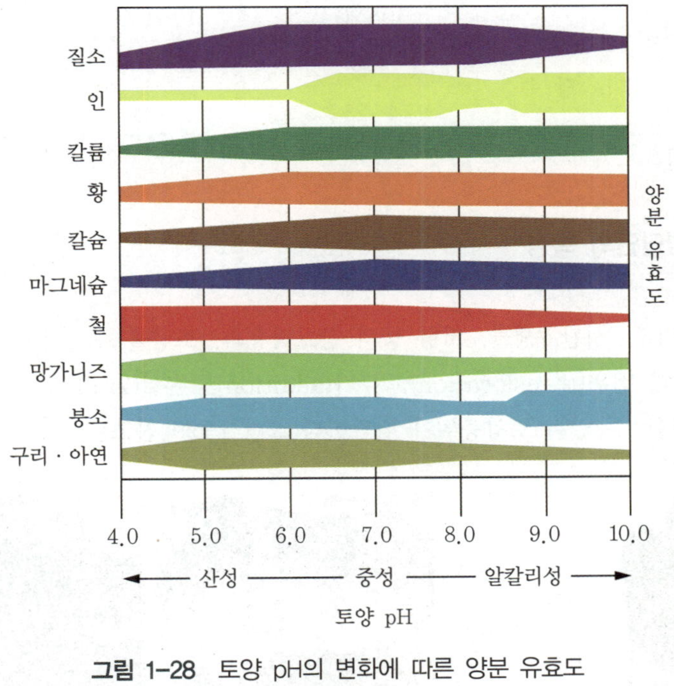

그림 1-28 토양 pH의 변화에 따른 양분 유효도

조), 토양의 pH가 이 범위보다 높거나 낮으면 특정 양분의 유효도만 증가하거나, 식물이 필요로 하는 양분 균형을 유지하기 어려울 정도로 또 다른 양분이 감소하기도 한다.

1·3·5 토양의 생물적 속성

토양계는 각종 생물이 이용할 수 있는 많은 유기질과 무기질을 포함하고 있는 에너지 또는 양분 공급원이며, 생물이 살아갈 수 있는 다양하고 적합한 물리적 환경을 이루고 있다. 세균부터 대형 동물에 이르기까지 다양한 생물이 토양에 서식하면서 양분의 순환이나 토양구조의 발달에 있어 중요한 역할을 한다(표 1-12 참조).

토양생물은 종류나 개체수, 관련한 여러 기작이 복잡하고 광범위하지만 일반적으로 토양식물계와 토양동물계로 나눈다. 토양동물은 대부분 광 조건이 양호한 지표면에서 발견되지만, 토양미생물은 탄수화물과 무기물의 산화 과정에서 발생한 에너지를 이용하기 때문에 공간적 분포에 있어 크게 제약을 받지 않는다.

표 1-12 건강한 생태계 내 토양생물의 분포

토양생물		농경지	초 지	산 림
세균	토양 1g당 (티스푼 정도) 수 또는 길이	1억~10억	1억~10억	1억~10억
곰팡이		수 m	10~100m	1~60km(침엽수)
원생동물		1,000 이상	1,000 이상	100,000 이상
선충		10~20	10~100	100 이상
절지동물	$1m^2$당 수	<10	45~200	900~2,300
지렁이		4~25	8~42	8~42(침엽수 0)

[Osman, 2013]

1·3·6 토양단면의 속성

토양은 모재, 기후, 시간, 생물, 지형 등의 상호작용과, 토양을 구성하고 있는 물질의 변형(transformation), 전위(translocation), 부가(addition), 손실(loss) 등으로 인해 시각적으로 분명하게 구분할 수 있는 토양층위가 발달한다(그림 1-29 참조).

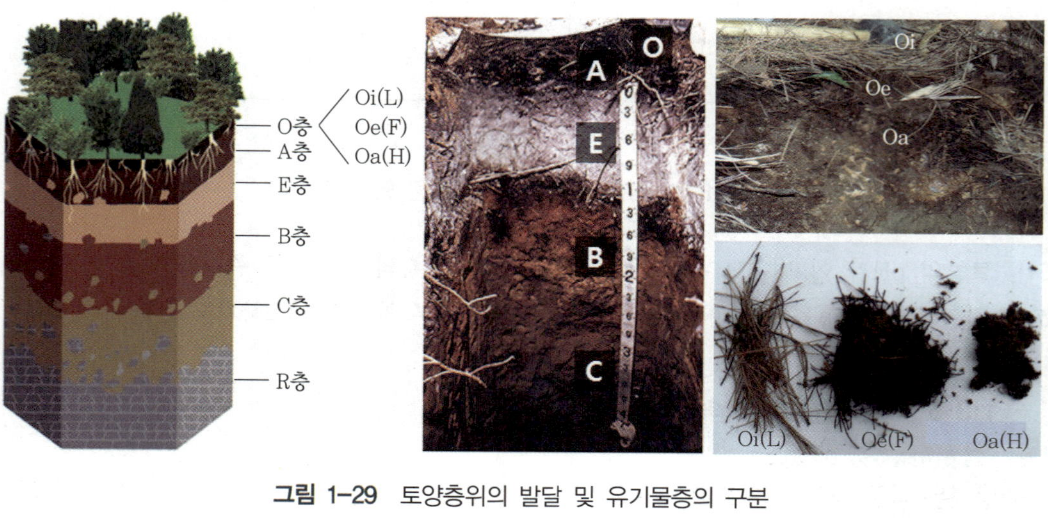

그림 1-29 토양층위의 발달 및 유기물층의 구분

1) **O층**: 낙엽이나 식물체의 잔재가 분해 · 축적된 층으로 Oi(L), Oe(F), Oa(H)의 3개 층위, 또는 낙엽층(litter layer)과 부식층(humus layer)으로 구분하기도 함. 산림토양에서는 임상(forest floor)이라고 함
   - Oi층(litter layer): 신선한 낙엽과 낙지가 원래의 형태를 유지하고 있는 낙엽층
   - Oe층(fermentation layer): 낙엽층의 하부에서 나타나며 일부 분해가 진행되고 있지만 원래의 형태가 무엇인지 알 수 있는 분해층
   - Oa층(humus layer): 잘 분해되어 원래의 형태가 무엇인지 구별할 수 없는 무정형의 고분자 화합물 상태의 부식층
2) **A층**: O층 아래로 광물질이 유기물과 혼합되어 하위 층위에 비해 어두운 색상을 띠며, 세립질 물질의 전위 및 손실로 인해 굵은 토양입자를 많이 포함하고 광물질 및 용존 부식이 용탈된 층
3) **E층**: 규산염 점토, 철 · 알루미늄 산화물 등이 심하게 용탈되어 석영과 같이 풍화에 저항성이 높은 물질로 이루어진 층
4) **B층**: A층 또는 E층으로부터 용탈된 점토, 알루미늄 · 철 산화물 등이 집적되고 혼합된 층
5) **C층**: B층 하부에 발달하며 풍화작용이나 토양생성 작용이 미약한 모재층
6) **R층**: 기반암

1·3·7 토양생성 작용 및 토양형

기후는 기반암의 풍화를 통한 토양생성에 관여하며, 춥고 습윤한 지역에서는 풍화가 느리게 진행된다.

장석 + 물 → 칼륨이온 + 규산 + 점토광물

규산염 풍화를 예로 들면 1차광물인 칼륨장석 또는 정장석의 경우 칼륨이온이 규산화합물 $[SiO_x(OH)_{4-2x}]_n$, 수산화알루미늄과 함께 방출되고, 약간의 규산화합물과 수산화알루미늄이 결합하여 점토광물[kaolinite, $Si_4Al_4O_{10}(OH)_8$]을 형성한다. 점토광물은 철화합물과 함께 하부로 이동하여 pH가 높은 토양에 침전한다. 이때 규산화합물만 남겨진 백색층(표백층 또는 재층)과 백색층 아래에 철 및 알루미늄 산화물의 적색층이 존재하는 스포도솔(Spodosols) 토양이 생성된다.

토양생성은 풍화작용과 더불어 토양층위 내에서의 변형, 전위, 부가, 손실과 같은 과정을 통해 이루어지지만 다음과 같은 특수한 토양생성 과정도 있다.

1) **포드졸화**(podzolization) **작용**: 춥고 습윤한 산성 토양에서 발생하며 철, 알루미늄, 유기물 등이 용탈되고 석영이 A층과 E층에 남는다. 2차 점토광물의 생성량이 적으며, B층은 집적된 철과 알루미늄 산화물이 풍부하다. 전형적인 스포도솔(포드졸) 토양이며 O층이 잘 발달하지만 산림 생산력은 낮다.
2) **라테라이트화**(laterization) **작용**: 덥고 습윤한 지역에서는 규산화합물이 급속히 풍화하여 토

양으로부터 용탈되고 철과 알루미늄 산화물이 B층에 침적된다. 전형적인 열대나 아열대 토양형이며 라테라이트로 알려진 옥시솔(Oxisols)이 생성된다.

3) **멜라니화**(melanization) **작용**: 세립질 토성을 지니며 토양 산성화가 심하지 않은 온대 지역에서는 점토가 B층으로 이동하는 경향이 있다. 이때 A층 내 부식과 광물질 토양이 토양생물에 의해 잘 혼합되어 부식으로부터 유래한 매우 검은 A층이 생성된다.

4) **석회화**(calcification) **작용**: 건조 지역에서는 물이 상부로 이동하며 탄산칼슘, 석회, 소금 및 기타 염류의 수용성 화합물이 토양에 남는다. 토양단면의 상부에 집적된 염류는 강수 발생 시 어느 정도 용탈된다.

이러한 토양생성 과정은 토양형 특성 구분 및 토양 분류에 적용된다. 세계적으로 토양 분류의 경우 포괄적 분류 체계인 미국의 토양분류체계(USDA Soil Taxonomy)와 FAO의 국제토양표준분류(World Reference Base for Soil Resources, FAO/WRB)를 주로 사용한다. 미국 토양분류체계(표 1-13 참조)는 자연체인 토양을 계층적으로 분류하고 토양생성 기작보다는 객관적으로 관찰되거나 측정되는 토양 특성에 기반을 두었으며, 토양의 주된 특성을 함축할 수 있는 명명법(nomenclature)을 갖추고 있다. 토양분류체계의 계층적 범주는 ①목(order; 가장 광범위한 범주), ②아목(suborder), ③대군(great group), ④아군(subgroup), ⑤속(family), ⑥통(series; 가장 세부적인 범주)으로 분류하고 있다. 우리나라 농경지토양의 경우 미국 토양분류체계로 분류한다.

표 1-13 미국 토양분류체계에 따른 토양목의 주요 특징

토양목	발음 및 조어 요소	특 징	분포지
Alfisols	Ped<u>alf</u>er	점토가 용탈되어 B층에 집적될 정도의 충분한 강수가 발생하는 지역	습윤한 산림 지역
Andisols	<u>And</u>esite	화산분출물에 의해 잘 발달한 토양단면	최근 화산 발생지
Aridisols	Ar<u>id</u>	용탈이 거의 발생하지 않은 건조 지역	건조지
Entisols	Rec<u>ent</u>	발달하지 않은 토양단면	모래 퇴적지
Gelisols	J<u>el</u>ly	영구동토대 존재	동토대, 한대림
Histosols	Hi<u>st</u>ology	유기물 함량이 많고 산소 함량이 적음	이탄토 지역, 습지
Inceptisols	Inc<u>ept</u>ion	토양단면 발달 빈약	젊은 토양, 침식지
Mollisols	M<u>oll</u>ify	50% 이상의 염기 포화도와 깊고 검은색의 A층	초지, 일부 활엽수림
Oxisols	<u>Ox</u>ide	낮은 점토 함량과 극심한 용탈	덥고 습윤한 열대림
Spodosols	P<u>od</u>zol	E층이 존재하고 산성화한 B층과 지표면 유기물 축적	춥고 습윤한 침엽수림
Ultisols	<u>Ult</u>imate	B층은 점토가 풍부하고 염기 포화도가 낮음	습윤한 열대나 아열대 산림지
Vertisols	Inv<u>ert</u>	팽윤성 점토가 30% 이상이며 가뭄 시 토양 균열 발생	건기와 우기가 뚜렷한 지역

1·3·8 산림토양의 속성

1 산림토양의 기능

산림토양은 산림식생에 의해 일시적으로 점유된 적이 있거나 산림생태계의 영향력 아래 발달한 토양으로 정의할 수 있다(Lar, 2005). 산림토양은 산림생태계의 탄소 순환, 양분 순환, 물 순환과 같은 생지화학적 순환에서 가장 중요한 위치를 차지하며 광물질 풍화, 식생과 토양 사이의 양분 순환계 구성, 토양 내 유기물 및 양분 유효도 결정에 영향을 끼친다. 특히 산림토양은 바이오매스의 지속가능한 생산에 가장 크게 기여하지만 산성 강우 또는 환경오염물질의 완충 역할, 탄소 흡수, 침식 및 홍수 조절, 지속가능한 생물다양성 유지 등과 관련한 생태계서비스에도 중추적인 역할을 한다.

산림토양의 잘 발달한 층위 구조를 이루기까지는 수천 년의 기간이 소요되지만 산불이나 침식과 같은 산림 교란이 발생하면 순식간에 사라져 버리기도 한다(Binkley & Fisher, 2020). 농경지토양과 비교해 보면 산림토양은 유기물층(임상)이 존재하고 자갈 함량이 많으며 토양의 용적밀도가 낮다. 또한 다년간 생육하는 임목의 뿌리 등에 의해 토양 특성의 시공간적 변이가 크게 나타난다. 산림생태계 내 임목 생육, 산림 경관 및 휴양, 야생동물 서식처, 수원 함양, 희귀종의 분포 등은 산림토양의 환경요인에 따라 다양하게 반응하기 때문에 토양에 관한 정보는 자연자원 관리를 위한 최적의 의사 결정에 도움을 줄 수 있다.

2 물리적 속성과 임목 생장

산림토양의 물리적 속성은 인위적으로 교란되지 않은 자연 상태의 토양을 조사해야 정확하게 파악할 수 있다. 양호한 임목 생장과 산림 생산력 증진을 기대하려면 토양에 물과 양분이 충분하고 공기의 유통이 자유로우며 뿌리의 발달이 제한되지 않아야 한다.

자연 상태의 산림토양 내 유기물층의 용적밀도는 0.2g/cm^{3}이며 A층은 0.8~1.0g/cm^3, B층은 1.0~1.2g/cm^3 내외이다(정진현 등, 2003). 유기물이 많을수록 용적밀도가 낮지만 과도한 벌채나 답압(踏壓, compaction)은 토양의 용적밀도를 높인다. 용적밀도가 사토에서 1.7g/cm^3, 점토에서 1.5g/cm^3 이상이면 식물 뿌리의 침투와 임목의 생장이 제한된다.

모두베기 작업의 경우 산림 벌채 후 지하부에 잔존한 뿌리가 분해되면 공간이 발생하여 공극률이 어느 정도 증가할 수 있지만, 유기물층의 파괴와 산림작업장비 이용 등에 의한 답압 증가로 공극률이 감소하므로 산림갱신이나 임목 생장에 나쁜 영향을 줄 수 있다. 산림토양에서 수분 조건은 임목의 생장과 임분의 발달 및 분포 등에 가장 큰 영향을 끼치며 산림 생산력과도 밀접한 관련이 있다. 산림토양의 수분 함량은 쉽게 변하지 않기 때문에 토양 수분의 관리를 위해서는 산림갱신 시 적절한 산림작업기술이 필수적이다. 즉 유효수분량이 많은 지역은 모두베기가 적합하고, 유효수분량이 적은 건조한 토양에서는 골라베기나 산벌(傘伐, shelterwood cutting) 작업이 적합하다.

식생이 풍부한 산림은 토성에 관계없이 토양구조가 잘 발달하고 유지된다. 토양구조는 공극이나 물리적 성질 및 임목 생장과 관계가 있으며, 좋은 토양구조를 가지고 있는 산림토양은 답압이나 침식에 대한 저항성이 높다.

3 화학적 속성과 임목 생장

토양 유기물은 토양 내 여러 가지 미생물의 에너지 및 양분원으로 이용되며, 토양입자를 단단히 결합하고 안정화하여 침식의 위험을 축소시키고, 토양 공기나 토양 수분의 이동 · 저장 등에 영향을 끼쳐 토양의 성질을 개선함으로써 임목의 생장에 도움을 준다. 또한 임목 및 토양생물의 생장에 필수적인 질소, 인산, 황과 같은 양분의 저장 및 공급원이고, 양이온 및 음이온 교환 장소로서 양분을 보유하며, 용적밀도를 낮추어 토양 답압을 완화하고, 중금속이나 환경오염물질이 식생에 미치는 나쁜 영향을 줄이는 등의 역할을 한다.

산림토양의 임상은 정부식과 조부식으로 구분하며 곳에 따라 반부식 형태가 나타나기도 한다. 정부식(精腐植, mull)은 지상으로부터 상당한 양의 낙엽이 유입됨에도 불구하고 토양 소동물에 의한 낙엽 분해가 활발하여 Oi층과 Oe층이 거의 존재하지 않는 온난 · 습윤한 기후의 활엽수 임분에서 주로 발달한다. 조부식(粗腐植, mor)은 정부식과 반대로 낙엽의 분해속도가 느린 산성의 한랭 · 습윤한 침엽수 임분에서 발달한다. 정부식과 조부식의 중간적 성격을 띠는 반부식(半腐植, moder)은 부식의 이동 상태가 정부식에 가깝고 상층에서 하층으로 점차 이행하여 층위 간의 구별이 불명료하며, 임상의 pH가 높고 낙엽 분해가 빠른 침활혼효림에서 주로 발달한다.

산림토양에서 질소(N)는 임상이나 광물질 토양 내에 식물이 직접적으로 이용할 수 없는 유기태 질소로 존재하며, 식물이 흡수할 수 있는 무기태 질소로 전환되는 질소 무기화율은 1.5% 이내로 알려져 있다(Kashian *et al.*, 2023).

산림토양 내의 유기물은 인(P)의 주요 공급원이며, 식물에 흡수되었다가 낙엽 · 낙지 또는 동물의 잔해에 포함된 유기태 인의 형태로 토양으로 환원된다. 유기태 인은 토양미생물에 의한 무기화를 통해 다시 식물이 흡수할 수 있는 유효태 인으로 전환된다. 강산성 토양에서 인은 철(Fe), 알루미늄(Al), 망가니즈(Mn) 등과 결합하여 식물이 이용할 수 없는 난용성 인이 되기 쉽지만 산성에서 중성으로 갈수록 이와 같은 고정력이 약해지고 인의 유효도가 증가한다. 토양 pH 6~7 사이에서 인 유효도가 가장 높다.

산림토양에서 칼륨(K)은 지하수위가 높은 사토나 강수량이 풍부한 지역에서는 쉽게 용탈되기 때문에 결핍이 일어나는 경우가 있다. 토양 내 칼슘(Ca)과 마그네슘(Mg)은 대부분 무기 형태로 존재하고, 강수량이 적은 건조 지역에서 발달한 토양은 습한 지역에서 발달한 토양보다 더 많은 양을 저장한다. 심토는 표토보다 칼슘이나 마그네슘의 함량이 많다. 또한 토양 산성화가 극심한 지역에서도 칼슘이나 마그네슘 결핍이 일어날 수 있다.

몰리브덴, 철, 아연, 구리, 망가니즈 등도 식물 생육에 필수적이지만 임목에서 필요로 하는 양이 아주 적기 때문에 산림토양에서 이들 원소가 결핍되어 생장에 문제를 일으키는 경우는 드물다. 그러나 대부분의 미량원소는 토양의 pH가 낮을수록 유효도가 감소하므로 토양의 pH를 낮추는 산림 작업은 망가니즈, 구리, 붕소, 아연 등의 결핍을 초래할 수 있다.

pH(potential of hydrogen)는 토양의 화학적 성질 중 가장 쉽게 측정할 수 있는 속성이지만 미기후나 토양 모재의 영향을 많이 받는다. 또한 침엽수·활엽수와 같은 식생군집의 변화나 양분 용탈, 시비, 유기물 분해, 산불 발생 등에 의해 변화할 수 있다. 대부분 산림토양의 pH는 계절적으로 차이가 있어 겨울에는 다른 계절에 비해 높고 여름에는 낮으며, 연중 pH 값이 1.0 범위에서 변화한다. 특히 토양의 pH는 같은 토양에서도 층위에 따라 상당한 차이가 난다. 표토층의 pH가 심토층보다 낮으며, 이는 표토층의 부식 함량이 많아 부식산의 방출이 많고, 양분 용탈이나 식물 뿌리의 양이온 흡수 과정에서 발생한 수소이온이 토양 내에서 증가하기 때문이다.

4 생물적 속성과 임목 생장

생태계 내의 많은 생명체가 산림토양의 유기물층이나 광물질 토양층을 서식처로 하여 살아간다. 대형 식물군인 식물 뿌리는 생육, 고사, 분해 과정에서 물 저장, 배수, 통기성, 양분 순환 등에 관여하며, 미소생물군인 조류(algae), 세균, 곰팡이 등은 유기물을 무기화하는 작용을 한다. 유기물 분해, 부식화 작용, 무기화 작용, 질산화 작용, 탈질작용, 생물학적 질소 고정 등이 산림토양의 미소생물군이 수행하는 주요한 기능이다. 낙엽을 기반으로 살아가는 토양동물군은 분해된 낙엽을 광물질 토양과 혼합하거나 토양생물 군집 및 구성 요소를 조절하는 역할을 한다.

토양생물군 중 산림토양에서 중요한 위치를 차지하는 토양균류는 호기성 종속영양생물로서 주로 임상에 떨어진 낙엽·낙지와 고사목의 분해에 관여하여 부식층을 형성하거나 토양의 입단화를 돕는다. 균류는 산성, 중성 또는 알칼리성 토양에서 널리 발견되며, 일부는 산성 조건에서도 잘 견디기 때문에 산성화한 산림토양의 유기물을 분해하는 데 있어 낮은 토양 pH에 저항성이 있는 균류가 중요한 역할을 한다(제Ⅱ편 제2장 2·4 참조).

가장 중요한 토양균류 중 하나인 균근균(mycorrhizal fungi)은 고등식물의 뿌리와 이익을 주고받는 공생 관계를 형성한다. 예를 들면 유기물을 분해하는 다른 종속영양생물과 경합하는 대신에 균근균은 탄수화물을 직접 식물 뿌리의 세포로부터 얻고 식물도 균근으로부터 여러 가지 혜택을 얻는다. 균사에 감염된 뿌리의 근권(根圈, rhizosphere)은 감염되지 않은 식물 근권보다 양분의 흡수 효율이 10배 이상 높다. 즉 인과 같이 유효도가 낮은 양분과 토양용액에 낮은 농도로 존재하는 양분도 식물이 쉽게 흡수할 수 있도록 돕는다.

또한 균근은 과도한 양의 염과 독성 금속이온의 흡수를 억제하고, 항생물질 생성 및 뿌리 표피의 변환 작용을 촉진하여 식물이 병원균을 물리칠 수 있도록 한다. 이러한 균근 중 외생균근(ectomycorrhizae)의 균사는 뿌리에 침입하여 피층 세포 주변의 자유 공간에서 증식하지만 피층 세포벽을 침입하지는 않기 때문에 외생(外生)이라고 하며, 온대 또는 반건조 지역의 소나무, 자작나무, 너도밤나무, 참나무류, 가문비나무류, 전나무류 등의 임목에서 우세하다.

반면에 내생균근(endomycorrhizae) 중 VAM(vesicular arbuscular mycorrhizae)의 균사는 피층 뿌리의 세포벽을 뚫고 들어가 식물 세포 안에서 고도로 분화한 나뭇가지 모양의 구조를 형성한다. 이 구조는 토양의 양분을 기주식물에 공급하고 식물로부터는 탄수화물과 같은 광합성 산물을 전달받는 기능을 한다. 내생균근은 열대지방에서 극지방에 이르기까지 널리 분포하는 집단이며, 대부분의 곡물 및 채소, 사과나무, 포도나무, 귤나무, 단풍나무, 미국삼나무 등은 내생균근을 형성한다.

1·3·9 우리나라 산림토양

우리나라 산림토양은 주로 화강암과 화강편마암에서 유래한 모암으로부터 생성되어 대부분 모래의 비율이 높으며 토양 pH가 낮은 산성 토양의 특성을 지니고 있다. 온대 대륙성 기후로 인해 여름철 장마기 동안 집중호우가 빈번히 발생하며, 경사지가 많고 토양 침식과 유실이 심하여 대부분 토심이 얕은 반면에 산록 하부는 붕적되어 토심이 깊다. 오랜 기간 동안 식생의 도 · 남벌, 낙엽층 제거와 같은 인위적 교란이 많았기 때문에 산림 내 정상적인 물질순환이 불량하여 토양단면의 발달이 빈약하고 토양 유기물의 함량이 적은 척박한 곳이 많다. 또한 한서(寒暑)의 차가 뚜렷하고 증발산량이 많기 때문에 토양이 건조하기 쉬우며, 지형에 따라 토양 수분의 조건이 다르게 나타나 산정 부근은 건조, 산복은 약건, 산록 하부는 적윤 또는 약습인 경우가 많다.

토양의 성숙 정도는 토양단면의 발달 단계에 따라 구분하기도 한다. 미국 토양분류체계에 따르면 초기 단계인 잉태기 토양을 엔티솔(Entisols), 미숙한 토양을 인셉티솔(Inceptisols), 성숙한 토양을 알피솔(Alfisols), 후기 단계인 쇠약한 토양을 울티솔(Ultisols) 등으로 구분한다. 우리나라의 산림토양은 토양 발달의 초기인 엔티솔과 층위 발달이 빈약한 인셉티솔이 많이 분포하여 전체적으로 미숙 토양이 주종을 이루고 있다.

토양 분류에서 농경지, 산지, 초지 등에 대해 하나의 분류 체계를 적용하는 국가가 많지만, 우리나라는 독자적인 세 단계의 산림토양 분류 체계를 수립하여 현재 8개의 산림토양군(가장 광범위한 범주), 11개의 산림토양아군, 28개의 산림토양형(가장 세부적인 범주)으로 분류하고 있다(표 1-14 참조). 모암으로부터 유래한 토양의 색깔이나 지형에 따른 수분 조건의 변화를 중시하여 화강암과 편마암 모재로부터 유래한 갈색산림토양군, 석회암 모재의 암적색산림토양군, 혈암이나 사암 모재의 암적갈색산림토양군, 현무암 모재의 화산회산림토양군 등으로 산림토양군을 분류하고 있다. 건조, 약건, 적윤, 약습과 같은 토양의 수분 조건은 산림토양형의 분류 기준이다. 산림토양형은 산림 지역의 지형 발달과 밀접한 관계가 있으며 산림 생산력을 비교적 정확하게 판정하거나 예측할 수 있다고 알려져 있다(국립산림과학원, 2005).

전국 산림을 대상으로 산림입지 환경 및 토양단면 특성을 조사하여 작성한 산림입지토양도(1 : 5,000)에 따르면 전석지와 암석지를 제외한 산림 지역 약 570만 ha 중 갈색산림토양군

(B)이 약 450만 ha로 총면적의 약 80%를 차지한다. 갈색산림토양군 중 갈색약건산림토양형(B_2)은 약 231만 ha로 가장 많은 면적을 차지하고 있다(표 1-14 참조). 갈색산림토양군은

표 1-14 우리나라의 산림토양 분류 체계

산림토양군	기호	산림토양아군	기호	산림토양형	기호	면적(ha)
갈색산림토양 Brown forest soils	B	갈색산림토양	B	갈색건조산림토양	B_1	1,810,232
				갈색약건산림토양	B_2	2,308,547
				갈색적윤산림토양	B_3	329,928
				갈색약습산림토양	B_4	20,191
		적색계갈색산림토양	rB	적색계갈색건조산림토양	rB_1	36,471
				적색계갈색약건산림토양	rB_2	49,048
적황색산림토양 Red & Yellow forest soils	R·Y	적색산림토양	R	적색건조산림토양	R_1	1,265
				적색약건산림토양	R_2	2,053
		황색산림토양	Y	황색건조산림토양	Y	–
암적색산림토양 Dark Red forest soils	DR	암적색산림토양	DR	암적색건조산림토양	DR_1	111,410
				암적색약건산림토양	DR_2	120,749
				암적색적윤산림토양	DR_3	6,556
		암적갈색산림토양	DRb	암적갈색건조산림토양	DRb_1	172,456
				암적갈색약건산림토양	DRb_2	194,576
회갈색산림토양 Grey Brown forest soils	GrB	회갈색산림토양	GrB	회갈색건조산림토양	GrB_1	174,497
				회갈색약건산림토양	GrB_2	208,864
화산회산림토양 Volcanic Ash forest soils	Va	화산회산림토양	Va	화산회건조산림토양	Va_1	17,644
				화산회약건산림토양	Va_2	32,391
				화산회적윤산림토양	Va_3	15,778
				화산회습윤산림토양	Va_4	1,667
				화산회자갈많은산림토양	Va-gr	218
				화산회성적색건조산림토양	Va-R_1	111
				화산회성적색약건산림토양	Va-R_2	1,458
침식토양 Eroded soils	Er	침식토양	Er	약침식토양	Er_1	22,974
				강침식토양	Er_2	5,980
				사방지토양	Er-c	30,488
미숙토양 Immature soils	Im	미숙토양	Im	미숙토양	Im	3,697
암쇄토양 Lithosols	Li	암쇄토양	Li	암쇄토양	Li	18,456
8개 토양군		11개 토양아군		28개 토양형		

[국립산림과학원, 2005; 한국임업진흥원, 2022]

전국, 화산회산림토양군은 제주도와 울릉도, 암적색산림토양군은 석회암이 많은 강원도에 주로 분포한다(그림 1-30 참조).

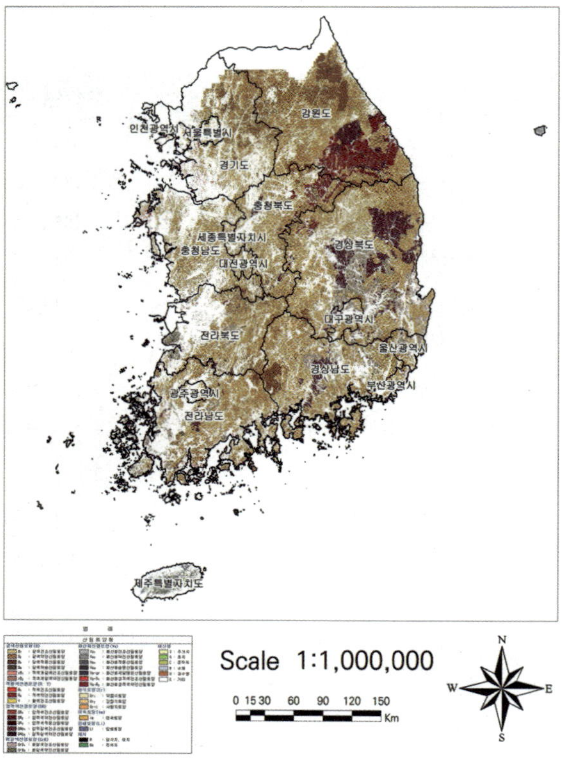

그림 1-30 1 : 5,000 산림입지토양도를 기반으로 제작한 소축척 산림입지토양도[한국임업진흥원, 2022]

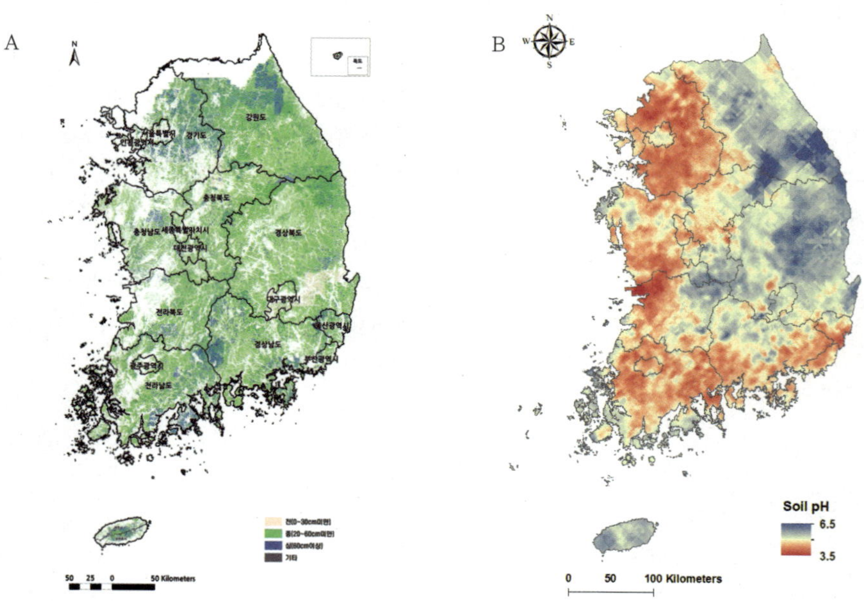

그림 1-31 산림입지토양도의 속성 정보를 기반으로 제작한 주제도[한국임업진흥원, 2022]
A: 토심 B: 토양 A층의 pH

참고로 산림입지토양도는 산림토양형을 구획 단위로 조사·분석하여 작도한 전자 지도를 말한다. 산림입지 환경 및 토양 정보를 공간정보화 및 데이터베이스화하여 산림입지 특성, 토양 양분 분포, 맞춤형 조림수종 등 산림관리를 위한 다양한 전자 주제도(그림 1-31 참조)를 제공하는 산림관리 기본도이다.

연습문제

1. 태양복사와 지구복사를 구분하시오.
2. 강수량과 온도가 지구 생태계의 식생군계에 끼치는 영향을 설명하시오.
3. 산림생태계의 물 순환 과정을 설명하시오.
4. 바람이 산림생태계에 미치는 영향을 설명하시오.
5. 산림 생산력과 지형의 관계를 설명하시오.
6. 토양생성 인자 및 토양의 생태적 기능을 설명하시오.
7. 토양수와 토양의 수분퍼텐셜을 구분하여 설명하시오.
8. 식물 생장의 필수원소를 제시하고, 양분 유효도와의 관계를 설명하시오.
9. 유기물층을 구분하고, 토양 유기물이 토양의 성질에 미치는 영향을 설명하시오.

참고문헌

1. 공우석. 2000. 설악산 아고산대 식생과 경관의 지생태. 대한지리학회지 35(2): 177-187.
2. 국립산림과학원. 2005. 산림토양단면도집. 연구신서 제6호.
3. 국립산림과학원. 2012. 임업기술핸드북.
4. 국립산림과학원. 2014. 산림행정 3.0 선도과제 국가산악기상관측망 구축사업. 산림과학속보 제14-19호.
5. 국립산림과학원. 2022. 2012~2021년 산악기상관측소 운영 현황. 산림과학속보 제22-04호.
6. 권효정, 이정훈, 이연길, 이진원, 정성원, 김준. 2009. 설마천 유역의 혼효림에서 관측된 증발산의 계절변화. 한국농림기상학회지 11(1): 39-47.
7. 김연희, 조경숙, 김현탁, 엄향희, 최병철. 2003. 광릉수목원 혼합림에서 복사 에너지의 계절변화 특성. 한국대기환경학회지 19(3): 285-296.
8. 박수진. 2004. 생태환경 특성 파악을 위한 지형분류기법의 개발. 대한지리학회지 39(4): 495-513.
9. 손요환, 구창덕, 김춘식, 박필선, 윤충원, 이계한. 2016. 신고 산림생태학. 향문사.
10. 윤진일. 2011. 적외선 영상 복사계를 이용한 산간집수역의 찬공기 배수와 온난대 형성 관측. 한국농림기상학회지 13(2): 79-86.
11. 이광률. 2014. 기반암별 산지와 곡지의 지형 기복 특성과 유형. 한국지형학회지 21(4): 1-17.
12. 이종수, 이우균, 윤정호, 송철철. 2006. 공간통계와 GIS를 이용한 소나무림과 참나무류림의

분포패턴. 한국임학회지 95(6): 663-671.

13. 이호진, 조성식, 강민석, 김준, 이훈택, 이민수, 전지현, 이채영, Britta JN, 조창범, 김규랑, 김백조, 김현석. 2018. 여름철 도시 인근 산림에 의한 냉각효과의 정량화에 대한 연구. 한국농림기상학회지 20(1): 73-87.
14. 정진현, 김춘식, 구교상, 이충화, 원형규, 변재경. 2003. 한국 산림토양의 모암별 이화학적 특성. 한국임학회지 92(3): 254-262.
15. 한국임업진흥원. 2013. 한국의 산림자원평가(2006~2012).
16. 한국임업진흥원. 2022. 1 : 5000 산림입지토양도: 13년의 성과와 미래.
17. Ågren GI, Andersson FO. 2012. Terrestrial Ecosystem Ecology. Cambridge University Press.
18. Binkley D. 2021. Forest Ecology: An Evidence-Based Approach. Wiley-Blackwell.
19. Binkley D, Compoe OC, Gspaltl M, Forrester DI. 2013. Light absorption and use efficiency in forests: Why patterns differ for trees and stands. Forest Ecology and Management 288(15): 5-13.
20. Binkley D, Fisher RF. 2020. Ecology and Management of Forest Soils. 5th ed. Wiley-Blackwell.
21. Chapin FS, Matson PA, Mooney HA. 2002. Principles of Terrestrial Ecosystem Ecology. Springer.
22. Chen J, Saunders SC, Crow TR *et al.* 1999. Microclimate in Forest Ecosystem and Landscape Ecology: Variations in local climate can be used to monitor and compare the effects of different management regimes. BioScience 49(4): 288-297.
23. Ford CR, Hubbard RM, Vose JM. 2011. Quantifying structural and physiological controls on variation in canopy transpiration among planted pine and hardwood species in the southern Appalachians. Ecohydrology 4(2): 183-195.
24. Kashian DM, Zak DR, Barnes BV, Spurr SH. 2023. Forest Ecology. 5th ed. Wiley.
25. Kiehl JT, Trenberth KE. 1997. Earth's annual global mean energy budget. Bulletin of the American Meteorological Society 78(2): 197-208.
26. Kim SJ, Choi HT, Kim K, Lee C. 2012. Ecohydrology and biogeochemistry in a temperate forest catchment. In Blanco J, Lo YH (ed). Forest Ecosystems – More than Just Trees. InTech. 181-208.
27. Kimmins JP. 2004. Forest Ecology: A Foundation for Sustainable Forest Management and Environmental Ethics in Forestry. 3rd ed. Prentice Hall.
28. Körner C. 2007. The use of 'altitude' in ecological research. Trends in Ecology & Evolution 22(11): 569-574.
29. Lar R. 2005. Encyclopedia of Soil Science. 2nd ed. CRC Press.
30. Needelman BA. 2013. What Are Soils?. Nature Education Knowledge 4(3): 2.
31. O'Geen AT. 2013. Soil Water Dynamics. Nature Education Knowledge 4(5): 9.
32. Osman KT. 2013. Forest Soils: Properties and Management. Springer Cham.
33. Stoy PC, Katul GG, Siqueira MBS *et al.* 2006. Separating the effects of climate

and vegetation on evapotranspiration along a successional chronosequence in the southeastern US. Global Change Biology 12(11): 2115–2135.

34. Waring RH, Running SW. 2007. Forest Ecosystem: Analysis at Multiple Scales. 3rd ed. Elsevier Academic Press.
35. Weil RR, Brady NC. 2017. The Nature and Properties of Soils. 15th ed. Pearson.
36. Yoshida T, Noguchi M. 2009. Vulnerability to strong winds for major tree species in a northern Japanese mixed forest: analyses of historical data. Ecological Research 24(4): 909–919.

제2장

산림의 생물적 구성원

2·1 생물 집단

생물 집단은 기본 단위인 생물 개체(個體, individual)로 이루어진다. 같은 종의 개체들로 이루어진 생물 집단을 개체군(個體群, population)이라고 하며, 서로 다른 종들이 모여 군집(群集, community)을 이룬다.

생물은 영양 관계에 따라 자가영양생물(自家營養生物, autotrophic organisms, 독립영양생물)인 생산자와 타가영양생물(他家營養生物, heterotrophic organisms, 종속영양생물)인 소비자 및 분해자로 구분할 수 있다. 생산자란 생장 및 생식에 필요한 에너지를 스스로 생산하는 생물을 말하며, 이용하는 에너지에 따라 광합성 자가영양생물과 화학합성 자가영양생물로 다시 나뉜다. 타가영양생물은 다른 생물을 소비하여 에너지를 얻는 생물이며, 에너지원에 따라 초식자, 육식자, 잡식자, 분해자 등으로 나뉜다. 생태계의 주요 작용인 에너지 이동과 물질 순환은 생물들 간의 영양 관계에 따라 이루어진다. 에너지 이동과 물질 순환 및 이에 관여하는 생물들의 관계는 제Ⅱ편에서 다룬다.

2·2 개체

2·2·1 표현형

생물은 자신이 속한 환경에 적응하여 생장과 번식을 하며 살아간다. 식물은 한번 자리를 잡으면 그 자리에서 평생을 살아가기 때문에 식물에게 있어 주변 환경에 대한 적응은 생존과 직결된다.

목본식물은 몸체의 대부분이 목질부로 이루어진 여러해살이 식물을 말하며, 크기에 따라서 교목(喬木, tree), 아교목(亞喬木, subtree), 관목(灌木, shrub) 등으로 구분한다. 교목은 산림생태계를 특징짓는 산림생태계의 우점 생물이며 지구상에서 가장 수명이 길고 크기가 큰 생물군이다. 나무는 일반적으로 교목과 아교목을 일컬으나 생강나무처럼 관목 크기의 식물에도 나무를 붙여 부르기도 한다.

생태계의 여러 생물들 가운데에서 교목의 형태로 살아가는 일은 매우 소비적이고 위험한 생존 방법이다. 나무는 다른 형태의 생물, 예를 들면 초본식물과 비교해도 생장에 많은 에너지를 소비하고 후대를 생산할 때까지 상대적으로 오랜 기간을 소요한다. 커다란 몸집은 나무의 가장 큰 약점이지만 동시에 생태계 내에서 살아갈 수 있는 이점이기도 하다. 나무의 큰 키는 주변의 다른 식물보다 광합성에 필요한 빛을 얻는 데 유리하게 작용한다. 큰 나무는 수관을 펼쳐 주변의 식물 위로 그늘을 만들고 경쟁자들이 빛을 얻는 일을 방해하여 잘 자라지 못하게 한다.

이처럼 생물의 모양은 생태계 내에서 생물의 생존과 생장에 결정적인 영향을 미치며, 생물은 환경에 적응한 형태로 모습을 갖춘다. 생물이 어떤 환경에서 생장과 생식을 할 수 있을 때 그 생물은 환경에 적응하였다고 한다. 생물이 환경에 적응하기 위해서는 생물의 모양, 생활사, 행동 등 생물의 모든 것이 그 환경에서 견딜 수 있어야 한다.

생물종은 본질적으로 고유의 유전적 형질을 가지고 있으며 이를 유전형(遺傳型, genotype)이라고 한다. 종이 같은 생물끼리는 모양도 비슷하다. 그러나 유전형이 같더라도 살고 있는 환경에 따라 모양이 조금씩 다르게 나타나며 이렇게 겉으로 드러난 모양을 표현형(表現型, phenotype)이라고 한다. 결국 생물의 모양은 유전인자와 환경의 영향을 받아 결정된다(그림 1-32 참조).

P(표현형) = G(유전형) + E(환경) + GE(유전형과 환경의 상호작용)

표현형의 가소성(可塑性)이란 종이 본디 갖고 있는 유전형이 환경에 따라 발현되는 정도를 뜻하며, 환경에 적응한 생물종은 표현형에 가소성이 나타나게 된다.

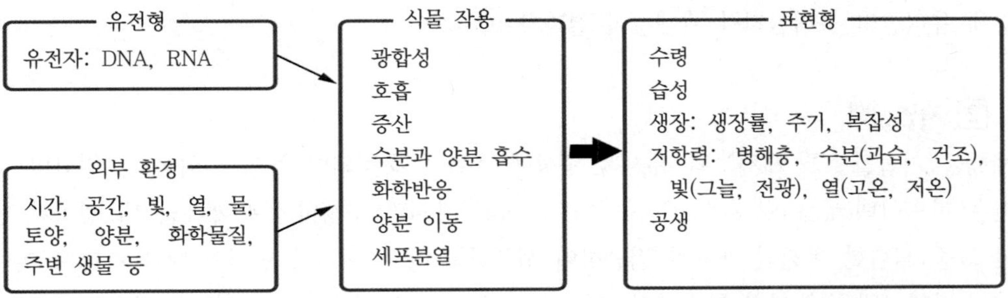

그림 1-32 식물의 표현형과 유전형 및 외부 환경의 관계(표현형은 본래 그 종이 가지고 있는 유전형에 외부 환경의 영향이 작용하여 발현한다. 외부 환경은 광합성 · 호흡 · 증산 등 식물 내부의 작용에 영향을 미쳐 결과적으로 표현형이 나타난다.)

2·2·2 유전적 변이

1 유전자 부동

생물체에서 유전형의 변화는 유전자의 돌연변이 또는 재조합에 의해 일어난다. 유전 정보를 지니고 있는 DNA는 단백질 덩어리로 감싸여 있으며 이를 염색사(染色絲)라고 한다. 생식 과정에서 DNA가 복제되고 유전물질이 다음 세대로 전달된다.

무성생식에서는 DNA 복제만으로 유전자 전달이 이루어지고 개체(세포)가 분열하여 새 개체가 생긴다. 유성생식에서는 먼저 암수 각각이 감수분열을 통해 생식세포를 만든 뒤 두 생식세포가 만나 수정하면 한 쌍의 유전자를 이룬 자식 세대가 만들어진다. 생식세포를 형성하는 감수분열 과정에서 유전자 재조합이 일어나기도 한다. 유전자 재조합은 유전자가 DNA의 여러 구간에 걸쳐 서로 뒤섞이는 현상을 말하며, 생물은 이를 통해 유전적 다양성을 확보한다.

여러 유전자가 한 유전형질에 관여하며, 유전자 재조합 과정에서 유전자가 교체되면 유전형질이 바뀔 수 있다. 생물 집단의 생식 과정에서 자식 세대는 무작위적으로 선택된 부모 세대의 유전형질을 물려받는다. 따라서 유전자 대립형질의 발현 빈도는 무작위 행보를 보이며 이를 유전자 부동(遺傳子浮動, genetic drift)이라고 한다.

집단의 대립형질 발현 빈도는 집단 전체의 유전형질에 대해 발현한 대립형질의 비율로 나타낼 수 있으며 유전자 부동에 의해 지속적으로 변화한다. 집단의 크기가 작을수록 유전자 부동의 영향이 커진다. 유전자 부동의 과정에서 특정 유전형질이 고착되면 새로운 유전 특성을 갖는 집단이 생기며, 이렇게 형성된 집단은 이후로도 유전자 부동을 겪으며 계속 변화한다. 따라서 유전자 부동은 자연선택과 함께 진화의 동력으로 작용한다. 자연선택은 환경 적응에 유리한 유전형질이 선택되는 반면에 유전자 부동은 유전자 재조합 과정에서 일어나므로 환경에 유리한지 불리한지와 관계없이 결과가 임의적이다.

2 자연선택

세대를 거듭할수록 개체군의 유전적 구성에 변화가 축적되며 종이 진화한다. 진화의 주요 동인은 자연선택(natural selection)이다. 제한된 자원과 경쟁하에서 개체군 내 변이가 일어나면 그중 적합한 형질의 개체가 적응하여 생존하고 생존 개체의 형질이 다음 세대로 이어진다. 즉 자연선택은 주어진 환경에서 종들이 생존을 위해 투쟁한 결과이다. 이렇게 종은 여러 세대에 걸쳐 선택, 적응, 진화의 과정을 되풀이한다. 선택에는 실제 생태계 내에서 일어나는 자연선택뿐만 인간에 의해 일정한 방향으로 진행되는 인위선택도 있다.

3 유전자생태학

유전자생태학(遺傳子生態學, genecology)은 생태학의 한 분야로 종과 유전적 세부 변종, 이를 조절하는 인자와 생태적 요인, 생태계에서의 위치 등을 연구하는 학문이다. 주로 유성생식 개체군의 환경에 대한 적응 특성을 연구하는 분야로 생태적 관점에서 생물종의 변이를 연구한다.

자연선택은 각 개체군의 유전적 분화를 가져왔으며, 이는 그 지역의 일간, 계절간, 연간 또는 장기적인 기후와 토양수의 변동을 포함한 환경에 적응한 결과이다. 같은 종이라도 오랜 기간 떨어져 자라면 각자의 환경에 적응하여 서로 다른 특성을 갖게 된다. 임목 육종 분야에서는 우수한 유전자를 가진 임목을 생산하기 위해 이러한 종 내의 변이를 이용한 산지시험을 실시한다.

산지시험(provenance test)은 여러 산지의 종자를 같은 지역에서 기르며 비교하는 시험이다. 산지시험을 실시하면 동일한 종이지만 종자산지가 서로 다른 경우 각각의 유전적 특성 차이를 알 수 있다(그림 1-33 참조). 참고로 종자산지(種子産地, provenance)는 종자를 얻었던 원래의 지리적 위치를, 종자출처(種子出處, seed source, seed origin)는 종자를 채집한 곳을 일컫는다. 경기도에서 채집한 리기다소나무의 종자를 예로 들면 종자산지는 리기다소나무의 원산지인 미국 동부의 어느 지역이고, 종자출처는 경기도이다.

개체군에 속한 개체의 환경에 대한 다차원적 반응에 따라 유전자의 생태적 분화의 경향이 나타난다. 종의 전체 분포 범위, 해당 지역에서의 종 분포 경향, 조절자로 작용하는 환경요

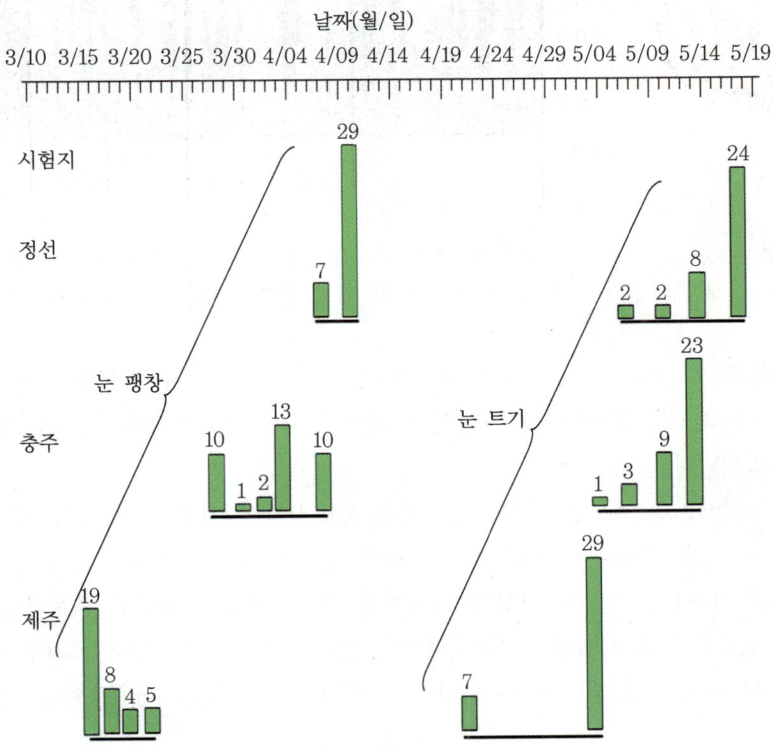

그림 1-33 산지와 시험지에 따른 소나무 동아의 개화시기 시험(막대 위의 숫자는 동아가 부풀거나 개화가 시작된 시기에 속하는 소나무 산지의 수)[김인식 등, 2012]

인의 변화 정도 등이 종의 분화 경향에 크게 영향을 미친다. 생장 정지(growth cessation)와 생장 재개(growth resumption) 시기의 차이는 환경 인자에 의해 유발된 유전자의 생태적 분화의 예이다. 온대 지역 수목의 생장 정지는 일반적으로 낮밤의 길이에 반응하는 광주기성(光週期性, photoperiodism)을 띤다. 겨울 동안 생장을 정지했던 수목은 기온에 반응하여 생장을 재개하므로 봄이 되면 개엽과 개화가 일어난다.

유전자 흐름(gene flow)은 종 내의 유전자 분화에 영향을 미친다. 유전자 흐름은 상호교배(相互交配, interbreeding)의 결과로 다른 생물 집단으로부터 유전자가 흘러 들어오고 그에 따라 생물 집단의 유전자 빈도가 변하는 현상을 말하며, 유전자 이주(遺傳子 移住, gene migration) 또는 유전자 교환(遺傳子 交換, gene exchange)이라고도 한다. 낮은 개체군 밀도, 개체 간의 서로 다른 개화시기, 접합체의 활성이나 치수의 활착을 방해하는 생물적 또는 생태적 요인 등이 개체군 간의 유전자 흐름을 막는 요인으로 작용한다(그림 1-34 참조).

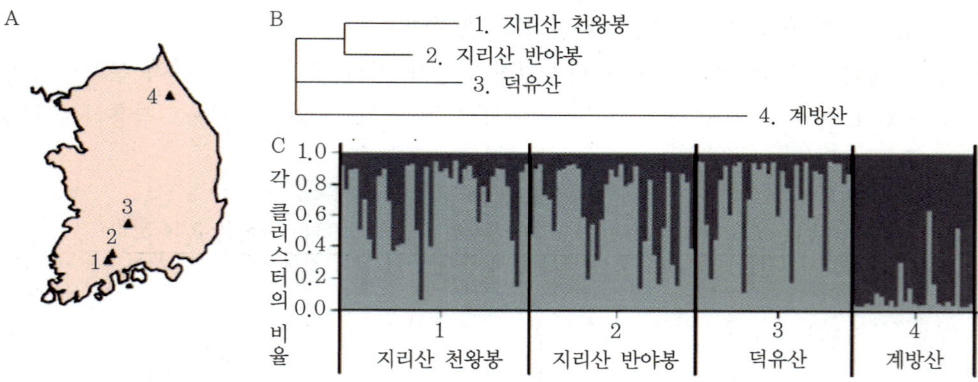

그림 1-34 가문비나무 개체군의 유전적 변이(A: 시료 채취 지역, B: Nei의 D_A 거리를 이용한 4개 개체군의 유사도, C: 4개 개체군의 유전적 관계)[Moriguchi *et al.*, 2009]

선택압력(選擇壓力, selection pressure) 또한 집단 간 유전자의 분화에 영향을 미친다. 개체군은 비슷한 선택압력하에서는 현재의 상태를 유지하려는 경향이 있지만 선택압력이 변하면 분화가 일어난다.

교잡(交雜, hybridization)은 서로 다른 적응 유전자를 가지고 있는 개체군의 개체 간 교차(crossing over)가 일어나서 이루어지며, 자연 상태의 목본식물에서 흔히 일어난다. 배수체(倍數體, polyploid)란 두 벌 이상의 염색체를 가진 개체를 말하며 세포분열의 이상으로 생긴다. 배수체는 새로운 서식처나 교란 지역을 개척하여 자리를 잡는 능력이 2배체(二倍體, diploid)인 부모 세대보다 뛰어날 수 있다. 교잡종이나 배수체는 개체군의 유전적 다양성을 높인다.

2·2·3 생태형

한 지역에 오랜 기간 거주하며 환경에 적응한 생물종은 그 환경에 적합한 유전인자를 갖게 된다. 종 내에서 지역적으로 적응한 유전형을 생태형(生態形, ecotype)이라고 한다.

목본식물은 초본식물보다 오래 살고 덩치가 크다. 따라서 환경에 대한 적응은 목본식물의 생존을 위한 중대한 요건이다. 목본식물은 초본식물보다 지속적인 개체군을 이룬다. 또한 비교적 장거리로 화분과 종자를 산포하는 생산 체계를 갖추고 있어 다양한 유전적 구성으로 발달할 수 있다. 환경에 적응하기 위해 목본식물은 복잡한 생활사와 개체군 습성을 가지고 있다.

소나무는 중생대 백악기부터 한반도에 자생한 한반도의 대표적인 교목 수종이다(Kong *et al.*, 2014). 소나무는 내구성이 좋고 강도가 가공하기에 알맞고 밀도가 운반하기에 적당하여 예로부터 건축재, 가구 등 용도가 다양하였다. 재가 적고 600℃의 고온까지 오르는 데 걸리는 시간이 짧은 소나무숯은 제철용으로 적합하여 철기문화의 발달을 뒷받침하였다. 조선 후기 목조건물의 70% 이상이 소나무로 지어졌을 정도로 소나무는 대표적인 건축자재였다(전영우, 2013). 황장목이란 소나무 내부에 송진이 꽉 차 노랗게 보여 붙여진 이름이다.

한반도 대부분 지역에서 자라는 소나무이지만 지역에 따라 자라는 모양이 다르다. 우에키(Uyeki, 1928)는 우리나라 소나무를 지역적 품종의 개념을 이용하여 다음과 같이 6개의 지

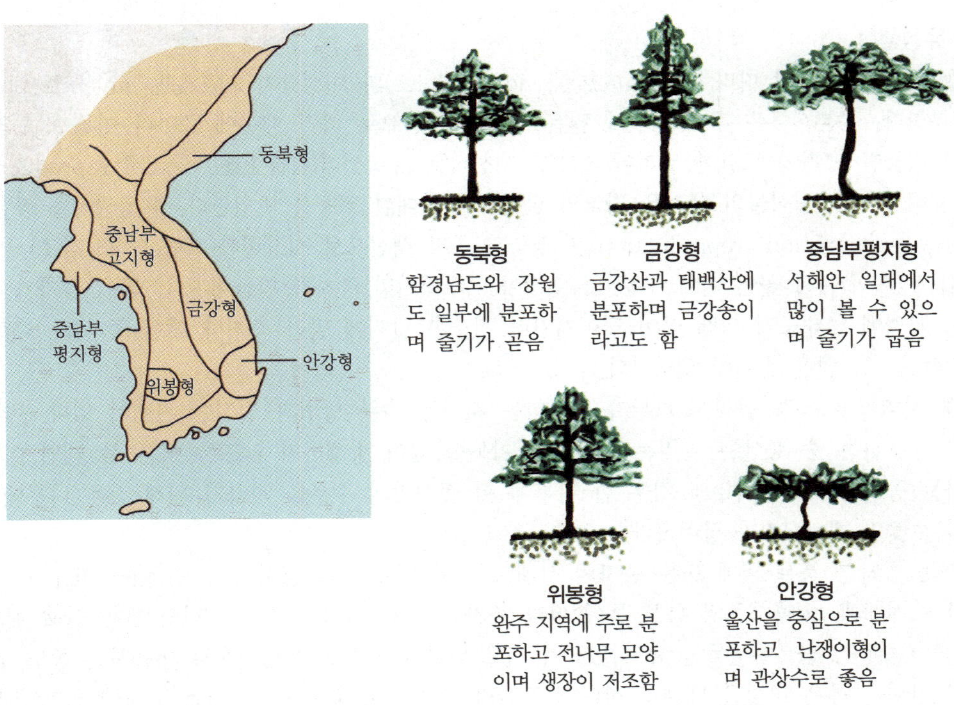

그림 1-35 우에키가 분류한 우리나라 소나무의 지역형[Uyeki, 1928]

역형으로 구분하였다(그림 1-35 참조).

1) **동북형**: 함경남도와 강원도 일부에 분포하고, 기온이 낮고 강우량이 적으며 건조한 환경에 적응하여 자란다. 줄기가 곧고 지하고가 짧으며 수관이 달걀 모양으로 생겨 산송형이라고도 한다.
2) **금강형**: 금강산과 태백산 사이의 백두대간을 따라 분포하며 금강송이라고 불린다. 줄기가 곧고 가지가 가늘며 수관이 아름답다.
3) **중남부평지형**: 서해안 일대를 따라 분포하고, 줄기가 굽어 자라며 옆으로 퍼진다. 기온이 높고 건조한 지역에서 자란다(㊟ 1900년대 초반 중남부 평지 지역은 과도한 벌채로 곧은 소나무의 수가 적어 줄기가 굽은 소나무를 중남부평지형으로 구분했을 가능성도 있음).
4) **위봉형**: 전북 완주 지역에 주로 분포하고, 모양이 전나무와 닮았다. 수관이 좁고 나이가 들면 수관이 옆으로 퍼지며 생장이 느리다.
5) **안강형**: 울산을 중심으로 분포하고, 줄기가 매우 굽어 자란다. 수관은 위가 편평한 난쟁이형이고, 강수량이 적은 지역에서 자란다.
6) **중남부고지형**: 금강형과 중남부평지형의 중간형으로 표고, 방위, 기후 등에 따라 모양이 금강형 또는 중남부평지형에 가깝다.

2·2·4 생활사와 적응

[1] 생식

① 유성생식

식물은 꽃의 유무에 따라 성숙기(成熟期, adult phase)와 미성숙기(未成熟期, juvenile phase)로 구분한다. 목본식물은 후대 생산에 많은 에너지를 필요로 하기 때문에 종마다 어느 정도의 광합성이 가능한 크기에 도달한 뒤라야 후대를 생산하는 유성생식(有性生殖, sexual reproduction)이 가능해진다. 산림식물의 생식은 지역의 환경요인에 대한 적응을 반영한다. 유성생식을 통한 갱신(更新, regeneration, reproduction)은 성숙과 종자 생산으로 시작된다(그림 1-36 참조).

생식 눈(화아)에서 꽃이 피어 수분 및 수정이 이루어지면 종자가 만들어진다. 꽃이 종자가 되기까지의 과정에서 태풍에 의해 꽃이 떨어지거나 건조한 날씨에 말라 죽거나 맺힌 종자를 야생동물이 포식하는 등 많은 손실이 일어난다.

온대 지역에서 특정 종의 꽃가루가 비산하는 시기는 수분 방법과 밀접한 관련이 있다. 바람을 매개로 수분하는 종 중에는 날리는 꽃가루의 이동을 잎이 방해하지 않도록 이른 봄 개엽 이전에 개화하는 종이 많다. 소나무의 경우 한 나무에 핀 꽃끼리의 수분을 피하기 위해 같은 나무에서는 암꽃과 수꽃의 개화시기가 상이하다.

종자는 종자를 품은 열매 또는 종자의 상태로 어미나무로부터 떨어져 산포(散布, dispersal)한다. 산포 매개체, 기후, 종의 특성 등에 따라 종자의 산포 시기나 거리가 다양하다. 산포 매개체에는 중력, 바람, 물, 야생동물 등이 있으며 서로 다른 매개체를 복합적으로 이용하는 종도 있다. 종자가 가벼운 종은 바람을 매개로 하여 산포한다. 소나무류나 단풍나무류는 종자에 날개가 달려 있어 바람에 의해 쉽게 산포된다. 벚나무는 야생동물이 버찌를 섭식하고 종자를 배설하는 과정을

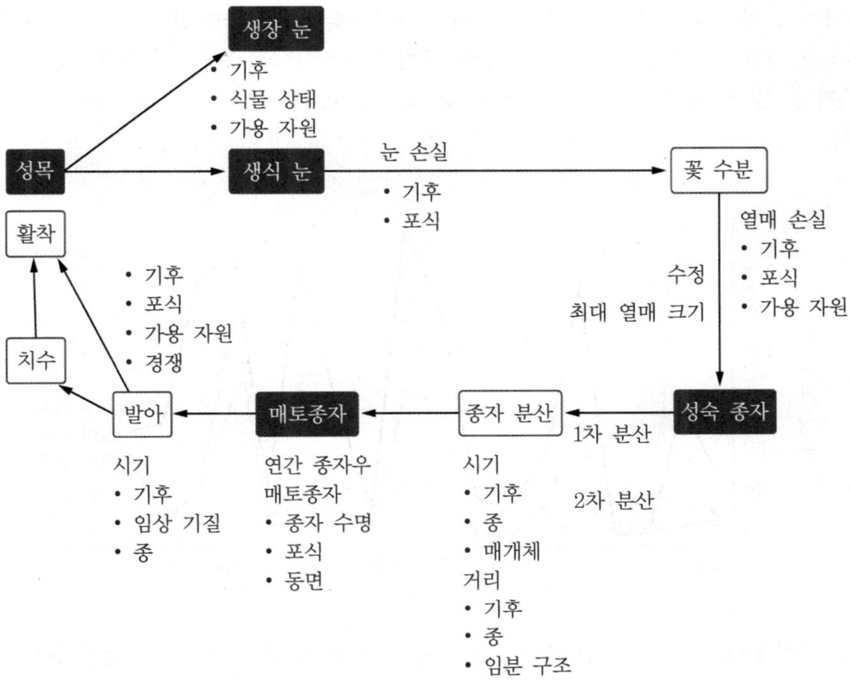

그림 1-36 목본식물의 유성생식을 통한 갱신 과정[Barnes *et al.*, 1998]

이용하여 종자를 산포한다. 종자 산포는 한정된 공간과 시간을 이용하는 여러 종들이 환경에 적응하여 각각의 종을 유지하는 고유의 생존 전략 중 하나이다.

어미나무로부터 산포하는 종자를 종자우(種子雨, seed rain), 토양에 있는 종자를 매토종자(埋土種子, seed bank)라고 한다. 땅에 떨어진 종자는 이동성이 없기 때문에 발아하려면 산포 과정에서 발아와 생장에 적합한 지점에 자리를 잡는 일이 중요하다. 또한 휴면 상태 또는 발아시기의 온도, 강수량 등 기후에 따라 발아와 활착이 영향을 받는다. 활력을 몇 년씩 장기간 유지하는 종이 있는가 하면 몇 달 안에 발아하지 않으면 썩어 버리는 종도 있어 종에 따라 종자의 수명에 차이가 있으며 환경의 영향도 크다. 종자는 단백질을 비롯한 영양분이 풍부하기 때문에 야생동물의 먹이로 알맞다. 많은 종자가 어미나무에 달려 있거나 종자우 또는 매토종자의 상태에서 야생동물에게 먹힌다.

식물 개체군에서 새로운 개체의 출현은 여러 단계를 거쳐야 가능하며, 종자우의 산포로 새로운 개체가 유입되기도 한다. 그러나 안전한 장소로의 유입이 전제되어야 하며 이후 매토종자의 과정을 거쳐 종자의 휴면이 타파되고 싹이 터야 치수의 활착이 가능하다. 어떤 지역에서 유성생식을 하는 종의 치수가 나타나지 않는다면 종자우 또는 치수 발생에 안전한 장소의 부재가 원인인 경우가 많다.

② 해거리

종자 결실량은 연도, 장소, 수종 또는 나무의 크기에 따라 차이가 난다. 종자의 생산에는 에너지가 많이 필요하기 때문에 개화와 종자 생산은 영양생장을 감소시킨다. 특히 나무는 오래 살기 때문에 생장에 필요한 에너지와 후대 생산에 필요한 에너지를 적절히 분배할 필요가 있다. 다량

결실하면 나무의 에너지와 양료가 과다 소비되어 다음 해의 결실량이 줄어드는 결실주기가 나타나며, 이 현상을 격년결실 또는 해거리라고 한다(그림 1-37 · 1-38 참조). 목본식물은 종마다 몇 년 주기로 종자를 많이 생산하는 해(mast-fruiting year, mast-seeding year)가 나타난다(표 1-15 참조).

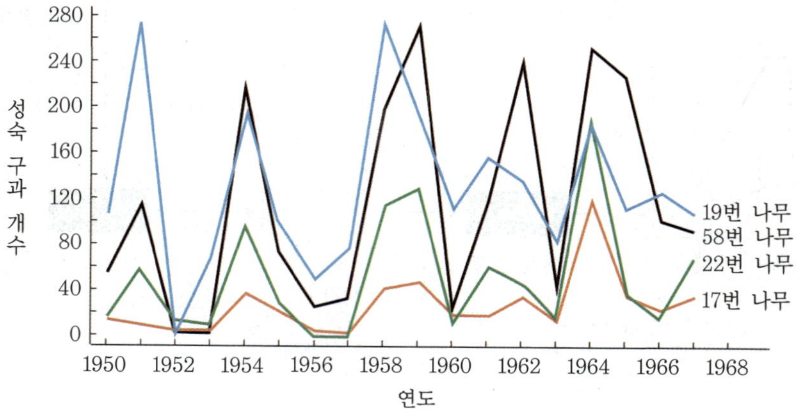

그림 1-37 미국 아이다호에서 18년 동안 관찰한 서양잣나무의 구과 생산 주기 [Rehfeldt *et al.*, 1971]

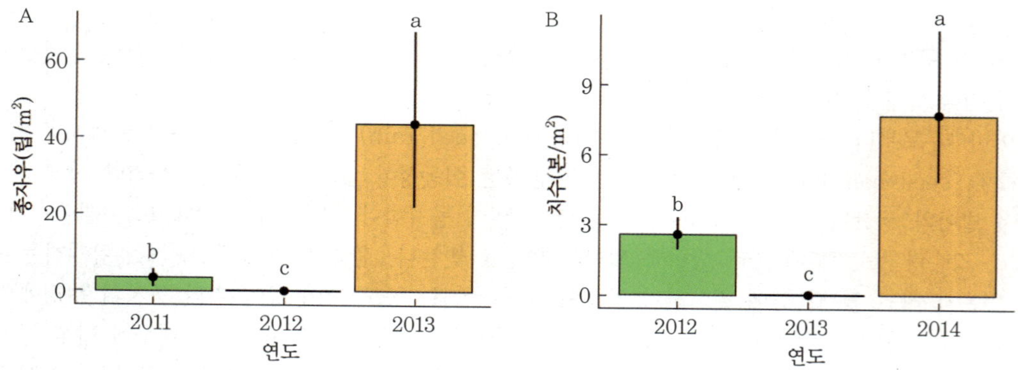

그림 1-38 가리왕산 지역 물푸레나무의 종자 생산(2011~2013년, A)과 이듬해 치수 발생(2012~2014년, B)[장유림 등, 2023]

표 1-15 우리나라 주요 수종의 결실주기

결실주기	수 종
매년	버드나무류, 포플러류, 오리나무류
격년	소나무류, 오동나무, 자작나무류, 아까시나무
2~3년	참나무류, 들메나무, 느티나무, 삼나무, 편백
3~4년	전나무, 녹나무, 가문비나무
5년 이상	잎갈나무

[임경빈 등, 1997]

③ 무성생식

무성생식(無性生殖, asexual reproduction)은 유전자의 결합 없이 새로운 개체를 만드는 방법이다. 무성생식은 환경이 불안정한 지역에서 종이 생존하고 서식할 수 있는 수단이 된다.

무성생식의 일종인 영양생식(營養生殖, vegetative reproduction)은 종자나 포자의 생산 없이 식물체의 일부를 이용하여 개체를 생산하는 방법이다. 산불이나 벌채 후 참나무류의 맹아 갱신, 사시나무의 뿌리 맹아 갱신 등이 모두 영양생식에 속한다. 영양생식은 교란된 지역을 재점유하는 데 유리하다. 영양생식에 의해 새로 만들어진 복제 개체, 즉 클론(clone)은 어미와 유전형질이 동일하다.

수종에 따라 여러 기관을 이용하여 새로운 개체를 생산할 수 있다. 근주, 뿌리, 뿌리줄기, 땅속줄기 등 지하에 있는 기관이나 지상부의 줄기에서 새로운 줄기가 발생한다. 지상부의 줄기를 이용하여 새로운 개체를 인위적으로 발생시키는 방법으로는 꺾꽂이(cutting), 휘묻이(layering) 등이 있다. 참나무류는 흔히 근주 맹아를 이용하여 갱신하고 산딸기, 오리나무, 버드나무류는 교란 후 지상부의 줄기나 맹아를 이용한 무성생식으로 교란 지역을 점유한다.

2 발아와 활착

매토종자는 환경이 적합해지면 발아(發芽, germination)하여 치수가 되고, 치수가 생장하여 활착에 성공하면 성목으로 자라 올라간다. 발아는 자엽이 지상부에 위치하는 지상자엽형 발아(地上子葉型 發芽, epigeous germination)와 자엽이 지하에 위치하는 지하자엽형 발아

그림 1-39 지상자엽형 발아를 하는 소나무(A)와 지하자엽형 발아를 하는 신갈나무(B)

(地下子葉型 發芽, hypogeous germination)가 있다(그림 1-39 참조).

활착 후의 생장은 종의 특성에 따라 양상이 달라진다. 일반적으로 내음성이 약한 개척수종(開拓樹種, pioneer species)은 발아와 초기 생장이 빠르다. 반면에 내음성이 중간 정도인 수종(gap-phase species) 또는 중간 천이단계의 수종은 어느 정도까지는 수관 아래의 비음(庇蔭) 상태에서 생장할 수 있다. 내음성 수종은 수관 아래의 비음 상태에서 오랜 기간 생존할 수 있지만 초기 생장이 느리다. 일반적으로는 환경이 적합하면 유년기에 빨리 생장하지만 나이가 들어감에 따라 생장이 느려져 완만한 생장곡선을 보인다.

2·3 개체군

2·3·1 개체군의 형성

개체군(個體群, population)은 종이 같고 상호작용하는 개체들의 집단이다. 독립된 개체로 사는 것과 집단에서 개체군의 일원으로 사는 것은 각각 장단점이 있다(표 1-16 참조). 집단으로 살 경우 자원 경쟁과 밀도 증가에 따른 환경 악화 등의 불리한 점이 있지만, 많은 수가 모여 있으면 외부의 적이나 환경으로부터의 보호, 짝짓기 및 유전적 다양성의 기회 증가 등 이점도 많아 함께 모여 사는 개체군이 많다.

표 1-16 개체군 일원일 때의 장점과 단점

장 점	단 점
• 보호	• 내부 경쟁(열세 개체는 생존 불리, 생장 감소)
• 번식	• 밀도 증가에 따른 스트레스 증가
• 유전적 다양성	• 환경 악화
• 내부 경쟁	• 질병 확산
• 분업과 협업	• 물리적 방해

대부분의 개체군은 개체들의 특정한 공간 분포 경향을 보이고 다양한 과정을 통해 집단을 이룬다. 개체군 내 개체들은 임의분포(random distribution), 집중분포(clumped distribution) 또는 균일분포(uniform distribution)의 분포 형태를 보이며 일반적으로 집중분포를 하는 개체군이 많다. 개체들이 집단을 이루는 과정에는 종이 지니고 있는 생산과 산포 특성, 다양한 물리적 환경, 공통된 자극에 대한 개체의 능동적 반응, 개체에 의한 물리적 환경의 변화, 생물의 집단 형성 특성 등이 주요하게 작용한다.

2·3·2 개체군의 성장

1 성장곡선

개체군의 성장은 식물과 동물에서 공통된 유형으로 나타난다. 기하급수적 성장(geometric growth) 또는 지수 성장(exponential growth)은 번식 단위의 세대가 짧고 자원이 풍부한 환경에서 자라는 종에서 볼 수 있다. 만약 개체가 평생 한 번 번식하고 세대가 겹치지 않는다면 개체군 성장은 다음과 같이 나타낼 수 있다(그림 1–40 참조).

$$N_{t+1} = R_0 N_t \quad \cdots\cdots (1\cdot1)$$

식에서 N_t: t세대의 개체군 크기, N_{t+1}: t 다음 세대의 개체군 크기, R_0: 개체군의 성장률

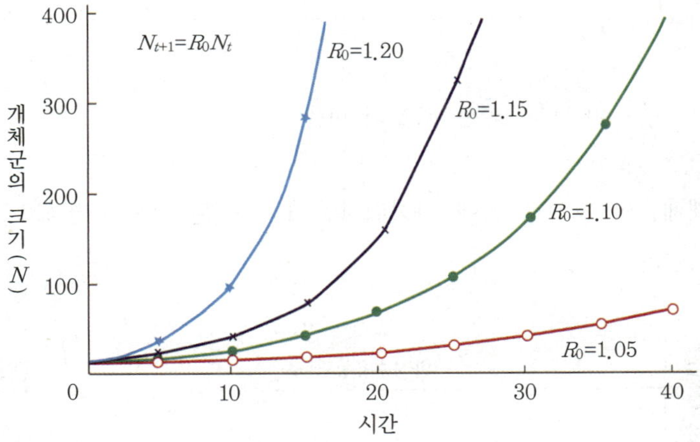

그림 1–40 번식률이 다른 개체군의 기하급수적 성장(각 개체의 번식은 1회만 일어남)

개체가 지속적으로 번식하고 세대 간에 겹치는 시기가 있는 경우에는 다음과 같은 식을 이용한다.

$$\frac{dN}{dt} = rN \quad \cdots\cdots (1\cdot2)$$

식에서 $\frac{dN}{dt}$: 단위시간당 개체군 크기의 변화율, r: 증가율, N: 개체군의 크기

지수 성장 모델은 시간에 따른 개체군의 변화율을 예측한다. 지수적 성장 조건에서 특정 시점의 개체군 크기를 예측하기 위해 식 1·2를 적분한다.

$$N_t = N_0 e^{rt} \quad \cdots\cdots (1 \cdot 3)$$

식에서 N_t: 특정 시간 t일 때 개체군의 크기, t: 경과 시간, N_0: 초기 개체군의 크기, e: 자연로그의 지수함수, r: 내적 증가율(생물적 잠재력)

종마다 가지고 있는 내적 증가율 r는 매우 다양하다. 서로 다른 개체군의 자연 증가율을 이용하기 위해 r_m을 이용한다. r_m은 종의 증가에 대한 고유 용량으로 온도, 습도 등 특정한 환경에서 종이 가질 수 있는 최대 증가율이다. 즉 먹이, 공간 및 개체군 밀도가 최적으로 유지되고 다른 종의 영향이 없을 때 얻을 수 있는, 이상적인 실험 상태에서 가능한 값이다.

대부분의 개체군은 매년 크기 변화가 크지 않다. 현실에서 경쟁, 질병, 스트레스 등 여러 가지 요인은 개체군의 지속적인 성장에 제한요인으로 작용한다. 이에 따라 개체군 성장은 해당 환경이 지원할 수 있는 최대의 개체군 크기인 K, 즉 환경수용능력(carrying capacity)을 최댓값으로 하는 S자형 곡선의 로지스틱 성장(logistic growth)을 한다(그림 1-41 참조).

$$\frac{dN}{dt} = rN\left(1 - \frac{N}{K}\right) \quad \cdots\cdots (1 \cdot 4)$$

식에서 $1 - \frac{N}{K}$: 이용되지 않은 K 값의 비율

식 1·4에서 개체군의 크기가 K에 가까워지면 $1 - \frac{N}{K}$은 0에 수렴하고 $rN\left(1 - \frac{N}{K}\right)$ 값, 즉 증가율은 작아진다.

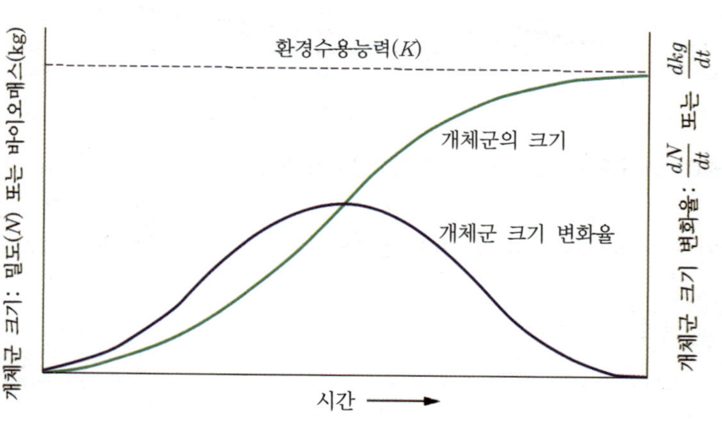

그림 1-41 개체군의 로지스틱 성장과 환경수용능력

현실에서 로지스틱 성장식에 따른 성장곡선을 보이는 개체군은 거의 없다. 개체군이 성장하여 환경수용능력 K에 가까워지더라도 반응하지 못하거나 반응에 시간이 걸려 K를 넘어서고 이후에 급격하게 감소하기도 한다(그림 1-42 참조). 또한 밀도의 증가가 K를 낮추어 성장곡선을 변형하기도 한다.

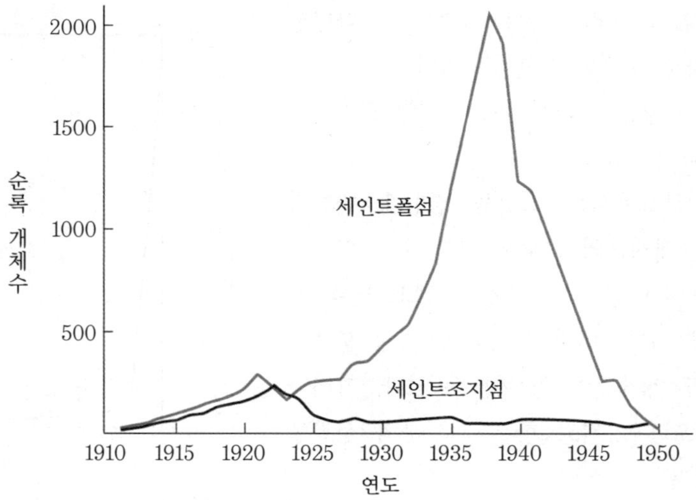

그림 1-42 캐나다 세인트조지섬과 세인트폴섬에 도입했던 순록 개체군의 성장 곡선(세인트폴섬의 순록 개체군은 환경수용능력 K를 초과하여 증가하다가 자원 부족으로 급격히 감소하여 결국 섬에서 사라졌다.) [Scheffer, 1951]

2 생명표와 생존곡선

로지스틱 성장식은 개체군이 결국에는 안정적인 연령구조에 도달한다는 가정을 바탕으로 한다. 출생과 사망에 따른 개체군의 연령구조를 파악하기 위해 연령도표 또는 생명표(生命表, life table)를 이용한다. 생명표는 개체군 내 사망을 요약하여 제공하며, 각 연령 계급마다 생존자의 수를 알 수 있어 시간에 따른 생존곡선을 도출할 수 있다.

생명표는 역동적 생명표(코호트 생명표, cohort life table)와 고정적 생명표(static life table)가 주로 이용된다. 역동적 생명표 및 생존곡선은 한 세대(cohort)의 특정 집단의 생존을 추적하여 도출한다. 고정적 생명표 및 생존곡선은 어떤 시점의 개체군의 연령 분포를 조사하여 작성한다. 인구주택총조사로 도출하는 연령구조표는 고정적 생명표의 대표적인 예이다(표 1-17 참조).

표 1-17 대한민국의 연령별 인구 분포(2023년 7월 기준)

연령	0~19세	20~39세	40~59세	60~79세	80세 이상
인구	8,090,004명	12,872,271명	16,620,090명	11,479,206명	2,325,562명

[행정안전부, 2023]

생존곡선은 일반적으로 수평축에 시간을 표시하고 수직축에 생존율을 표시한다. 생존곡선은 그림 1-43과 같이 크게 세 가지 유형으로 구분한다. Ⅰ 유형은 대부분의 개체가 생리적 수명이 다할 때까지 생존하는 유형으로 사람이나 일부 포유류에서 볼 수 있다. Ⅱ 유형은 생존율이 수명에 따라 변하지 않는 유형으로 다년생 식물, 설치류, 파충류 등에서 볼 수 있다.

Ⅲ 유형은 초기 사망률이 극히 높은 유형으로 어류, 곤충류 등에서 볼 수 있다.

안정된 연령 분포에서는 생존율 경향에 변화가 없으나 이때에도 개체군의 총수는 변할 수 있다. 사망률과 출생률이 같다면 인구 변동은 없고 연령 분포는 비유동적이 된다. 어린 연령대의 개체 분포가 높은 집단은 향후 개체군이 성장할 수 있다. 그러나 단순히 연령 분포만 가지고 향후 개체군의 성장을 예측하기는 어렵다.

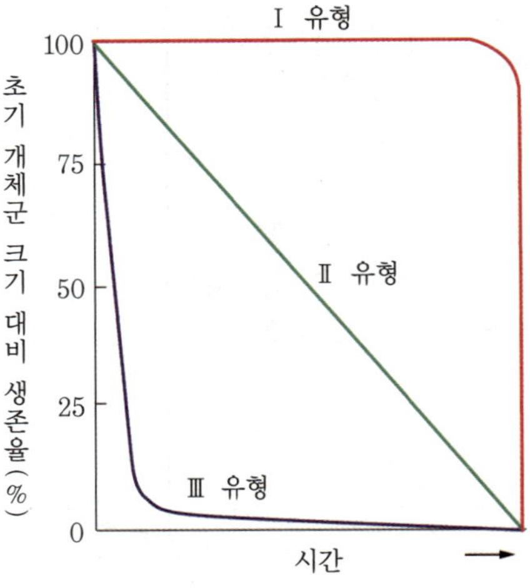

그림 1-43 세 가지 유형의 생존곡선
[Deevey, 1947]

2·3·3 개체군 크기의 조절

1 개체군 크기의 조절 인자

개체군의 크기를 조절하는 주요 인자는 출생(出生, natality), 사망(死亡, mortality), 이입(移入, immigration) 및 이출(移出, emigration)이다(그림 1-44 참조).

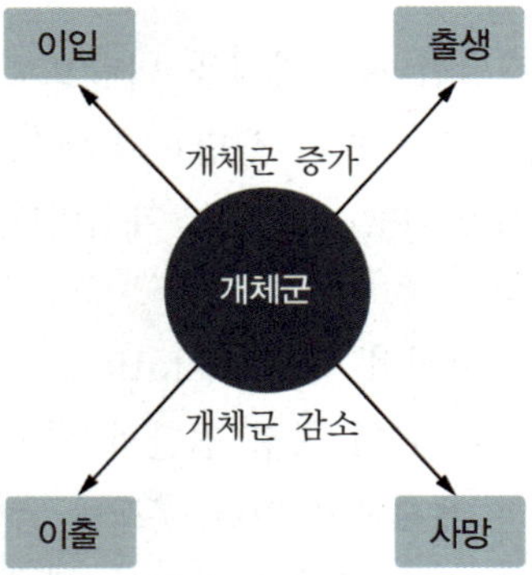

그림 1-44 개체군 조절 인자

출생에 영향을 미치는 요인은 번식력과 번식잠재력이다. 번식력(繁殖力, fertility)은 번식 가능 기간 동안 생산 가능한 배우자(암컷) 개체당 실제로 생산한 자손의 수이고, 번식잠재력(繁殖潛在力, fecundity)은 생산 가능한 배우자가 생산할 수 있는 최대 자손의 수이다. 생산 시기가 늦어지면 개체군의 성장률이 저하한다. 한배 새끼 수(brood size)는 한 번에 생산할 수 있는 자손 수로, 종에 따라 한배 새끼 수가 다양하며 먹이와 환경의 영향을 받는다.

종은 한정된 에너지와 자원을 가지고 많은 수의 자손에게 적은 양을 배분할지, 아니면 적은 수의 자손에게 많은 양을 배분할지를 선택해야 한다. 자손의 수와 각 자손에게 배분되는 에너지는 반비례할 수밖에 없다. r-전략종(r-strategist, r-selection)은 많은 수의 자손을 생산한다. 반면에 K-전략종(K-strategist, K-selection)은 r-전략종보다 적은 수의 자손을 생산하며, 이들 자손은 좀 더 많은 에너지를 배당받아 생존 가능성이 높다. K-전략을 택하는 종은 비교적 양호한 환경조건에서 서식하는 경우가 많으므로 높은 종내·종간 경쟁에서 살아남을 수 있는 경쟁력을 갖추는 일이 중요하다(표 1-18 참조).

사망은 질병, 포식, 기생, 물리적 방해, 기아, 영양 결핍, 온도, 가뭄 등 여러 가지 원인에 의해 발생한다. 크기가 같은 두 개체군이라도 연령구조 또는 사망률이 달라 개체군의 성장

표 1-18 r–전략과 K–전략의 비교

조 건	r–전략	K–전략
환경	다양하고 잦은 변화	일반적으로 안정적
사망률	때로 대규모로 발생하고, 밀도와 관련성 낮음	밀도 의존적
생존곡선	Ⅲ 유형(초기 높은 사망률)	일반적으로 Ⅰ 또는 Ⅱ 유형
개체군 크기	다양하고 불균형을 이루는 경우가 많음(일반적으로 환경수용능력 이하)	비교적 안정적이고 균형을 이룸(환경수용능력에 근접)
경쟁 정도	다양하고, 낮은 경우가 많음	높음
생활사	짧음	일반적으로 1년 이상
이점	빠른 초기 생장, 높은 r_m, 번식기에 빨리 도달, 작은 크기, 세대당 한 번 생산	느린 초기 생장, 높은 경쟁력, 번식기까지 생장하는 데 시간 소요, 큰 개체 크기, 세대당 1회 이상 생산

[Pianka, 1970]

유형이 다를 수 있으며, 사망률이 같더라도 개체군 크기의 시간적 변화가 다를 수 있다. 개체의 이입 또는 먼 지역으로의 이출 또한 개체군 크기를 조절하는 주요 인자이다.

2 개체군 크기에 영향을 미치는 요인

개체군의 성장에 대한 언급은 고대 그리스의 철학자들까지 거슬러 올라간다. 이후 보테로(G. Botero, 1588)는 인구의 증가를 막는 원인으로 기근, 질병, 전쟁, 지진 등을 들었고, 맬서스(T.R. Malthus, 1798)는 인구가 기하급수적으로 증가할 수 있지만 환경의 한정된 수용능력이 이러한 증가를 제한한다고 주장하였다. 서로 다른 환경에서는 개체군의 크기가 다르고 특정 환경에서는 시간에 따라 크기가 달라지는 개체군 크기의 변동을 설명하기 위해 여러 학파가 다양한 학설을 제기하였다.

자연의 균형(balance of nature) 개념을 바탕으로 개체군 크기가 밀도 의존적이라는 주장이 대두되었다. 밀도가 증가하면 먹이나 자원을 두고 경쟁이 심해져 밀도가 줄어드니 시간에 따라 밀도가 주기적으로 변화한다는 의견을 폈다. 반면에 일부 곤충학자들은 먹이와 자원에 의한 주기적인 개체군 변동이 나타나더라도 결국은 기후에 의해 곤충의 개체수가 조절되는 현상을 발견하고, 기후 등의 환경요인이 개체군 크기를 조절하기 때문에 개체군의 크기는 밀도 의존적이지 않다고 주장하였다.

외부 요인에 의해 개체군의 크기가 조절된다는 의견에 반하여 일부 학자들은 시간이 지남에 따라 개체군의 유전적 구성이 변하는 현상을 보고하였다. 이들은 개체군 크기에 따라 경쟁력이나 적응력이 생존에 중요해지며 자연선택이 유전적 구성의 변화를 가져온다고 하였다. 즉 개체군 크기의 조절은 집단의 행동, 사회적 조직, 영역 등 개체군의 내적 요인으로부터 영향을 받는다는 설명이다.

여러 학자들의 논쟁을 거쳐 개체군의 크기는 외부 요인과 내적 요인의 영향을 모두 받는다는 결론에 이른다. 다양한 요인들이 여러 복합 과정을 통해 개체군의 크기에 영향을 미치고 있다.

허패커와 메신저(Huffaker & Messenger, 1964)는 조건체제와 지배체제라는 개념을 이용하여 개체군 크기에 영향을 미치는 요인 간의 관계를 설명하였다. 조건체제(conditioning mechanism)는 밀도의 영향을 받지 않는 환경요인이나 매개체로 잠재적 환경수용능력을 결정하거나 수용능력에 도달하지 않았을 때 잠정적인 개체군 조절에 영향을 미친다. 지배체제(governing mechanism)는 제한적인 환경요인의 작용으로 개체군의 밀도가 증가하면 심해지고 밀도가 낮아지면 완화하므로 밀도 의존적이다. 환경이 좋지 않을 때에는 조건체제가, 적절한 환경에서는 지배체제가 개체군의 밀도에 중요하게 작용한다(그림 1-45 참조).

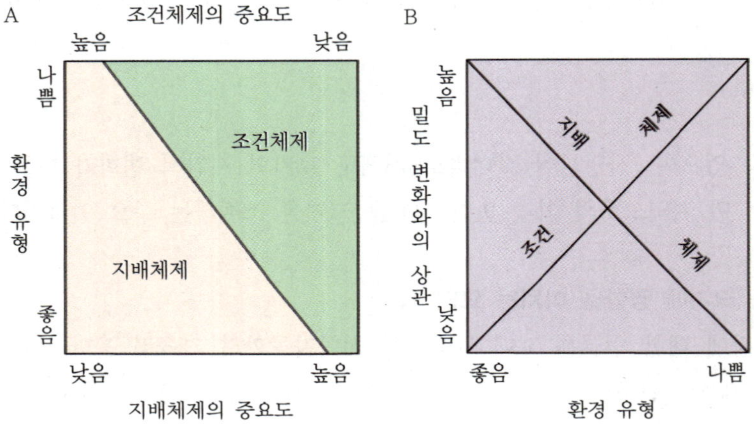

그림 1-45 다른 환경조건에서 개체군의 크기를 조절하는 조건체제와 지배체제
A: 환경조건에 따른 조건체제(밀도와 별개)와 지배체제(밀도 의존적)의 중요도
B: 개체군 밀도 변화와 조건체제 및 지배체제의 관계

포식도 개체군의 크기를 조절하는 주요 요인 중 하나이다. 포식의 영향에 대해서는 제Ⅱ편 제3장에서 자세히 다루기로 한다.

2·3·4 메타개체군

메타개체군(metapopulation)이란 국지적으로 분포하는 여러 개체군으로 구성된 개체군을 말한다. 메타개체군은 새로운 지역으로의 산포와 정착 과정을 거쳐 유지된다. 메타개체군은 국지적으로 각기 존재하는 개체군의 집합이기 때문에 메타개체군의 동태는 개체군 각각의 동태와 다른 양상을 나타낸다. 서식처의 다양성에 따라 메타개체군의 분포와 크기가 영향을 크게 받는다.

2·4 군집

군집(群集, community)은 특정 시간에 특정 지역에 서식하는 생물종의 집합이다. 군집에서 식물만 고려할 때에는 식물군집(植物群集, plant community), 모든 생물을 고려할 때에는 생물군집(生物群集, biotic community)이라고 한다. 군집은 일정 환경에서 상호작용하며 살아가는 식물, 동물, 미생물 등의 총집합체를 말하며 종의 구성, 구조, 연관된 환경 및 발달과 기능에서 주변과 구별되는 생물계이다(Whittaker, 1975).

군집생태학(群集生態學)은 생물군집에 함께 존재하는 종의 구성과 구조, 같거나 다른 영양단계에 위치한 종간의 관계를 연구하는 분야이다. 군집 연구의 초기에는 식물군집을 주로 연구하였지만 19세기 카를 뫼비우스(K.A. Möbius)가 굴과 다른 생물의 관계를 연구한 이후 초유기체(supraorganism)의 개념으로 발전하기도 하였다. 탠슬리(A. Tansley, 1935)는 생물군집과 무기환경을 단위로 하는 생태계의 개념을 제시하였다.

19세기 일단의 식물지리학자들은 환경이 비슷한 입지에 나타나는 특징적인 모습 또는 식물군락상을 나타내는 식물종을 바탕으로 하여 넓은 식생 구역(사막, 초지, 침엽수림, 온대림, 열대림)으로 생물권을 구분할 수 있다고 설명하며 이와 같은 식생 범주를 식물군계라고 하였다(제 I 편 제1장 1·1·4 참조). 식물군계는 일반적으로 기후대에 따라 구분한다. 식물군계에 공존하는 동물까지 포함한 생물권을 생물군계(生物群系, biome)라고 한다. 식물군계는 다양한 식물 조합의 유형으로 이루어져 있으며, 이렇게 차별화되는 여러 식물의 조합 각각을 군총(群叢, association)이라고 한다. 군총은 식물 집합에서 우점하고 있는 교목과 교목, 또는 교목과 관목으로 나타내며 신갈나무-당단풍나무 군총(oak-maple association)과 같이 표기한다.

이후 군집이 군총을 대신하여 식물 집합의 관계를 설명하는 데 사용되었다. 임업에서는 산림군집을 구분하기 위해 임형(林型, forest type)을 이용하며, 임형은 상층 우세목의 구성으로 정의할 수 있다.

2·4·1 식물군집의 구조

각각의 식물군집에는 특징적인 구조, 생활형, 공간 패턴, 종 구성, 천이단계, 바이오매스, 기능적 과정(에너지 이동, 물질 순환)이 있다. 군집의 구조는 생활형의 결과이며 식물들의 수직적 배열과 공간적 구성이다.

군집에서는 식물들을 수직적으로 수관의 층(層, layer, synusia)으로 구분하며, 각 수관층은 수관급(樹冠級, crown class)으로 이루어져 있다. 수관급은 우세목(優勢木, dominant), 준우세목(準優勢木, codominant), 중용목(中庸木, intermediate), 열세목(劣勢木, suppressed)으로 구분한다. 군집 내 종들의 생육형(growth form)에 따라 식물군집의 수직 구조가 결정되기 때문에 식물군집의 생육형은 군집의 외양을 결정한다. 산림의 식물군집에서 주요 수직층은 교목층, 관목층, 초본층, 엽상식물(葉狀植物, thallophyte)층, 착생식물(着生植物, epiphyte), 덩굴식물(liana) 등으로 이루어진다(그림 1-46 참조).

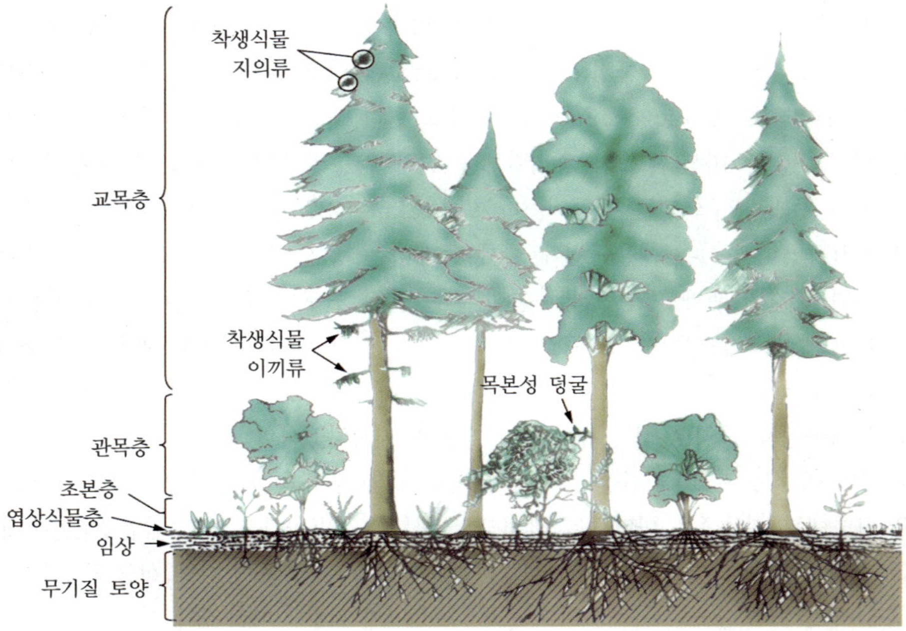

그림 1-46 산림의 주요 수직층

표 1-19 우리나라 숲을 구성하는 식물의 주요 생육형

생육형	특징과 예
교목	목본식물로 수고 5m 이상
상록 또는 낙엽 침엽수	소나무, 전나무 등 주로 구과식물
상록 또는 낙엽 활엽수	붉가시나무, 신갈나무
관목	수고 5m 미만 생장
상록 또는 낙엽 침엽 관목	개비자나무
상록 또는 낙엽 활엽 관목	진달래, 철쭉
반관목(semishrub)	불리한 환경에서 낮게 또는 옆으로 생장
초본	
넓은잎초본	넓은잎외잎쑥, 곰취
가는잎초본	그늘사초, 포아풀
고사리류	관중, 십자고사리
엽상식물	지의류, 선태류
착생식물	겨우살이
덩굴식물	칡, 다래

우리나라 숲에서 교목층을 이루는 식물의 주요 생육형은 상록침엽수, 상록활엽수, 낙엽침엽수, 낙엽활엽수 등이다(표 1-19 참조). 초본층은 넓은잎초본(廣葉草本, forb), 가는잎초본(grass), 고사리류(fern) 등이 있으며, 엽상식물은 부착하는 대상에 따라 돌이면 석착생(epilith), 고사목이면 목착생(epixyle) 등으로 분류한다. 각 수직층은 빛, 수분 등의 환경이 다르므로 식물은 자신이 속한 수직층의 환경에 적응해야 한다. 숲에서 수직층의 발달 정도는 숲의 환경 상태를 반영한다.

군집이 성장하며 구조가 지속적으로 변하므로 군집 구조는 교란과 천이, 숲 발달의 결과이다. 또한 군집 구조에 따라 산림생태계의 기능이 변하고 생태계가 제공하는 서비스가 달라진다(Kimmins, 2004). 따라서 생태계를 관리하거나 생태계의 기능을 평가할 때에는 군집 구조를 먼저 파악해야 한다.

2·4·2 생물다양성

종의 구성은 군집 구조의 분석에 있어서 기본이 되는 척도이다. 종의 구성과 종풍부도, 종균등도를 생물다양성의 일부분으로 해석하기도 한다. 생물다양성은 다양한 범위와 척도에서 다루어지며 한 종 내에서의 유전자다양성(genetic diversity), 분류학적 다양성(taxonomic diversity), 종다양성(species diversity), 구조적 다양성(structural diversity), 생태계다양성(ecosystem diversity), 시간적 다양성(temporal diversity) 등 여러 범위의 다양성을 모두 포함하고 있다.

종다양성은 공간 수준에 따라 알파 다양성, 베타 다양성, 감마 다양성 등으로 구분하기도 한다. 알파 다양성(α diversity)은 국지적 또는 임분 단위에서 다루어지며 주로 종풍부도를 이용한다. 종풍부도는 단위지역에 서식하는 종의 수를 뜻한다. 그 밖에 종균등도, 구조적 다양성, 군집을 이루는 종들의 기능적 · 생활사적 특성 등을 포함한다.

베타 다양성(β diversity)은 두 군집 또는 생태계 간의 종다양성이다. 베타 다양성은 지역에서 나타나는 국지적인 서식처들의 알파 다양성의 변화 정도를 이용하여 구한다. 서식처의 지형, 토양의 물리적 · 화학적 특성 등은 서식처 간 종 분포의 차이를 가져온다. 과거 교란의 차이도 베타 다양성에 영향을 미친다.

식물군계 등 광역 단위의 다양성을 다룰 때에는 감마 다양성(γ diversity)을 이용한다. 감마 다양성은 넓은 지역을 아우르는 생물다양성이다. 감마 다양성에 영향을 미치는 주요 인자는 기후, 지형 등이다.

다양성지수는 군집에서 종의 다양성을 수학적으로 계산하여 표시하는 척도이다. 군집을 이루는 종들의 상대적인 밀도를 고려하기 때문에 종풍부도뿐만 아니라 종의 구성에 대한 추가 정보를 제공할 수 있다. 다양성지수를 구하는 여러 방법은 제 I 편 제3장에서 자세히 다루기로 한다.

2·4·3 생태지위

경쟁배제원리(競爭排除原理, competitive exclusion principle)에 의하면 같은 자원만을 이용하는 두 종은 함께 공존하지 못한다. 폐쇄되어 조건이 제한된 실험실에서는 이를 관찰할 수 있지만 현실에서는 거의 보기 어렵다. 실제로는 경쟁배제원리를 극복하고 종간경쟁을 피하기 위해 종마다 서식처, 먹이 등을 차별화한다. 비슷한 종이라도 이들 간의 작은 형태적 차이는 각 종이 서로 다른 자원 또는 다른 환경을 이용할 수 있도록 한다. 종간경쟁을 피하기 위해 종은 각자의 적응, 저항력, 요구도, 행동 등을 차별화하며 진화한다. 같은 장소에서 서로 다른 종이 공존한다면 먹이, 환경 및 서식처 등에 대한 각 종의 요구도가 다름을 뜻한다.

생태지위(生態地位, ecological niche)란 생태계 내에서 맡고 있는 한 종의 종합적인 역할을 말한다. 생태지위는 ①그 종의 총체적 특성에 의해 발현된 생태계에서의 기능적 역할, ②그 종이 살고 있는 서식처의 유형과 범위, ③그 종의 지리적 분포 범위를 모두 포함한다. 종의 상호작용, 서식처에 대한 적응, 입지 등은 시간이 지남에 따라 다양하게 변화한다. 생태지위는 종이 한 지역에서 다른 종과 함께 지내며 존속할 수 있도록 어디서, 언제, 어떻게 유전적으로 입지에 적응하였는지를 나타낸다.

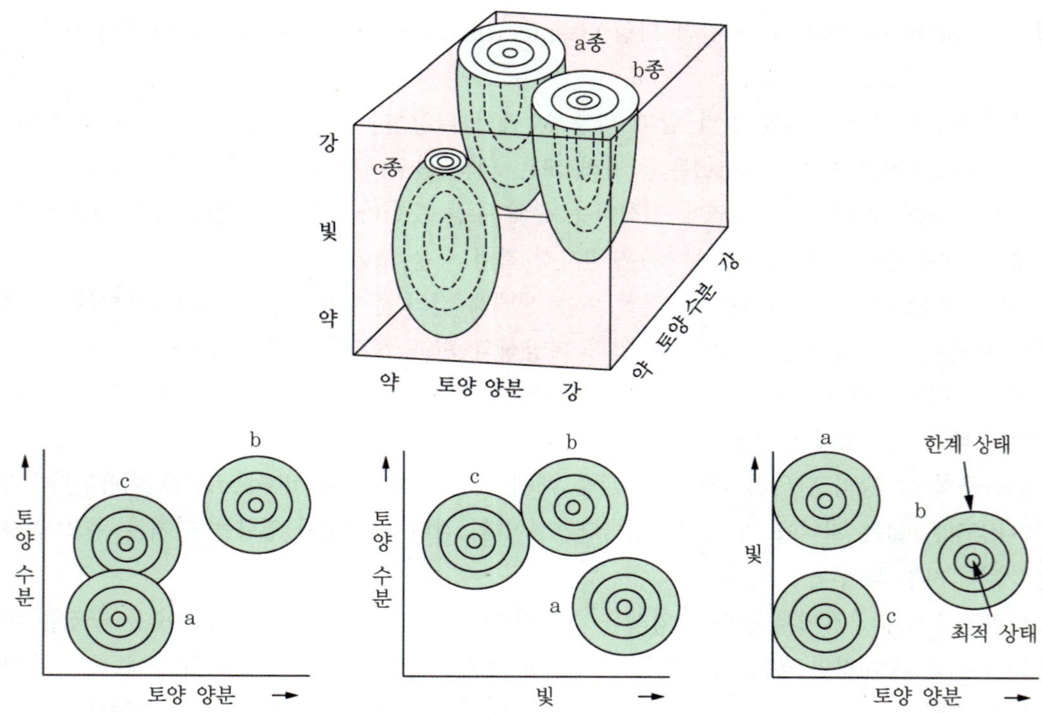

그림 1-47 토양 양분, 토양 수분 및 빛의 차이에 따른 a, b, c 종의 현실지위 모형도 [Kimmins, 2004]

생태지위는 종이 입지에서 시간에 따라 일어나는 천이 과정에서 우점하는 상대적 기간과 생태적 적응을 나타내기도 한다. 따라서 생태계에서 종의 생태지위는 공간과 시간의 다차원적 특화에 의해 결정되고 종의 기능, 적응, 분포 특성 등을 포함한 복잡하고 다양한 요인을 반영한다. 다차원부피모형을 이용하여 종의 생태지위를 설명할 수 있다(그림 1-47 참조).

생태지위를 크게 기본지위(fundamental niche)와 현실지위(realized niche)로 설명한다. 다른 종과의 경쟁이 없을 때 한 종이 점유할 수 있는 지역을 기본지위라고 한다면, 현실지위는 경쟁이 있을 때 그 종이 점유하는 기본지위 중의 부분에 해당한다(그림 1-48 참조). 따라서 현실지위는 기본지위에 속한다. 오랜 기간 교란이 없을 때 어떤 종의 지리적 분포는 그 종의 현실지위를 반영한다.

환경 구배에 따라 종의 분포가 변하고 이에 따라 군집의 종 구성과 구조가 변화한다. 생태학에서 군집의 변화와 환경 구배 사이의 관계는 항상 논쟁이 되어 왔다. 한편 생태 구배(ecocline)는 군집과 환경 구배가 복합적으로 작용하여 나타나는 생태계의 변화를 뜻한다.

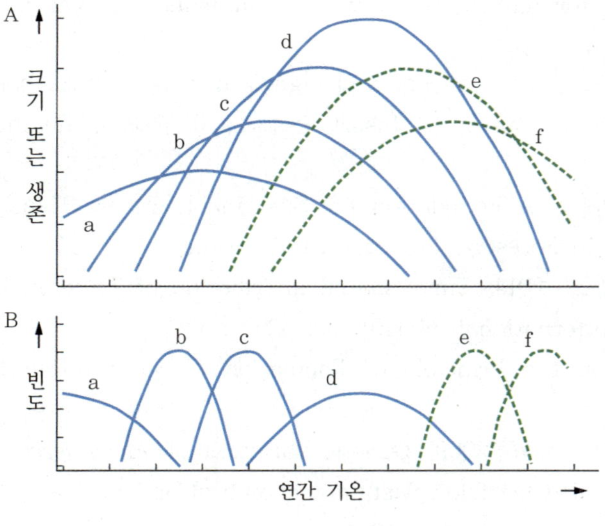

그림 1-48 연간 기온의 변화에 대한 개체군의 반응(기본지위, A)과 같은 기온 변화 범위에서의 콘토르타소나무 개체군의 발생 빈도(현실지위, B) 모식도[Rehfeldt *et al.*, 1999]

연습문제 ▮

1. 개체, 개체군, 군집의 관계를 설명하시오.
2. 표현형과 생물의 환경에 대한 적응은 어떤 관계가 있는지 설명하시오.
3. 능선에 분포하는 수종과 계곡에 분포하는 수종의 형태적 특성을 비교하시오.
4. 해거리의 주기는 식물의 수명과 어떤 관계가 있는지 설명하시오.
5. 로지스틱 성장 모형이 현실에서 적용되지 않는 예를 들어 보시오.
6. 서식처 다양성은 메타개체군의 유지에 어떤 영향을 미치는지 설명하시오.
7. 종의 생태지위를 알기 위해서 필요한 정보를 나열하시오.

참고문헌

1. 김인식, 유근옥, 이주환. 2012. 소나무 산지의 개엽시기에 영향을 미치는 기후인자. 한국농림기상학회지 14(4): 229-235.
2. 손요환, 구창덕, 김춘식, 박필선, 윤충원, 이계한. 2016. 신고 산림생태학. 향문사.
3. 임경빈 외. 1997. 조림학 본론. 향문사.
4. 장유림, 정종빈, 김현정, 김종우, 강규석, 남광현, 박필선. 2023. 강원도 가리왕산 지역 천연활엽수림에서 물푸레나무(*Fraxinus rhynchophylla*)의 천연하종과 치수 발생 및 고사 특성. 한국산림과학회지 112(3): 280-289.
5. 전영우. 2013. 숲과 문화. 제2판. 북스힐.
6. 행정안전부. 2023. 주민등록 인구통계. jumin.mois.go.kr.
7. Barnes BV, Zak DR, Denton SR, Spurr SH. 1988. Forest Ecology. 4th ed. Wiley.
8. Botero G. 1588. Delle cause della grandezza delle città (On the Causes of the Greatness of Cities).
9. Deevey Jr ES. 1947. Life tables for natural populations of animals. The Quarterly Review of Biology 22(4): 283-314.
10. Huffaker CB, Messenger PS. 1964. The concept and significance of natural control. In DeBach P (ed). Biological Control of Insect Pests and Weeds. Reinhold Publishing Co.
11. Kimmins JP. 2004. Forest Ecology: A Foundation for Sustainable Forest Management and Environmental Ethics in Forestry. 3rd ed. Prentice Hall.
12. Kong WS, Lee SG, Park HN *et al*. 2014. Time-spatial distribution of *Pinus* in the Korean Peninsula. Quaternary International 344(10): 43-52.
13. Malthus TR. 1798. An Essay on the Principle of Population. J. Johnson in St. Paul's Church-Yard London.
14. Moriguchi Y, Kang KS, Lee KY *et al*. 2009. Genetic variation of *Picea jezoensis* populations in South Korea revealed by chloriplast, mitochondrial and nuclear DNA markers. Journal of Plant Research 122(2): 153-160.
15. Pianka ER. 1970. On *r*- and *K*-selection. The American Naturalist 104(940): 592-597.
16. Rehfeldt GE, Stage AR, Bingham RT. 1971. Strobili development in western white pine: periodicity, prediction and association with weather. Forest Science 17(4): 454-461.
17. Rehfeldt GE, Ying CC, Spittlehouse DL, Hamilton Jr DA. 1999. Genetic responses to climate in *Pinus contorta*: Niche breadth, climate change, and reforestation. Ecological Monographs 69(3): 375-407.
18. Scheffer VB. 1951. The rise and fall of a reindeer herd. The Scientific Monthly 73(6): 356-362.
19. Tansley AG. 1935. The use and abuse of vegetational concepts and terms. Ecology

16(3): 284–307.

20. Uyeki H. 1928. On the physiognomy of *Pinus densiflora* growing in Korea and silvicultural treatment for its improvement. Bulletin of the Agricultural and Forestry College of Suwon Korea 3.
21. Whittaker RH. 1975. Communities and Ecosystems. 2nd ed. MacMillan.

제3장

임분의 구조

3·1 숲의 구분

3·1·1 숲의 다양한 구분

숲은 구분하는 기준에 따라 여러 유형으로 분류한다. 종의 구성에서 같은 종으로 이루어져 있으면 순림(純林, pure forest), 여러 수종이 섞여 있으면 혼효림(混淆林, mixed forest)이라고 한다. 수종별로 침엽수림, 활엽수림, 침활혼효림 등으로 구분하기도 한다. 숲을 구성하는 임목들의 나이가 같으면 동령림(同齡林, even-aged forest), 수령이 서로 다른 임목들이 섞여 있으면 이령림(異齡林, uneven-aged forest)이라고 한다.

인간의 개입 여부에 따라 인간 활동이 없었던 숲은 원시림(原始林, primary forest, virgin forest), 자연적으로 갱신된 숲은 천연림(天然林, natural forest), 인간에 의해 갱신된 숲은 인공림(人工林, artificial forest)으로 구분한다. 임목의 갱신 및 관리 방법에 따라 종자로 갱신된 숲은 교림(喬林, high forest), 맹아로 갱신하여 단벌기로 관리하는 숲은 저림(低林) 또는 왜림(矮林, low forest)이라고 한다. 종자와 맹아로 갱신된 임목이 섞인 숲은 중림(中林, middle forest)으로 구분한다. 경영 목적에 따라 경제림, 비경제림, 보호림, 다목적림 등으로 구분하고 소유자에 따라 국유림, 공유림, 사유림 등으로 구분한다.

표 1-20 다양한 기준에 따른 숲의 구분

종 구성	우점종	수 령	인간 활동	종자/맹아	소유자	경영 목적
순림 혼효림	침엽수림 활엽수림	동령림 이령림	원시림 천연림 인공림	교림 왜림 중림	국유림 공유림 사유림	경제림 비경제림 보호림 다목적림

3·1·2 임분

임분(林分, forest stand)이란 같은 입지 환경에서 비슷한 수종 구성과 구조를 보이며 공간상 연속적으로 분포하는 임목과 관련한 식생 집단이다. 한 임분 내에서는 수령 분포, 밀도, 크기 분포, 공간 배열 등이 비슷한 반면에 주변의 다른 임분과는 차이를 보인다(그림 1-49 참조). 임분은 산림관리의 기본 단위이며 조림 작업에 있어서 중요하다.

그림 1-49 서로 다른 임분의 원경
A: 일본잎갈나무 조림지 B: 활엽수 천연림 C: 잣나무 조림지 D: 능선을 경계로 나뉜 임분

3·1·3 임분 구조의 파악

임분 구조(stand structure)는 나무와 다른 식물의 물리적 · 시간적 분포이자 눈에 보이는 숲의 모습이다. 숲의 모습을 알기 위해서는 지형, 토양 등의 물리적 특성과 구성원의 종류(수종 구성), 구성원의 크기(직경 분포, 수고 분포), 구성원의 공간적 분포 등을 파악해야 한다(표 1-21 참조). 여기에서는 숲의 우점 생물인 나무를 중심으로 임분의 구조를 파악하고자 한다.

표 1-21 임분의 구조적 요소

구 분	구조적 요소	세부 요소
개별 구조	입목	종, 밀도, 평균 직경, 직경 분포, 수고, 수관 깊이
	대경목	종, 밀도, 평균 부후, 수관 상태, 수피 특성
	줄기	종, 밀도, 크기, 배치
	하층식생	종 구성, 밀도, 높이
	임상	종 구성, 밀도, 상록/낙엽
	고사 입목	종, 크기, 부후 상태, 밀도
	고사 도목	종, 밀도, 부후 상태, 부피, 질량
	유기물층	깊이, 이화학적 특성, 생물상
공간 패턴	수관층의 수직 분포	깊이, 연속성, 누적분포
	개개목의 위치	공간 분포(임의분포, 집중분포)
	숲틈과 울폐도	크기, 모양, 밀도

[Franklin *et al.*, 2002]

수종 구성은 주로 종풍부도, 중요도 또는 다양성지수를 이용하여 분석한다. 밀도는 숲을 파악하는 주요 지표이고, 임목과 고사목의 밀도 및 고사율은 임분의 구조를 파악하는 주요 인자이다(Gray, 2003; 표 1-22 참조). 직경 분포와 수고 분포는 임목의 크기를 파악하는 데 필요하고, 공간 분포는 임목의 공간적 배열과 여유 공간에 대한 정보를 제공한다(Hofgaard, 1993). 직경 분포는 연령 분포를 추정하는 데 이용하기도 한다(Jang & Park, 2010). 그 밖에도 엽면적지수, 바이오매스 등이 임분 구조의 해석에 자주 이용되고 있다.

표 1-22 임분 구조를 설명하기 위한 요소의 예시

수 종	생 목		고사목	흉고단면적(m^2)		흉고직경(cm)		수고(m)		C : H	H : D
	개체수	%	개체수	면적	%	평균	최대	평균	최대		
Acer mono	10	3.0	0	1.38	1.2	7.1	12.1	8.9	17	0.49	1.33
Acer pseudosieboldianum	63	19.1	0	1.89	1.6	3.1	8.1	3.5	8.5	0.39	1.11
Corylus sieboldiana	5	1.5	0	0.02	0.0	1.4	2.2	1.9	2.7	0.19	1.42
Fraxinus rhynchophylla	10	3.0	0	3.73	3.2	11.9	25.1	10.5	18	0.44	1.02
Lindera obtusiloba	46	13.9	0	0.41	0.4	2.0	3.5	2.2	4	0.31	1.12
Maackia amurensis	12	3.6	4	1.05	0.9	4.5	20.7	4.1	10	0.24	1.17
Morus bombycis	11	3.3	0	0.20	0.2	2.9	5.2	3.3	5	0.39	1.24
Quercus mongolica	119	36.1	55	102.16	88.3	19.5	49.6	16.1	23	0.54	0.91
Symplocos chinensis	10	3.0	0	0.15	0.1	2.4	6.0	2.4	3	0.26	1.18
Tilia amurensis	36	10.9	2	4.50	3.9	6.9	18.1	6.7	15	0.46	0.97
Tripterygium regelii	1	0.3	0	0.03	0.0	4.2		1.8		1	4.28
Ulmus davidiana	3	0.9	1	0.20	0.2	5.3	8.9	9.2	18.5	0.42	1.57
Weigela florida	4	1.2	0	0.01	0.0	1.1	1.4	1.9	2.2	0.43	1.77

㈜ C : H는 수관 비율, H : D는 수고와 흉고직경 비율[Dolezal *et al.*, 2009]

3·2 수종 구성

3·2·1 종풍부도

종풍부도(種豊富度, species richness)란 일정한 지역에 있는 종의 수를 말한다. 종풍부도가 각 종의 밀도나 균등도 등에 대한 정보는 주지 않기 때문에 종의 구성을 파악하기에는 한계가 있다.

3·2·2 중요도

수종의 중요도(重要度, importance value, IV)는 상대밀도, 상대빈도, 상대피도를 이용해 구한다(Curtis & McIntosh, 1951). 피도는 일반적으로 흉고단면적으로 구하지만 수관 면적을 이용해 구하기도 한다.

$$\text{종 A의 IV}(\%) = \frac{\text{종 A의 상대밀도} + \text{상대빈도} + \text{상대피도}}{3} \quad \cdots\cdots (1\cdot5)$$

$$\text{상대밀도}(\%) = \frac{\text{종 A의 개체수}}{\text{전체 개체수}} \times 100$$

$$\text{상대빈도}(\%) = \frac{\text{종 A의 빈도}}{\text{전체 종의 빈도}} \times 100$$

$$\text{상대피도}(\%) = \frac{\text{종 A의 흉고단면적 합}}{\text{전체 종의 흉고단면적 합}} \times 100$$

수종의 중요도는 임분의 종 구성에 대한 정보를 제공할 뿐만 아니라 서로 다른 임분을 비교하는 데에도 이용된다(표 1-23 참조).

3·2·3 다양성지수

다양성지수(diversity index)는 대상 지역 내 생물종의 다양성을 나타내기 위한 수치이며 알파 다양성에 초점을 맞추고 있다. 샤논지수와 심슨지수를 흔히 이용하며 그 밖에 버거-파커지수(Berger-Parker index, d), 힐지수(Hill's index, $N1$; Hill, 1973), Q-statistics 등도 이용한다. 여기서 언급하는 대부분의 다양성지수는 전체 종의 합에 대한 해당 종의 비율을 바탕으로 하여 계산한다.

1 샤논지수

샤논지수(Shannon index, H'; Shannon & Weaver, 1949)는 종의 풍부도와 균등도에

표 1-23 지리산 임걸령과 심원 지역 신갈나무 임분의 수종 중요도(IV), 임분 밀도, 평균 수고 및 줄기가 여러 개인 임목의 비율(R) 비교

수 종	임걸령				심 원			
	IV (%)	밀도 (ha^{-1})	평균수고 (m)	R (%)	IV (%)	밀도 (ha^{-1})	평균수고 (m)	R (%)
Quercus mongolica	44.6	884	6.6	44.0	28.6	430	9.2	24.2
Rhododendron schlippenbachii	12.6	394	3.3	60.4	5.6	148	4.2	31.8
Tilia amurensis	8.2	154	6.1	38.3	–			
Abies koreana	6.3	63	7.8	7.9	–			
Salix caprea	4.9	99	4.3	28.3	–			
Betula costata	4.1	56	6.2	28.6	–			
Pinus densiflora	3.9	22	7.9	31.8	–			
Acer pseudosieboldianum	3.3	28	5.6	69.7	7.0	110	7.3	72.7
Pinus koraiensis	3.0	40	5.7	7.5	–			
Carpinus cordata	2.1	16	4.8	31.3				
Fraxinus sieboldiana	–				10.2	278	6.4	50.0
Alnus hirsuta var. *sibirica*	–				8.1	69	9.9	31.9
Magnolia sieboldii	–				5.9	125	5.3	68.8
Lindera obtusiloba	–				3.7	66	5.1	37.9
Stewartia pseudocamella	–				3.6	43	7.6	60.5
Sorbus alnifolia	–				3.5	72	7.2	25.0
Fraxinus chiisanensis	–				3.4	31	13.8	29.0

[Jang *et al*., 2010]

대한 정보를 제공한다. 샤논지수는 모든 종이 대표성을 가지며 임의분포한다고 가정한다. 샤논지수를 계산하려면 전체 종의 개체수에 대한 각 종의 개체수의 비율을 구한 뒤 자연로그를 씌운다.

$$H' = -\sum_{i=1}^{S}(p_i \ln p_i) \quad \cdots\cdots (1\cdot6)$$

식에서 S: 전체 종수, p_i: 전체 종 개체수에 대한 i종 개체수의 비율

샤논균등도지수(Shannon evenness index, E_H)는 샤논지수 H'를 모든 종이 고루 분포했을 때의 값 H_{max}로 나눈 값을 이용하여 구한다. H_{max}는 $\ln S$의 값과 같다. 균등도는 0과 1 사이에 존재하며 모든 종이 골고루 분포할 때 균등도는 1이다.

$$E_H = \frac{H'}{H_{max}} = \frac{H'}{\ln S} \quad \cdots\cdots (1\cdot7)$$

2 심슨지수

심슨지수(Simpson index, D; Simpson, 1949) 역시 전체 종의 개체수에 대한 대상 종 i

의 개체수의 비율 p_i를 이용하여 다양성지수를 계산한다. 심슨지수는 샤논지수보다 우점종에 무게가 더 놓인다.

$$D=\sum_{i=1}^{S} p_i^2 \quad \cdots\cdots (1\cdot 8)$$

식에서 S: 전체 종수, p_i: 전체 종 개체수에 대한 i종 개체수의 비율

종다양성지수는 지니-심슨지수(Gini-Simpson index)인 $1-D$ 또는 역심슨지수(inverse Simpson index)인 $1/D$을 이용하여 구한다.

심슨균등도지수(Simpson evenness index, E_D)도 샤논균등도지수(E_H)와 비슷한 방법으로 구한다. 종다양성지수로 역심슨지수를 이용하였다면 균등도는 역심슨지수($1/D$)를 모든 종이 골고루 분포하였을 때의 값인 D_{max}로 나눈 값이다. D_{max}는 전체 종수인 S의 값과 같다.

$$E_D=\frac{\frac{1}{D}}{D_{max}}=\frac{1}{\sum_{i=1}^{S} p_i^2}\times\frac{1}{S} \quad \cdots\cdots (1\cdot 9)$$

[3] 두 군집 간의 다양성 비교

두 군집 간의 차이, 즉 베타 다양성을 구하는 방법은 다양하다. 두 군집에 공통인 종의 수 또는 소렌슨계수(Sørensen coefficient, CC)를 두 군집 간의 차이 또는 유사도를 구하는 데 흔히 이용한다. 소렌슨계수는 0과 1 사이의 값이며 두 군집이 비슷할수록 1에 가까워진다. 완전히 다른 두 군집의 소렌슨계수는 0이다.

$$CC=\frac{2C}{S_1+S_2} \quad \cdots\cdots (1\cdot 10)$$

식에서 C: 두 군집 간에 공통인 종의 수, S_1: 군집 1에 분포하는 종의 수, S_2: 군집 2에 분포하는 종의 수

3·3 수직 구조

3·3·1 수직 생장

나무의 수직 생장을 1차생장이라고 한다. 1차생장은 줄기 끝과 뿌리 끝에서 일어나며, 2차생장은 줄기와 뿌리의 직경 생장을 가리킨다.

수형은 수종 고유의 유전적 특성과 환경이 복합적으로 작용하여 나타난다. 상출형(上出形,

excurrent tree form)은 정아우세 현상이 강한 수종에서 나타나며, 정아에서 나온 줄기는 위로 올라가고 측아에서 나온 줄기는 옆으로 자란다. 대부분의 구과식물이 상출형이며, 일반적으로 고정생장을 하기 때문에 수직으로 1년에 한 마디씩만 자란다. 반면에 하출형(下出形, decurrent tree form, deliquescent tree form)은 정아에서 나온 줄기가 수고 생장을 조절하는 능력을 잃고 생장이 가장 좋은 다른 줄기가 위로 자라나는 형태이다. 일반적으로 줄기가 포크 형태를 보이며 여러 개의 정단부로 이루어진다. 자유생장을 하는 수종에서 나타나며, 비교적 온난한 환경에서 자라는 수종에서 흔히 볼 수 있다.

뿌리는 토양을 기반으로 하는 나무가 위로 자랄 수 있도록 나무를 지탱하며 광합성에 필수인 물과 양분을 흡수하는 기관이다. 굵은 뿌리가 나무를 물리적으로 지지하는 역할을 한다면 잔뿌리는 물과 양분을 흡수하여 나무의 광합성을 뒷받침한다. 낙엽수는 대체로 넓게 뻗으며 효율적인 뿌리 체계가 발달하고, 침엽수는 일반적으로 균근균과의 공생 등을 통해 효율적으로 양분을 흡수한다고 알려져 있다. 온대 지역에서는 뿌리가 봄에 줄기보다 먼저 생장을 시작하고 가을에 줄기보다 오래 생장을 유지한다(그림 1-50 참조).

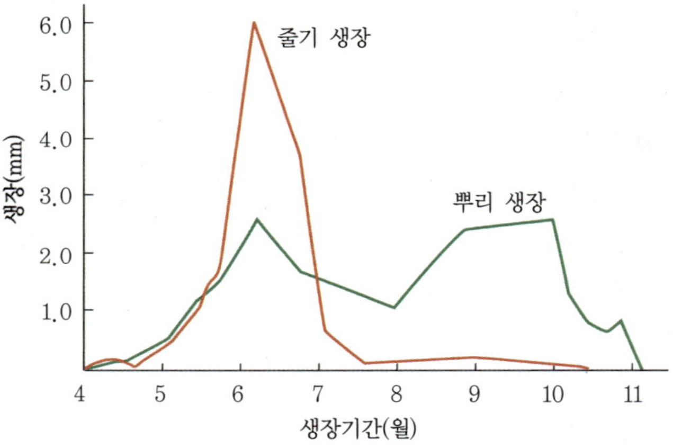

그림 1-50 줄기와 뿌리의 월간 생장 비교[Stevens, 1931]

식물 개체군에서 수고, 엽면적, 최대 바이오매스, 최대 흉고단면적은 밀도의 영향도 받지만 기후, 토양 수분, 토양 양분 등 환경의 영향을 더 크게 받으며, 같은 종이라도 지역에 따라 변이를 보인다. 지위지수(地位指數, site index)는 같은 종에 대한 여러 입지의 생산성을 판정하는 지표로, 같은 기간 생장한 우세목의 수고를 측정하여 각 입지의 생산성을 비교한다.

표 1-24 크기에 따른 임목의 구분

구 분	기준 크기
치수	수고 <1m
소경목	수고 1~3m
중경목	흉고직경 10~30cm
대경목	흉고직경 30~60cm
우량대경목	흉고직경 >60cm

3·3·2 크기에 따른 임목 분류

임목은 크기에 따라 치수(稚樹, seedling), 소경목(小徑木, sapling), 중경목(中徑木, pole), 대경목(大

徑木, standard), 우량대경목(veteran) 등으로 구분한다(표 1-24, 그림 1-51 참조). 지역 또는 구분하는 목적이나 기관에 따라 기준 높이와 크기가 조금씩 달라지기도 한다.

그림 1-51 소나무의 치수(A), 소경목과 중경목(B), 대경목(C) 및 우량대경목(D)

3·3·3 수관급

수관급(樹冠級, crown class)은 지역이나 목적에 따라 다양하게 구분하며 흔히 우세목(優勢木), 준우세목(準優勢木), 중용목(中庸木), 열세목(劣勢木), 고사목(枯死木) 등으로 구분한다(그림 1-52 참조). 순림을 이룬 조림지에서 수관급의 구분은 솎아베기 등의 관리에 유용하다. 도태간벌에서는 피압을 받지 않은 상층의 우세목으로 나무줄기가 곧고 갈라지지 않으며 병충해 등 물리적인 피해가 없어 최종 수확 시까지 키울 나무를 미래목으로 구분하기도 한다.

3·3·4 수고 분포

수고 분포는 임목의 수직 배열을 뜻하며 다양한 방법으로 나타낼 수 있다. 일반적으로 수고급에 따른 임목의 밀도를 이용하여 나타낸다. 개체군을 대상으로 후계목의 갱신 여부 또는 개체군의 연속성을 나타내거나(그림 1-53 A 참조) 군집에서 각 수고급의 수종 구성을 보여주기 위해 수고 생장 그래프를 이용한다(그림 1-53 B 참조). 또한 임분별로 수고의 범위를

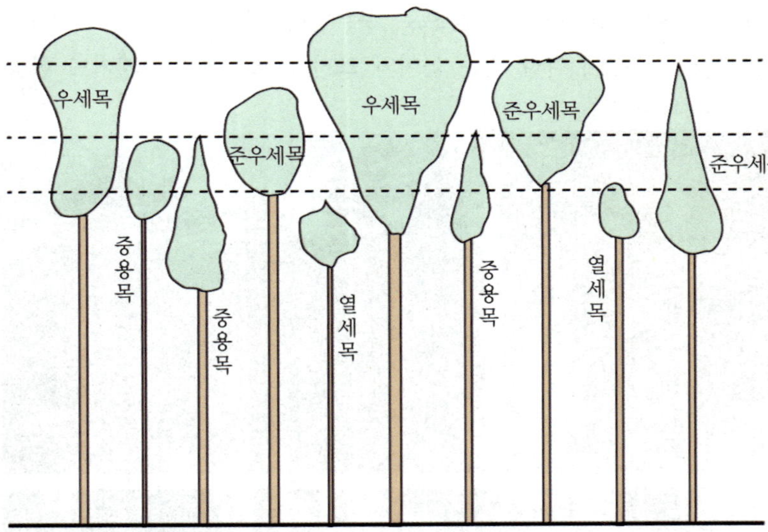

그림 1-52 조림지 임목의 수관급

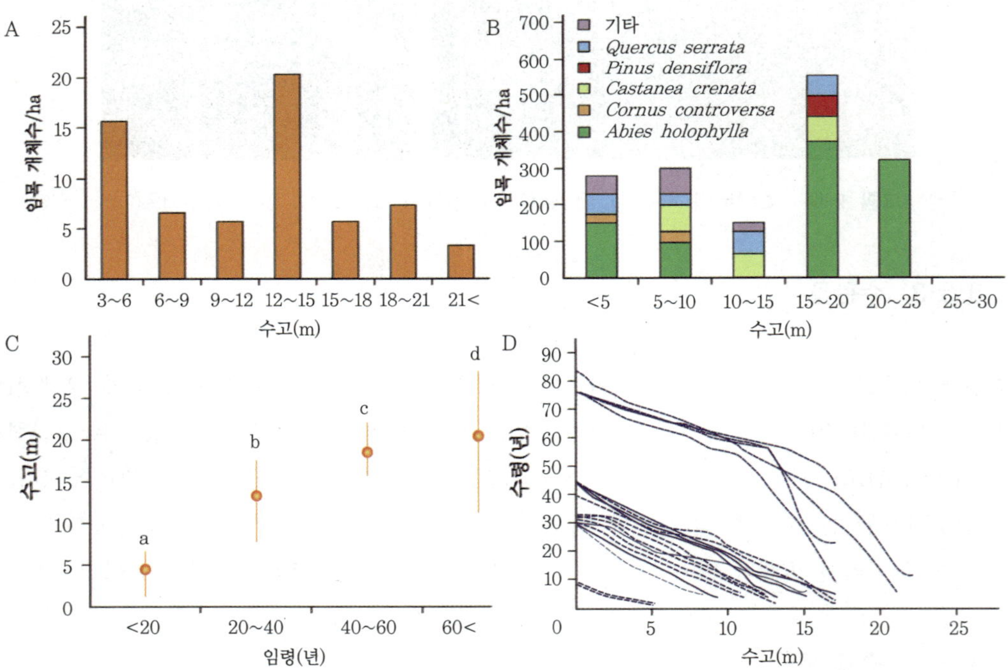

그림 1-53 수고 분포를 나타내는 방법 예시[Jang *et al*., 2010; 박필선 · 전윤구, 2010; Park *et al*., 2010]

A: 계방산 가문비나무 개체군의 수고 분포 B: 용인 전나무 조림지의 수종별 수고 분포
C · D: 봉화 지역의 임령이 서로 다른 소나무림의 수고 분포 범위 및 수령에 따른 수고 생장

나타낼 수 있으며(그림 1-53 C 참조), 수령과 수고를 이용한 수고 생장 그래프로 시간에 따른 수고의 변화를 나타낼 수도 있다(그림 1-53 D 참조).

3·4 수평 분포

3·4·1 직경 생장

온대 지역의 나무는 봄~가을 사이에 줄기가 생장하고 겨울에는 생장을 정지하기 때문에 줄기에 연륜(年輪, annual ring, 나이테)이 생긴다. 나무의 직경 생장은 그해의 기후나 양분, 주변 식생의 영향을 크게 받으므로 연륜 생장을 분석하여 과거의 기후나 교란, 임분의 상태를 추정하기도 한다.

줄기의 생장과 근계는 밀도의 영향을 받는다. 경쟁은 생리적인 스트레스를 가져와 저항력을 약화하기도 한다. 밀도와 경쟁은 밀접한 관련이 있으며 개체의 크기와 개체군의 크기를 조절하는 주요 인자이다. 임업에서 흔히 이용하는 자기솎음법칙 또는 자연간벌법칙은 임목 밀도와 임목 크기의 관계를 바탕으로 구하며 제Ⅱ편 제3장 3·1·1에서 자세히 다루기로 한다.

3·4·2 직경 분포

직경 분포는 임분의 구조를 분석할 때 가장 흔히 이용하며, 설명하고자 하는 목적에 따라 여러 가지 방법으로 나타낼 수 있다. 일반적인 방법은 수고 분포와 마찬가지로 직경급에 따른 밀도를 나타내는 방식이다. 직경 분포 그래프는 개체군을 대상으로 지속성을 나타낼 수 있으며(그림 1-54 A · B 참조) 군집에서 각 직경급의 수종 구성을 보여 주고 우점 수종을 나타내기도 한다(그림 1-54 B 참조). 임령에 따른 직경 분포를 비교하거나(그림 1-54 C 참조) 수종별로 직경급에 따른 흉고단면적을 보여 주고 우점을 나타내기도 한다(그림 1-54 D 참조).

그림 1-54 A에서 가문비나무는 모든 직경급에 분포하고 있으며 가장 낮은 직경급의 개체수가 가장 많다. 즉 하층에서 치수가 지속적으로 자라나고 있음을 알 수 있다. 그림 1-54 B에서도 신갈나무가 모든 직경급에 분포하고 있으며 높은 직경급은 거의 대부분 신갈나무가 우점하고 있다. 또한 전반적으로 역 J자형의 분포를 보이는 점으로 미루어 큰 교란이 없는 한 당분간은 신갈나무의 우점이 지속될 것임을 예상할 수 있다.

반면에 그림 1-54 C의 Ⅳ영급 소나무와 그림 1-54 D의 미송은 높은 직경급에만 분포하고 있어 어린 소나무와 미송의 갱신이 이루어지고 있지 않음을 알 수 있다. 즉 상층의 소나무나 미송이 사라지면 새로운 수종이 그 자리를 차지할 것이다. 이와 같이 직경 분포는 연령 분포가 없는 상황에서도 임분의 현황과 향후 모습에 대한 많은 정보를 제공할 수 있다. 직경 분포의 정확한 해석을 위해서는 수고 분포와 수령 분포에 관한 자료가 함께 필요하다.

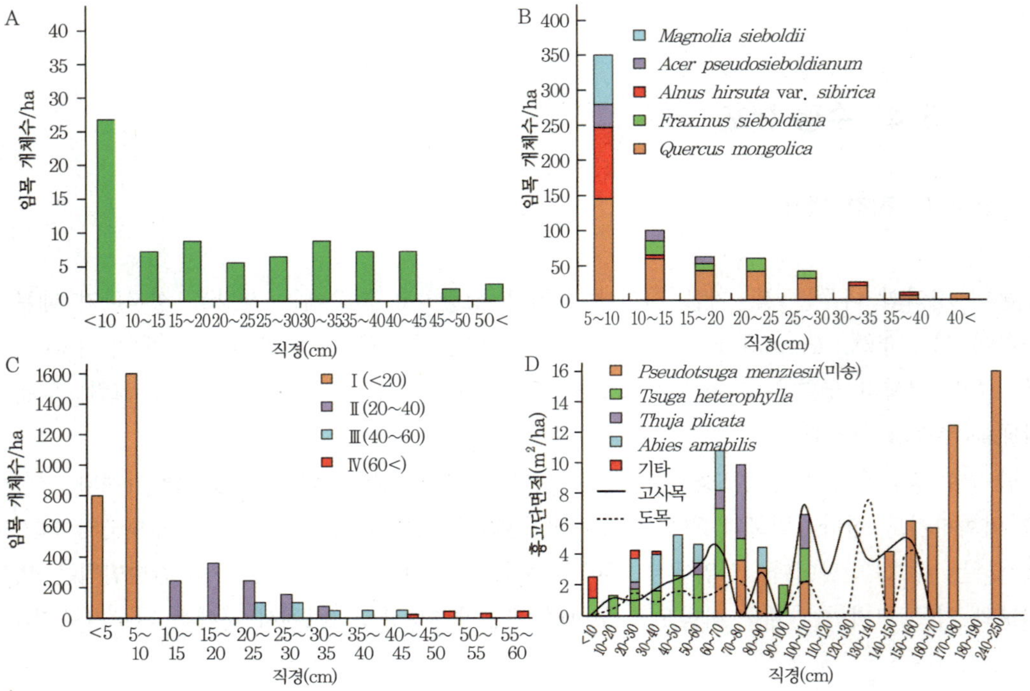

그림 1-54 직경 분포를 나타내는 방법 예시[Jang *et al*., 2010; Park *et al*., 2010; Park & Oliver, 2015]

A: 계방산 가문비나무 개체군의 직경 분포 B: 지리산 심원 지역 신갈나무 임분의 수종별 직경 분포 C: 봉화 지역에서 임령이 서로 다른 소나무림의 직경 분포 D: 미국 워싱턴주 노령림의 수종별 직경 분포

3·5 공간 분포

3·5·1 공간 분포 패턴

임분에서 임목의 공간 분포는 수종에 따라 다른 패턴을 보이는 경우가 많다. 음나무는 따로 떨어져 독립적으로 자라는 반면에 물들메나무나 난티나무는 선호하는 환경에 모여 군락을 이루며 집중하는 분포를 나타낸다. 항공사진과 위성사진이 공간 분포의 분석에 널리 이용되고 있지만, 우리나라처럼 경사가 급한 산지에 분포하고 다층림을 이룬 숲이 많은 경우에는 사진 판독에 의한 분석이 어려울 수 있다.

임목의 공간 분포는 일정한 면적의 조사구 내 임목들의 위치를 조사하여 한 개체군의 분포 또는 두 수종 간의 분포 관계를 분석한다. 임목의 공간 분포 패턴 분석에는 리플리(Ripley,

1977)의 $K(t)$ 함수와 베사그(Besag, 1977)의 $L(t)$ 함수를 자주 이용한다.

공간 내에서 한 개체군의 분포를 분석하기 위해 일변량 공간 패턴 분석을 흔히 이용한다. 일변량 공간 분포 패턴에서 임목의 분포는 함수값 $\hat{L}(t)$가 추정 신뢰구역(confidence envelope) 내에 있을 경우 임의분포를 나타내고, 신뢰구역의 상한선보다 클 경우에는 집중분포, 하한선보다 작을 경우에는 균일분포를 나타낸다.

두 수종 사이의 공간 분포 패턴을 분석할 때에는 이변량 공간 패턴 분석을 이용한다. 이때에는 리플리의 $K(t)$ 함수의 이변량 변형 함수인 $\hat{L}_{12}(t)$ 값을 이용하여 두 수종 사이의 부의 관계(repulsion), 정의 관계(attraction) 및 중립 관계(independence)를 확인한다(Salas *et al.*, 2006). 두 수종의 $\hat{L}_{12}(t)$ 값이 신뢰구역 내에 있으면 독립(중립) 관계, 신뢰구역의

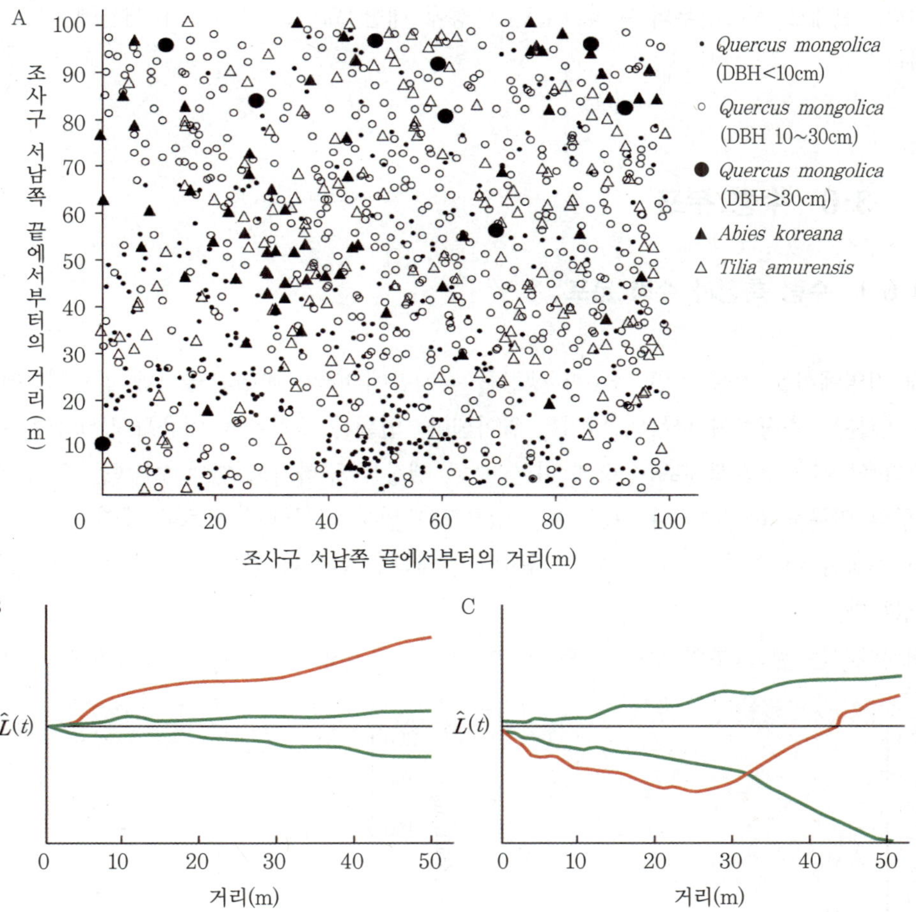

그림 1-55 지리산 임걸령 지역 신갈나무 임분의 공간 분포[Jang *et al.*, 2010]
A: 임분 내 임목의 분포 B: 신갈나무의 일변량 공간 분포 패턴 – $\hat{L}(t)$ 값(적색)이 신뢰구역(녹색)의 상한선보다 큰 범위에 위치하므로 집중분포 C: 신갈나무와 구상나무의 이변량 공간 분포 패턴 – $\hat{L}(t)$ 값(적색)이 30m 이내에서는 신뢰구역(녹색)의 하한선보다 작은 범위에 위치하므로 두 수종이 30m 이내에서 부의 관계

상한보다 크면 정의 관계, 하한보다 작으면 부의 관계가 있다고 판단한다.

3·5·2 공간 분포 해석

그림 1-55는 지리산 임걸령 지역의 신갈나무림을 대상으로 공간 분포를 조사한 결과이다. 능선 부근에는 어린 신갈나무가 분포하고, 직경 30cm 이상의 신갈나무는 주로 사면 아래쪽에 분포하며 전체적으로 집중분포하고 있다(그림 1-55 A 참조). 신갈나무에 대한 일변량 공간 패턴 분석 역시 신갈나무의 집중분포를 가리키고 있다(그림 1-55 B 참조).

신갈나무와 구상나무의 이변량 공간 패턴을 보면 30m 거리까지는 부의 관계에 있음을 보여 준다(그림 1-55 C 참조). 즉 가까운 거리에서는 두 수종이 함께 분포하는 일이 드물다는 의미이다. 실제로 신갈나무와 구상나무는 환경에 대한 요구도가 다르기 때문에 분포 장소도 상이하다.

3·6 수령 분포

3·6·1 수령 측정과 수령 분포

온대 지역에서는 겨울 동안 나무가 생장을 정지함에 따라 해마다 줄기에 연륜이 하나씩 생기므로 연륜을 측정하여 나무의 나이를 알아낸다. 연륜은 생장추를 이용하여 측정할 수 있으며, 줄기를 잘라 수간석해로 수령에 따른 수고 생장을 구하기도 한다. 수령을 알기 위해 모든 나무의 연륜을 측정하거나 자를 수는 없으므로 일부 나무에서 시료를 채취하여 직경 또는 수고를 측정한 뒤 연륜과 직경, 수고 사이의 관계식을 만들어 임분의 전체 임목에 대한 수령을 추정한다.

동령림에서는 몇 그루의 수령만 측정하면 임령을 추정할 수 있다. 빛 요구도가 큰 양수 수

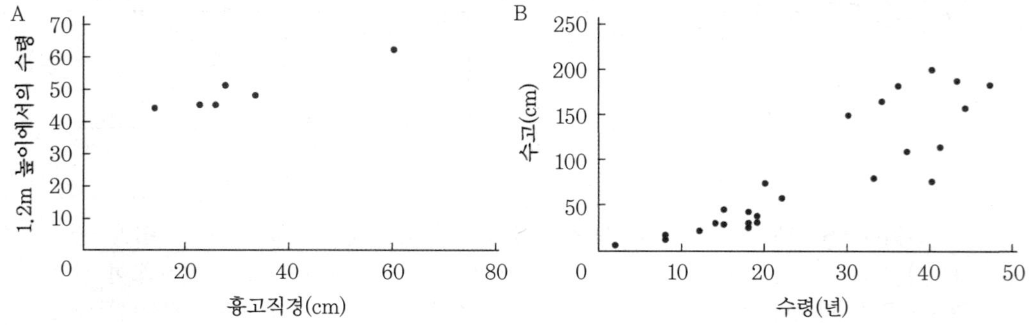

그림 1-56 경기도 전나무림에서 측정한 지상부 1.2m 높이에서의 전나무 수령과 직경(A) 및 치수의 수고와 수령(B)의 관계[남광현 등, 2021]

종은 수령과 직경 또는 수고 생장이 높은 상관을 보이는 경우가 많아 수령을 비교적 쉽게 추정할 수 있다. 그러나 이령림의 내음성 수종은 빛 환경이 좋아질 때까지 오랜 기간 하층에서 낮은 직경급과 수고급을 유지하며 기다리기 때문에 직경과 수고만 가지고 수령을 추정하기 어려운 경우가 많다(그림 1-56, 1-57 A, 1-58 H 참조).

수령 분포는 일반적으로 각 수령급에 속하는 임목의 밀도로 나타낸다(그림 1-57 B 참조). 직경 분포 및 수령과 직경의 관계 도표를 비교하면 임분 내 임목의 수령을 모두 측정하지 않고도 임목의 수령을 어느 정도 추정할 수 있다(그림 1-58 참조).

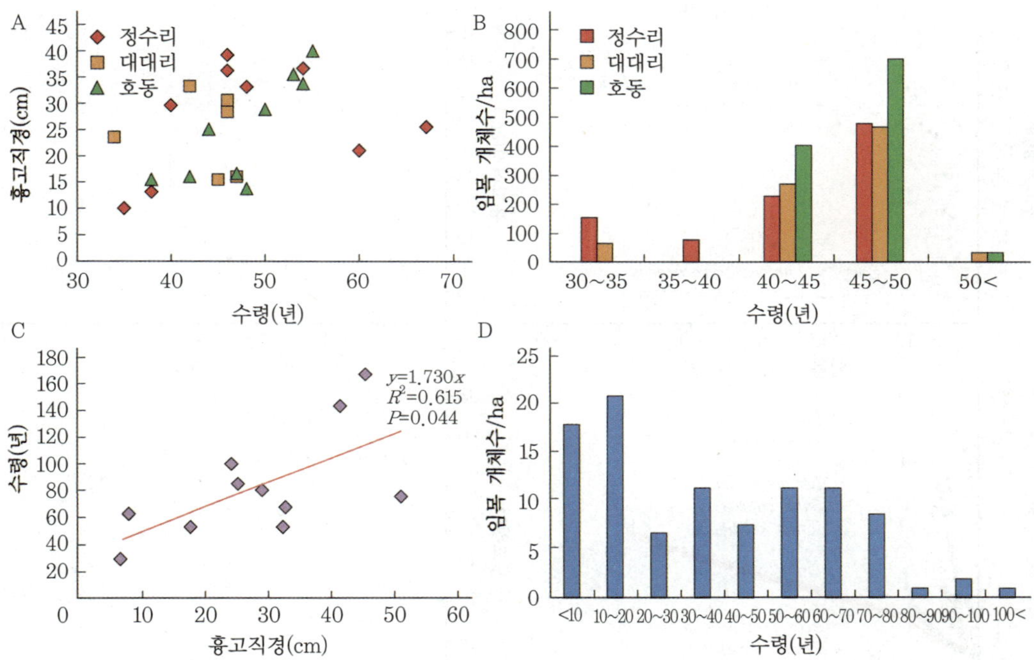

그림 1-57 수령 분포를 나타내는 방법 예시[박필선 · 전윤구, 2010; Jang *et al.*, 2010]
A · B: 용인 전나무 조림지의 전나무 수령과 직경의 관계 및 수령에 따른 임목 밀도
C · D: 계방산 가문비나무 개체군의 수령과 직경의 관계 및 수령에 따른 임목 밀도

3·6·2 동령림과 이령림

동령림과 이령림은 구조적 · 기능적으로 많은 차이가 있다(표 1-25, 그림 1-59 참조). 동령림은 숲을 이루고 있는 임목의 나이가 비슷하기 때문에 교란 후 비교적 단기간에 갱신이 이루어졌다는 사실을 알 수 있다.

대규모 교란 후에 넓은 공간이 생기면 개척수종이 들어와서 자리를 잡는다(Oliver & Larson, 1996). 개척수종은 초기 생장이 빠르고 빛 요구도가 높다. 초기에 정착한 수종이 자라 수관층이 닫히면 하층으로 들어갈 빛이 차단되어 하층식생의 발달이 부진하다. 서로 비슷한 시기에 경쟁하며 자라 올라가기 때문에 상층 임목의 수고도 비슷하다. 따라서 단일 수

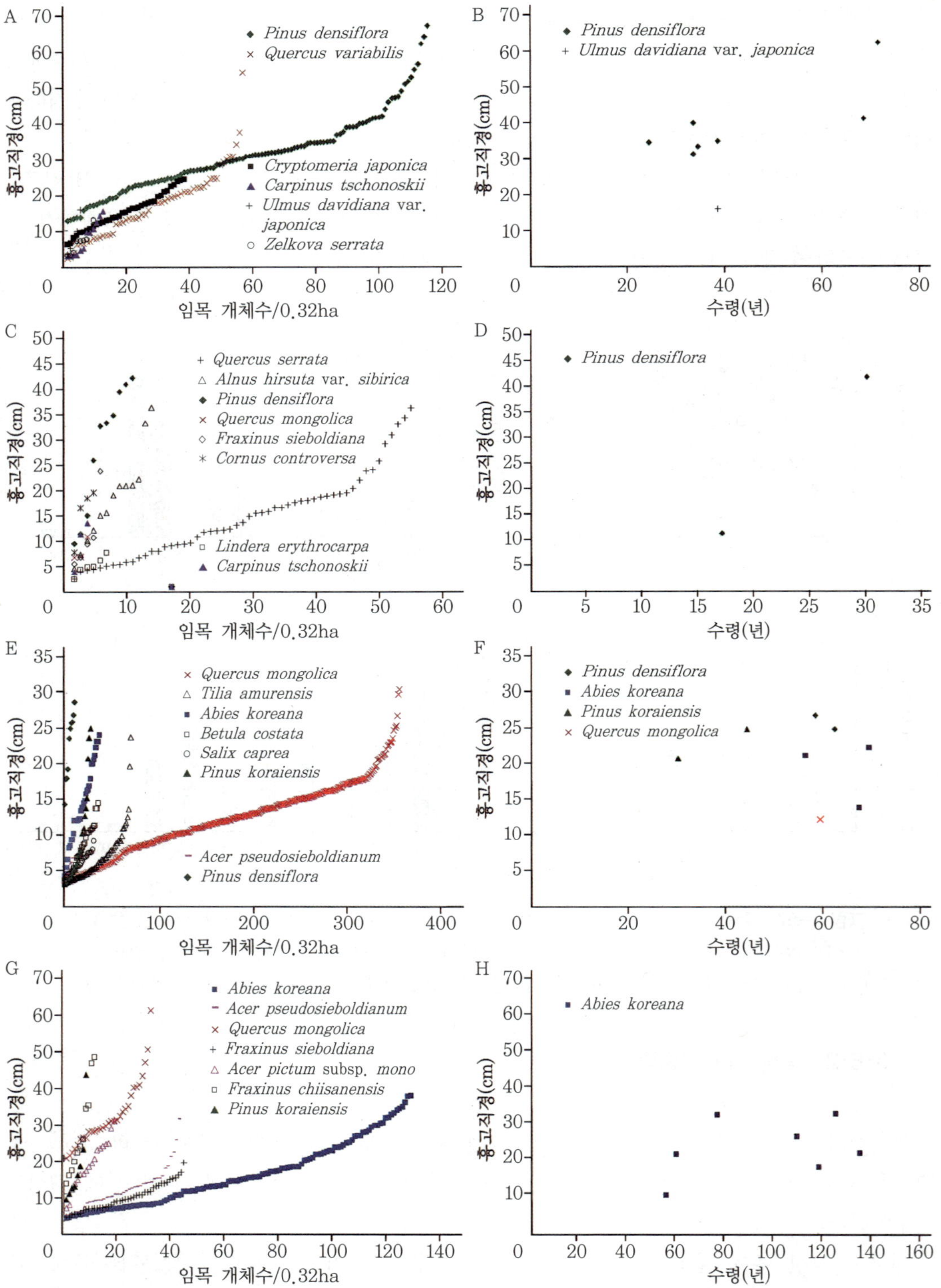

그림 1-58 지리산의 소나무림(A · B), 졸참나무림(C · D), 신갈나무림(E · F) 및 구상나무림(G · H)에서 측정한 직경에 따른 임목 밀도(왼쪽)와 직경 및 수령의 관계(오른쪽)[박필선 등, 2006]

표 1-25 동령림과 이령림 비교

구 분	동령림	이령림
수관층	얇고 수평적	깊고 불규칙적
풍해	민감	큰 풍해 적음
내음성 수종	불리	유리
갱신	단기	지속적
지력	쇠퇴에 노출	보호
관리	불량 수종 정비 등이 용이	어려움
위험 요인	높음	심각하지 않음

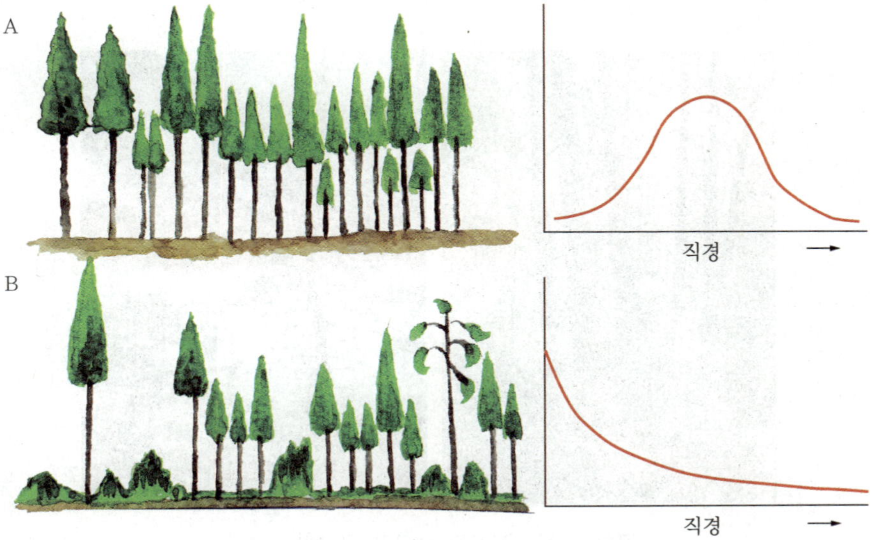

그림 1-59 동령림(A)과 이령림(B)의 수직 단면(왼쪽)과 직경 분포(오른쪽) 비교

관층의 단순한 수직 구조와 종 모양의 직경 분포를 나타내는 경우가 흔하다. 대표적인 동령림은 조림지이다(그림 1-60 참조).

이령림은 임목마다 갱신된 시기가 다르기 때문에 수령과 크기가 다양한 임목이 공존한다. 따라서 여러 수관층이 발달하며 수직 구조가 복잡하다. 직경급이 큰 임목 아래로 어린 임목이 자라 올라가므로 역 J자형의 직경 분포를 하는 경우가 많고 직경급이 다양한 범위에 분포한다(그림 1-61 참조). 이령림은 동령림에 비해 임분 내 빛 환경이 다양하고 풍해에 안정적이다. 그늘 지는 곳이 많으므로 내음성 수종에 유리하다. 오래된 천연림은 흔히 이령림이고, 노령림도 대표적인 이령림이다.

하나의 교란 후 새로 들어온(갱신된) 임목 집단을 코호트(cohort)라고 한다. 교란과 교란 사이에 임분 내로 들어와 자란 임목들은 같은 코호트이다. 대규모 교란이 일어나면 이후 많은 임목이 함께 들어와 단일코호트 임분(single-cohort stand)이 조성되기 쉽다. 동령림은 단일코호트 임분이다. 대규모 교란 대신 작은 교란이 여러 번 일어나고 교란 직후마다 각 코

그림 1-60 동령림 조림지
A · B: 잣나무 조림지 C: 일본잎갈나무 조림지

그림 1-61 직경과 수고가 다양한 이령림
A: 굴참나무 천연림 B: 가문비나무 천연림

호트가 형성되어 여러 코호트가 병존하는 임분을 다중코호트 임분(multi-cohort stand)이라고 한다. 이때 교란에 살아남은 임목은 교란 후 들어온 임목과 다른 코호트에 속한다. 다중코호트 임분은 여러 번의 작은 교란을 겪으면서 교란에 살아남은 임목과 교란 후 들어온 임목이 더불어 자라는 임분이다.

3·7 임분 동태

3·7·1 임분 발달

대형 산불과 같은 대규모 교란이 발생하면 기존의 숲이 파괴된다. 교란 후 시간이 지남에 따라 임목이 생장하며 임분 구조가 단계적으로 변화한다. 교란이 일어나는 동안 그리고 교란이 일어난 이후의 임분 반응과 시간에 따른 임분 구조의 변화를 임분 동태(forest stand dynamics)라고 한다. 임분 발달(forest stand development)은 시간에 따른 임분의 구조 변화이며 임분 동태의 일부이다(Oliver, 1981). 대규모 교란 후 진행되는 숲의 발달 단계는 임분 시작, 수간 배제, 하층 재진입, 노령림 단계로 구분한다(Oliver & Larson, 1996; 표 1-26 참조). 임분이 발달함에 따라 종 구성과 임분 환경, 숲의 기능도 변화한다.

표 1-26 교란 후 임분 발달 단계

발달 단계	현 상
임분 시작	교란 후 발생한 생장 공간에 임목이 들어옴 임내 공간과 빛이 충분함
수간 배제	수관이 울폐되고 생장 공간이 채워짐 경쟁으로 새로운 임목의 활착을 저해함 기존 임목의 수직적 분화가 시작됨
하층 재진입	상층 임목이 성숙해짐 관목과 전생치수의 진입
노령림	상층 임목이 고사하면 하층에서 자라 올라간 임목이 그 자리를 대체함

[Oliver & Larson, 1996]

임분 시작(stand initiation) 단계는 임분이 파괴된 자리에 임목이 다시 들어와 자리를 잡으며 새로운 숲이 시작되는 단계이다(그림 1-62 A 참조). 임목이 생장하며 임목의 크기가 커지면 공간, 빛, 토양 수분 등의 자원을 두고 임목들이 경쟁한다. 수관이 겹치면 임분은 수간 배제(stem exclusion) 단계에 들어간다(그림 1-62 B 참조). 임목 간 경쟁에 의해 일부 임목이 고사하고 옆에 있던 임목이 자라나며 그 자리를 채운다(그림 1-62 C 참조). 공간이 부족하므로 새로운 임목의 이입은 이루어지지 않는다. 시간이 또 지나면 상층 임목의 크기는

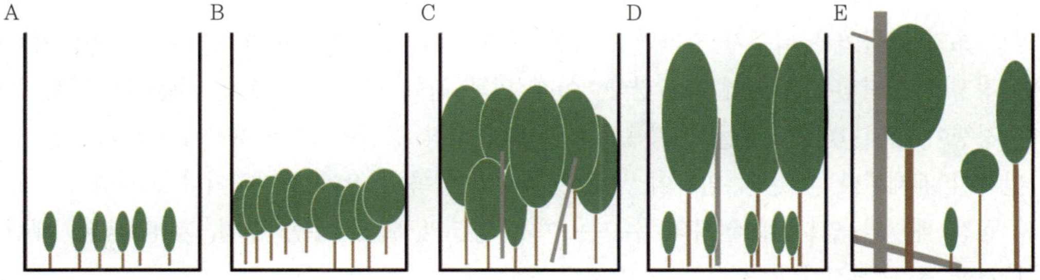

그림 1-62 동령림에서의 수목 생장에 따른 임분 발달
A: 임분 시작 단계(수목 생장에 공간적 제한 없음) B: 수간 배제 단계 초기(경쟁 초기) C: 상층 공간을 모두 점유, 경쟁이 심해져 약한 나무는 경쟁에서 밀려 고사 D: 상층에 공간이 생기고 빛이 들어와 하층에서도 식생이 발생 E: 노령림 단계(대형 임목, 대형 고사목, 다양한 크기의 임목)

더 커지고 고사하는 임목도 생긴다. 상층 임목이 크기 때문에 임목이 고사한 자리를 옆의 임목이 자라서 채우더라도 빈 공간이 남게 되고 하층으로 빛이 들어가 새로운 임목이 자란다. 이를 하층 재진입(understory reinitiation) 단계로 본다(그림 1-62 D 참조). 이때 새로운 공간도 주변의 임목들로 인해 어느 정도 그늘이 진 상태이기 때문에 하층에서 자라는 임목은 내음성이 있는 수종이다. 교란이 없다면 이러한 시기가 오랜 기간 지속되며 수종 구성이나 임분 구조가 비슷하게 유지되고 대형 임목과 대형 고사목, 임목의 수평 · 수직적 배열이 다양한 노령림(old-growth forest) 단계에 이른다(그림 1-62 E 참조).

3·7·2 임분 시작 단계

대규모 교란 후 임분이 새로 시작되는 임분 시작 단계에서는 환경, 생장 패턴, 임목의 크기 등이 급격하게 변화한다. 임분 초기에 빈 공간으로 들어온 임목의 종류, 임목이 들어온 시기, 공간 패턴, 살아남은 수종은 향후의 임분 발달을 결정한다. 입지, 교란 유형, 교란 지역에 들어올 수 있는 수종의 특성은 임목의 침입과 생존에 결정적인 영향을 미친다. 임분을 새로 시작하게 한 원인인 교란은 이후 빈 공간에 들어오는 수종에 유리하거나 불리하게 작용하며 향후 숲의 우점 수종을 결정한다.

임분 초기의 발달 양상은 이후 단계의 발달과 다르다. 이 시기에는 생장 유형이 다양한 초본 · 목본 식물이 함께 생장하며 이후의 발달 단계보다 다양한 종들이 상호작용한다. 나무가 어리고 작기 때문에 미세 환경의 영향이 크게 작용한다. 임분의 환경 변화가 이후의 단계보다 빠르고 이전의 교란이 임분 내 물질 순환에 여전히 영향을 미친다. 무엇보다 나무들이 작아 생장 공간을 완전히 점유하지 않고 하층에도 빛이 풍부하다. 임분 시작 단계는 입지에 따라 5~10년에서 100년 이상 지속될 수도 있다.

3·7·3 수간 배제 단계

임분 초기에 들어온 나무가 자라면 이웃한 나무와 가지가 겹쳐 수관이 닫히고 빛이 부족해지며 경쟁이 시작되는 단계에 도달한다. 이때 임목 간에 공간, 빛, 토양 수분 및 양분 등에 대한 경쟁이 생겨난다. 임목들이 빽빽하게 자라며 생장 공간을 모두 차지하므로 새로운 임목의 활착이 배제된다. 기존의 임목이 서로 경쟁하며 임목 생장이 증가하거나 고사한다. 이 시기의 공간 배열과 임분 내 임목의 수고는 이후 임분의 모습, 수종 구성, 부피 생장, 교란에 대한 저항 등을 결정한다.

임분 초기 단계에서는 수관이 겹치지 않아 나무가 물리적인 제약 없이 수관을 확장한다. 그러다 이웃한 임목의 수관 하층 가지가 겹치면서 수관의 수평 확대 속도가 떨어진다. 수관 상층의 가지까지 겹치며 가지 간 맞물림이 일어나고 수관 하층의 가지는 심한 비음 상태에 놓여 생장이 저하한다.

수관이 닫힌 후 환경에 반응하여 임목의 모양이 변화한다. 비음이 심한 수관의 아랫부분은 가지와 잎이 고사한다. 줄기의 직경 생장이 저하하며 초살도가 낮아진다. 이때 밀도에 따라 경쟁에 대한 임목의 반응과 생장 속도가 다르게 나타난다. 임분 밀도가 낮으면 수관의 크기는 증가한다. 임목의 부피 생장은 수관 크기에 비례한다. 임분의 밀도가 높으면 경쟁이 심해지며 임목의 활력이 낮아져 임목 도복, 수간 뒤틀림, 병해충, 산불에 취약해질 수 있다.

수간 배제 단계는 임목 간 분화(differentiation)가 일어나는 시기이다. 같은 임분 내에서도 임목마다 생장률은 다르며 점유한 생장 공간도 차이가 난다. 이는 어떤 임목에게 경쟁적 이점으로 작용하여 다른 임목의 생장 공간까지 차지할 수 있도록 하며, 생장 공간이 재배치되면서 임목 간 생장 양상이 달라진다. 임목 간 직경 생장의 차이가 생기고 이는 수고 생장의 차이로 이어져 수관층이 분화한다. 일부 임목이 우점하기 시작하며 임분의 모습이 변화한다. 수관층이 분화하여 임목의 수관 크기와 수고, 수직적 위치에 차이가 나타나고 수관급이 나뉜다. 활력이 떨어지는 임목은 수고 생장이 둔화한다. 우세목은 생장 공간을 확보하며 생장이 증가하는 반면에 경쟁에 진 임목은 피압되어 약해지고 생장 공간이 줄어들며 병해충, 도복에 대한 저항력이 낮아진다.

수종이 다양하면 수종 간 생장 패턴의 차이로 인해 임분 발달은 더욱 복잡해진다. 경쟁 요인으로 작용하는 생장 제한 인자인 빛, 수분, 양분 등의 환경조건이 각각의 수종에 대해 경쟁적 이점 또는 단점으로 작용한다. 수종마다 환경에 대한 반응이 다르기 때문에 혼효림은 일반적인 발달 양상을 적용하기 어렵고, 수종이 다양할수록 발달 양상은 복잡해진다. 혼효림의 임분 발달 양상에서 수령, 갱신 메커니즘, 임목 활력, 미세 지형에서의 수종 간 차이가 수고 생장의 차이로 나타난다. 임목이 자라며 생기는 이러한 수고 생장의 차이는 수직 층화로 이어진다. 수고 생장이 느리거나 뒤쳐진 수종은 내음성에 따라 생존 여부가 달라진다.

3·7·4 하층 재진입 단계

경쟁에 진 임목들이 사라지며 경쟁이 완화되고 성목들이 수관 상층을 차지한 후 성목이 고사하면 생장 공간의 여유가 생긴다. 수간 배제 단계 초기에는 상층 임목의 생장이 활발하여 생장 공간이 생겨도 상층의 이웃한 임목이 빈 공간을 바로 점유하므로 하층식생의 진입이 어렵다. 임목이 커지고 나이가 들어가며 생장 공간을 점유하는 속도가 느려지거나 고사가 일어난다. 임목의 고사가 미치는 영향도 수간 배제 단계와 다르다. 열세목은 점유하는 생장 공간이 좁고 고사하면 이웃 임목에게 바로 점유된다. 큰 성목은 점유하는 생장 공간이 넓기 때문에 큰 성목이 고사하면 생장 공간에 여유를 남긴다. 이 시기에는 이웃한 상층 임목도 나이가 들어 공간 점유가 활발하지 않다. 상층 임목이 생장 공간을 허용함에 따라 하층에 초본 · 관목 · 교목 식생이 활착한다. 임분 상층과 하층에 다양한 수령과 크기의 식생이 분포하기에 하층 재진입 단계에서는 다중코호트 임분처럼 보일 수도 있다.

수간 배제 단계에서는 작은 교란에 의해 발생한 생장 공간을 기존 임목이 바로 점유한다.

그러나 하층 재진입 단계에서는 수령이 높은 상층 임목의 활력이 왕성하지 않아 작은 교란에도 하층식생 진입이 가능해진다. 작은 교란에는 가지 손상, 열세목 고사, 풍도, 토양동물에 의한 교란, 잔뿌리 고사, 지표화에 의한 묘상 발생, 건조, 서리 등이 있다.

임분이 성숙해지며 수관층을 통과하는 빛이 늘어난다. 임목 간의 거리가 멀어지고 상층 임목의 수고와 수관 크기가 분화하며 사선으로 빛이 들어올 수 있다. 임목의 수고가 높아지며 수관고가 높아지고 임상에 빛이 많아진다. 따라서 적은 빛으로도 생존이 가능한 내음성 식생이 하층에 진입할 수 있게 된다. 상층 수종의 내음성이 약하거나 건조한 지역에서는 하층 재진입 단계가 이르다. 내음성 수종은 하층을 미리 점유하여 전생치수(前生穉樹, advanced regeneration)의 형태로 존재하기도 한다. 내음성 수종이라도 비음 환경에서의 생장과 광이 충분한 상태에서의 생장이 다르며, 비음 환경에서는 수고 생장이 느리고 가지가 옆으로 뻗는다.

3·7·5 노령림 단계

노령림 단계에 다다르면 오래된 임목이 노쇠하여 고사하며 생장 공간을 제공한다. 주변 상층의 임목이 새로 발생한 생장 공간을 점유하는 대신에 하층에서 자라던 임목이 상층으로 자라 올라가 고사한 상층 임목의 자리를 채운다. 임목의 수령과 크기의 범위가 넓어지며, 수직적으로 잘 발달한 수관층을 가진 임분으로 발달한다. 임분 발달에서의 노령림은 천이에서의 극상(climax)에 해당한다. 릴레이 식생 발달 양상(relay floristics development)의 안정적인 마지막 단계로, 내음성을 가진 수종이 임분 상층과 하층에 분포하며 흔히 임분 상층과 하층에 같은 수종이 나타난다.

임분 시작 단계에서 들어온 임목이 늙어 고사하고 하층에서 자라 올라온 임목이 상층을 차지하는 노령림 단계에 이르기까지 숲은 구성원과 구조를 바꾸면서 발달한다. 숲이 한 단계에서 다음 단계로 발달하는 데 걸리는 시간은 숲의 구성원과 환경에 따라 적게는 수년, 많게는 수백 년이 걸리기도 한다.

하층 재진입 단계에서는 임분 상층의 열세목과 중용목이 주로 고사하지만 노령림 단계에서는 우세목과 준우세목이 고사한다. 연속적 수관층 구조를 이루던 임분은 우세목과 준우세목이 고사하면서 불연속적인 수관층 구조가 되기도 한다. 상층 우세목의 고사는 남아 있는 우세목에 영향을 미친다. 상층 우세목이 고사하면 바람길이 만들어져 상층 임목의 풍해를 가져올 수 있으며 고사목이 병충해를 일으키기도 한다. 상층 임목이 쓰러지며 주변 임목에 상처를 내어 부후균의 침투를 유발하기도 한다. 하층 임목이 생장하며 양분, 토양 수분, 빛에 대한 경쟁이 심화하여 상층 임목에 스트레스를 주기도 한다.

노령림은 높은 생물다양성, 크고 오래된 임목, 역 J자형의 직경 분포, 연속적인 수직 분포, 대형 고사목의 구조적 특성이 있으며 축적과 양분 상태, 생장 및 고사율이 안정적이다(Franklin *et al.*, 2002; Park & Oliver, 2015). 이러한 노령림의 복잡한 구조와 높은 생

그림 1-63 대형 임목과 대형 고사목, 크고 작은 임목과 하층식생이 자라는 노령림

물다양성은 생물 간 복잡한 상호작용을 가져온다. 노령림의 대형 임목과 고사목은 목재, 야생동물 서식처, 양분 순환에서 중요한 역할을 하며, 노령림 구조만이 제공하는 여러 숲 기능을 담당한다.

노령림은 작은 교란이 여러 번 발생한 임분과 모습이 비슷하다. 시간이 지날수록 임분은 교란에 취약해진다. 교란에 대한 임분의 적응이나 저항, 회복 능력은 기후, 수종, 기타 여러 요인에 따라 다양하다. 교란으로 파괴된 노령림이 임분 초기 단계로 돌아가기도 한다(그림 1-64 참조). 실제로 많은 임분이 노령림까지 발달하기 전에 대규모 교란이 일어나 이전 단계로 돌아간다.

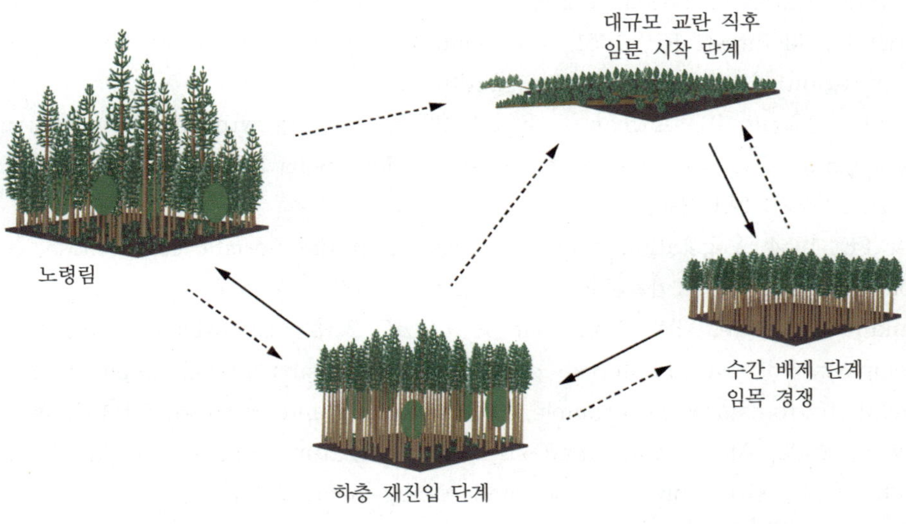

그림 1-64 임목 생장 및 입지에 따른 임분의 발달(→)과 이를 되돌리는 교란(⇢)

연습문제 I

1. 숲의 유형을 여러 가지로 구분하는 이유를 설명하시오.
2. 임분의 구조를 파악하기 위해 필요한 정보에 대해 설명하시오.
3. 임분을 조사하고, 조사 결과를 수고 분포와 직경 분포 그래프로 나타내시오.
4. 3번 문제에서 조사한 임분에서 직경 분포나 수고 분포를 이용하여 수령을 추정할 수 있는지, 조사 지역에 분포하는 수종은 수령 추정에 어떻게 영향을 미치는지 설명하시오.
5. 임분 구조로 볼 때 3번 문제에서 조사한 임분은 임분 발달의 어느 단계에 해당하며, 그 이유는 무엇인지 설명하시오.
6. 우리나라 숲의 교란 특성과 임분 동태는 어떤 관련이 있는지 설명하시오.
7. 임분 발달에 있어 조림지와 천연림의 차이를 설명하시오.

참고문헌 I

1. 박필선, 송정임, 김명필, 박학기. 2006. 지리산 서부지역에서 고도와 임령에 따른 임분 구조 변화. 한국임학회지 95(1): 102–112.
2. 박필선, 전윤구. 2010. 경기도 용인 지역 전나무 임분의 구조 및 천연 갱신. 한국임학회지 99(1): 153–162.
3. 손요환, 구창덕, 김춘식, 박필선, 윤충원, 이계한. 2016. 신고 산림생태학. 향문사.
4. Besag J. 1977. Contribution to the discussion on Dr. Ripley's Paper. Journals of the Royal Statistical Society Series B39: 193–195.
5. Curtis JT, McIntosh RP. 1951. An upland forest continuum in the prairie–forest border region of Wisconsin. Ecology 32(3): 476–496.
6. Dolezal J, Song JS, Altman J *et al.* 2009. Tree growth and competition in a post–logging *Quercus mongolica* forest on Mt. Sobaek, South Korea. Ecological Research 24(2): 281–290.
7. Egler FE. 1954. Vegetation science concepts I. initial floristic composition, a factor in old–field vegetation development. Vegetatio 4(6): 412–417.
8. Franklin JF, Spies TA, Van Pelt R *et al.* 2002. Disturbances and structural development of natural forest ecosystems with silvicultural implications, using Douglas–fir forests as an example. Forest Ecology and Management 155: 399–423.
9. Gray A. 2003. Monitoring stand structure in mature coastal Douglas–fir forests: effects of plot size. Forest Ecology and Management 175: 1–16.
10. Hill MO. 1973. Diversity and evenness: A unifying notation and its consequences. Ecology 54(2): 427–432.
11. Hofgaard A. 1993. Structure and regeneration patterns in a virgin *Picea abies* forest in northern Sweden. Journal of Vegetation Science 4(5): 601–608.
12. Jang W, Park PS. 2010. Stand structure and maintenance of *Picea jezoensis* in a

northern temperate forest, South Korea. Journal of Plant Biology 53: 180–189.

13. Jang W, Park PS, Han AR *et al.* 2010. The spatial distribution of *Quercus mongolica* and its association with other tree species in two *Quercus mongolica* stands in Mt. Jiri, Korea. Journal of Ecology and Field Biology 33(1): 67–77.
14. Oliver CD. 1981. Forest development in North America following major disturbances. Forest Ecology and Management 3: 153–168.
15. Oliver CD, Larson BA. 1996. Forest Stand Dynamics. John Wiley & Sons.
16. Park PS, Kim KY, Han A *et al.* 2010. Development processes and growth pattern of *Pinus densiflora* stands in central eastern Korea. Journal of Plant Research 123: 453–462.
17. Park PS, Oliver CD. 2015. Variability of stand structures and development in old-growth forests in the Pacific Northwest, USA. Forests 6(9): 3177–3196.
18. Ripley BD. 1977. Modelling spatial patterns. Journal of the Royal Statistical Society Series B 39(2): 172–212.
19. Salas C, LeMay V, Núñez P *et al.* 2006. Spatial patterns in an old-growth *Nothofagus obliqua* forest in south-central Chile. Forest Ecology and Management 231: 38–46.
20. Shannon CE, Weaver W. 1949. The Mathematical Theory of Communication. University of Illinois Press.
21. Simpson EH. 1949. Measurement of diversity. Nature 163: 688.
22. Stevens CL. 1931. Root Growth of White Pine (*Pinus strobus* L.). Yale School of Forestry Bulletin 32.

MEMO

제 II 편

산림생태계의 기능

산림에 서식하는 여러 생물은 임목과 밀접한 상호작용을 한다. 북아메리카산 대형 사슴인 엘크(*Cervus canadensis*)가 북아메리카산 사시나무(*Populus tremuloides*)의 갱신에 미치는 영향을 확인하기 위해 철제 울타리를 설치하였다. 울타리 안쪽은 엘크의 섭식 피해가 없어 사시나무의 갱신이 가능하였으나 바깥쪽은 지속적인 섭식으로 갱신이 전혀 이루어지지 않았다(미국 로키산국립공원).

제1장

물질 생산

1·1 물질 생산의 개념과 생산생태학

1·1·1 물질 생산의 개념

생태계에서 물질 생산(production)이란 새로운 유기물이 생기는 과정을 의미한다. 생태계에 있는 생물체는 물질 생산과 관련하여 유기물을 합성할 수 있는 생산자(生産者, producer), 생산된 유기물을 사용하는 소비자(消費者, consumer), 그리고 생산자와 소비자를 분해하여 다시 무기물로 만드는 분해자(分解者, decomposer)로 구분할 수 있다.

소비자는 영양단계(trophic level)에 따라 1차생산자(一次生産者, primary producer)를 소비하는 1차소비자, 1차소비자를 소비하는 2차소비자, 2차소비자를 소비하는 3차소비자 등으로 다시 세분할 수 있다. 특히 에너지 획득 측면에서 무기물을 재료로 하여 유기물을 합성하고 그 과정에서 생기는 에너지를 저장할 수 있는 생물을 자가영양생물이라 하고, 다른 생물체를 통해서만 에너지를 얻을 수 있는 생물을 타가영양생물이라고 한다. 따라서 자가영양생물은 에너지를 비생물적 요소에서부터 얻는 1차생산자이고, 타가영양생물은 에너지를 생물적 요소로부터 얻는 2차생산자(二次生産者, secondary producer)이다.

자가영양생물은 유기물을 합성하는 과정에서 광합성(光合成, photosynthesis)과 같이 태양에너지를 사용하는 광합성 자가영양생물(photoautotroph)과, 화학합성(化學合成, chemosynthesis)과 같이 무기물의 산화 과정에서 발생하는 에너지를 사용하는 화학합성 자가영양생물(chemoautotroph)로 구분할 수 있다. 타가영양생물은 식물의 유기물 내 에너지를 이용하는 초식자(草食者, herbivore), 동물의 유기물 내 에너지를 이용하는 육식자(肉食者, carnivore), 환경에 따라 식물과 동물 모두의 유기물 내 에너지를 이용하는 잡식자(雜食者, omnivore), 그리고 죽은 식물이나 동물의 유기물에 포함된 에너지를 이용하는 분해자로 세분할 수 있다.

1·1·2 에너지 이동과 물질 생산

산림의 생장은 태양에너지에서 기인한 광합성 산물이 축적되어 나타나는 결과이다. 식물의 광합성 총량을 총1차생산(總一次生産, gross primary production, GPP)이라고 한다. 식물은 자가영양생물호흡(autotrophic respiration, R_a)을 통해 광합성 산물을 일부 소모하므로 총1차생산에서 이와 같은 호흡에 의한 소비를 제외하고 남는 부분을 순1차생산(純一次生産, net primary production, NPP)이라고 한다(식 2·1 참조).

$$\mathrm{NPP} = \mathrm{GPP} - R_a \quad \cdots\cdots (2\cdot1)$$

이렇게 남은 순1차생산에서 타가영양생물호흡(heterotrophic respiration, R_h)에 의해 소모되는 부분을 제외하면 순생태계생산(純生態系生産, net ecosystem production, NEP)이 된다(식 2·2, 그림 2-1 참조).

$$\mathrm{NEP} = \mathrm{NPP} - R_h = \mathrm{GPP} - (R_a + R_h) \quad \cdots\cdots (2\cdot2)$$

경우에 따라서는 순생태계생산을 순생태계교환(純生態系交換, net ecosystem exchange, NEE)이라고도 한다. 순생태계생산은 생태계에 저장된 물질량의 변화를 나타낼 때 사용하고, 순생태계교환은 대기와 생태계 사이에서 일어나는 이산화탄소의 순교환량을 나타낼 때 사용한다. 보통 순생태계교환은 대기 중 이산화탄소 농도가 얼마나 증가 혹은 감소하였는가를 뜻하며, 생태계에 저장된 물질량이 증가하였다면 이는 대기 중 이산화탄소 농도가 감소한 결과이므로 순생태계교환은 음의 부호(−)를 붙여 표시한다.

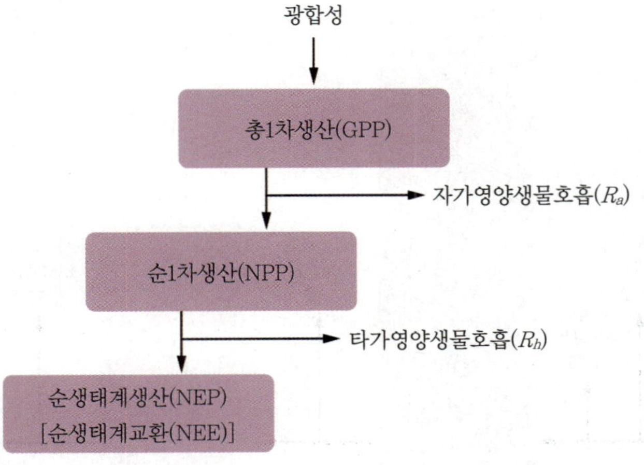

그림 2-1 총1차생산, 순1차생산 및 순생태계생산의 관계
[Kirschbaum & Mueller, 2001]

물질 생산은 단위시간당 단위면적의 에너지(kcal/m^2/yr, Mcal/ha/yr) 또는 유기물의 건조 무게(kg/m^2/yr, Mg/ha/yr)로 나타낸다. 물질 생산의 결과로 축적된 유기물의 무게를 현존량(現存量, standing crop biomass, SCB), 총생물량 또는 간단히 바이오매스라고 하며 보통 단위면적당 건조 무게(kg/m^2, Mg/ha)로 표시한다.

한편 순1차생산은 두 시점에서 측정한 현존량의 차이(ΔSCB)와 그 기간 동안 발생한 낙엽 · 낙지 및 고사한 뿌리의 양(D), 그리고 소비자에 의한 유기물 손실량(C)을 합하여 구할 수도 있다(식 2·3 참조).

$$\mathrm{NPP} = \Delta \mathrm{SCB} + D + C \qquad (2\cdot3)$$

물질 생산의 결과는 유기물의 양(무게 또는 부피)이지만 유기물에 포함된 에너지로도 나타낼 수 있다. 산림에서 물질 생산은 태양복사에너지로부터 기인하므로 단위면적당 유입되는 태양복사에너지를 중심으로 총1차생산과 순1차생산을 계산해 보면 흥미로운 결과를 얻을 수 있다.

미국 동부 뉴햄프셔주 화이트산국립공원(White Mountain National Forest) 내의 허버드 브룩시험림(Hubbard Brook Experimental Forest)에서 65년생 활엽수림(*Fagus grandifolia, Acer saccharum, Betula alleghaniensis, Fraxinus americana, Tilia americana, Quercus borealis*)을 대상으로 6월부터 9월까지 4개월의 생장기간 동안 연구한 자료에 의하면 대기 중에 유입되는 에너지의 거의 대부분(98%)은 반사 · 흡수되거나 또는 증발에 사용되고 불과 2%만 실제 총1차생산에 사용된다(Gosz *et al.*, 1978; 그림 2-2 참조).

총1차생산 중 50%의 에너지는 호흡에 의해 소모되고 나머지 50%가 순1차생산으로 남는다. 태양복사에너지의 1%만 순1차생산에 저장되는 셈이다. 또한 순1차생산에 사용된 에너지

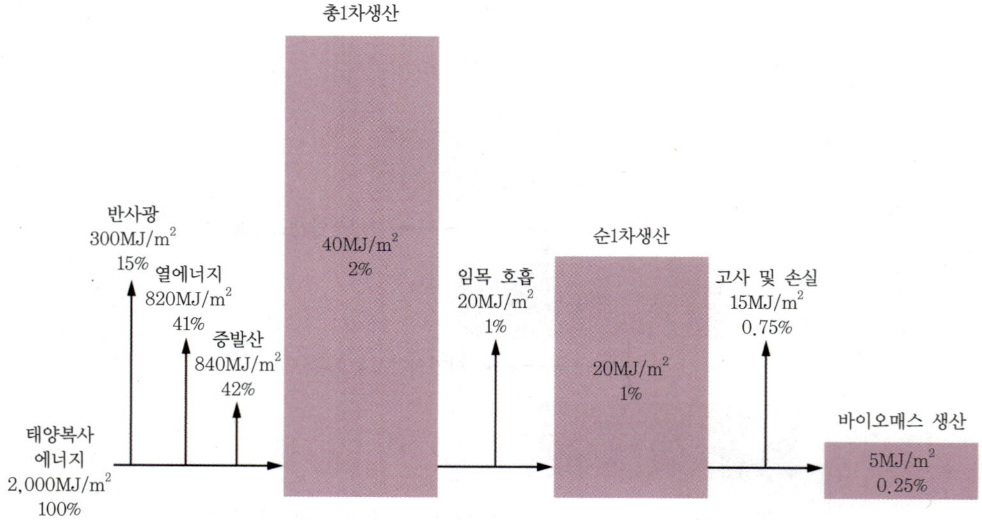

그림 2-2 미국 뉴햄프셔주 65년생 활엽수림에서 조사한 에너지 이동과 총1차생산 및 순1차생산의 관계[Gosz *et al.*, 1978]

의 대부분(75%)은 곤충이나 동물에 의해 소모되거나 낙엽 또는 줄기나 뿌리의 고사에 의해 소모된다. 결국 실제 임목 생장에 사용되어 저장되는 에너지는 유입된 태양복사에너지의 0.25%, 총1차생산의 12.5%, 순1차생산의 25%에 불과하다. 순1차생산으로 저장되는 에너지는 지상부에 80%, 지하부에 20%가 각각 분배된다. 이러한 순1차생산이 누적되어 단위면적당 저장된 총에너지는 임목에 약 37%(지상부 31%, 지하부 6%), 낙엽층에 18%, 그리고 토양에 45%가 분포하는 것으로 나타났다(그림 2-3 참조).

그림 2-3 미국 뉴햄프셔주 65년생 활엽수림의 임목과 낙엽층 및 토양에 저장된 에너지의 양[Gosz *et al.*, 1978]

일반적으로 생장 속도가 빠른 산림은 더 많은 바이오매스를 축적하여 지상부 순1차생산과 지상부 바이오매스 사이에 일정한 경향을 보인다. 순1차생산량과 바이오매스의 관계는 이전에 알려졌던 직선이 아니라 곡선의 형태로 나타난다. 지상부 순1차생산량이 15~20Mg/ha/yr에 도달할 때까지는 축적된 지상부 바이오매스도 증가하지만, 그 후 순1차생산량 20~25 Mg/ha/yr에서는 바이오매스가 거의 증가하지 않고 일정하며, 지상부 순1차생산이 이 범위를 넘어서면 유기물의 분해로 인해 오히려 지상부 바이오매스가 감소한다(Keeling & Phillips, 2007; 그림 2-4 참조). 그러나 온대우림과 같이 수명이 매우 긴 산림에서는 지상부 순1차생산이 낮아도 지상부 바이오매스가 매우 높은 경우가 있고, 반대로 아열대의 유칼립투스 인공림과 같이 벌채 주기가 짧은 산림에서는 지상부 순1차생산이 높더라도 지상부 바이오매스가 낮을 수 있다(Binkley, 2021).

산림에서는 총1차생산이나 순1차생산보다 실제 벌채 수확하여 목재로 사용할 수 있는 수간(樹幹, stem)의 생산이 중요하다. 지나치게 비옥하거나 척박하지 않은 보통의 입지 조건에서 자라는 유럽 너도밤나무 동령림에서 100년 동안의 생장을 기준으로 연구한 결과가 있다. 총1

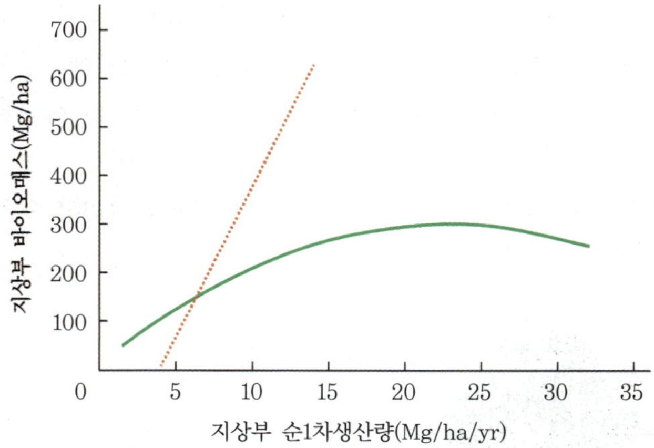

그림 2-4 지상부 순1차생산량과 지상부 바이오매스의 관계(전통적 관계식(Whittaker & Likens, 1973)은 붉은색으로 나타낸 직선이었으나 최근 자료에 의해 변형된 관계식은 녹색의 포물선으로 표시할 수 있다.)[Pan *et al.*, 2013]

차생산을 100%로 보았을 때 순1차생산은 50%로 총1차생산의 50%가 호흡에 의해 손실되고, 순바이오매스 생산(고사 또는 손실되는 바이오매스를 제외하고 산림에 축적되는 바이오매스)은 25%로 순1차생산의 절반 정도가 산림에 저장되지 않고 손실된다. 또한 벌채 과정에서의 손실이나 이용할 수 없는 임목 부위를 제외하면 실제 벌채 수확되는 수간의 생산은 총1차생산의 10% 또는 순1차생산의 20% 정도에 해당한다. 따라서 평균적으로 연간 총1차생산량을 30Mg/ha/yr라고 하면 순1차생산량은 15Mg/ha/yr, 순바이오매스 생산량은 7.5Mg/ha/yr, 그리고 수확 벌채할 수 있는 수간 생산량은 3Mg/ha/yr 정도가 된다(Pretzsch, 2009; 그림 2-5 참조).

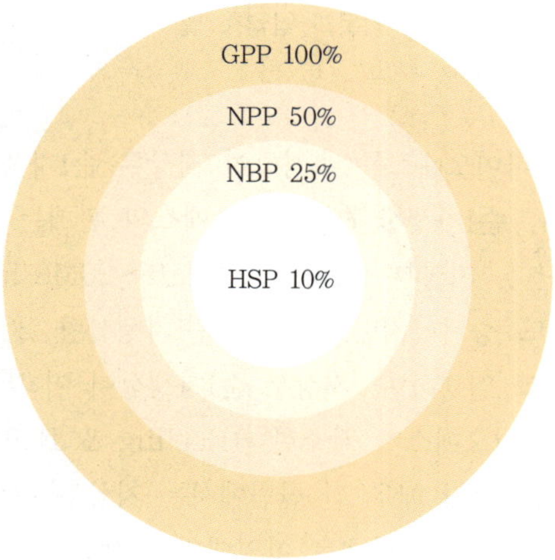

그림 2-5 유럽 너도밤나무림에서 100년의 생장을 기준으로 조사한 총1차생산(GPP), 순1차생산(NPP), 순바이오매스 생산(NBP) 및 벌채 수확되는 수간 생산(HSP)의 관계 [Pretzsch, 2009]

1·1·3 물질 생산의 측정

산림생태계에서 현지 측정 자료를 바탕으로 순1차생산 또는 물질 생산의 결과 누적된 바이오매스를 추정하는 세 가지 방법이 있다.

그림 2-6 상대생장식을 만들기 위한 임목 벌채 작업
A: 임목 부위별 분류 B: 지하부 뿌리 굴취

첫 번째는 상대생장식을 이용하는 방법이다. 흉고직경이나 수고를 이용하여 특정 수종의 임목 구성 부위(잎, 줄기, 가지, 뿌리 등)별 무게를 추정하는 방법이다. 즉 수종별로 흉고직경과 수고가 다른 다수의 임목을 벌채하고 임목 구성 부위별로 무게를 측정하여 임목 크기와 무게 간의 관계식을 만들어 사용한다(그림 2-6 참조). 그러나 지하부 뿌리를 모두 채취하여 무게를 측정하기는 어렵기 때문에 지하부가 포함된 상대생장식은 많지 않고 보통 지상부 바이오매스를 이 방법으로 추정한다. 또한 전술한 식 2·3을 사용하여 서로 다른 시점에 두 번 측정한 바이오매스를 기반으로 순1차생산을 추정할 수 있다. 상대생장식과 마찬가지로 지하부 뿌리의 생산량을 측정하기 어려우므로 보통 지상부 순1차생산을 구할 때 이 방법을 사용할 수 있다.

두 번째는 산림생태계 구성 요소 각각의 광합성과 호흡을 직접 측정한 다음 합산하여 전체 산림생태계의 순1차생산을 추정하는 방법이다. 산림생태계를 구성하는 요소를 대표할 수 있는 잎, 가지, 줄기, 토양 등에 개별 챔버를 설치한 뒤 각 챔버에 들어오고 나가는 이산화탄소 농도를 측정하여 광합성량과 호흡량을 계산하고 산림생태계 전체로 환산한다(그림 2-7 참조). 작은 크기의 챔버를 사용하여 측정한 자료를 전체 산림생태계로 외삽하는 방식이므로

그림 2-7 줄기(A)와 잎(B)의 광합성과 호흡을 측정하기 위해 설치한 챔버

산림생태계의 대표적 구성 요소 모두에서 정확하게 이산화탄소 농도의 변화를 측정하는 일이 중요하다. 토양에서 발생하는 이산화탄소를 임목 뿌리, 미생물 등 발생원별로 구분하기는 어려워서 이 방법으로 지하부 순1차생산을 추정하는 데에는 불확실성이 크다.

세 번째는 미기후 측정 기법을 활용하여 육상생태계와 대기 간의 이산화탄소 교환량으로 순1차생산을 구하는 방법으로 에디공분산법(eddy covariance method)이라고 한다. 토양 표면부터 임관 끝부분까지 여러 높이에서 일정 시간 간격으로 이산화탄소 농도, 풍향 및 풍속, 온도 등을 동시에 측정한 뒤 이 자료를 이용하여 육상생태계로 들어가거나 나오는 탄소량을 계산함으로써 순생태계생산을 구한다(그림 2-8 참조). 이 방법에서도 토양에서 발생하는 이산화탄소를 발생원별로 구분하기 어렵기 때문에 지하부 순1차생산 추정에는 불확실성이 있다.

그림 2-8 일본 기후대학교 다카야마시험지에 설치한 에디공분산타워

이상의 세 가지 방법 모두 지하부 순1차생산은 물론 지하부 바이오매스도 구하기가 기술적으로 어려워 산림생태계 전체의 물질 생산과 바이오매스 추정에 불확실성이 있을 수밖에 없다(Barnes *et al.*, 1998).

1·1·4 생산생태학식

생태학 중에서 생태계의 에너지 유입, 저장, 이동 및 유출을 다루는 분야를 생산생태학(生産生態學, production ecology)이라고 하며, 생산생태학의 관점에서 환경 인자와 물질 생산의 일반적인 관계를 살펴볼 필요가 있다. 산림의 생산은 환경 인자에 따라 달라지고 둘의 관계를 수치로 나타낼 수 있다. 물질 생산에 영향을 미치는 특정 자원이 얼마나 유효한가, 유효한 자원을 산림이 얼마나 흡수할 수 있는가, 자원을 이용하여 얼마나 효율적으로 광합성을 하는가, 그리고 광합성 결과 고정한 탄소를 잎, 줄기 및 뿌리에 각각 어떤 비율로 분배하는가 등에 따라 산림의 생산이 결정된다.

결국 산림의 생산은 어느 한 자원에 대한 관련 변수의 곱으로 나타낼 수 있다. 예를 들어 광을 물질 생산을 위한 자원으로 보았을 때 단위면적(m^2)당 5,000MJ의 태양복사에너지가 유입되고, 유입된 에너지의 90%를 산림이 흡수하며, 흡수한 단위에너지(MJ)당 탄소 고정량이 1g C이고, 이렇게 합성한 탄소 고정량 중 30%가 목재 생산에 사용된다고 하자. 목재 생산은 $(5{,}000\text{MJ/m}^2 \times 90\% \times 1\text{g C/MJ}) \times 30\% = 1.35\text{kg C/m}^2$이며, 유기물 건중량의 절반 정도가 탄소이므로 목재의 무게로 나타내면 $1m^2$당 2.7kg 정도가 된다. 이 식을 생산생태학식(生産生態學式, production ecology equation)이라고 하며 다음과 같이 정리할 수 있다.

특정 임목 부위의 생산

= (유효 자원의 공급량)×(산림의 흡수율)×(유기물 전환율)×(부위별 분배 비율)

한편 2차생산은 소비자에 의해 이루어지는 물질 생산을 의미하며 초식자, 육식자, 잡식자, 분해자 등이 체내에 저장하여 증가한 유기물의 무게나 양에 해당한다.

1·2 물질 생산의 분배와 변화

1·2·1 임목 부위별 물질 분배

매년 순1차생산에 의해 생성되는 유기물은 임목을 구성하는 잎, 줄기, 가지, 뿌리 등에 분배된다. 일반적으로 광, 수분 및 양분을 확보하는 데 필요한 기관인 잎과 뿌리에 대부분이 우선 분배되고 나머지는 저장기관인 줄기나 가지에 분배된다.

바이오매스의 임목 부위별 분배 비율은 순1차생산에 따라 달라진다. 지상부와 지하부를 합한 순1차생산량이 10Mg/ha/yr일 경우 바이오매스는 대략 뿌리에 75%, 잎에 15%가 우선 분배되고 나머지 10%가 줄기와 가지에 분배된다. 그러나 순1차생산량이 30Mg/ha/yr로 증가하면 바이오매스는 대략 뿌리에 40%, 잎에 10%가 분배되고 나머지 50%가 줄기와 가지에 분배되어 비율이 크게 바뀐다(그림 2-9 A 참조). 이에 따라 순1차생산에 따른 바이오매스의 부위별 절대 분배량도 달라진다(그림 2-9 B 참조).

순1차생산은 생육 환경의 영향을 받기 때문에 생육 환경에 따라서도 바이오매스의 임목 부위별 분배 비율이 달라진다. 일반적으로 온대림이나 한대림에서는 생산성이 높은 입지 환경으로 갈수록 바이오매스의 뿌리에 대한 분배 비율의 감소 정도가 잎에 대한 비율 감소보다 더 커서 결국 잎 : 뿌리의 비율이 높아진다. 즉 생산성이 높은 입지의 산림에서 잎 : 뿌리의 바이오매스 비율은 그렇지 않은 입지에 비해 더 높게 나타난다. 이는 동일한 잎의 양을 기준으로 수분과 양분이 충분할 경우 이들 자원을 흡수하는 데 필요한 뿌리의 양이 많지 않아도

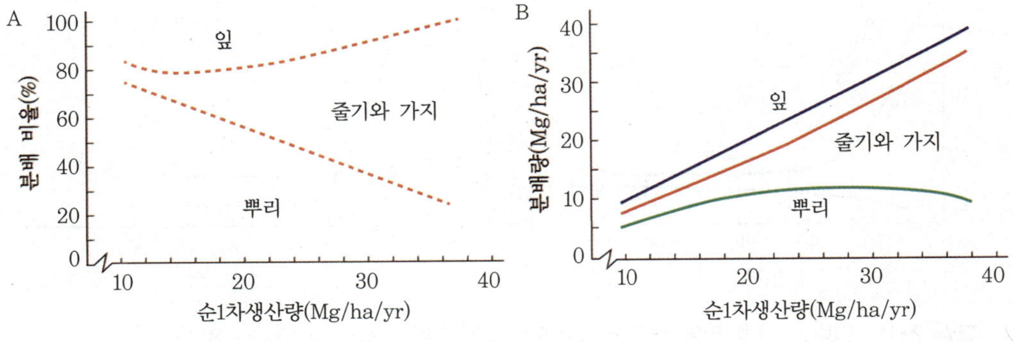

그림 2-9 순1차생산량과 임목 부위별 분배 비율(A) 및 분배량(B)의 관계[Perry *et al.*, 2008]

됨을 의미한다.

비슷한 순1차생산을 보이는 열대우림을 온대림과 비교하면 일반적으로 열대우림에서 잎이나 뿌리에 분배되는 유기물의 분배 비율이 온대림에서보다 더 높다. 이는 열대림의 경우 고온·다습한 조건으로 토양의 풍화가 많이 진행되어 보통 비옥도가 낮으므로 임목이 뿌리를 확장시켜 수분과 양분을 흡수하기 때문이다. 특히 열대우림에서는 토양 표층에 포함된 양분을 흡수하기 위해 지면에 매트 형태의 밀집된 잔뿌리(세근, fine root)를 형성하는 경우가 흔히 나타난다(그림 2-10 참조).

그림 2-10 열대우림의 지면에 흔히 나타나는 매트 형태의 뿌리

1·2·2 임령에 따른 임목 부위별 물질 분배

임목을 구성하는 부위별로 바이오매스가 분배되는 비율은 임령에 따라서도 달라진다. 일반적으로 유령림일 때에는 전체 바이오매스의 60% 이상이 잎이나 가지에 분배되고 나머지 40% 정도가 줄기와 뿌리에 분배된다. 그러나 임령이 높아짐에 따라 총바이오매스에서 잎과

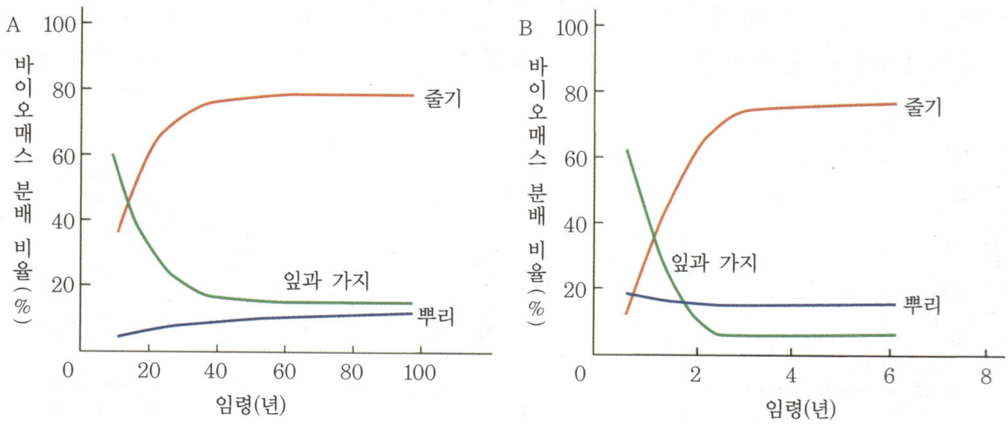

그림 2-11 임령에 따른 임목 부위별 바이오매스의 분배 비율[Landsberg & Sands, 2011]
A: 스웨덴 유럽소나무(*Pinus sylvestris*) B: 브라질 유칼립투스(*Eucalyptus grandis*)

가지가 차지하는 비율이 급격히 감소하여 장령림에서는 10~20%가 되고 대신에 줄기가 70~80%를 차지하며 나머지 10~20%가 뿌리에 분배된다(그림 2-11 참조). 이와 같은 장령림에서의 임목 부위별 분배 비율은 임령이 계속 높아져도 더 이상 큰 변화를 보이지 않는 일종의 평형상태에 도달한다(Landsberg & Sands, 2011).

1·2·3 임령에 따른 물질 생산

새로운 임분이 생기면 임관과 뿌리 조직이 발달하면서 초기에 높은 물질 생산을 보이며 바이오매스를 축적한다. 산림이 유령림 단계에 도달하면 물질 생산이 가장 활발하고, 그 후 임령이 높아질수록 물질 생산이 점차 줄어든다. 미국 오리건주 침엽수림에서 70년 이상 장기간 측정한 연구 결과에 따르면 산림 내 모든 임목의 생장은 25년생에서 최고에 도달하고 이후 50년이 지나면 최고 생장의 절반 이하로 줄어드는 것으로 나타났다(Binkley, 2021; 그림 2-12 참조). 이는 임령에 따른 광합성 감소 및 호흡 증가와 관련이 있으며, 토양과 수분의 공급 부족을 해소하기 위한 지하부로의 물질 분배 증가와도 관련이 있을 가능성이 있다. 임령이 높아지면 축적된 바이오매스도 증가하고 이에 따라 호흡량이 증가하면서 광합성 조직 대 비광합성 호흡 조직 간의 비율이 계속 감소하므로 결국 임령이 늘어날수록 순생산이 감소한다(그림 2-13 참조).

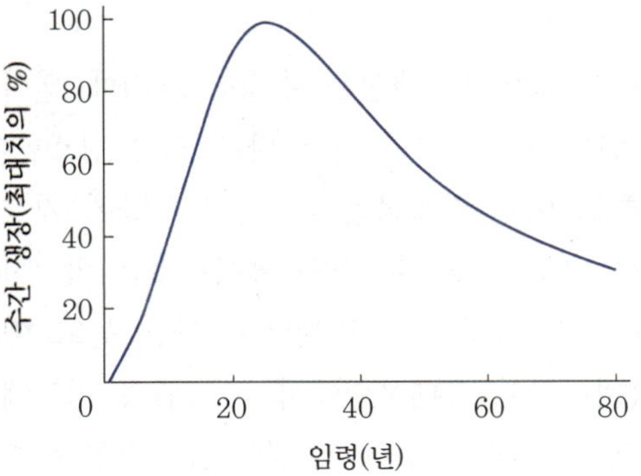

그림 2-12 임령에 따른 수간 생장의 변화 [Binkley, 2021]

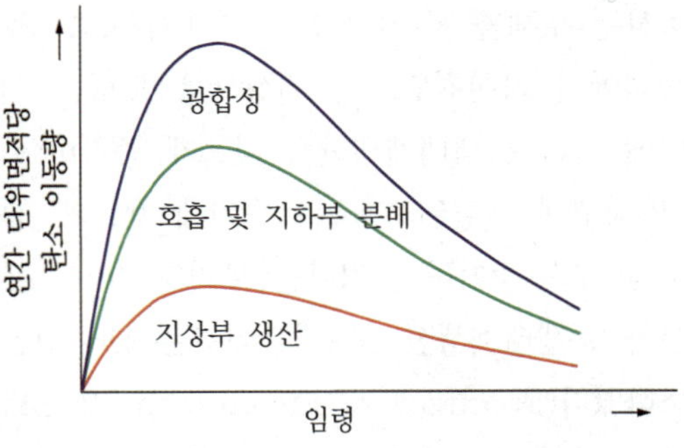

그림 2-13 임령과 광합성, 호흡 및 지하부로의 분배, 지상부 생산의 관계[Ryan *et al.*, 1997]

광합성, 호흡 외의 다른 요인도 임령에 따른 물질 생산의 변화에 영향을 미친다. 보통 임령이 높아질수록 잎의 면적이 줄어들고 잎의 단위면적당 광합성 효율도 감소하며, 지속적으로 양분을 흡수하여 양분이 임목 내에 저장되거나 부동화 상태로 고사한 유기물 안에 있으면 점차 양분의 유효도가 감소한다. 그리고 임령이 높아 수고가 커지면 수분 부족 현상이 심해지고, 수간의 경쟁 결과 또는 병이나 해충에 의한 피해로 잎이 달린 줄기나 가지의 고사가 많아지며, 임목의 활력이 감소함에 따라 바람이나 눈의 피해를 회복하는 능력도 떨어진다.

아울러 임분 단위에서는 임령이 높아질수록 생장이 감소하는 원인이 광, 수분, 양분 등의 자원에 대한 이용효율 감소와 관련이 있다. 특히 임분을 구성하는 전체 임목 본수 중 극히 일부를 차지하는 우세목은 임령이 높아져도 자원 이용효율이 높은 상태를 유지하지만, 임분의 대부분을 차지하는 피압목은 임령에 따라 자원 이용효율이 낮아지고 결국 임분 전체의 생장 감소로 이어질 수 있다. 이와 같은 다양한 원인이 임령에 따른 물질 생산의 변화에 영향을 미칠 수 있고 이를 밝히기 위한 광범위한 연구가 필요하다(Binkley, 2021; Kimmins, 2004; Ryan *et al.*, 1997).

우리나라 산림의 경우 Ⅱ영급(21~30년생)까지는 물질 생산이 활발하지만 이후에는 점차 감소하는 것으로 나타나고 있다. Ⅱ영급일 때 연간 물질 생산이 침엽수림에서 6.5m^3/ha/yr, 활엽수림에서 5.3m^3/ha/yr로 최대를 보인다. 그러다 임령이 높아져 Ⅴ영급이 된 침엽수림은 2.4m^3/ha/yr, Ⅵ영급 활엽수림은 2.1m^3/ha/yr로 물질 생산이 급격하게 줄어든다(국립산림과학원, 2022).

우리나라 산림은 1970~1980년대에 대규모 조림사업을 통해 형성되어 2020년 현재 31~50년생(Ⅳ, Ⅴ영급)이 전체 산림면적의 2/3 정도를 차지하며 대부분의 산림이 생장이 왕성한 시기를 지나고 있다(이우균 등, 2022). 우리나라 산림이 저장하고 있는 물질을 이산화탄소량으로 환산하면 2018년 현재 총 18억 9천만 톤, 연간 순흡수량은 4,560만 톤으로 보고되었다. 1990년에 저장된 총 4억 8천만 톤에 비해 저장량은 지속적으로 증가하고 있으나 연간 순흡수량은 1990년에 3,828만 톤, 2000년에 6,138만 톤으로 증가하였다가 이후 급격하게 감소하는 추세를 보인다(국립산림과학원, 2022).

중국에서 상록침엽수를 대상으로 모형을 이용하여 순생태계생산을 추정한 결과에 의하면 임령에 따라 순생태계생산은 빠르게 증가하여 22년에 최고치에 도달한 다음 점차 감소한다. 특히 식생에 저장된 탄소는 초기에 빠르게 증가하고 이후 감소하는 데 반해 토양에 저장된 탄소는 계속 증가하는 경향을 보인다(Zhou *et al.*, 2015). 또 다른 연구에서는 산림의 순1차생산과 순생태계생산 모두 온대림은 11~30년에서, 한대림은 31~70년에서 가장 높고 이후 감소하였다(Pregitzer & Euskirchen, 2004). 한편 일부 온대우림에서는 70년생 이후에도 생장이 계속 증가하여 탄소 흡수량이 늘어난다는 연구 결과도 있다. 임령이 높아지면 산림의 연간 물질 생산량이 줄어들지만 여전히 생장을 지속하므로 산림에 저장되는 바이오매스는 증가한다(이우균 등, 2022).

1·2·4 임령에 따른 생태계 구성 요소별 물질 저장

물질 생산의 결과로 산림생태계에 축적되는 바이오매스 혹은 유기물은 임목, 낙엽층, 하층식생, 토양 등에 저장된다. 임분 발달 후 시간이 경과함에 따라 생태계 전체에 저장되는 물질의 총량이 증가한다. 생태계 구성 요소별로 보면 임목에서는 임령에 따라 계속 증가하지만 낙엽층, 하층식생, 토양 등에서는 임령에 따른 저장량 차이가 없고 거의 일정한 경향을 보인다. 이에 따라 생태계에 저장되는 물질의 분배는 임령이 높아질수록 임목이 차지하는 비율이 높아지고 나머지 요소에서는 감소하는 것이 보통이다. 이러한 현상은 온대의 침엽수림, 활엽수림, 혼효림에서 보고된 바 있으며, 산림생태계 전체 물질량의 95% 이상이 임목과 토양(1m 깊이)에 저장되고 나머지 5% 미만이 낙엽층과 하층식생에 저장된 것으로 나타났다(Wei *et al.*, 2013; 그림 2-14 참조)

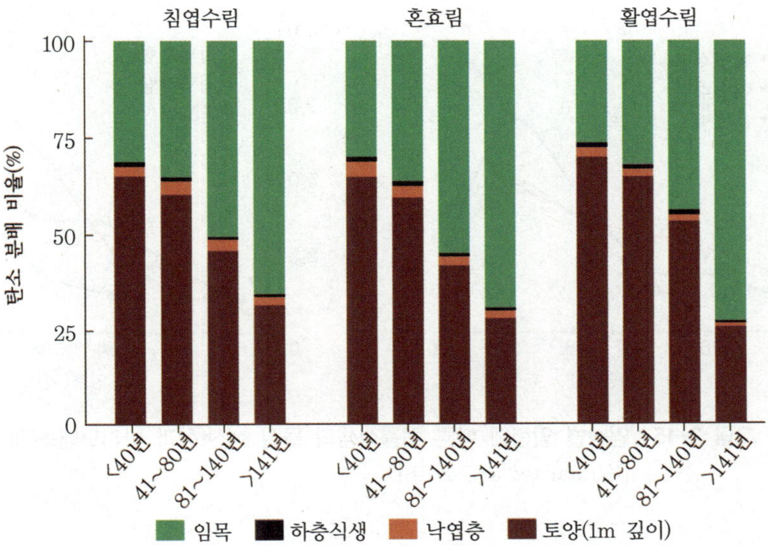

그림 2-14 온대림에서 임령에 따른 생태계 구성 요소별 유기물의 분배 비율 [Wei *et al.*, 2013]

1·2·5 하층식생의 물질 생산

온대림과 한대림에서 하층식생은 생물다양성이 가장 높게 나타나는 산림 요소로 생태계의 다양한 기능에서도 중요한 역할을 한다. 하층식생은 상층을 구성하는 임목의 생장과도 관련이 있기 때문에 하층식생을 제거하면 상층 임목의 생장을 증대할 수 있고 반대로 상층 임목의 밀도를 줄이면 하층식생이 발달한다. 상층의 임목이 울폐되면 모든 광을 차단하고 뿌리를 통해 수분과 양분을 다량 흡수하므로 하층식생이 발달하기 어렵다. 따라서 하층식생은 상층 임목 구성의 영향을 크게 받는 한편 상층 임목에 비해 상대적으로 유기물 분해속도가 빠르므로 어느 정도 발달된 하층식생은 토양 내 유기물과 양분을 공급하여 상층 임목의 발달에 도움을 주기도 한다(Binkley, 2021)

하층식생의 물질 생산 및 바이오매스는 임분과 임령에 따라 달라진다. 캐나다 한대림에서 산불 후 형성된 지 각각 8, 16, 34, 98, 146, 210년이 경과한 침엽수림, 활엽수림 그리고 혼효림에서 연구한 결과가 있다(Kumar *et al.*, 2018). 모든 임령을 포함하여 침엽수림, 활엽수림, 혼효림에서 하층식생의 연간 평균 물질 생산량은 각각 0.08Mg/ha/yr, 0.24Mg/

ha/yr, 0.13Mg/ha/yr이고 바이오매스는 0.13Mg/ha, 2.71Mg/ha, 0.10Mg/ha이었다. 하층식생의 물질 생산량과 바이오매스는 임령과 함께 증가하였으며 146년생 임분에서 모두 가장 높게 나타났다. 하층식생을 구성하는 식생별로 물질 생산량과 바이오매스 모두 초본류는 16년생 임분에서 가장 높은 반면에 목본류는 각각 146년과 98년생 임분에서 가장 높아 차이를 보였다(그림 2-15 참조).

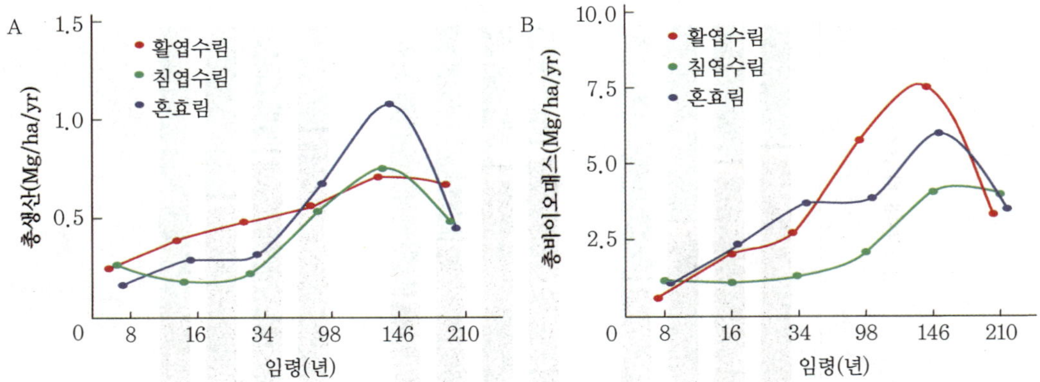

그림 2-15 임상별 임령에 따른 하층식생의 물질 생산(A)과 바이오매스(B)
[Kumar *et al.*, 2018]

1·3 물질 생산과 환경의 관계

산림에서 1차생산에 영향을 미치는 주요 환경 인자는 온도 · 강수와 같은 기후 인자와 토양 내 양분이다. 이들의 영향은 별개처럼 보이지만 실제로는 서로 밀접하게 연관되어 있다. 동일한 강수량이라도 온도에 따라 실제 산림에서 이용할 수 있는 수분이 달라지며, 동일한 토양이라도 기후에 따라 산림에 공급할 수 있는 양분의 양이 달라지는 등 산림의 생산성에 영향을 미치는 환경 인자는 서로 연결되어 있다.

1·3·1 물질 생산과 기후

산림을 포함한 육상생태계에서 순1차생산은 연평균기온 및 연평균강수량과 밀접한 관련이 있다. 기온과 강수량이 증가하면 순1차생산도 증가하지만 기온 및 강수량의 증가에 대한 순1차생산의 증가 경향에는 약간의 차이가 있다. 기온이 높아지면 순1차생산이 초기에 서서히 증가하다가 그 후 급격하게 증가하는 반면에 강수량이 증가하면 초기에 순1차생산이 빠르게 증가하다가 점차 증가율이 낮아진다(Smith & Smith, 2016; 그림 2-16 참조).

높은 연평균기온은 유입되는 태양복사에너지의 증가와 직접 관련이 있으며, 일평균기온이

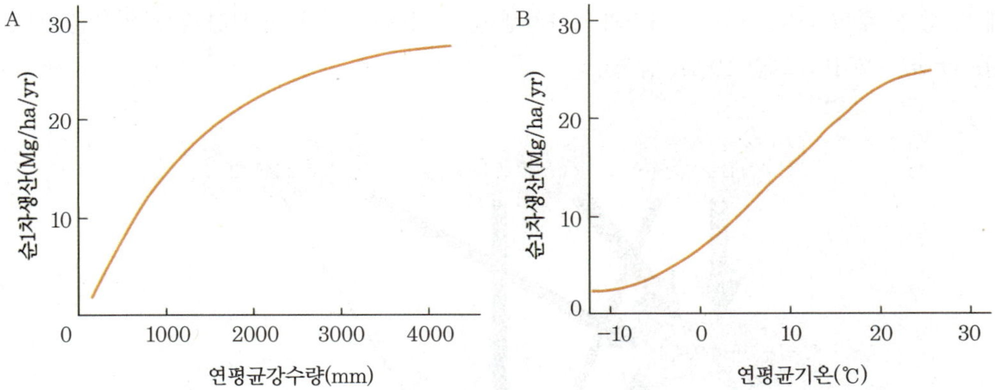

그림 2–16 육상생태계에서 연평균강수량(A) 및 연평균기온(B)과 순1차생산의 관계 [Smith & Smith, 2016]

높고 생장기간이 긴 조건임을 의미한다. 결국 연평균기온이 높아지면 광합성이 일어날 수 있는 조건과 기간이 늘어나므로 순1차생산도 증가한다.

온도와 강수량이 순1차생산에 미치는 영향은 독립적이지 않고 상호 의존적이다. 고온 조건에서는 수분의 증산과 증발이 많아져 수분 부족 현상이 생기기 쉬우며, 온도는 높은데 수분이 부족하면 물질 생산이 감소한다. 반대로 온도가 낮으면 수분 조건과 상관없이 광합성이 낮아지고 순1차생산도 감소한다. 따라서 온도와 수분 조건을 동시에 나타낼 수 있는 지수로 실증발산량(實蒸發散量, actual evapotranspiration, AET; mm/yr)을 사용하여 순1차생산과의 관계를 설명할 수 있다. 육상생태계의 지상부 순1차생산은 실증발산량과 양의 상관관계에 있다(그림 2–17 참조).

한편 전 세계 다양한 기후 조건에 있는 1,250여 개 산림을 대상으로 기후와 순1차생산의 관계를 분석한 연구 결과에 의하면 생장기간의 길이, 연평균기온, 연평균강수량 등이 순1차생산에 영향을 미치는 중요한 인자로 나타났다. 아울러 이러한 기후 인자는 임분의 바이오매

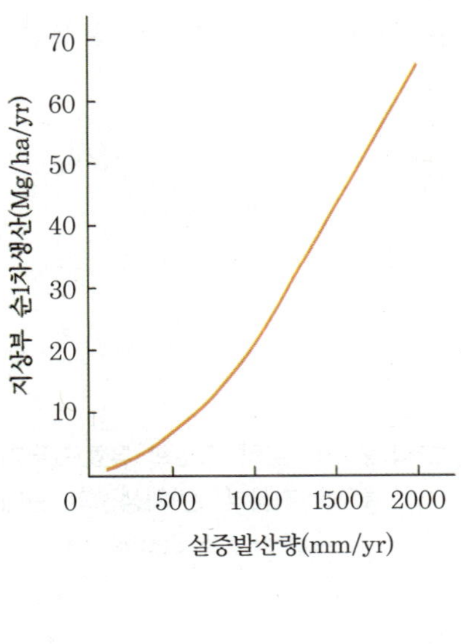

그림 2–17 육상생태계에서 실증발산량과 지상부 순1차생산의 관계[Aber & Melillo, 2001]

스에 영향을 주고 임분 바이오매스와 순1차생산 사이에는 강한 상관관계가 있음을 보였다(Chu *et al.*, 2016; 그림 2-18 참조).

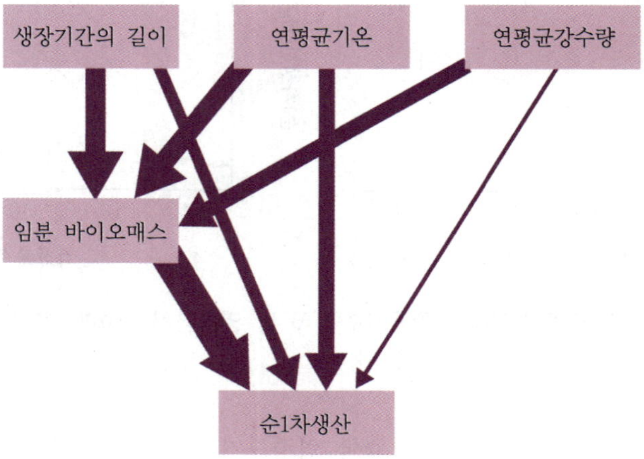

그림 2-18 전 지구 산림에서 기후 인자와 임분 바이오매스, 순1차생산의 관계 모식도(선 굵기는 영향의 정도에 비례함)[Chu *et al.*, 2016]

1·3·2 물질 생산과 토양 환경

산림에서 양분이 물질 생산에 직접적인 영향을 미친다는 사실은 잘 알려져 있다. 특히 토양 내 양분의 유효도가 1차생산에 영향을 미치며, 양분 중에서도 온대림에서 부족하기 쉬운 질소의 유효도(무기태 질소의 농도)가 증가하면 1차생산도 증가한다. 미국 위스콘신주에서 소나무류(*Pinus resinosa*, *P. strobus*), 캐나다솔송나무(*Tsuga canadensis*), 참나무류(*Quercus borealis*, *Q. alba*), 설탕단풍(*Acer saccharum*) 등을 대상으로 연구한 결과에 의하면 무기화량으로 측정한 토양 질소의 유효도와 지상부 순1차생산 사이에는 매우 강한 양의 상관관계가 있음이 밝혀졌다(그림 2-19 참조).

한편 10년생 유럽소나무를 대상으로 6년 동안 관수하거나 질소 · 인 · 칼륨 등을 시비로 보

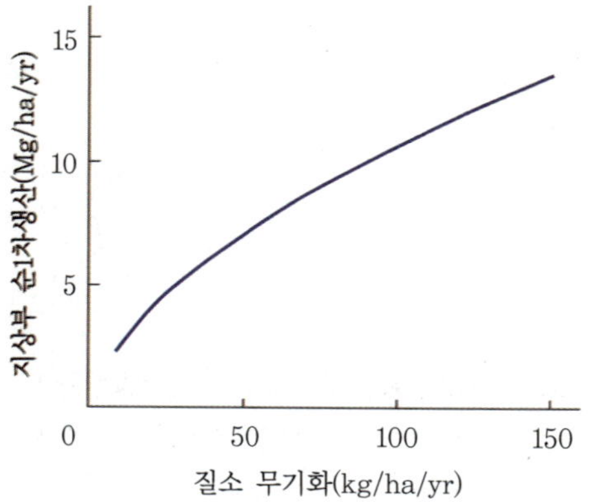

그림 2-19 토양 질소의 유효도(무기화)와 지상부 순1차생산의 관계 [Landsberg & Sands, 2011]

충해 주거나 또는 관수와 시비를 동시에 하면 연간 생장량은 물론 임목 부위별 분배 비율이 크게 달라진다는 연구 결과가 있다. 관수를 하면 아무런 처리를 하지 않은 경우보다 물질 생산이 약간 증가하지만, 시비를 하면 아무런 처리를 하지 않은 경우에 비해 물질 생산이 2배 이상 증가하고, 관수와 시비를 동시에 하면 단순히 시비만 한 경우보다도 물질 생산이 더 증가한다. 관수와 시비를 한 경우에는 지하부로의 탄소 분배 비율이 감소할 뿐만 아니라, 특히 수분과 양분을 흡수하는 데 중요한 역할을 하는 잔뿌리(지름 2mm 이하의 뿌리)에 대한 탄소의 분배 비율이 아무런 처리를 하지 않은 경우에 비해 절반 이하로 줄어드는 대신에 잎, 가지, 줄기 등 지상부로의 분배 비율이 크게 늘어난다(표 2-1 참조).

수분과 양분은 서로 복잡한 상호작용을 통해 임목의 생장과 임목 부위별 분배 비율에 영향을 미친다. 수분이 부족하면 양분 흡수가 어렵고 잎에서의 양분 농도가 낮아지고 이에 따라 낙엽의 양과 질이 저하하며, 다시 토양으로 돌아온 낙엽의 분해가 느려져 양분 유효도가 낮아지는 과정을 반복한다. 또한 수분 부족은 토양동물의 수와 활동성을 떨어뜨려 유기물과 무기 광물이 섞이기 어려워지고, 특히 미생물의 활동이 둔화하여 유기물의 무기화가 감소한다.

표 2-1 10년생 유럽소나무를 대상으로 6년간 관수 및 시비 후의 연간 총생산과 임목 부위별 탄소 분배 비율

<table>
<tr><th colspan="3">구 분</th><th>무처리</th><th>관수</th><th>시비</th><th>관수+시비</th></tr>
<tr><td colspan="3">연간 총생산(Mg/ha/yr)</td><td>5.7</td><td>6.2</td><td>11.8</td><td>12.4</td></tr>
<tr><td rowspan="5">탄소
분배
비율
(%)</td><td rowspan="3">지상부</td><td>줄기</td><td>16</td><td>20</td><td>19</td><td>22</td></tr>
<tr><td>가지</td><td>18</td><td>20</td><td>21</td><td>22</td></tr>
<tr><td>잎</td><td>20</td><td>21</td><td>23</td><td>26</td></tr>
<tr><td rowspan="2">지하부</td><td>잔뿌리</td><td>32</td><td>30</td><td>16</td><td>15</td></tr>
<tr><td>굵은 뿌리</td><td>14</td><td>9</td><td>21</td><td>15</td></tr>
</table>

[Kimmins, 2004]

1·4 주요 산림생태계의 물질 생산

1·4·1 전 지구 산림생태계의 물질 생산

전 지구 차원에서 순1차생산은 열대림에서 가장 높고 온대림과 한대림의 순으로 감소하며, 단위면적당 축적된 평균 바이오매스도 열대림, 온대림, 한대림의 순으로 점차 감소한다(표 2-2 참조). 열대림의 순1차생산과 바이오매스가 온대림에 비해 1.5배 정도 높고 한대림에 비해서는 4~6배 정도 높아 열대림에서 생장이 가장 빠르고 저장된 물질도 가장 많다. 열대림 내에서는 열대우림이 열대계절림보다 높고, 온대림에서는 온대상록수림이 온대활엽수림보다

높다. 한대림의 순1차생산과 바이오매스는 이전에 추정했던 수치보다 더 낮게 나타나고 있다(Huston & Wolverton, 2009; Whittaker & Likens, 1973)

표 2-2 주요 산림생태계 유형별 면적, 순1차생산, 바이오매스와 전 지구 순1차생산

생태계 유형	면적 (10^9ha)	순1차생산 (Mg/ha/yr)	바이오매스 (Mg/ha)	전 지구 순1차생산 (Pg/yr)
열대림	1.75	25.0	388	43.8
온대림	1.04	15.6	268	16.2
한대림	1.37	3.8	84	5.2

[Huston & Wolverton, 2009]

순1차생산의 전 지구적 분포는 기후대와 거의 일치하는 경향을 보인다. 순1차생산은 아마존강 유역, 중앙아프리카, 동남아시아 등 연중 고온·다습한 열대우림 지역에서 가장 높고 온대 지역에서 중간 정도이며, 온도나 강수량이 광합성을 제한하는 한대와 건조 지역에서 가장 낮다(Cramer *et al.*, 1999).

1·4·2 우리나라 산림생태계의 물질 생산

우리나라에서 식생을 기반으로 탄소의 흡수를 추정하는 VISIT(Vegetation Integrative SImulator for Trace gases) 모형을 사용하여 연구한 결과에 의하면 1999년부터 2008년까지 10년간 지하부를 포함한 평균 순1차생산은 상록침엽수림이 13.1Mg/ha/yr, 낙엽활엽수림이 10.0Mg/ha/yr, 혼효림이 12.3Mg/ha/yr로 임상에 따라 차이가 있다. 순생태계생산은 상록침엽수림이 0.2Mg/ha/yr, 낙엽활엽수림이 1.6Mg/ha/yr, 혼효림이 2.2Mg/ha/yr로 혼효림에서 매년 가장 많은 유기물을 저장하고 있다. 순1차생산의 지역적 차이도 있어서 비교적 기온이 높고 강수량이 많은 제주도와 남해안 지역에서 순1차생산이 많다(Yoo *et al.*, 2013).

연습문제 ▌

1. 총1차생산, 순1차생산 및 순생태계생산은 어떤 관계가 있는지 설명하시오.
2. 산림에서 에너지가 어떠한 경로로 이동하며, 단계별로 저장 또는 손실되는 에너지의 비율은 어느 정도인지 설명하시오.
3. 현지 측정 자료를 기반으로 순1차생산을 추정하는 방법의 종류를 들고, 차이점은 무엇인지 설명하시오.
4. 생산생태학식은 어떠한 의미를 지니고 있는지 설명하시오.
5. 순1차생산과 임목 부위별 바이오매스 분배 비율의 관계를 설명하시오.
6. 임령과 임목 부위별 바이오매스 분배 비율의 관계를 설명하시오.

7. 임령에 따라 광합성, 호흡 및 생장은 어떻게 변화하는지 설명하시오.
8. 기후와 순1차생산의 관계를 설명하시오.
9. 토양 양분과 순1차생산의 관계를 설명하시오.

참고문헌 ▌

1. 국립산림과학원. 2022. 2022 산림 · 임업 전망. 연구자료 제980호.
2. 손요환, 구창덕, 김춘식, 박필선, 윤충원, 이계한. 2016. 신고 산림생태학. 향문사.
3. 이우균, 김영환, 민경택, 박주원, 서정욱, 손요환, 우수영, 이경학, 이창배, 최솔이, 최정기. 2022. 산림탄소경영의 과학적 근거. 지을.
4. Aber JD, Melillo JM. 2001. Terrestrial Ecosystems. 2nd ed. Harcourt/Academic Press.
5. Binkley D. 2021. Forest Ecology: An Evidence-Based Approach. Wiley Blackwell.
6. Chu C, Bartlett M, Wang Y *et al.* 2016. Does climate directly influence NPP globally? Global Change Biology 22(1): 12-24.
7. Cramer W, Kicklighter DW, Bondeau A *et al.* 1999. Comparing global models of terrestrial net primary productivity (NPP): Overview and key results. Global Change Biology 5(S1): 1-15.
8. Gosz JR, Holmes RT, Likens GE, Bormann FH. 1978. The flow of energy in a forest ecosystem. Scientific American 238(3): 92-103.
9. Huston MA, Wolverton S. 2009. The global distribution of net primary production: resolving the paradox. Ecological Monographs 79(3): 343-377.
10. Keeling HC, Phillips OL. 2007. The global relationship between forest productivity and biomass. Global Ecology and Biogeography 16(5): 618-631.
11. Kirschbaum MUF, Mueller R (ed). 2001. Net Ecosystem Exchange. Cooperative Research Centre for Greenhouse Accounting. Canberra. Australia.
12. Kumar P, Chen HYH, Searle EB, Shahi C. 2018. Dynamics of understorey biomass, production and turnover associated with long-term overstorey succession in boreal forest of Canada. Forest Ecology and Management 427: 152-161.
13. Landsberg JJ, Sands P. 2011. Physiological Ecology of Forest Production: Principles, Processes and Models. Academic Press.
14. Pan Y, Birdsey RA, Phillips OL, Jackson RB. 2013. The structure, distribution, and biomass of the world's forests. Annual Review of Ecology, Evolution, and Systematics 44: 593-622.
15. Perry DA, Oren R, Hart SC. 2008. Forest Ecosystems. 2nd ed. Johns Hopkins.
16. Pretzsch H. 2009. Forest Dynamics, Growth and Yield. Springer.
17. Pregitzer KS, Euskirchen ES. 2004. Carbon cycling and storage in world forests: biome patterns related to forest age. Global Change Biology 10(12): 2052-2077.
18. Ryan MG, Binkley D, Fownes JH. 1997. Age-related decline in forest produc-

tivity: Pattern and process. Advances in Ecological Research 27: 213–262.

19. Smith TM, Smith RL. 2016. Elements of Ecology. 9th ed. Benjamin Cummings.
20. Wei Y, Li M, Chen H *et al.* 2013. Variation in carbon storage and its distribution by stand age and forest type in northeastern China. PLoS ONE 8(8): e72201.
21. Whittaker RH, Likens GE. 1973. Primary production: The biosphere and man. Human Ecology 1: 357–369.
22. Yoo S, Kwak DA, Cui G *et al.* 2013. Estimation of the ecosystem carbon budget in South Korea between 1999 and 2008. Ecological Research 28: 1045–1059.
23. Zhou T, Shi P, Jia G *et al.* 2015. Age-dependent forest carbon sink: Estimation via inverse modeling. Journal of Geophysical Research: Biogeosciences 120(12): 2473–2492.

제2장

양분 순환

2·1 산림과 양분

2·1·1 필수양분

생물체가 자라고 여러 가지 역할을 하는 생명현상을 유지하기 위해 필요한 주요 원소, 즉 양분을 필수양분(必須養分)이라고 하며, 필수양분의 종류와 생리 및 생태적 기능을 이해할 필요가 있다. 필수양분 중에서 생물체에 많은 양(건중량으로 백분율 단위)이 필요하면 다량양분(多量養分, macronutrient, 대량양분; 탄소, 수소, 산소, 질소, 칼슘, 칼륨, 인, 마그네슘, 황 등), 적은 양(건중량으로 ppm 단위)이 필요하면 미량양분(微量養分, micronutrient, 소량양분; 붕소, 염소, 망가니즈, 철, 구리, 아연, 몰리브덴, 니켈 등)이라고 한다.

식물과 미생물에게는 다량양분과 미량양분이 모두 필요하며, 동물에게는 여기에 플루오린, 실리콘, 코발트 등이 추가로 필요하다. 예전에 비해 생화학 수준에서 생명현상을 보다 더 명확하게 이해함에 따라 필수양분의 종류가 점차 늘어나는 추세이다. 식물체 건중량의 약 96%는 수소, 산소, 탄소 및 질소로 되어 있고 나머지 4%는 다른 필수양분으로 구성되어 있다

표 2-3 식물체 내 필수양분의 평균 농도(건중량 기준)

다량양분	농도(%)	미량양분	농도(ppm)
수소(H)	6	염소(Cl)	100
탄소(C)	45	붕소(B)	20
산소(O)	45	철(Fe)	100
질소(N)	1.5	망가니즈(Mn)	50
칼륨(K)	1.0	아연(Zn)	20
칼슘(Ca)	0.5	구리(Cu)	6
마그네슘(Mg)	0.3	몰리브덴(Mo)	0.1
인(P)	0.2		
황(S)	0.1		

[Kimmins, 2004]

(Kimmins, 2004). 양분 조건이 양호한 곳에서 자라고 있는 여러 종류의 식물 내 필수양분의 평균 농도는 표 2-3과 같다.

식물에게 필요한 양분은 생리적 기능과 순환 형태를 기준으로 다음과 같이 네 부류로 나눌 수 있다(Perry *et al.*, 2008).

1) **부류 1** - 탄소, 산소, 수소: 모든 유기물의 기본 골격을 구성하며, 전 지구 차원에서 순환한다.
2) **부류 2** - 질소, 인, 황: 단백질, 핵산, 인지질, ATP와 ADP 복합체의 구성 원소이며 주로 모재에 소량 포함되어 있고(질소는 예외), 토양 유기물과 함께 순환하며 보통 식물의 물질 생산을 제한한다.
3) **부류 3** - 칼슘, 칼륨, 마그네슘: 삼투압 조절, 기공개폐, 광합성, 효소 활성화 등 다양한 생리적 기능에 필요하고 모재에 다량 존재하며, 토양입자에 흡착되므로 순환이 빠르지 않다.
4) **부류 4** - 철, 망가니즈, 코발트, 아연, 몰리브덴, 붕소: 생리적 기능의 활성화 역할을 하고, 킬레이트와의 결합 정도에 따라 식물이나 미생물이 실제로 이용할 수 있는 수준이 달라진다.

임목은 필수양분을 대기, 물 또는 토양으로부터 흡수하며, 양분의 종류에 따라 공급처에 있는 총량보다는 실제 임목이 흡수할 수 있는 유효태(有效態, available form)로 되어 있는 정도를 뜻하는 유효도(有效度, availability)가 더 중요하다. 예를 들면 비록 토양에 탄소와 수소가 많을지라도 임목이 흡수할 수 있는 형태가 아니므로 임목은 토양이 아니라 대기와 물로부터 탄소와 수소를 흡수한다. 또한 질소는 대기 중에 N_2 형태로 많지만 임목이 직접 흡수할 수 없기 때문에 토양 내에서 유기물이 분해되어 무기물 형태로 전환된 질소를 뿌리를 통해 흡수한다.

2·1·2 양분 결핍과 측정 방법

특정 양분이 임목의 생장이나 개화·결실에 충분한지 여부는 다른 양분의 양이나 유효도, 임목의 양분에 대한 요구도, 환경 인자 등에 따라 달라지기 때문에 판단하기가 어렵다. 대부분의 산림에서는 한 가지 또는 여러 가지 양분의 부족이 물질 생산을 제한하며, 물질 생산 결과물의 지상부 또는 지하부로의 분배 비율이나 병해충에 대한 저항성도 양분의 상태에 따라 달라진다. 따라서 산림의 양분 상태를 파악하는 일이 중요하며 이를 위해 육안 식별, 양분 분석, 시비 반응 등의 방법을 사용한다.

양분이 매우 부족할 경우에는 임목의 잎이 노란색으로 변하거나 엽면적이 줄어들고 잎이나 가지가 변형되는 등의 증상을 보이기 때문에 육안으로도 식별할 수 있다. 이와 같은 증상은 특정 양분의 부족과 관계가 있으며, 육안으로 양분 부족을 판단할 수 있을 정도라면 이미 생장도 매우 줄어든 상태라고 할 수 있다. 그러나 양분이 부족하더라도 외관상 증상이 나타나지 않을 수 있기 때문에 양분 분석이나 시비 반응을 통해 양분의 상태를 확인해야 한다.

잎의 양분 농도를 측정하여 양분 상태를 판단할 수 있다. 일부 수종에 대해 양분 부족 여부를 판단할 수 있는 기준으로 잎의 양분 부족 한계 농도가 제시되어 있다. 침엽수의 경우 건중량 기준으로 질소 농도는 1.0~1.2%, 인 농도는 질소 농도의 10% 정도, 칼륨 농도는 2.5~5.0mg/g, 칼슘 농도는 0.4~2.0mg/g, 마그네슘 농도는 0.3~0.9mg/g이면 결핍 수준으로 볼 수 있다(표 2-4 참조).

표 2-4 침엽수 잎의 양분 부족 한계 농도(단위: mg/g)

수 종	질소	인	칼륨	칼슘	마그네슘
유럽소나무	12~14	1.4~1.8	3.5~4.5	-	-
미송	10~12	0.8~1.2	3.5~6.0	1.5~2.0	0.6~0.9
미국솔송나무	10~12	1.1~1.5	4.0~4.5	0.6~0.8	0.6~0.8
독일가문비	12~15	1.2~1.5	3.5~5.0	0.4~0.6	0.4~0.6
라디에타소나무	12~15	1.2~1.4	3.0~3.5	1.0	0.6~0.8

㈜ 이 농도보다 낮을 경우 시비에 의한 생장 효과가 있다고 알려져 있음
[Binkley & Fisher, 2020]

임목에서 잎의 양분 농도는 잎의 나이나 발달 정도, 임관 내 잎의 위치, 임목의 활력 등에 따라 크게 변하기 때문에 임관 상층부에 있는 1년생 잎을 농도 변화가 없는 안정한 시기에 채취하여 분석하는 것이 적절하다. 그러나 잎과 같은 어느 한 부위의 양분 농도를 임목 전체의 양분 상태를 판단하는 직접적 지표로 삼기는 어려울 수 있다.

특정 양분에 대한 임목의 요구도는 다른 양분의 양에 따라 달라지기도 한다. 예를 들어 칼슘의 양이 매우 적어도 양전하를 띤 두 가지 다른 이온이 부족하면 임목이 자랄 수 있지만, 다른 양이온의 유효도가 증가하면 칼슘에 대한 요구도도 크게 증가하고 이를 충족하지 못할 경우에는 임목 생장이 멈춘다. 이는 칼슘이 양분으로서뿐만 아니라 다른 양이온의 독성 효과를 완화하는 역할도 하기 때문이다.

양분 간 적절한 균형을 이루어야 임목 생장이 최적화되며, 양분 간의 적정 비율은 종이 다르더라도 차이가 크지 않다고 알려져 있다(표 2-5 참조). 즉 침엽수 묘목에 양분을 공급할 때 질소 : 인 : 칼륨 : 칼슘 : 마그네슘의 비율은 대략 100 : 20~30 : 50~70 : 5~10 : 5~10이어야 한다. 이러한 비율은 묘목을 수경재배한 연구 결과에 따라 제시되었기 때문에 토양을 기반으로 자라는 임목에 직접 적용하기에는 한계가 있다는 점도 유의해야 한다.

일반적으로 양분이 충분한지 또는 부족한지는 양분의 추가 공급에 대한 임목의 반응을 통해 확인할 수 있다. 양분의 유효도를 높였을 때 생장이나 개화 및 결실이 증가하면 양분이 부족한 상태에 있다고 판단한다.

시비 후 생장이 크게 증가하지만 임목 내 양분 농도는 약간 증가하는 수준에 그치기도 한다. 이는 생장으로 인해 양분이 희석되어 나타나는 효과 때문이다. 양분이 적정한 수준에 도달한 후 다른 양분 또는 환경 인자가 제한요인이 되면 더 이상 임목이 생장하지 않지만 양분 농도는 증가한다. 또한 양분 흡수가 지속되고 임목 생장이나 개화·결실 등의 반응이 없으면

표 2-5 수종별 양분 농도 간의 적정 비율

수 종	질소	인	칼륨	칼슘	마그네슘
유럽소나무	100	14	45	6	6
미송	100	30	50	4	4
미국솔송나무	100	16	70	8	5
독일가문비	100	16	50	5	5
일본잎갈나무	100	20	60	5	9

[Binkley & Fisher, 2020]

양분 과잉 상태에 도달하며, 양분 농도가 오히려 임목 생장을 저해하는 수준까지 증가하면 양분 독성 상태에 이를 수 있다.

침엽수를 대상으로 시비 후 침엽의 무게와 양분 농도 변화를 바탕으로 양분 상태를 판단하는 방법도 제시된 바 있다(Timmer & Stone, 1978). 침엽수에서 침엽의 수는 전년에 눈이 생성될 때 미리 정해지지만 침엽의 생장은 당년의 양분 상태에 따라 달라지고 침엽의 생장이

그림 2-20 묘포장(A)과 포트(B)에 묘목을 심고 시비 후 양분 부족 여부를 판단하는 실험

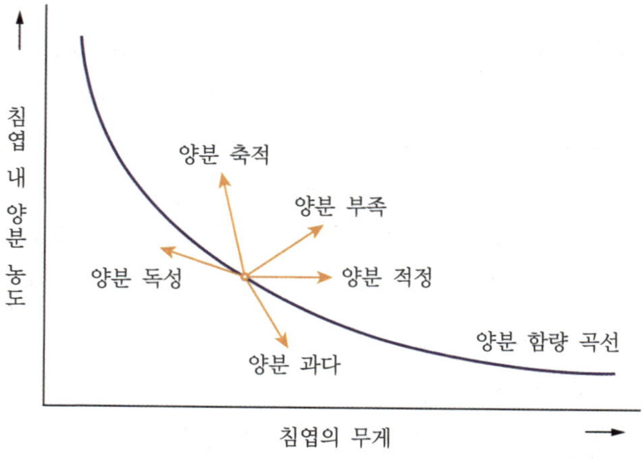

그림 2-21 시비 후 침엽의 무게 및 양분 농도 변화를 기초로 하여 양분의 상태를 결정하는 방법[Binkley & Fisher, 2020]

나중에 수간의 생장에도 영향을 미친다. 이러한 특성을 이용하여 부족할 것으로 예상되는 양분을 이른 봄에 비료로 공급하고, 생장기간이 끝난 후 비료를 준 곳과 주지 않은 곳에서 채취한 침엽의 무게와 양분 농도를 비교함으로써 양분 상태를 파악할 수 있다(그림 2-20 · 2-21 참조). 비료를 주지 않은 임목에서 채취한 침엽을 분석한 결과를 양분 함량 곡선상에서 출발점으로 놓고, 비료를 보충한 다음 이동한 침엽 상태의 위치로 방향을 표시하여 양분 독성, 축적, 부족, 적정, 과다 등의 상태를 결정할 수 있다.

2·2 양분 순환과 산림 생산

2·2·1 양분 순환의 개념

에너지는 태양에서 발생하여 산림생태계로 들어오고 산림생태계 내에서 구성 요소 사이를 이동하다가 마지막에는 산림생태계로부터 빠져나간다. 또한 산림생태계로 들어온 에너지가 열로 바뀌면 다시 사용되지 않기 때문에 산림생태계 내에서 순환하지 않는 성질이 있다.

그러나 에너지 이동과 관련 있는 양분의 이동은 에너지와 다른 거동을 보인다. 즉 임목의 생장에 사용된 양분은 유기물 형태로 임목에 저장되지만 임목이 노쇠하여 고사하면 토양에 들어가 분해를 거쳐 무기물로 전환된 후 다시 임목에 흡수된다. 양분은 다른 생태계로 이동하거나 이동이 불가능한 상태의 화합물로 바뀌지 않는 한 산림생태계에서 계속해서 재사용되며 순환한다. 이러한 양분 순환은 임목 생장을 통한 에너지 이동과 밀접하게 연관되어 있다. 산림 생산성은 양분 공급에 따라 달라져서 양분 공급이 충분하면 임목 생장이 빠르지만, 반대로 양분 공급이 충분하지 않으면 생장이 느려진다.

2·2·2 양분 순환의 형태

산림생태계에서의 양분 순환은 다음과 같이 크게 세 가지로 구분할 수 있다(그림 2-22 참조).

1) **지구화학적 순환**(地球化學的 循環, geochemical cycle, 지화학적 순환): 대기나 모암으로부터 유입된 양분이 식생과 토양 사이를 순환하는 과정으로 '생태계 간 이동'으로 볼 수 있다. 즉 양분이 대기로부터 강수, 먼지, 가스 등의 형태로 산림생태계 내로 들어가거나 먼지, 가스 등의 형태로 산림생태계를 빠져나가고, 아울러 모암으로부터 풍화를 거쳐 토양으로 들어가거나 침식, 용탈 등을 통해 산림생태계를 빠져나간다.
2) **생물지구화학적 순환**(生物地球化學的 循環, biogeochemical cycle, 생지화학적 순환): 양분이 식생과 토양 사이를 이동하는 과정으로 식생으로부터 낙엽, 낙지, 뿌리 등을 통해 토양으로 들어가거나 토양으로부터 식생에 흡수되어 사용되며 '생태계 내 이동'으로 볼 수 있다.

3) 생물화학적 순환(生物化學的 循環, biochemical cycle, 생화학적 순환): 양분이 식생 내에서 잎, 줄기, 뿌리 사이를 이동하는 과정으로 '식생 내부 이동'으로 볼 수 있다.

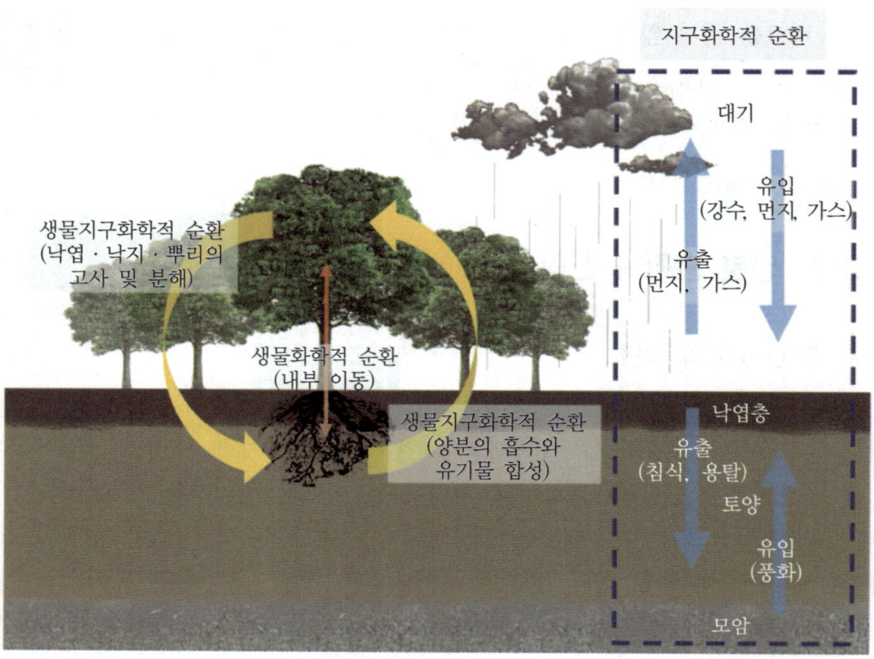

그림 2-22 산림생태계 양분 순환의 세 가지 경로인 지구화학적 순환, 생물지구화학적 순환 및 생물화학적 순환[Kimmins, 2004]

양분의 종류에 따라 순환하는 경로가 다르다. 식생과 대기 사이를 주로 순환하는 양분이 있고 식생과 토양 사이를 주로 순환하는 양분이 있는가 하면 대기, 식생 및 토양 사이를 모두 순환하는 양분도 있다(표 2-6 참조).

표 2-6 20년생 테에다소나무의 연간 양분 요구량에 대한 양분 순환 경로별 공급 비율(단위: %)

순환 경로	양분 공급원	질소	인	칼륨	칼슘	마그네슘
지구화학적 순환	강수	16	6	12	31	16
	무기 광물	0	2	0	0	6
생물지구화학적 순환	낙엽층(낙엽 분해)	40	23	16	47	38
	임관의 용탈	5	9	50	22	16
생물화학적 순환	내부 이동	39	60	22	0	24

[Kimmins, 2004]

양분 순환은 양분의 저장고(총량 또는 단위면적당 양으로 나타냄)와 이들 저장고 사이에서의 이동(연간 총이동량 또는 연간 단위면적당 이동량으로 나타냄)으로 구성되어 있다. 양분의 저장량에 따라 이동량이 정해지지는 않으며, 저장량과 별개로 이온 상태인 양이 얼마인가에 따라 이동량이 달라진다. 예를 들어 토양에 많은 양의 질소가 있어도 단백질이나 아미노산과 같은 유기물 형태이면 잘 이동하지 않고, 이러한 유기물이 분해되어 이온 상태가 되면 비로소 뿌리를 통해 흡수됨으로써 이동할 수 있다.

보통 토양에서 임목으로 매년 흡수되는 양분의 양은 외부에서 산림생태계로 들어가는 양보다 많지만 토양에 저장되어 있는 양분의 총량 중 극히 일부에 불과하다. 매년 낙엽, 낙지, 뿌리 등이 분해되어 생성된 양분으로 임목이 흡수하는 양의 대부분을 충당할 수 있다.

2·2·3 낙엽 · 낙지 · 뿌리를 통한 양분 순환

전 지구 차원에서 산림생태계에 유입되는 지상부 고사 유기물 총량의 60~75%가 낙엽이고 30% 정도가 목질부이며 나머지 1~20%는 종자를 비롯한 번식 관련 조직 등으로 알려져 있다. 특히 낙엽 생산량은 온도 및 실증발산량 등의 기후 조건과 매우 밀접한 관련을 보인다. 생장기간이 짧아 임목 생장 자체가 느린 고위도 지방에서는 낙엽 생산량이 적고, 연중 임목 생장이 가능한 적도로 갈수록 낙엽 생산량이 늘어나는 경향을 보인다(Kashian *et al.*, 2023; 그림 2-23 참조). 또한 동일한 위도라고 할지라도 지역에 따라 낙엽 생산량에서 큰 차이를 보이며, 이는 방위나 경사 같은 지형 요인뿐 아니라 토양 수분과 양분 유효도 등의 차이에서도 기인한다.

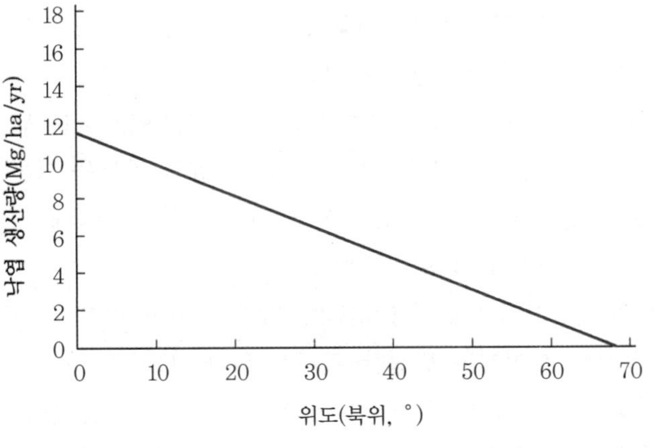

그림 2-23 산림생태계에서 위도와 낙엽 생산량의 관계[Kashian *et al.*, 2023]

잎의 면적 혹은 바이오매스는 광합성량과 직접적인 관련이 있기 때문에 산림에서 잎의 바이오매스와 지상부 순1차생산 사이에는 양의 상관관계가 나타난다. 지상부 순1차생산이 대략 7.5Mg/ha/yr로 적은 경우에는 낙엽 생산량이 지상부 순1차생산의 거의 대부분을 차지하지만, 지상부 순1차생산이 점차 증가할수록 낙엽 생산량이 차지하는 비율은 줄어드는 대신 가지나 뿌리 등 다른 조직의 생산량과 기능이 차지하는 비율이 늘어난다.

산림생태계의 지상부 낙엽 생산량에 비해 지하부에서 발생하는 뿌리 생산량, 특히 분해속도가 빨라서 양분 순환에 큰 역할을 하는 잔뿌리 생산량에 대한 자료는 많지 않다. 그럼에도 불구하고 잔뿌리 생산량이 낙엽 생산량을 초과하는 경우도 종종 관찰되며, 온대 침엽수림과 활엽수림에서의 잔뿌리 생산량은 낙엽 생산량의 40~330%로 변이가 크다(Kashina *et al.*, 2023). 잔뿌리에 포함된 질소와 인 함량은 낙엽과 비슷하거나 많은 경우도 있어 잔뿌리가 상당량의 양분을 낙엽층과 토양에 환원함으로써 양분 순환에 중요한 역할을 한다.

2·2·4 양분의 재사용

양분은 임목 내부에서 조직 사이를 이동할 수 있으며, 특히 낙엽이 지기 전에는 잎에 있던 양분이 주변 조직으로 이동하여 새 잎을 만드는 데 재사용된다. 질소의 경우 뿌리로부터 흡수하는 데 사용되는 에너지의 10%만으로 임목 내에서 단백질이나 아미노산을 이동성이 있는 형태로 바꿀 수 있으므로 양분 재사용이 에너지 이용 측면에서 효율적이다.

양분은 종류별로 식물체 내에서의 기능이 다르고 이에 따라 이동성도 달라진다. 즉 양분이 재사용되는 정도는 양분의 종류에 따라 다르다. 예를 들어 효소의 활성화와 삼투압 조절 역할을 하는 칼륨은 조직 내에서 이동성이 있는 양이온 상태로 남아 있으며 낙엽 전에 잎에서 다른 부위로 이동하여 재사용된다. 그러나 칼슘은 다른 유기물과 결합하기 때문에 이동성이 낮고, 따라서 낙엽 전에 다른 부위로 이동하여 이듬해 다시 사용되는 비율이 극히 낮거나 오히려 낙엽에서의 농도가 생장기 때의 농도보다 높게 나타나기도 한다. 질소는 이온 상태로 흡수되어 단백질이나 아미노산을 만드는 데 사용되며, 이들 화합물 일부가 식물체 내에서 분해되어 이온 상태가 됨으로써 재사용이 가능해진다.

임목의 양분 재사용은 양분이용효율에 영향을 미친다. 양분이용효율은 낙엽 건중량에 대한 낙엽 내 양분 함량 비율로 나타낼 수 있다. 낙엽 전 많은 양의 양분을 다른 부위로 이동시키는 수목은 양분이용효율이 높으며, 낙엽을 통해 단위 바이오매스당 상대적으로 적은 양의 양분을 낙엽층으로 되돌린다(Kashian *et al.*, 2023).

전 지구 차원에서 보면 질소와 인의 이용효율과, 낙엽을 통한 양분 유입량으로 나타낼 수 있는 토양 내 양분의 유효도 사이에는 밀접한 관계가 있다. 토양의 양분 유효도가 높을수록 낙엽을 통한 양분 유입량도 증가하며, 질소 · 인의 이용효율과 낙엽을 통한 질소 · 인의 유입량 간에는 반비례의 관계가 나타난다(그림 2-24 참조). 예를 들어 질소 이용효율이 높은 생태계에서는 매년 낙엽을 통해 순환하는 질소의 양이 상대적으로 적다. 그러나 열대림의 경우 낙엽을 통한 질소 유입량이 크게 변하지만 질소 이용효율은 거의 변화가 없는 반면에 인의 재사용이 많아 인 이용효율이 높을 경우 낙엽을 통한 인 유입량이 적어 이들 사이의 반비례 관계가 뚜렷하게 나타난다. 결국 토양에서 질소나 인과 같은 양분이 제한적으로 공급되면 임목은 더 많은 양분을 재사용하여 양분이용효율을 높이므로 낙엽을 통한 토양으로의 양분 유입은 줄어든다. 양분이 부족하면 임목은 가능한 한 많은 양의 양분을 임목 내에 저장하며,

양분 재사용이 늘어나 양분이용효율이 높아진 임목은 양분이 부족한 입지에서도 견딜 수 있다(Kashian *et al.*, 2023).

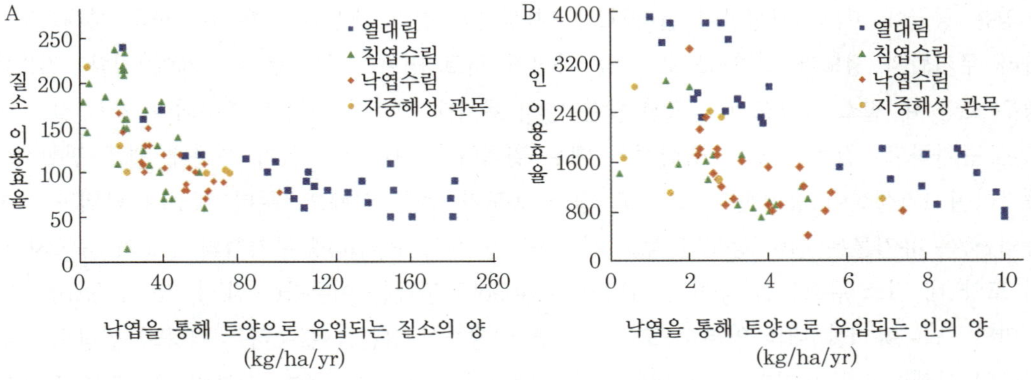

그림 2-24 양분이용효율과 낙엽을 통해 토양으로 유입되는 양분량의 관계(A: 질소, B: 인) [Kashian *et al.*, 2023]

양분의 재사용률은 수종에 따라 약간 차이가 있지만(표 2-7 참조), 전 세계 60여 종 이상의 상록성 및 낙엽성 관목과 교목을 대상으로 연구한 결과를 종합해 보면 평균 양분 재사용률은 질소가 50%, 인이 52%이었다. 생장기간 동안 잎 안에 있던 질소와 인의 절반 가량이 낙엽 전에 다른 조직으로 이동하여 나중에 다시 사용된다.

표 2-7 수종별 낙엽 전 양분 이동에 따른 질소와 인의 재사용률(단위: %)

수 종	질소	인	수 종	질소	인
미송	69	35	서어나무	50	–
테에다소나무	45	66	사시나무	74	66
유럽소나무	69	81	벚나무	57	59

㈜ $\text{재사용률(\%)} = \dfrac{\text{(생장기 잎의 양분 농도)} - \text{(낙엽 시 잎의 양분 농도)}}{\text{생장기 잎의 양분 농도}} \times 100$

[Kimmins, 2004]

우리나라 은행나무 묘목을 대상으로 한 실험에 의하면 잎에 있는 질소의 45%, 인의 30%, 칼륨의 50% 정도가 재사용되었다. 그러나 칼슘과 마그네슘의 농도는 낙엽 때 오히려 생장기간 때보다 각각 206%, 93% 증가하여 이동성이 낮고 따라서 재사용이 어려웠다(Son, 2002).

토양의 비옥도와 양분 재사용의 관계에서는 비료를 추가하면 양분 재사용률이 낮아지지만 재사용되는 양분의 총량은 오히려 많아진다. 따라서 산림생태계에서 비옥도 자체보다는 양분의 이동성이 양분 재사용의 차이를 가져오는 원인이라고 볼 수 있다.

2·2·5 양분 순환과 물질 생산

양분 공급에 따라 1차생산이 달라지고, 1차생산의 결과 생성된 죽은 유기물의 분해속도에 따라 무기화의 정도가 결정되므로 이들 과정이 서로 영향을 주고받는 관계에 있다. 질소의 경우 토양 내 질소 유효도가 높으면 많은 양의 무기태 질소가 임목에 흡수되어 잎의 질소 농도가 증가하고, 질소 농도와 광합성은 매우 밀접하게 관련되어 있기 때문에 결국 광합성이 증가하여 1차생산이 증가한다. 그리고 질소 농도가 높은 임목으로부터 생성된 낙엽과 낙지 등의 죽은 유기물은 질소 농도가 높고 분해속도가 빠르기 때문에 무기화의 정도가 높아져 다시 토양 내 질소 유효도를 높이는 피드백(feedback) 관계를 이룬다(그림 2-25 A 참조).

만약 죽은 유기물 내의 양분 농도가 낮으면 미생물이 양분을 흡수하는 부동화 현상으로 유기물의 분해속도가 느려지고 무기화 정도가 낮아져 토양 내 무기태 양분의 유효도가 낮아지며, 결국 임목이 흡수할 수 있는 양분도 줄어든다. 적은 양의 양분을 흡수한 임목은 생장이 느려지고 생성되는 낙엽과 낙지 내의 양분 농도가 낮아져 역시 동일한 과정을 반복한다(그림 2-25 B 참조).

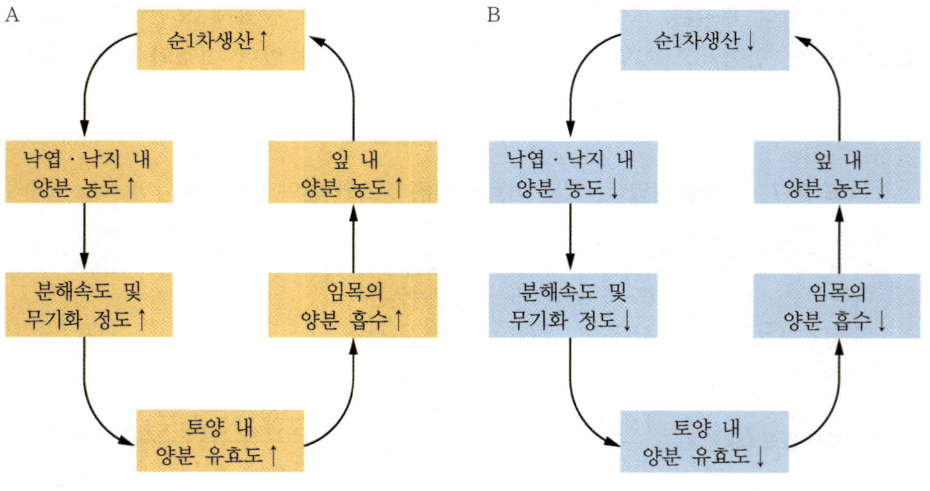

그림 2-25 양분 순환과 산림 생산의 피드백 관계[Smith & Smith, 2016]

A: 토양 내 양분 유효도가 높으면 양분 흡수가 많아져 순1차생산도 많으며 이후 생성되는 고사 유기물에 의한 무기화 정도가 높아 다시 양분 유효도가 높아지는 피드백 현상을 보임

B: 토양 내 양분 유효도가 낮으면 순1차생산도 낮아지는 피드백 현상을 보임

2·2·6 우리나라 참나무림의 양분 순환

30년생 굴참나무와 신갈나무가 우점하고 있는 우리나라 중부 지역 산림에서의 양분 순환

을 임목, 낙엽층, 토양 등의 저장고와 강수를 통한 유입, 낙엽을 통한 이동, 임목의 흡수, 토양으로부터의 용탈 등 이동 경로별로 나타내면 그림 2-26과 같다. 주요 양분은 토양에 가장 많이 저장되어 있고, 낙엽과 강수를 통한 양분 유입량이 연간 임목 흡수량의 절반 이상을 차지하고 있다. 특히 대도시 내 산림의 경우 강수를 통한 양분 유입량이 일반 산림에 비해 2배 정도 많았고, 임목 생장이 빠른 지역의 산림은 전체 생태계에 저장된 양분 중 임목에 저장된 양분의 비율이 높았으며 매년 흡수되는 양분의 양도 많았다(손요환 등, 2007).

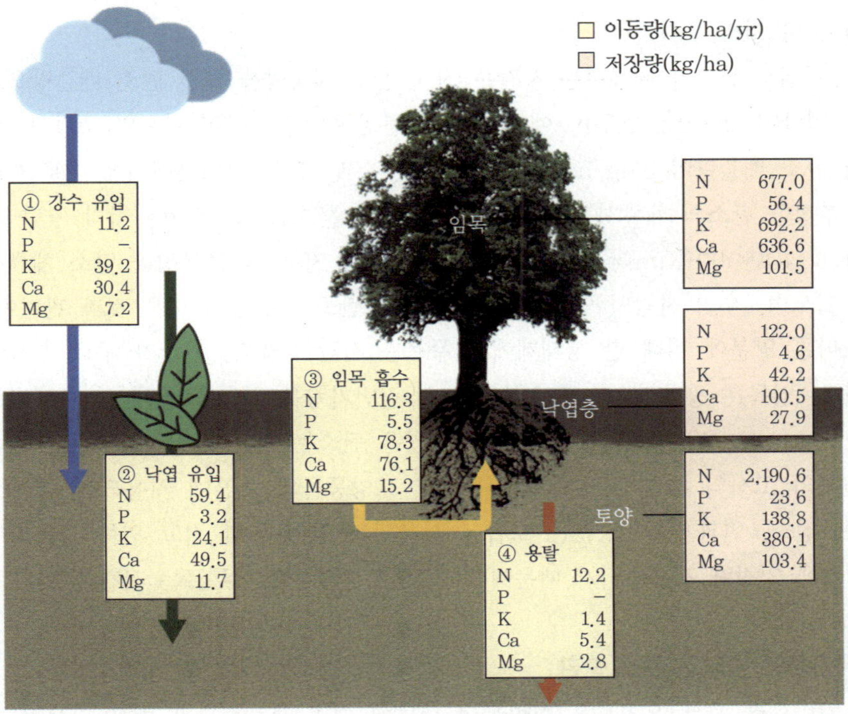

그림 2-26 우리나라 중부 지역 30년생 참나무림에서의 양분 순환[손요환 등, 2007]

2·3 주요 양분 순환

2·3·1 탄소 순환

1 탄소 순환의 의미

산림생태계의 탄소 순환은 탄소 유입과 탄소 배출, 그리고 두 과정 사이에서 일어나는 탄소 저장 및 이동을 의미한다. 임목은 광합성을 통해 대기 중의 탄소를 흡수한다. 임목이 흡수한 탄소 중 일부는 호흡을 통해 다시 대기로 배출되고 나머지는 잎, 가지, 줄기, 뿌리 등으로 이동하여 일정 기간 저장된다. 임목 또는 임목의 조직이 고사하면 저장되어 있던 탄소는 토양으로 이동한다. 토양으로 이동한 탄소 중 일부는 토양동물의 호흡에 사용되어 대기로 배출되고 나머지는 물리적 분해, 화학적 구조 변화, 더 깊은 토양으로의 이동 등 다양한 과정을 거치며 토양에 일정 기간 저장된다.

탄소가 산림생태계에 저장되는 기간은 임목의 유형에 따라 다르다. 낙엽성 임목의 경우 광합성에 의해 고정된 탄소의 절반 이상이 낙엽 형태이므로 바로 분해 과정을 거쳐 대기 중으로 돌아가고 나머지가 목질부에 여러 해 동안 저장된다. 반면에 상록성 임목에서는 목질부는 물론 잎에도 탄소가 1년 이상 저장된다. 따라서 상록성 임목으로 구성된 산림생태계의 탄소 저장 기간이 더 길다.

산림생태계에서 탄소가 체류하는 시간은 전체 탄소 저장량을 연간 탄소 배출량으로 나누어 계산할 수 있다(Schwartz, 1979). 예를 들어 산림생태계에 저장된 탄소의 총량이 100Mg/ha이고 연간 탄소 배출량이 5Mg/ha/yr이면 탄소는 20년 동안 산림생태계에 머문다. 우리나라 산림에서 추정한 탄소의 체류시간은 침엽수, 활엽수, 혼효림 등 임상에 따라 약간 차이는 있으나 대략 9~10년이다(Kim *et al.*, 2021b). 이는 전 지구 산림의 평균 탄소 체류시간인 약 25년보다 짧으며, 우리 산림의 임령이 낮아 저장된 탄소의 총량이 적은 것과 관련이 있다.

탄소는 다른 양분에 비해 한 생태계에 머무르는 시간이 짧다. 탄소가 주로 호흡에 사용되기 때문이다. 임목은 광합성으로 흡수한 탄소의 절반가량을 호흡을 통해 다시 대기로 배출한다(DeLucia *et al.*, 2007). 호흡에 사용되지 않은 탄소는 임목에 일정 기간 저장되지만, 결국에는 임목의 고사와 함께 토양으로 이동하고 토양동물의 호흡에 사용되어 대기로 배출된다. 반면에 질소, 인과 같은 양분은 호흡에 사용되는 양이 극히 적고 임목의 조직이 고사하더라도 임목에 일정량 재흡수되기 때문에 탄소보다 생태계에 머무르는 시간이 길다.

2 유기물의 분해와 탄소 순환

탄소를 기반으로 하는 유기물은 화합물의 종류에 따라 분해속도가 매우 다르다. 유기물의 구조가 단순하고 분자량이 적을수록 분해가 빠르다. 보통 단당류, 전분, 셀룰로스, 헤미셀룰로스, 리그닌 등의 순으로 분해속도가 느리다.

유기물의 분해는 시간에 따라 지수함수적 경향을 보여 초기에 빠르게 무게가 감소하지만 극히 일부 유기물은 오랫동안 산림생태계에 남는다. 유기물이 분해되며 생긴 이산화탄소는 물에 녹아 탄산(H_2CO_3)이 된다. 탄산은 해리되어 중탄산염(HCO_3^-)과 수소이온(H^+)이 되고, 중탄산염은 K^+와 같은 다른 양이온 양분과 함께 용탈된다. 유기물의 분해나 미생물의 호흡에서 발생하는 이산화탄소가 많아지면 탄산을 거쳐 결국 수소이온 농도가 높아지므로 무기광물의 풍화와 토양의 발달에 영향을 미친다.

한편 유기물이 분해될 때 산소가 충분하지 않으면 메탄생성세균에 의해 메탄(CH_4)이 발생할 수 있다. 특히 습지에서 혐기성 상태로 유기물이 분해되면 메탄이 많이 발생한다. 100년을 기준으로 메탄은 이산화탄소보다 온난화 효과가 25~35배 높아 기후변화와 관련하여 메탄 발생에 대해 우려하고 있다.

3 모형을 통한 탄소 순환 정량화

산림탄소모형은 광합성을 통한 탄소 흡수, 임목 조직 간의 탄소 이동, 조직 고사에 따른 탄소 전환, 호흡 및 유기물 분해에 의한 탄소 배출 등 탄소 순환에 관한 실험과 관찰 결과를 수식화하고 순서에 맞게 연결하여 산림생태계의 탄소 순환을 정량화하는 방법이다. 모형의 구조는 모형의 기본 가정, 활용할 수 있는 입력 자료, 그리고 모형의 활용 목적에 따라 다양하다.

일반적으로 모형은 탄소 저장고(임목, 고사목, 낙엽층, 토양 등)와 탄소 흡수 및 배출, 그리고 탄소 저장고 간의 탄소 이동을 모사하는 탄소 순환 과정으로 구성된다. 보통 모형의 입력 자료는 기상(기온, 강수량, 습도 등), 토양 성질(pH, 양분, 토성 등), 식생 특성(수종, 수관울폐도 등) 등이고, 출력 결과는 저장고별 탄소 저장량과 탄소 흡수량 또는 배출량으로 나타낸다. 1930년대부터 2010년대까지 약 250개의 모형이 개발되었으며 Yasso, CENTURY, Forest-DNDC, ROMUL, RothC, CBM-CFS3, Sim-CYCLE, KFSC, FBDC, FBD-CAN 등이 현재 사용되고 있다(Campell & Paustian, 2015; Lee *et al.*, 2018a).

모형은 실험과 관찰에 비해 적은 비용과 인력으로 탄소 순환을 연구할 수 있으며, 기온·강수량과 같은 입력 자료가 있으면 과거와 미래, 그리고 공간적으로 접근이 어려운 지역의 탄소 순환도 추정할 수 있다(Bonan, 2019). 아울러 모형은 기후변화와 같은 외부 환경요인의 변화가 산림생태계에 미치는 영향을 예측하는 데에 활용할 수 있으며, 산림 시업과 정책 결정에 필요한 정보를 제공하기도 한다.

실제로 모형을 이용하여 우리나라 전체 산림을 대상으로 1970년대 산림녹화사업 이후 약 50년 동안의 탄소 흡수 및 저장량 변화를 추정하였고(Lee *et al.*, 2014; Kim *et al.*, 2021c), 2020년 시점의 탄소 흡수량, 배출량, 전환 시간을 계산하였으며(Kim *et al.*, 2021b), 2020년부터 2080년까지 기후변화가 우리나라 산림의 탄소 흡수 및 저장 능력에 미칠 영향 등을 평가하였다(Kim *et al.*, 2022). 또한 모형을 이용하여 우리나라 산림녹화사업의 경제성과 비용-편익을 분석한 사례도 있다(Lee *et al.*, 2018b; 그림 2-27).

2·3·2 질소 순환

1 질소 순환의 의미

온대 지역 대부분의 산림생태계에서 질소 유효도가 산림의 물질 생산을 제한하기 때문에 다른 어떤 양분보다 질소를 중요하게 다루고 있다. 질소는 단백질, 아미노산, 효소, 핵산 등을 구성하는 원소이다. 특히 잎에 있는 질소의 대부분은 광합성 효소 중 하나인 루비스코를 구성하는 데 사용된다. 따라서 질소 농도가 높아지면 루비스코의 양이 많아지고 결과적으로 광합성속도가 증가하여 임목의 생장이 늘어난다.

토양에서의 질소 순환은 낙엽, 낙지, 뿌리와 같은 유기물 형태의 질소가 들어가면서부터

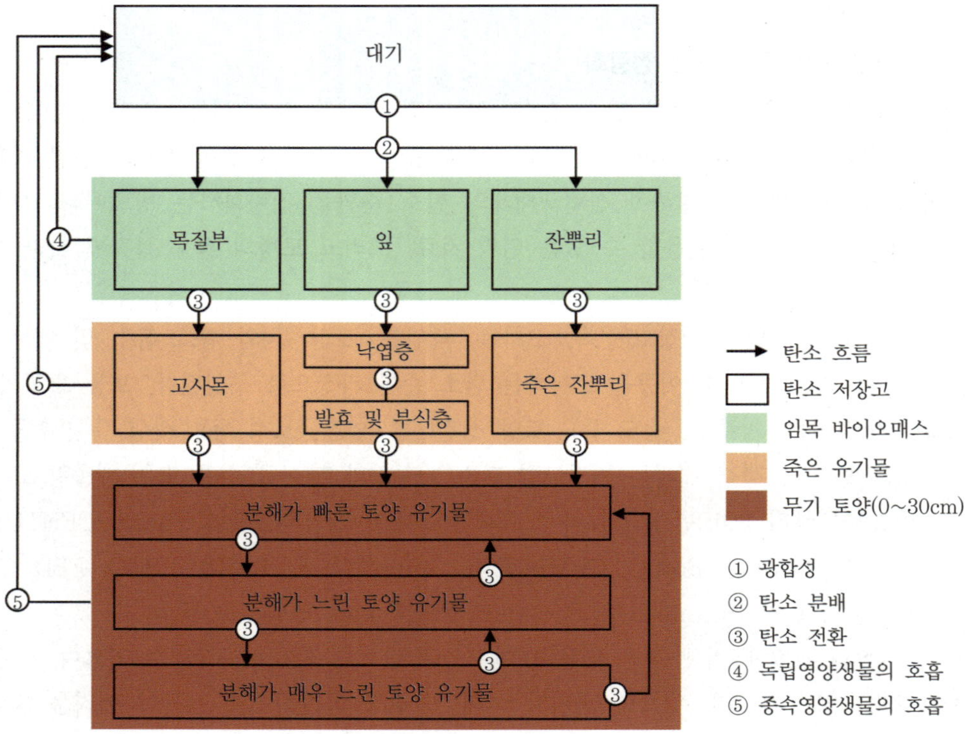

그림 2-27 산림생태계 탄소 순환 모형의 예시(FBD-CAN 모형에서 탄소 부문만 나타냄) [Kim *et al.*, 2021b]

시작된다. 토양에서 일어나는 질소 순환은 토양용액 내 무기태 질소의 상태와 미생물의 질소 상태에 따라 매우 복잡한 양상을 띠기 때문에 질소 순환 반응 자체보다는 반응 결과로 나타나는 변화량을 중심으로 이해하고 있다.

유기물 형태의 질소가 암모늄태 질소(NH_4^+)로 바뀌는 과정을 암모니아화(ammonification) 또는 총무기화(總無機化, gross mineralization)라고 한다. 먼저 유기물이 분해되어 암모니아(NH_3)가 되고(식 2·4 참조, 여기에서는 글라이신이 산화하는 경우를 나타냄), 암모니아는 바로 주변의 토양용액으로부터 수소이온(H^+)을 흡수하여 암모늄태 질소로 바뀐다.

$$CH_2NH_2COOH + 1.5O_2 \rightarrow 2CO_2 + NH_3 + H_2O \quad \cdots\cdots (2\cdot4)$$

암모늄태 질소는 대부분 아질산태 질소(NO_2^-)를 거쳐 질산태 질소(NO_3^-)로 산화하며 이를 질산화(窒酸化, nitrification)라고 한다(식 2·5 참조). 이 과정에 니트로소모나스(*Nitrosomonas*)속과 니트로박터(*Nitrobacter*)속의 질화세균이 각각 관여한다.

$$NH_4^+ + 2O_2 \rightarrow NO_3^- + 2H^+ + H_2O \quad \cdots\cdots (2\cdot5)$$

토양에서 이온 상태인 암모늄태 질소와 질산태 질소는 임목에 흡수되면 단백질 합성에 사용된다. 이때 토양 내 미생물이 암모늄태 질소나 질산태 질소를 흡수하여 미생물 내에 질소가 고정되기도 하며 이를 부동화(不動化, immobilization)라고 한다.

한편 토양 중 산소가 부족하면 질산태 질소가 먼저 아질산태 질소로 바뀐 다음 NO, N_2O, N_2 등으로 바뀌는 탈질작용(脫窒作用, denitrification)이 일어난다(식 2·6 참조). 이 과정은 슈도모나스(*Pseudomonas*)속 등의 탈질세균이 일으킨다. 산림의 경우 습지가 아니면 탈질작용에 의해 손실되는 질소의 양은 많지 않다.

$$2HNO_3 + 10H^+ + 10e^- \rightarrow N_2 + 6H_2O \quad (2 \cdot 6)$$

유기물이 분해되어 임목이 이용할 수 있는 무기태 질소(암모늄태 질소 및 질산태 질소)가 되는 양은 총무기화에서 부동화를 뺀 순무기화(純無機化, net mineralization)로 결정된다. 그리고 임목이나 미생물에 의해 흡수되거나 토양입자에 흡착되지 못한 암모늄태 질소와 질산태 질소는 용탈되어 산림생태계로부터 빠져나간다(그림 2-28 참조).

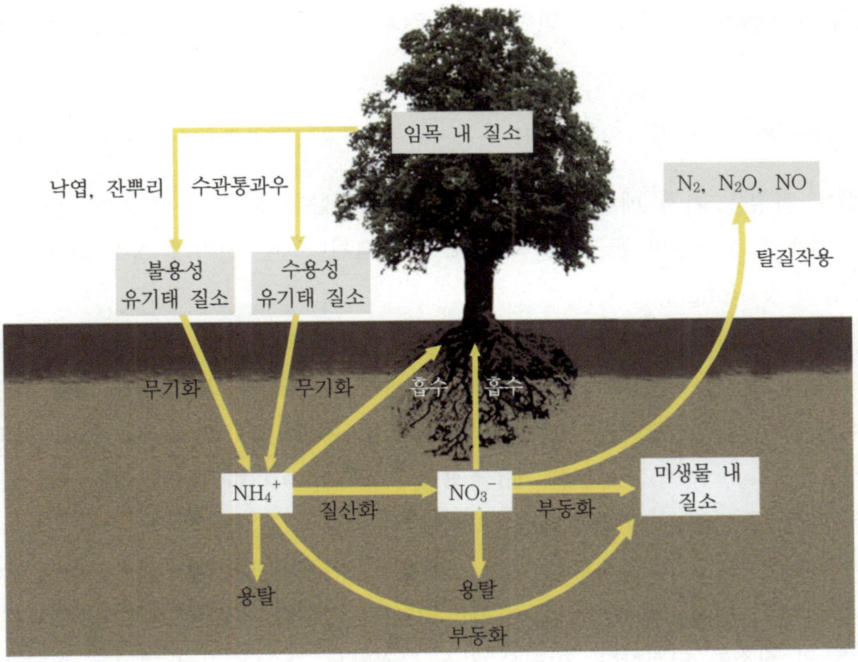

그림 2-28 산림생태계의 질소 순환(산림생태계로의 질소 유입은 대기 강하물, 생물적 질소 고정, 일부 토양에서 암석 내 포함된 질소의 풍화 등에 의해 일어난다.)[Binkley & Fisher, 2020]

한편 임목이 주로 암모늄태 질소나 질산태 질소와 같은 무기태 질소를 흡수하지만 글라이신과 같은 비교적 분자량이 적은 유기태 질소도 직접 흡수한다는 사실이 밝혀졌다. 특히 외생균근이 발달한 임목에서 수용성 유기태 질소의 흡수가 활발하다.

2 질소 고정

대기로부터 육상생태계에 유입되는 질소는 질소 고정과 강하물(降下物, deposition) 등 두 가지의 경로를 통한다. 그중에서 질소 고정은 대기 중의 질소(N_2)가 탄소, 수소 또는 산소와 결합하여 생물적 합성이나 변형에 사용될 수 있는 상태(유기 질소, NH_3, NH_4^+, NO_x, N_2O, NO_3^-)로 바뀌는 과정을 의미하고, 자연적(생물적 질소 고정, 전기적 질소 고정, 광화학적 질소 고정) 또는 인위적(공업적 질소 고정) 과정을 통해 일어난다.

생물적 질소 고정(生物的 窒素 固定, biological nitrogen fixation)은 질소고정효소(nitrogenase)를 가진 미생물이 질소를 수소이온과 결합시켜 암모니아로 바꾸는 과정이다(식 2·7 참조). 전기적 질소 고정(電氣的 窒素 固定, incidental electrical nitrogen fixation)은 번개에 의해 발생한 전기 전하로 질소가 산소와 결합하여 질소산화물이 생기는 과정이다. 광화학적 질소 고정(光化學的 窒素 固定, photochemical nitrogen fixation)은 자외선에 의해 질소가 물과 반응하여 암모니아로 되는 과정이며, 공업적 질소 고정(工業的 窒素 固定, industrial nitrogen fixation)은 인위적으로 질소를 수소와 결합시켜 암모니아를 만드는 과정이다.

$$N_2 + 8e^- + 8H^+ \rightarrow 2NH_3 + H_2 \quad \cdots\cdots (2\cdot7)$$

이와 같은 과정을 거쳐 매년 대기로부터 육상생태계로 유입되는 질소는 대략 1억 4천만 톤(산업적 질소 고정 9천만 톤, 생물적 질소 고정 4천만 톤, 전기적 질소 고정 1천만 톤)이다(Marschner & Rengel, 2007).

생물적 질소 고정은 반응 에너지를 필요로 하는 환원 과정으로 대략 1g의 NH_3가 고정되는 데 6~13g의 탄소가 소요된다. 이 에너지가 광합성을 하는 식물로부터 나오면 공생적 질소 고정이고, 미생물의 광합성 또는 화학합성으로 공급되면 비공생적 질소 고정이 된다(Binkley & Fisher, 2020; 제Ⅱ편 제3장 3·1·3 참조). 이러한 이유로 생물적 질소 고정량은 포함된 과정 및 관련 미생물에 따라 크게 달라진다.

고정된 질소는 아미노산 형태로 임목의 조직을 형성하는 데 사용된다. 산림생태계에서 질소 고정량은 수종, 입지, 환경요인 등에 따라 차이가 있지만 주요 질소 고정 임목은 대략 연간 75kg/ha의 질소를 고정한다. 이러한 질소 고정량은 강수나 건성 강하물 형태로 대기 중에서 매년 유입되는 질소량의 10~25배에 해당하고 동시에 매년 토양에서 임목으로 흡수되는 질소량과 유사하다. 우리나라에서 아세틸렌 환원 방법으로 측정한 공생에 의한 연간 질소 고정량은 38년생 사방오리나무에서 60kg/ha, 25년생 아까시나무에서 68kg/ha이었다(Lee & Son, 2005; Noh *et al.*, 2010).

한편 비공생적 질소 고정은 공생이 아닌 독립생활을 하는 미생물에 의해 이루어진다. 전 세계 산림생태계에서 보고된 연간 비공생 질소 고정량의 범위는 0.01~5kg/ha이고 평균 2~3kg/ha이며(Son, 2001), 보통 대기로부터 유입되는 건성 및 습성 강하물에 포함된 질소의 양보다 적다(Schlesinger & Bernhardt, 2013). 독립생활을 하는 미생물은 분해 중인 목질부나 낙엽층 또는 토양에 살며 질소를 고정한다. 비록 비공생에 의한 연간 질소 고정량은 많지 않지만 수명이 긴 임목의 경우 장기간 누적되면 상당한 수준에 도달한다.

산업적 질소 고정은 질소(N_2)를 암모니아로 만든 다음 요소, 질산암모늄, 황산암모늄과 같은 비료를 만드는 공정에 해당한다. 생산된 질소비료는 주로 농업에 사용한다. 산림에서도 질소비료가 임목 생장을 높이기는 하지만 경제성이 낮아 극히 제한적으로 사용하고 있다. 질소비료를 산림에 시용할 경우 사용량의 20~25%가 임목에 흡수되고, 나머지 대부분은 토양입자에 흡착되거나 미생물 내에 고정되어 남아 있으며, 일부는 물에 녹거나 가스 형태로 손실된다.

3 질소 강하물

대기에서 지표로 유입되는 질소 강하물은 주로 NH_4^+, NH_3, NO_3^-의 형태이지만 아민에어로졸, 유기질산염, 먼지, 꽃가루 등의 유기물 형태도 있다. NH_4^+와 NO_3^-는 물에 녹아 습성 강하물로 유입되고, NH_3와 입자상 질소는 먼지 등의 건성 강하물로 유입된다. 산림에서는 강하물이 잎에 쌓여 있다가 강수와 함께 토양으로 들어가므로 다른 생태계에 비해 질소 강하물로 유입되는 양이 많다(Marschner & Rengel, 2007).

유럽의 경우 1980년대까지 계속 질소 강하물이 증가하다가 이후 감소하여 현재는 습성 강하물에 의한 연간 질소 유입량이 10kg/ha 정도이다. 미국 동부 지역 산림에서 연간 강하물로 유입되는 질소(강수, 증기 및 입자 등에 포함된 총량)가 고도가 낮은 곳은 5~10kg/ha, 고도가 높은 곳은 15~30kg/ha이며, 보통 오염이 덜한 곳에서는 5kg/ha 미만이지만 심한 곳에서는 10kg/ha를 초과한다고 알려져 있다.

2·3·3 인 순환

임목 내에서 인은 무기인산염, 간단한 에스테르, 피로인산염과 결합한 ATP 등의 형태로 존재하며, 전체 인 함량의 절반 정도가 무기인산염의 형태이다. 세포 내 pH 7 전후에서는 인산염이 HPO_4^{2-}로 있으며, 잎의 pH는 보통 5~6이어서 인산염은 $H_2PO_4^-$ 형태를 띤다. 식물체 내에서 인화합물은 이동성이 좋기 때문에 낙엽 전에 상당한 양의 인이 잎에서 다른 부위로 이동하여 다시 사용된다. 산림생태계로 들어오는 인 가운데 대기 강하물로 유입되는 양은 거의 없고 대부분 무기 광물의 풍화에서 유래한다.

토양 중의 인은 산성에서는 $H_2PO_4^-$가 우세하고, pH가 커질수록 HPO_4^{2-}가 늘어나다가 알칼리성에서는 PO_4^{3-}가 우세하다. 인의 유효도는 pH 6.5~7.5에서 높으며, 6.5 이하에서는 철이나 알루미늄과 결합하고 7.5 이상에서는 칼슘과 결합하면서 불용성 인산염이 되어 유효도가 낮다. 토양용액 중에 있는 인산염은 ①임목이나 미생물에 의해 흡수되거나 ②철, 알루미늄, 칼슘 등과 결합하여 불용성 인산염으로 침전하거나 ③양전하를 띤 교질물 입자 표면 또는 삼이산화물(三二酸化物, sesquioxide)에 흡착하거나 ④근권 아래로 용탈되는 등의 과정을 거친다.

일반적으로 산림에서는 토양이 산성이기 때문에 인이 대부분 철이나 알루미늄과 결합하여 유효도가 낮고 점토광물에 흡착되어 있어 임목이 흡수하기 어렵다. 따라서 임목은 뿌리에서 곰팡이와 공생함으로써 균근을 형성하여 인 흡수를 용이하게 하며, 토양 중 유효도가 낮기 때문에 용탈되는 인은 많지 않다. 산성이 심할 경우에는 석회비료로 pH를 조절하면 인의 부족을 완화할 수 있다.

토양에서 인은 미생물과 유기물 내에 여러 형태로 존재하며 인산가수분해효소(燐酸加水分解酵素, phosphatase)에 의해 무기물 상태가 된다(그림 2-29 참조). 이때 인은 탄소와 직접 결합하지 않고 에스테르 결합(C-O-P)을 하므로 탄소와의 결합을 끊지 않고도 유기화합물로부터 분리될 수 있다. 따라서 분해를 통해 에스테르 결합이 효소에 쉽게 접근할 수 있지만 인을 유기물로부터 분리하는 일은 분해와 직접적인 관련이 적다.

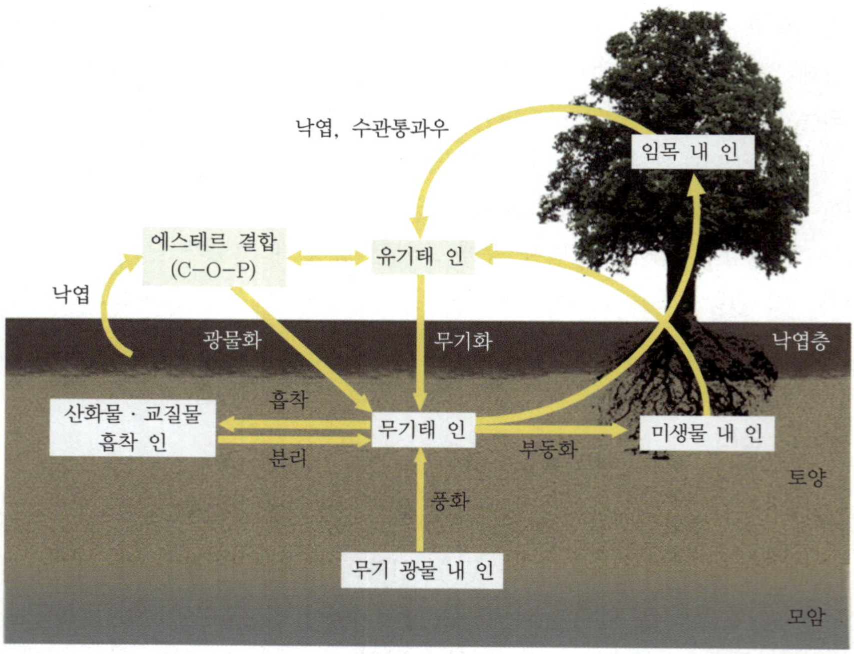

그림 2-29 산림생태계의 인 순환(인은 에스테르 결합을 하고 있어 탄소 결합을 끊지 않고도 유기물 화합물로부터 분리될 수 있으며, 따라서 유기물로부터 인의 분리는 분해와 직접적인 관련이 적다.)[Binkley & Fisher, 2020]

2·4 분해

2·4·1 분해의 개념

분해(分解, decomposition)는 복잡한 형태의 화합물로 된 죽은 유기물이 비교적 단순한 형태의 화합물 또는 화학 원소로 바뀌고 이 과정에서 에너지가 나오는 현상을 말하며, 물리적 분해와 화학적 분해로 나뉜다.

물리적 분해는 죽은 유기물이 부서져 작은 조각이 되는 과정이다. 지렁이, 딱정벌레, 흰개미 등의 토양무척추동물이 죽은 유기물을 잘게 부숴 부피 대 표면적의 비율을 높이면 박테리아나 곰팡이가 쉽게 가해할 수 있어 화학적 성질을 바꾸기에 적합해진다. 토양동물은 또한 표층에 있는 죽은 유기물을 토양과 섞어 분해에 유리한 온도와 습도 조건이 유지되게 하며, 죽은 유기물의 화학적 성질을 변화시켜 미생물이 분해하기에 좋게 만들기도 한다. 유기물 분해에 대한 토양동물의 효과는, 토양동물이 침입하지 못하게 그물코가 촘촘한 그물망으로 죽은 유기물을 싸서 두면 분해속도가 현저히 느려진 결과에서 확인할 수 있다. 따라서 토양동물이 많은 곳에서 유기물의 분해속도가 일반적으로 빠르다.

실제 열대우림의 세 가지 수종을 대상으로 하여 가는 그물코의 그물망으로 고사목을 싸서 흰개미의 접근을 차단한 경우와 그렇지 않은 경우의 유기물 분해속도를 2년 동안 연구한 결과에서 분해속도의 차이가 있음을 확인하였다(Roh *et al.*, 2018; 그림 2-30 참조). 또한 우리나라의 소나무와 상수리나무 고사목에서도 토양무척추동물의 접근을 차단한 경우와 그렇지 않은 경우 사이의 유기물 분해속도에서 큰 차이가 나며, 특히 소나무의 분해에 흰개미를 비롯한 토양무척추동물의 영향이 더 크게 나타난 연구 결과가 있다(Kim *et al.*, 2021a).

화학적 분해는 박테리아나 곰팡이에 의해 분자량이 많은 유기물이 분자량이 적은 유기물로

그림 2-30 열대림에서 흰개미가 유기물 분해속도에 미치는 영향 연구
A: 흰개미 접근 차단 B: 흰개미 접근

바뀌는 현상이다. 보통 박테리아가 분해에 주로 관여하면 분해속도가 빠르고 곰팡이가 주로 관여하면 분해속도가 느리다. 활엽수의 낙엽에서는 박테리아가 우세하고 산성이 비교적 강한 상록침엽수의 낙엽에서는 곰팡이가 우세하다.

미생물은 물질대사에 필요한 에너지와 양분을 얻기 위해 체외로 효소를 분비함으로써 죽은 유기물을 흡수가 용이한 분자량이 적은 유기물로 분해한다. 이때 분해가 쉬운 물질이 우선적으로 분해되기 때문에 화학적 분해가 진행됨에 따라 분해가 어려운 물질의 구성 비율이 높아지고 분해속도는 느려진다. 미생물에 흡수된 죽은 유기물은 체내에서 분비되는 효소에 의해 더욱 분해되어 물질대사에 이용되고 마지막에는 무기물로 전환된다.

토양동물이 섭식한 죽은 유기물도 토양동물의 소화 및 물질대사 과정을 거치며 화학적으로 분해된다(Ulyshen, 2016). 죽은 유기물이 화학적으로 분해되면 그 속에 저장되어 있던 양분 및 탄소 등은 무기이온 및 이산화탄소 기체 등의 형태로 전환되어 다시 순환한다. 탄소는 모든 살아 있는 생물체의 구조를 형성하는 기본 원소이고 여기에 수소, 산소, 질소, 인, 칼륨, 칼슘, 마그네슘과 같은 다른 원소가 추가되면 탄소의 골격이 바뀐다. 동물이나 식물이 죽으면 무척추동물과 미생물이 죽은 유기물을 분해하고, 이 과정에서 탄소의 골격이 무너지며 다른 원소들이 다시 나온다. 임목도 고사하여 토양에 도달하면 분해되어 양분이 나온다. 이러한 양분은 다른 임목이나 미생물에 흡수되거나, 토양입자에 흡착되거나, 물에 녹거나 가스 형태로 산림생태계를 빠져나간다.

교란이 없는 산림에서는 유기물이 분해되어 임목이나 미생물에 공급되는 양분의 양과, 생장을 위해 흡수되는 양분의 양이 거의 같기 때문에 산림생태계 내 전체 양분의 양은 거의 변화가 없다. 다만 분해속도가 빠를 경우에는 산림생태계의 양분이 대부분 살아 있는 임목이나 식생 부위에 있고, 반대로 분해속도가 느릴 경우에는 토양에 있는 죽은 유기물에 대부분의 양분이 포함되어 있다.

2·4·2 분해속도

유기물의 분해속도는 죽은 유기물이 일정 시간 동안 분해되어 없어진 양 또는 분해된 후 남아 있는 양으로 나타낼 수 있다. 일반적으로 분해에 소요된 시간(t), 죽은 유기물의 초기 무게(x_0), t시간 후 남아 있는 죽은 유기물의 무게(x_t) 사이의 관계를 다음과 같은 지수함수식으로 나타낸다(Olson, 1963).

$$\frac{x_t}{x_0} = e^{-kt} \qquad (2\cdot8)$$

식 2·8에서 k 값을 분해상수라고 하며, 분해상수는 죽은 유기물이 일정 비율만큼 분해되는 데 필요한 시간에 반비례한다. 식 2·8에서는 정해진 시간 동안 죽은 유기물이 일정한 비율만큼 분해된다고 가정하지만, 실제로 죽은 유기물 중에서 분해되기 쉬운 화합물이 먼저 분해되기 때문에 이미 어느 정도 분해가 진행된 후에는 유기물의 분해속도가 느려진다. 그럼에도 불구하고 분해상수는 죽은 유기물의 분해속도를 나타내는 데 가장 널리 사용되고 있다(그림 2-31 참조). 한편 낙엽층에 있는 죽은 유기물의 총량을 매년 유입되는 죽은 유기물의 양으로 나눈 값을 죽은 유기물의 체류시간(滯留時間, residence time)이라고 한다. 이는 유입된 죽은 유기물이 완전히 분해되는 데 소요되는 시간을 뜻한다.

그림 2-31 산림 내 지상부의 죽은 유기물 수거 장치(A)와 낙엽 분해상수를 구하기 위해 낙엽의 무게 변화를 주기적으로 조사하는 낙엽 봉지 방법(B)

식물체 유기화합물의 분해상수(day^{-1})는 포도당 0.500~1.000, 단백질과 단당류 0.200, 셀룰로스 0.036~0.080, 헤미셀룰로스 0.030~0.080, 리그닌 0.003~0.010 등으로 알려져 있다(Kashian *et al.*, 2023). 예를 들어 낙엽의 성분이 단백질과 단당류 10%, 리그닌 25%, 셀룰로스와 헤미셀룰로스 65%인 경우 분해 초기 단계인 시작부터 20일까지는 매우 빠른 속도로 분해가 일어나고 이후 급격히 분해속도가 느려진다. 특히 단백질과 단당류는 15일 이내에 완전히 분해되고 중간 단계에서는 셀룰로스와 헤미셀룰로스, 그리고 마지막 단계에서는

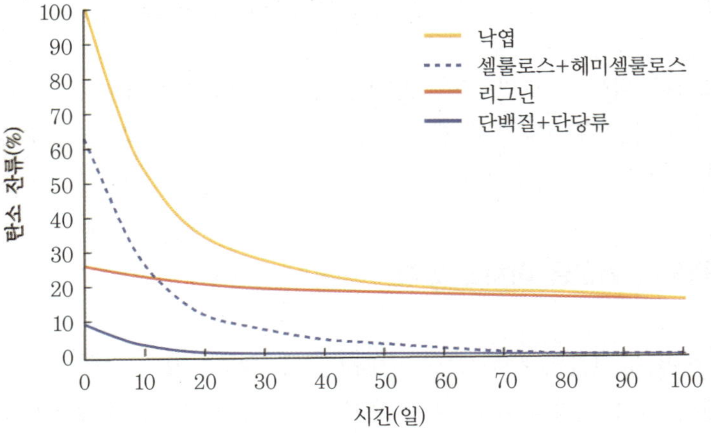

그림 2-32 낙엽을 구성하는 화합물별 분해 시간 경과에 따른 잔류 탄소의 비율[Kashian *et al.*, 2023]

리그닌의 분해가 주를 이룬다(그림 2-32 참조).

전 지구적 분해상수는 0.006~4.993으로 변이가 매우 크다. 생태계의 유형에 따라 달라져서 열대우림 > 습지 > 활엽수림 > 혼효림 > 초지 > 관목지 > 침엽수림 > 툰드라의 순으로 분해상수가 감소한다. 분해상수는 죽은 유기물의 분해가 가장 활발하게 일어나는 열대우림에서 평균 1.3이지만 툰드라에서는 평균 0.18 정도로 차이가 크다(그림 2-33 참조). 툰드라의 작은 분해상수는 매년 유입되는 죽은 유기물의 양이 적음에도 죽은 유기물의 축적량이 증가하는 현상을 반영한다. 또한 보통 온대림에서는 활엽수림에서의 분해상수가 침엽수림에서보다 높아 활엽수림의 죽은 유기물 분해속도가 빠름을 가리키고 있다. 이와 같은 차이는 기후, 죽은 유기물의 성질, 토양 조건 등 분해에 영향을 미치는 여러 인자의 작용으로 인해 나타난다(Zhang *et al.*, 2008). 열대우림과 활엽수림에서 분해속도가 빠른 것은 이들 산림이 기온이 높고 강수량이 많은 지역에서 나타나는 데 기인하며, 침엽수림과 툰드라에서 분해속도가 느린 것은 기온이 낮고 강수량이 적을 뿐만 아니라 토양 산도가 높아 토양동물과 미생물의 활동이 제한되는 점과 관련이 있다.

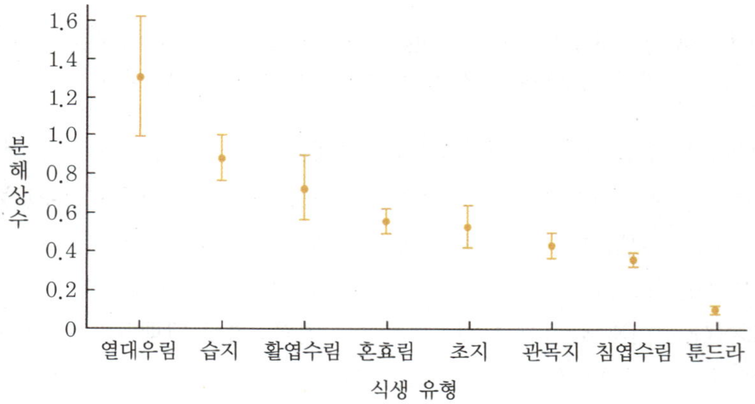

그림 2-33 식생 유형별 죽은 유기물의 분해상수[Zhang *et al.*, 2008]

우리나라에서 조사한 바에 따르면 죽은 유기물 중 낙엽의 분해상수는 침엽수가 0.080~0.357이고 활엽수가 0.220~0.486으로 활엽수림에서 더 크고, 위도와 고도가 상승함에 따라 분해상수가 작아져 분해속도가 감소한다(장남기 등, 1987).

2·4·3 분해속도에 영향을 미치는 인자

산림생태계에서 죽은 유기물의 분해속도는 기후(온도, 수분), 토양(토성, pH), 미생물(박테리아, 곰팡이)과 같은 환경 인자와 분해 대상 유기물의 성질(양분, 분해되기 어려운 리그닌·타닌과 같은 화합물)에 따라 달라진다. 일반적으로 전 지구 차원의 광범위한 지역에서는 죽은 유기물의 분해속도가 기후 인자의 영향을 가장 크게 받지만, 비교적 소규모의 지역에서는 죽은 유기물의 성질이 분해속도를 결정하는 데 더 중요한 역할을 한다.

온도는 토양동물의 섭식 활동 및 효소 활성도 등을 조절하여 죽은 유기물의 분해속도를 결정하는 가장 중요한 인자이다. 일반적으로 온도가 낮은 조건에서는 토양동물과 미생물의 활동이 저하하고, 반대로 온도가 높은 경우에는 이들의 활동이 활발해진다. 따라서 분해속도는 온도에 비례하여 증가한다. 또한 수분 조건도 죽은 유기물의 분해속도에 영향을 미치는 중요한 인자이다. 건조한 조건에서는 물질대사와 항상성 유지에 필요한 수분이 부족하여 토양동물과 미생물의 활동이 제한되기 때문에 죽은 유기물의 분해속도가 느려지고, 강수량이 증가하면 분해속도도 빨라진다.

우리나라 남부, 중부 및 강원 지방에서 소나무와 상수리나무를 대상으로 고사목 분해 실험을 한 결과, 두 수종 모두 기온이 가장 높은 남부 지방에서 분해속도가 가장 빠르고 이어서 기온이 높은 중부 지방이 그 다음이었으며 기온이 가장 낮은 강원 지방에서 분해속도도 가장 낮았다. 또한 동일한 지방이라도 두 수종의 분해속도가 각각 다르게 나타났다. 이는 고사목의 성질, 즉 리그닌 함량과 밀도 등의 차이와 관련이 있다(Kim *et al.*, 2021a).

기후 인자의 영향으로 인해 위도에 따라서도 죽은 유기물의 분해속도가 크게 달라진다. 북반구에서는 대체로 위도가 낮은 지역에서 분해상수가 커 죽은 유기물의 분해속도가 빠르고, 위도가 높은 지역에서는 반대로 분해상수가 작고 분해속도도 느리다(그림 2-34 참조). 이는 위도가 상승하면 평균기온이 낮아져 토양 동물과 미생물의 활동이 제한되기 때문이다. 그러나 북위 10~20° 에는 수분 부족 현상이 나타나는 건조 지역이 많아 위도가 낮음에도 불구하고 분해상수가 작고 따라서 죽은 유기물의 분해속도가 매우 느리다.

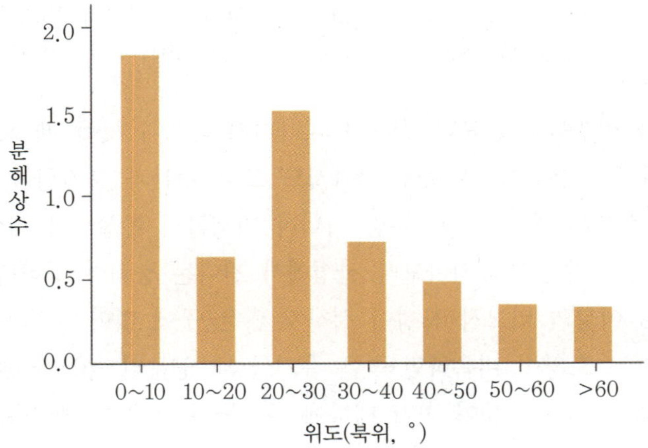

그림 2-34 북반구에서의 위도별 분해상수[Zhang *et al.*, 2008]

죽은 유기물의 화학적 구성은 토양 산도와 토양 동물이나 미생물의 양분 흡수에 영향을 주어 분해속도를 결정한다. 죽은 유기물 내 탄소 : 질소의 비(C/N율)가 분해속도를 나타내는 지수로 널리 사용되고 있다. 이는 C/N율이 높으면 미생물이 탄소를 에너지로 활용하는 데 필요한 질소가 부족하여 활동이 제한되고 산성도가 심해지며, 질소가 분해되기 어려운 리그닌이나 타닌 같은 화합물과 결합한 구조를 이루어 분해속도가 느려지는 경향이 있기 때문이다. 보통 C/N율이 30보다 높으면 질소의 부동화가 일어나고, 미생물이 활동하여 유기물을 분해하면서 C/N율을 계속 낮추다가 C/N율이 30에 도달하면 질소의 부동화가 멈추고 탄소가 소비되면서 질소가 토양으로 방출된다.

그러나 C/N율과 분해속도 사이에 반드시 상관관계가 있는 것은 아니다. 죽은 유기물 내 탄소의 농도보다는 리그닌처럼 분해되기 어려운 형태의 화합물 양이 분해속도를 결정하는 데 더 의미가 있다. 따라서 리그닌 : 질소의 비가 죽은 유기물의 분해속도와 질소의 무기화를 추정하는 데 보다 유효하며, 리그닌 : 질소의 비가 높을수록 분해속도는 느려진다(그림 2-35 참조).

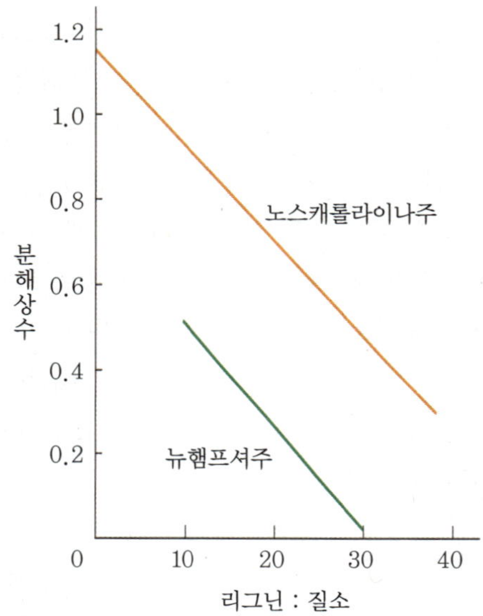

그림 2-35 미국 노스캐롤라이나주와 뉴햄프셔주 산림에서 측정한 낙엽 내 리그닌 : 질소 비와 분해상수의 관계[Aber & Melillo, 2001]

토양 내 동물이나 미생물은 온도나 습도가 지나치게 높거나 낮을 때 활동성이 떨어지므로 토양 미기후가 분해에 작용한다. 토성에 따라서도 토양 수분과 통기성이 달라져 분해속도에 영향을 준다. 토양 산도는 효소의 활성뿐만 아니라 미생물의 활성도와 미생물 군집의 구성에도 영향을 미친다. 곰팡이는 박테리아보다 산성에서 견디는 능력이 강하다. 지렁이를 포함한 토양동물도 pH 4.5 이상의 비교적 산성이 심하지 않은 곳에 많아 분해속도를 높이는 데 도움을 준다. 일반적으로 토양이 비옥하면 죽은 유기물 내 양분의 농도가 높고, 분해가 잘되지 않는 리그닌, 타닌과 같은 화합물이 적기 때문에 유기물의 분해속도가 빠르다.

2·4·4 분해와 물질 생산 및 양분 순환

분해는 산림생태계의 물질 순환 과정에서 유기물을 무기물의 형태로 전환하는 역할을 한다. 산림생태계의 식물은 토양 속 양분 중에서도 오직 분해 등을 거쳐 무기이온의 형태로 전환된 양분만 직접 흡수하여 이용할 수 있다. 그러나 양분의 대부분은 유기물 형태로 존재하여 임목이 이용할 수 있는 양분은 매우 제한적이다. 특히 토양 중 질소는 총량의 1% 미만에 해당하는 양만 무기이온 형태로 존재한다(Vitousek, 1985). 따라서 분해는 임목이 이용할 수 있는 양분을 토양에 공급하는 경로로서 중요하다. 탄소 순환 측면에서 보면 분해는 낙엽, 고사목, 뿌리 등의 유기물에 저장된 탄소를 토양으로 이동시키거나 이산화탄소의 형태로 대기에 방출한다.

제Ⅱ편 제1장에서 산림생태계의 유형(열대림, 온대림, 한대림 등)에 따라 물질 생산에 차이가 있음을 설명하였다. 광합성을 통해 고정한 이산화탄소와 함께 바이오매스를 구성하는 데 양분이 사용되므로 생태계들 사이에서 나타나는 물질 생산의 차이는 당연히 양분 순환 속도의 차이와도 연결된다. 같은 맥락에서 유기물의 분해속도는 산림의 물질 순환 속도를 좌우한다. 열대우림과 같이 기온과 습도가 높은 곳에서는 유기물이 빨리 분해되므로 유기물에 저장된 양분 및 탄소의 무기화가 가속화하는 등 물질 순환 속도가 빠르고 식물이 흡수할 수 있는 양보다 더 많은 양분이 용탈되어 사라진다(Vitousek & Sanford, 1986). 이와 대조적으로 한대림에서는 온도가 낮아 분해자의 활동이 제한된다. 따라서 많은 양의 양분이 유기물 형태로 축적되지만 느린 무기화 속도로 인해 양분 및 탄소가 천천히 순환한다(Laiho & Prescott, 2004).

연습문제 ▌

1. 양분 유효도의 개념과 중요성에 대해 설명하시오.
2. 임목의 양분 부족 여부를 판단할 수 있는 방법을 설명하시오.
3. 산림생태계 양분 순환의 종류를 들고, 어떤 차이가 있는지 설명하시오.
4. 임목이 양분을 재사용하는 이유와 방법을 설명하시오.
5. 산림의 생산과 양분 순환은 어떠한 관계가 있는지 설명하시오.
6. 산림생태계의 탄소 순환과 질소 순환의 차이를 설명하시오.
7. 산림탄소모형의 종류와 구조 및 유용성에 대해 설명하시오.
8. 생물적 질소 고정이 산림생태계 질소 순환에서 가지는 의미를 설명하시오.
9. 산림토양에서 질소는 어떠한 변화 과정을 거치는지 설명하시오.
10. 토양의 성질과 인 순환의 관계에 대해 설명하시오.
11. 죽은 유기물의 분해 기작과 분해상수에 대해 설명하시오.
12. 죽은 유기물의 분해속도에 영향을 미치는 인자에 대해 설명하시오.

참고문헌 ▌

1. 손요환, 구창덕, 김춘식, 박필선, 윤충원, 이계한. 2016. 신고 산림생태학. 향문사.
2. 손요환, 김동엽, 박인협, 이명종, 진현오. 2007. 한국 참나무림의 물질 생산과 양분 순환: 신

갈나무림과 굴참나무림의 연구 사례. 강원대학교 출판부.

3. 장남기, 이성규, 이복선, 김희백. 1987. 한국의 낙엽분해도 및 년간 무기양분 순환에 관한 연구. 한국생태학회지 10(4): 183–193.
4. Aber JD, Melillo JM. 2001. Terrestrial Ecosystems. 2nd ed. Harcourt/Academic Press.
5. Aerts R. 1996. Nutrient resorption from senescing leaves of perennials: Are there general patterns? Journal of Ecology 84(4): 597–608.
6. Binkley D, Fisher RF. 2020. Ecology and Management of Forest Soils. 5th ed. Wiley–Blackwell.
7. Bonan G. 2019. Climate Change and Terrestrial Ecosystem Modeling. Cambridge University Press.
8. Campbell EE, Paustian K. 2015. Current developments in soil organic matter modeling and the expansion of model applications: a review. Environmental Research Letters 10(12): 123004.
9. DeLucia EH, Drake JE, Thomas RB, Gonzalez-Meler M. 2007. Forest carbon use efficiency: is respiration a constant fraction of gross primary production? Global Change Biology 13(6): 1157–1167.
10. Kashian DM, Zak DR, Barnes BV, Spurr SH. 2023. Forest Ecology. 5th ed. Wiley.
11. Kim S, Han SH, Li G *et al.* 2021a. The initial effects of microclimate and invertebrate exclusion on muiti–site variation in the mass loss of temperate pine and oak deadwoods. Scientific Reports 11: 14840.
12. Kim HS, Luo Y, Noulèkoun F *et al.* 2021b. Carbon and nitrogen tunover times of South Korean forests estimated via data–model fusion. JGR Biogeosciences 126(10): e2021JG006368.
13. Kim HS, Noulèkoun F, Noh NJ, Son Y. 2021c. Impacts of the national forest rehabilitation plan and human–induced environmental changes on the carbon and nitrogen balances of the South Korean forests. Forests 12(9): 1150.
14. Kim HS, Noulèkoun F, Noh NJ, Son Y. 2022. Future projection of CO_2 absorption and N_2O emissions of the South Korean forests under climate change scenarios: Toward net–zero CO_2 emissions by 2050 and beyond. Forests 13(7): 1076.
15. Kimmins JP. 2004. Forest Ecology: A Foundation for Sustainable Forest Management and Environmental Ethics in Forestry. 3rd ed. Prentice Hall.
16. Laiho R, Prescott CE. 2004. Decay and nutrient dynamics of coarse woody debris in northern coniferous forests: a synthesis. Canadian Journal of Forest Research 34(4): 763–777.
17. Lee J, Yoon TK, Han S *et al.* 2014. Estimating the carbon dynamics of South Korean forests from 1954 to 2012. Biogeosciences 11(17): 4637–4650.
18. Lee J, Makineci E, Tolunay D, Son Y. 2018a. Estimating the effect of abandoning coppice management on carbon sequestration by oak forest in Turkey with a

modeling approach. Science of The Total Environment 640–641: 400–405.

19. Lee J, Lim CH, Kim GS *et al.* 2018b. Economic viability of the national-scale forestation program: The case of success in the Republic of Korea. Ecosystem Services 29: 40–46.
20. Lee YY, Son Y. 2005. Diurnal and seasonal patterns of nitrogen fixation in an *Alnus hirsuta* plantation of central Korea. Journal of Plant Biology 48: 332–337.
21. Marschner P, Rengel Z. 2007. Nutrient Cycling in Terrestrial Ecosystems. Springer.
22. Noh NJ, Son Y, Koo JW *et al.* 2010. Comparison of nitrogen fixation for north- and south-facing *Robinia pseudoacacia* stands in central Korea. Journal of Plant Biology 53: 61–69.
23. Olson JS. 1963. Energy storage and the balance of producers and decomposers in ecological systems. Ecology 44(2): 322–331.
24. Perry DA, Oren R, Hart SC. 2008. Forest Ecosystems. 2nd ed. Johns Hopkins.
25. Roh Y, Lee S, Li G *et al.* 2018. Changes in the contribution of termites to mass loss of dead wood among three tree species during 23 months in a lowland tropical rainforest. Sociobiology 65(1): 59–66.
26. Schlesinger WH, Bernhardt ES. 2013. Biogeochemistry: An Analysis of Global Change. 3rd ed. Academic Press.
27. Schwartz SE. 1979. Residence times in reservoirs under non-steady-state conditions: application to atmospheric SO_2 and aerosol sulfate. Tellus 31(6): 530–547.
28. Smith TM, Smith RL. 2016. Elements of Ecology. 9th ed. Benjamin Cummings.
29. Son Y. 2001. Non-symbiotic nitrogen fixation in forest ecosystems. Ecological Research 16: 183–196.
30. Son Y. 2002. Effects of Nitrogen fertilization on foliar nutrient dynamics in Ginkgo seedlings. Journal of Plant Nutrition 25(1): 93–102.
31. Timmer VR, Stone EL. 1978. Comparative foliar analysis of young balsam fir fertilized with nitrogen, phosphorus, potassium, and lime. Soil Science Society of America Journal 42(1): 125–130.
32. Ulyshen MD. 2016. Wood decomposition as influenced by invertebrates. Biological Reviews 91(1): 70–85.
33. Vitousek PM. 1985. Disturbance, nitrogen availability, and nitrogen losses in an intensively managed loblolly pine plantation. Ecology 66(4): 1360–1376.
34. Vitousek PM, Sanford Jr RL. 1986. Nutrient cycling in moist tropical forest. Annual Review of Ecology and Systematics 17: 137–167.
35. Zhang D, Hui D, Luo Y, Zhou G. 2008. Rates of litter decomposition in terrestrial ecosystems: global patterns and controlling factors. Journal of Plant Ecology 1(2): 85–93.

제3장

산림 내 상호작용

산림생태계의 환경은 생물적 환경과 비생물적(물리적) 환경을 포함한다. 생물적 환경으로는 동물, 식물, 미생물 등의 개체와 개체군 및 여러 종이 함께 사는 군집을 들 수 있고, 비생물적 환경으로는 빛, 온도, 양분, 수분, 기후 등을 들 수 있다. 생물과 환경의 상호작용은 결국 그 환경에서 생존하고 번성하는 생물의 분포와 풍부도를 결정한다.

생물이 사는 곳인 서식지에서는 역동적인 상호작용이 일어난다. 서식지의 기후와 지형, 온도, 강우 및 토양뿐만 아니라 연중 이용할 수 있는 먹이나 기타 자원 등이 생물에게 영향을 미친다. 이러한 상황하에 각 개체는 특정 자원의 변동 속에서 경쟁, 포식, 상리공생 등으로 상호작용하면서 생존하고 적응하며 진화한다. 동시에 개체는 여러 종의 모임인 군집의 크기로부터 영향을 받고, 종의 출현과 멸종 그리고 산불이나 가뭄 같은 물리적 교란에도 반응한다. 산림생태계 서식지에서도 생물 개체들은 서로 그리고 환경과 상호작용하며 살아간다(표 2-8 참조).

표 2-8 산림의 수직 구조와 산림생물의 상호작용

수직 구조		산림생물	주요 상호작용
	수관 위	조류, 곤충 등	경쟁, 기생, 포식
	수관	조류, 지의류, 이끼, 곤충 등	경쟁, 기생, 공생
	줄기	조류, 곤충, 곰팡이, 덩굴식물 등	경쟁, 기생, 포식
	하층	내음성 식물, 조류, 포유류, 곤충, 파충류 등	경쟁, 기생, 포식
	임상	유기물 사체, 곤충, 곰팡이류, 포유류, 파충류 등	경쟁, 기생, 포식
	토양 내	식물 뿌리, 곰팡이, 곤충, 미생물, 소동물 등	공생, 기생, 포식

3·1 산림생물의 상호작용

생물의 상호작용은 산림생태계의 주요 속성이어서 종간 또는 같은 종 내 개체들은 살아가는 동안 서로 영향을 주고받는다. 상호작용은 생물이 생장 · 생식 · 생존하기 위해 필요한 자원을 확보하는 동안 일어나는 기능이며 직간접적으로 진화의 원동력이 된다. 상호작용의 유형으로는 경쟁, 포식, 기생, 공생, 맞교환, 적응, 진화, 공진화 등을 들 수 있다(표 2-9 참조). 종간 또는 종 내 상호작용은 서식지의 물리적 · 화학적 특징, 각 종의 자원 이용도와 적응 형질, 그리고 생물 개체의 활동 능력으로부터 영향을 받아서 결국에는 생물다양성이나 먹이사슬과 같은 생태계 구조를 결정한다.

표 2-9 두 생물종 간의 상호작용 유형과 특징

상호작용 유형		종 1	종 2	특 징
경쟁		−	−	두 종이 모두 손해를 봄
포식		+	−	한 종이 다른 종을 잡아 먹음으로써 이익을 얻음
공생	상리공생	+	+	두 종이 모두 이익을 얻음
	편해공생	−	0	한 종은 손해를 보지만 다른 종은 아무런 영향을 받지 않음
	편리공생	+	0	한 종은 이익을 얻지만 다른 종은 아무런 영향을 받지 않음
기생		+	−	한 종이 다른 종을 약하게 먹으므로 죽이지는 않지만 지속적임. 그러나 한 종이 다른 종에 기생하다가 결국에 기주 종을 죽일 경우 포식기생이라고 함
중립		0	0	두 종 모두 아무런 영향을 받지 않음

[Perry *et al.*, 2008]

산림군집에서도 여러 종의 개체군 간 직간접적인 상호작용을 볼 수 있다. 우리나라의 경우 전체적으로 토양이 척박한 산림에서는 소나무와 함께 참나무, 진달래, 철쭉, 쇠물푸레나무 등이 공존하지만 비옥한 산림에서는 소나무와 참나무가 빛을 두고 격심한 경쟁을 한 결과 대부분의 소나무가 피압되어 사라진다. 또 다른 예로 한라산국립공원에서는 상층의 구상나무, 주목 등이 뚜렷이는 알 수 없는 원인에 의해 쇠퇴하고 있지만, 하층의 제주조릿대는 번성하여 산림면적의 약 95%를 덮어 가고 있다(김종갑, 2022; 그림 2-36 참조).

생물 간 상호작용은 절대적이지만 공진화(coevolution)로 변할 수 있다. 진화론적으로 종간 상호작용의 역사가 짧을수록, 즉 교란이 있었던 경우에는 이롭든 해롭든 상호작용의 강도

가 강한 경향이 있다. 그리고 군집 내에서 서로의 생존을 추구하는 약한 기생이나 이로운 상호공생이 증가하는 반면에 서로의 생존에 불리한 해로운 상호작용은 감소하는 추세이다. 생물이 상호작용하는 가장 중요한 목적은 환경에 적응한 개체나 종이 생존하여 후손을 남기기 위함이다. 현존하는 생명체의 진화 속에는 생물 간의 공진화가 포함되어 있다. 공생, 기생, 포식–피식 관계도 공진화의 결과이다.

그림 2–36 구상나무, 주목 등의 아래로 하층을 점유한 제주조릿대(눈향나무, 시로미, 설앵초, 한라구절초, 털진달래, 꽝꽝나무 등의 키 작은 하층식생이 고사하고 있으며, 이러한 수평적 식생 변화의 원인으로 뚜렷하지는 않지만 기후변화, 말이나 소의 방목 금지, 산불 방지를 들고 있다; 한라산)

3·1·1 경쟁

경쟁(競爭, competition)은 넓은 의미로 개체 간에 또는 종간에 같은 자원을 두고 다투는 일이다. 경쟁의 정도는 생태계 내에 자원이 얼마나 있는가, 그리고 생물들이 생장하고 번식하는 데 자원을 얼마나 함께 사용하는가에 달려 있다. 즉 생태계의 수용 능력이 적을수록, 그리고 생물들의 생태지위가 비슷할수록 경쟁이 치열해진다(제 I 편 제2장 2·4·4 참조).

각 생물이 텃세나 세력권, 영역권 등을 확보하는 일도 경쟁과 관련이 있다. 이 경우의 경쟁은 실제 사용할 자원을 다투는 쟁취(exploitation), 자원을 이용할 영유권 등 권리를 다투는 간섭(interference), 또는 이들의 복합 작용이다. 이와 같은 경쟁의 결과로 같은 장소에서는 두 종 이상의 생물이 공존하지 못하는 경쟁배제의 원리가 적용된다. 자연에서 생물은 경쟁 없이 각자 고유의 생태지위를 확보하기는 불가능하므로 경쟁이나 포식, 기생 등의 상호작용이 항시 존재하는 현실지위에서 경쟁을 피하면서 공존한다.

산림 내에서도 인접해 있는 임목 개체 간 또는 수종 간에는 자원에 대한 쟁탈이 심하다. 지상부의 수고 생장, 즉 가지와 잎의 생장은 빛을 확보하기 위함이고, 지하부의 뿌리 생장은 수분과 양분을 확보하기 위함이다. 특히 상록침엽수의 지상부는 빛을 차단하여 다른 개체가 빛을 획득하지 못하도록 방해하는 간섭 역할도 한다. 산림 내 야생동물도 직접적 먹이 쟁탈과 함께 사냥과 짝짓기의 권리 등 세력권을 확보하기 위해 서로 간섭하기도 한다. 생물은 이와 같은 경쟁을 극복하거나, 경쟁을 피하기 위해 환경에 적응하거나, 진화 과정을 거치면서 경쟁에서 이기거나, 공생을 하거나 틈새를 활용하는 등 여러 가지 생존 전략을 두루 갖추고 있다. 여기에서는 경쟁을 종내경쟁과 종간경쟁으로 구분하여 설명하기로 한다.

1 종내경쟁

종내경쟁(種內競爭, intraspecific competition)은 같은 종의 개체 간에 발생한다. 개체군은 많은 자손을 남기지만 자손이 이용할 빛, 물, 양분, 공간은 충분하지 않다. 특히 같은 종의 개체들은 필요로 하는 지위(역할, 서식처, 분포지, 자원)가 같으므로 자원이 부족할 경우에는 개체 간 경쟁이 매우 치열해진다. 그에 따라 생장 환경이 열악해져서 개체당 출생률이 감소하고 사망률은 증가한다. 출생률과 사망률이 같아서 개체군의 크기가 안정적으로 유지될 때의 밀도는 환경수용능력에 해당한다. 그러나 자연 개체군에서는 환경수용능력이 안정적으로 지속된다고 확신할 수 없다. 왜냐하면 각 개체는 계속 생장해야 하고, 개체수에 영향을 미치는 기상, 먹이, 포식자 등의 환경 인자는 다양하게 변하여 예측을 불허하며, 개체가 생장함에 따라 먹이 자원을 더 많이 소모하기 때문이다.

단위 서식지에서 개체들이 생장하여 경쟁이 치열해지면 일부 개체가 사라지면서 밀도가 감소하는데 이를 자연간벌 또는 자기솎음(self-thinning)이라고 한다. 산림에서 자기솎음 현상은 처음에 종자가 많이 발아하거나 많이 식재한 후 각 나무 개체가 성장할 때에도 나타난다. 이렇게 개체의 생중량이 증가함에 따라 밀도가 감소하는 정도를 '자기솎음 -3/2(로그 스케

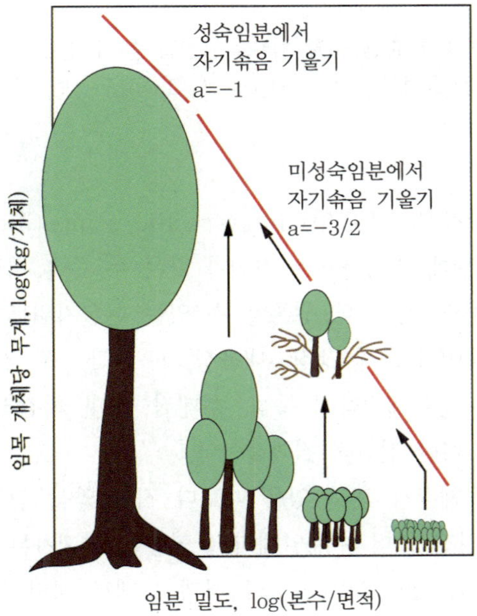

그림 2-37 임분 밀도에 대한 개체목 중량 관계에서 기울기 -3/2(로그 스케일)을 나타내는 자기솎음법칙 [Koerner, 2013]

일) 법칙'이라고 일컫기도 한다(Yoda *et al*., 1963; 그림 2-37 참조).

밀도와 출생률, 종내경쟁, 포식자에 의한 치사율의 관계에는 다음과 같은 아주 뚜렷한 세 가지 현상이 있다(그림 2-38 참조).

1) **출생률**: 밀도가 낮을 때에는 짝짓기가 어려워서 낮고, 밀도가 높아지면서 증가하였다가 밀도가 높아짐에 따라 종 내 개체 간 경쟁으로 먹이가 부족하여 다시 감소한다.
2) **포식**: 초식동물의 밀도가 증가함에 따라 증가하였다가 초식동물이 과다하게 많아져도 더 이상 증가하지 않는다. 이는 포식자 개체의 포만이나 포식자 개체군의 종내경쟁으로 인해 전체적인 포식 패턴이 S자형으로 되기 때문이다.
3) **종내경쟁**: 피식자의 밀도가 증가함에 따라 증가한다. 종내경쟁으로 인해 출생률이 줄어들고 치사율이 증가한다. 높아진 밀도에 따른 폐사와 스트레스로 치사율이 더 높아진다.

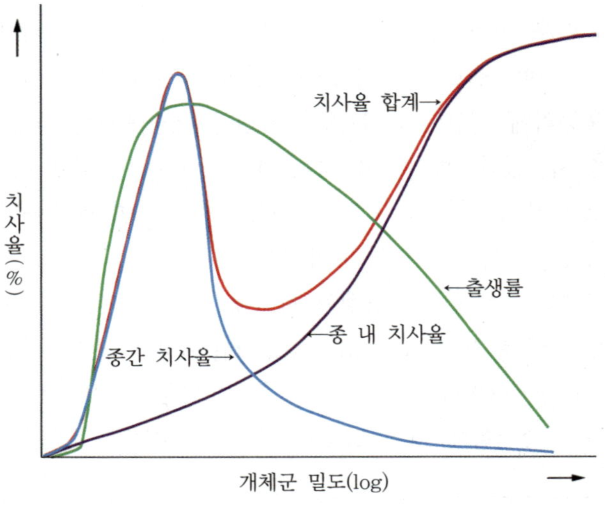

그림 2-38 초식동물의 개체군 밀도에 따른 출생률 및 치사율(종간과 종 내 상호작용에 의함) 간의 일반화된 관계[Southwood *et al*., 1975]

2 종간경쟁

산림생태계 내 생물종 간의 경쟁, 즉 종간경쟁(種間競爭, interspecific competition)에서는 직접적으로 빛과 물 그리고 양분을 얻기 위해 경쟁하므로 지위가 같은 두 종은 서로 배타하여 한 종만 우점한다. 따라서 각 종은 그들이 가장 잘 생존할 수 있는 현실지위를 차지한다. 결국 각 생물종이 지니고 있는 빠른 생장이나 느린 생장, 내음성, r-전략 · K-전략이나 C-S-R(경쟁, 스트레스, 교란) 생활사 전략, 생물계절학적 특성, 형태적 변이, 타감작용, 상리공생 등은 치열한 자원 경쟁을 극복하거나 피한 진화적 결과물이다.

두 종이 같은 자원을 두고 경쟁할 때에는 제각각 혼자 있을 때보다 적은 양을 얻기 마련이다. 두 종이 동일한 자원을 필요로 하면 경쟁이 더욱 치열해지고 열등한 경쟁자는 사라질 수 있다. 이러한 경쟁배제를 로트카-볼테라(Lotka-Volterra)의 경쟁 모델로 나타낼 수 있다(그림 2-39 A · B 참조). 이는 빛과 물, 토양 양분 등의 자원을 쟁탈하려는 경쟁이며, 기후 환경에 대한 식물체 자체의 적응력과 지상부 및 지하부의 생장 능력의 차이로 결정된다. 경쟁배제는 산림생태계의 공간 경쟁에서도 치열하여 경쟁에서 진 종은 결국에 없어진다. 현재 제주도 한라산의 500~1,900m에서는 제주조릿대가 번성함에 따라 키가 1m 이하인 시로미와 같은 자생 식물종이 경쟁배제로 점차 사라지고 있다(그림 2-40 참조).

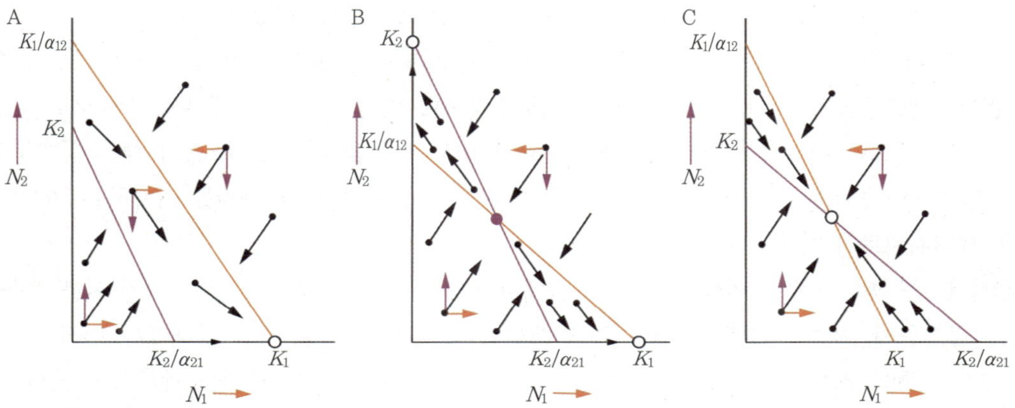

N_1, N_2: 종 1과 종 2의 개체수, α_{12}: 종 1에 대한 종 2의 영향력 경쟁계수, α_{21}: 종 2에 대한 종 1의 영향력 경쟁계수, K_1: 종 1의 수용 능력, K_1/α_{12}: 종 1이 없을 때 종 2의 개체수, K_2: 종 2의 수용 능력, K_2/α_{21}: 종 2가 없을 때 종 1의 개체수

그림 2-39 로트카-볼테라 경쟁 모델에서 종들의 경쟁 결과를 나타내는 개체군의 무성장 등위선(zero growth isocline)[Beals *et al.*, 1999]

A: 종 1의 독점(종 1이 종 2를 경쟁배제하고 서식지를 독점하거나 반대의 경우 종 2가 독점)

B: 일시적 공존 후 종 1 또는 종 2의 독점(두 종의 공존은 잠시이고 초기 밀도가 높았던 한 종이 서식지를 독점)

C: 종 1과 종 2의 공존(각 종의 종내경쟁이 심하여 개체수가 늘지 않으므로 두 종이 공존)

그림 2-40 경쟁배제의 예로 시로미를 덮고 자란 제주조릿대(한라산)

그림 2-41 같은 개체에서 나온 맹아 가지 간의 종내경쟁과 신갈나무-소나무의 종간경쟁이 공존하는 산림생태계

한편 조림이나 숲가꾸기(풀베기, 덩굴치기, 솎아베기 등) 같은 산림 관리와 경영은 인위적으로 수목 개체 간 또는 수종 간 경쟁을 완화하거나 제거하는 관리 방법이다. 조림할 당시에는 묘목 크기가 작은 데다 충분히 넓고 일정한 간격으로 식재하므로 조림목 사이의 경쟁이 거의 없다. 하지만 그 뒤로 다른 식물종(초본이나 기존 수목)이 자라 나와서 빛과 물, 양분 등을 경쟁적으로 흡수하고 조림목의 생장을 방해하므로 이들을 인위적으로 제거하여 조림 묘목의 수고 생장을 촉진할 필요가 있다. 차후에는 조림목이 충분히 생장하여 수관이 서로 맞닿으면 개체목의 직경 생장이 억제된다. 이때에는 솎아베기를 할 필요가 있다.

생태계 내 한 서식지에는 경쟁배제가 작동하지만 실제로는 여러 종이 공존하는 경우가 훨씬 많다. 생물종들의 공존은, 서식지가 공간구조적으로 일정하지 않고 내부에 소규모로 다양한 변이가 있으며 시간적으로도 변동하고 이런 변이와 변동을 예측할 수 없기 때문에 가능하다(그림 2-41 참조). 여기에 더해 경쟁하는 각 생물종이 서로 다른 자원을 사용하는, 약간씩 다른 생태지위로 분화했기 때문이다.

생태계 종들의 공존은 변화하는 환경 속에서 일어난다. 예측할 수 없는 사건(산불, 산사태, 가뭄, 동해, 병해충 등의 교란)으로 인해 시간적 · 공간적으로 생긴 틈새에는 번식, 전파 및 발아가 빠른 지의류가 먼저 정착한다(그림 2-42 참조). 이러한 틈새는 예측하지 못한 가운데 일시적으로 생기기 때문에 이에 적응한 경쟁종이나 열세종이 시공간을 달리하여 공존하며 동시에 천이를 할 수도 있다.

그림 2-42 절벽 바위에서 자라는 지의류와 이끼류(가운데 석이를 비롯한 지의류와 이끼류는 빛과 공기 중의 수분이 미세하게 다른 공간적 변이에 적응하여 경쟁하면서도 공존하고 있다; 월악산국립공원 영봉)

같은 소나무를 먹이로 하는 곤충이라도 종마다 잎, 줄기, 뿌리, 구과, 순, 가지 등을 따로 섭식하고 가해 시기도 다르다. 예를 들면 솔잎혹파리는 새로 나온 잎을, 솔수염하늘소는 새로 나온 가지를, 솔알락명나방은 구과를, 솔껍질깍지벌레는 수피를, 그리고 소나무좀은 내수피와 가지 부분의 수피를 시기적으로 달리 가해함으로써, 즉 생물계절적 활동을 달리함으로써 여러 곤충 종이 같은 소나무림에서 공존할 수 있다. 이처럼 서식지에 각 종이 이용할 수 있는 자원이 충분하거나 각 종의 종내경쟁이 종간경쟁보다 더 심하면 개체수가 늘지 않기 때문에 다른 종과 공존할 수 있다(그림 2-39 C 참조).

3 맞교환

어떤 생명체든 생활사 동안 어떤 능력을 확보하려면 에너지를 투자해야만 한다. 즉 투입 에너지와 획득 능력은 맞교환(trade-off)인 셈이다. 한 생명체가 투입할 수 있는 에너지와 시간 또한 한계가 있기 때문에 각 생물이 얻는 기능 간에도 맞교환이 있다. 특히 생장 능력과 생식 능력을 한꺼번에 얻지는 못한다. 한 수목이 생장과 생식을 동시에 하는 경우 종자를 많이 생산하면 재적 생장이 둔화한다. 종자의 생산 면에서도 한 개체에서 생산하는 종자 수가 많으면 종자의 크기가 작아진다. 즉 자손 수가 많아지면 적응도(생존율이나 경쟁력)를 낮추는 식으로 맞교환한다. 맞교환은 한 개체의 능력에 한계가 있음을 나타내며, 종 내 개체 간에도 종간에도 생식, 포식, 기생, 공생에 영향을 미쳐서 결국에는 생태계에서 생물들이 공존할 수밖에 없음을 설명한다.

3·1·2 포식

포식(捕食, predation)은 살아 있는 먹이를 잡아먹는 행동이며, 일반적으로 포식의 결과 피식자인 먹이가 죽는다. 다양한 육식동물 포식자가 피식자를 죽이는 반면에 초식동물은 식물을 먹더라도 일부만 제거하기도 한다. 포식자, 즉 소비자는 먹이가 어디에 있고 얼마나 다양하게 있는지로부터 영향을 받는다. 피식자와 포식자는 상호작용을 통해 공진화하며 생존한다.

1 포식의 유형

포식자는 먹이에 따라 육식, 초식, 잡식으로 나누고 기능적으로는 진정포식자(true predator), 초식자(grazer), 포식기생자(parasitoid), 기생자(parasite) 등으로 구분한다(표 2-10 참조).

표 2-10 포식의 기능적 유형별 특징 및 해당 생물의 종류

기능적 유형	특 징	생물 종류
진정포식자	여러 종류의 먹이를 죽이고 먹음	호랑이, 고래, 사자, 설치류, 개미, 식충식물 등
초식자	먹이감의 일부를 제거함	양, 소, 흡혈 곤충, 거머리 등
기생자	일생을 특정 기주 개체에 살면서 해를 끼치지만 기주를 죽이지는 않음	촌충, 겨우살이, 식물에 혹을 형성하는 곤충, 녹병균, 진딧물 등
포식기생자	곤충의 알과 애벌레가 기주에서 기생하다가 결국 기주를 죽이고 성충이 됨	기생벌 · 기생파리 등 다른 곤충에 알을 낳는 곤충, 솔잎혹파리먹좀벌 등

포식의 형태는 식물의 종류와 피해 부위에 따라 거의 무피해부터 사멸까지 다양하다. 초본인 경우 생장점이 뿌리 근처에 있기 때문에 소나 양처럼 생장점 위쪽을 뜯어 먹는 동물에 의한 피해가 그다지 크지 않지만, 생장점까지 뜯어 먹는 염소는 풀을 없애기까지 한다. 여러 수종의 잎을 먹는 매미나방 애벌레가 한 번 가해하면 수목의 고사율은 5% 미만이지만, 세 차례 연속으로 가해하면 수목의 고사율이 80%에 달한다.

우리나라에서 소나무 또한 솔잎혹파리의 피해를 한 번 입으면 다시 잎을 생산할 수 있지만, 2년이나 3년 연속 피해를 입으면 잎을 생산할 능력을 상실하여 고사하는 경우가 많았다(그림 2-43 참조). 특히 솔잎혹파리가 새로 나온 1년생 잎을 가해하여 소나무의 가지와 수고 생장을 저해한 결과 참나무류 등에 피압되어 쇠퇴하고 말았다. 소나무재선충병은 침입한 그해에 소나무 전체를 고사시킬 수 있다(그림 2-44 참조).

그림 2-43 솔잎혹파리의 피해를 입은 소나무(정단부의 피해가 수고 생장을 위축시켜서 피압되기 쉬움)

그림 2-44 제주도 해송림에서 고사한 개체목(재선충 피해로 나무 전체가 고사하여 하층의 활엽수가 자라남)

포식은 기주의 경쟁력을 떨어뜨려 간접적으로 사멸에 이르게 한다. 포식으로 잎이 제거된 기주식물은 구조의 일부가 손상되거나 에너지가 낮아지므로 경쟁력이나 저항력, 그리고 방어물질인 2차대사물의 생산이 감소한다. 결국 피해목은 또 다른 병해충이나 환경 스트레스에 대한 저항력이 낮아져서 고사하기 쉽다.

줄기를 환상으로 박피하는 다람쥐나 고슴도치의 피해를 입은 어린 수목은 고사할 수 있고, 종실인 구과를 가해하는 복숭아명나방이나 솔알락명나방 등은 종자 생산을 떨어뜨려 후세대 산림의 구조를 바꿀 수도 있다. 곤충의 포식이 수목을 죽이지는 않지만, 곤충이 옮긴 병원균이 수목의 통도조직 세포를 죽여 광대한 면적의 단일 수종 개체군이 몰락할 수 있다. 세계적으로 알려진 예로 유럽느릅나무좀(*Scolytus multistriatus*)이 옮기는 느릅나무 시들음병균(*Ophiostoma novo-ulmi*)은 유럽과 북아메리카의 느릅나무류 조경수를 전멸시키고 있다.

우리나라에서 솔수염하늘소가 소나무류 가지의 피층 조직과 내수피를 갉아 먹는 정도로는 수목이 죽지 않는다. 하지만 솔수염하늘소가 옮긴 소나무재선충(*Bursaphelenchus xylophilus*; 그림 2-45 참조)은 소나무 줄기의 수지관으로 급속히 번지고 형성층까지 파괴하여 소나무를 1년 내 단기간에 고사시키고 점차 소나무림 전체를 망가뜨린다. 참나무류에서 줄기를 파고 들어가는 광릉긴나무좀 또한 기주를 직접 죽이지는 않지만, 광릉긴나무좀이 옮긴 참나무 시들음병균(*Raffaelea quercus-mongolicae*; 그림 2-46 참조)이 줄기의 목질부 통도조직에서 생장하며 수분 이동을 방해하면 기주인 참나무류, 특히 신갈나무는 급격히 시들어 죽는다.

그림 2-45 소나무재선충(길이 약 1mm, 직경 약 20μm)

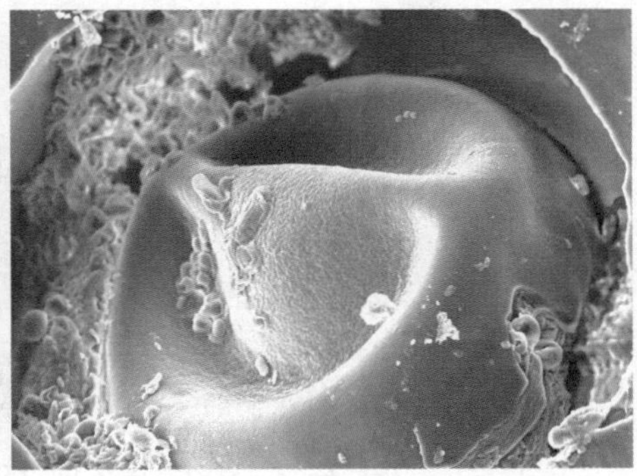

그림 2-46 참나무 시들음병균(광릉긴나무좀 암컷의 등쪽에 있는 균낭)

피식자와 포식자 간의 상호작용에는 신호 감지와 신호 전달(조기 경고) 능력, 피식 감수성, 포식 능력, 생존을 위한 공진화 등이 관여한다. 결국 이러한 상호작용과 공진화로 생태계 전체의 생물다양성이 높아진다. 하지만 공존의 관계가 성립하기 전이라면 기주는 살아남지 못한다.

2 먹이그물

종간의 상호작용을 나타내는 먹이그물(먹이망, food web)을 통해 서로 먹고 먹히는 관계를 알 수 있다. 먹이그물에는 어떤 한 개체군의 생장과 생존의 역동적 동태, 1차생산 후 종간 상호작용에 따른 에너지의 흐름, 양분 순환, 생태계 안정, 생물다양성 등 매우 중요한 관계들이 포함된다. 또한 한 생태계 내에서 생활 방식이 비슷한 종들의 무리인 길드(guild)가 복합적으로 상호작용하는 과정을 보여 주기도 하다.

생물군집의 정량화된 먹이그물에서 에너지의 흐름은 1차생산자, 1차소비자, 2차소비자, 3차소비자 등의 영양단계를 거친다. 1차생산자가 생산한 에너지는 다음 단계로 옮겨 가면서 생물량으로 동화되지만 생체 유지 및 생장을 위한 호흡열로도 소비된다. 따라서 각 영양단계에서 다음 영양단계로 전이되는 생물량 에너지의 비율, 즉 생태적 효율(ecological efficiency)은 5~20%에 지나지 않는다(그림 2-47 참조). 이렇게 생태적 효율이 낮기 때문에 한 생태계 안에서 고차 영양단계를 유지하려면 우선 1차생산량이 매우 많아야 한다. 고차 영양단계로 갈수록 에너지의 양이 적어지므로 이들 단계를 영양 피라미드라고 한다.

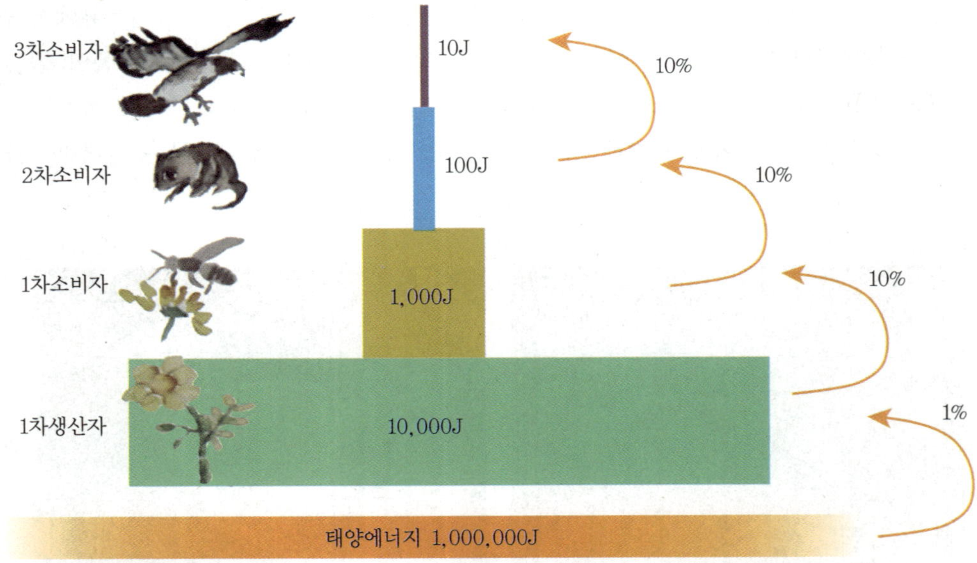

그림 2-47 영양단계와 에너지 효율[Drayer & Kate, 2016]

피식자와 포식자의 상호작용은 복잡하여 초식자 군집의 구성과 안정성이 어느 한 가지 요인만으로 결정되지 않는다. 초식자들은 먹이가 되는 식물 바이오매스에 의해 조절되거나(상향식 조절), 상위 포식자에 의해(하향식 조절), 또는 둘 다에 의해 조절될 수 있다. 한편 포식자는 초식을 하는 피식자를 조절하여 연쇄적으로 생산자 군집의 풍부도나 생물량 및 생산성까지도 변화시키는 위력을 발휘하며, 이 효과를 영양연쇄효과(trophic cascade)라고 한다. 먹이인 피식자도 부족해지면 포식자의 밀도를 낮추므로 연쇄효과는 포식자와 피식자 둘 다의 밀도를 진동시키면서 순환한다(그림 2-48 참조). 이러한 먹이그물은 시간적 · 공간적으로 이동하면서 역동적으로 변한다.

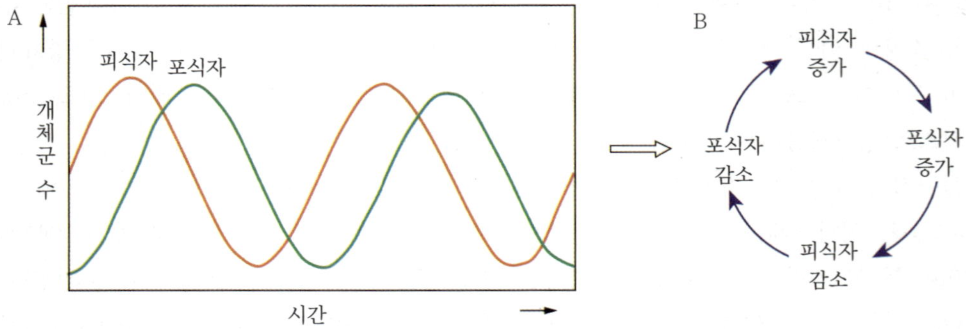

그림 2-48 로트카-볼테라의 포식자-피식자 상호파동 모델(A의 시간에 따른 둘의 파동에서 시간축을 없애고 둘 간의 관계만으로 나타내면 B의 원형 순환이 된다. 자연은 매우 복잡하여 이 모델이 포식자-피식자 변동 관계를 충분히 표현하고 있지는 않다.)

또한 종들은 먹이그물 속에서 공생과 기생 관계를 통해 간접적으로 상호작용한다(표 2-11 참조). 예를 들면 배나무 적성병의 녹병균은 향나무에 기생하여 월동하며 새로운 유전자형인 담자포자를 만든 뒤 배나무의 잎이나 과일로 침투하여 병을 일으킨다. 배나무에서 무성번식을 통해 대대적으로 번식한 다음 다시 향나무에 침입한다. 결국 녹병균은 두 가지 기주를 오가면서 유성번식과 무성번식을 함으로써 새로운 환경에 끊임없이 적응하며 생존한다.

표 2-11 영양단계별 생물적 상호작용의 원인과 생존 전략

영양단계	상호작용의 원인	생존 전략
2차소비자 (상위 포식자)	• 기생 • 짝짓기 • 먹이 확보 • 환경 변화	• 유성생식 • 종의 분화 • 유전자 변화 • 경쟁 우위(맞교환) • 피식자 포획 및 제어
1차소비자 (피식자)	• 포식 • 기생 • 짝짓기 • 환경 변화 • 먹이 확보	• 유성생식 • 서식지 분할(텃세) • 경쟁 우위(맞교환), 큰 몸집 • 주기적 풍부한 번식, 집단 형성 • 현실지위 확보, 은신, 회피 및 방어
생산자	• 기생 • 환경 변화 • 물리 자원(빛, 물, 양분)	• 공생 • 경쟁 우위(맞교환) • 유성생식 및 무성생식의 혼합 • 저항성 발달(면역, 독성, 수지, 맛없음, 가시, 털 등)

[3] 포식자의 기능 · 수적 반응 및 최적섭식이론

기능반응(機能反應, functional response)이란 피식자(먹이) 밀도의 증가에 대해 포식자가 보이는 먹이섭식 반응을 말하며 다음과 같은 세 가지 유형이 있다(그림 2-49 참조).

1) **I 유형**: 먹이 밀도가 증가함에 따라 섭식률이 일정하게 증가하다가 측정 최대 섭식률에서 갑작스럽게 일정해지는 직선형이다. 먹이를 확보하는 데 시간이 거의 필요하지 않은 경우로 걸러 먹는 수생식물이나 열대지방에서 잡식성으로 아무거나 계속 먹는 원숭이가 그 예이다. 거미줄에 걸린 곤충을 수동적으로 잡는 거미의 경우에도 피식자의 밀도에 따라 포식이 증가한다. 하지만 포식에 의한 피식자의 치사율은 일정하다.
2) **II 유형**: 전형적인 먹이섭식 반응으로 포물선형이다. 먹이 밀도가 낮을 경우에는 섭식률이 급격히 증가하지만 중간 밀도에서 느려지며 높은 밀도에서는 일정해져 포식자의 포만을 나타낸다. 먹이의 치사율은 먹이 밀도가 증가함에 따라 감소한다. 잘 도망가는 동물이나 껍질을 부수어야 하는 견과류처럼 찾거나 다루는 데 시간이 걸리는 먹이의 경우이다. 이러한 형태의 피식자는 먹이 밀도가 낮을 때 최대 치사율을 보인다. 예를 들면 작은 포유류는 먹이 곤충의

개체수가 적으면 거의 모두 잡아먹지만, 개체수 밀도가 높으면 곤충 포식 비율은 무시할 정도로 낮아진다.

3) III 유형: 먹이 밀도가 증가함에 따라 먹이 섭취는 S자형 곡선으로 증가한다. 즉 먹이 밀도가 낮을 때에는 느리게 증가하지만 중간 정도 밀도에서 섭식률이 급격히 증가하고 높은 밀도에서는 포만으로 일정하게 유지된다. 피식자의 치사율은 처음에는 먹이 밀도가 증가함에 따라 증가하다가 후에 감소한다. 예를 들면 포식자에게 낯선 먹이일 경우 처음에는 다루기가 더뎌 섭식 또한 느리지만, 익숙해지면 급속히 섭식하여 결국 포만에 이른다.

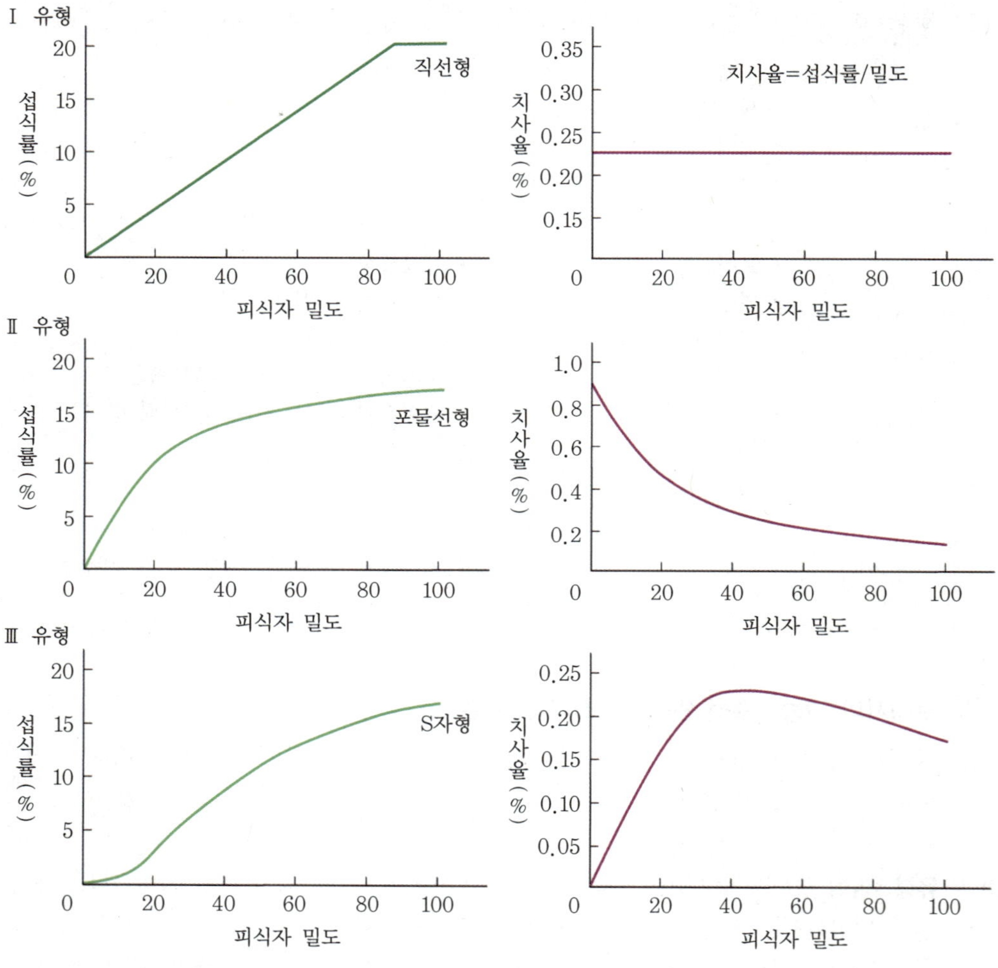

그림 2-49 피식자 밀도와 포식자의 주요한 기능반응 세 가지[Holling, 1959]

기능반응의 세 가지 유형은 공통적으로 먹이 밀도가 높으면 포만에 이르러 섭취율(에너지 획득률)이 일정해진다. 이는 먹이 섭취율이 외적 요인보다는 먹이 소화 및 동화 능력 등 생물의 생리적 · 내적 요인에 의해 결정됨을 뜻한다. 자연에서 가장 일반적인 기능반응은 II 유형이며, 식물에서 볼 수 있는 익숙한 예로 광도 증가에 따른 광합성량 곡선과 토양 내 질소 함량의 증가에 따른 식물체의 흡수량 변화를 들 수 있다.

수적반응(數的反應, numerical response)은 간단히 먹이 밀도가 변함에 따라 포식자 밀도도 변함을 의미한다. 포식자들이 먹이를 먹을 시각과 장소에 모여서 경쟁률이 높아지고 그에 따라 먹이가 부족해지면 포식자 간에 재조정과 재분배가 일어난다. 가령 포식자가 1개체 더 증가하려면 피식자 먹이의 수가 얼마 만큼이어야 하는지, 또는 먹이 밀도가 지수적으로 증가하는 시기와 장소에 따라 포식자도 수적으로 집중반응(aggregational response)을 보이는지 등을 알 수 있다. 이는 천적을 이용하여 병해충을 방제할 경우 매우 중요하다. 병해충 밀도가 급격히 증가한 곳에서는 천적 밀도도 급격히 증가할 수 있어야 방제 효과를 얻을 수 있기 때문이다.

이에 비해 최적섭식이론(optimal foraging theory)은 먹이가 제한되면 생물체는 에너지를 얻고 소비하기까지 가장 효율적인 방향으로 행동한다는 내용이다. 예를 들면 생명체의 생장과 생존, 생식 모두에 에너지가 사용되지만 생장이 중요하면 생존이나 생식에 드는 에너지를 줄인다. 포식이나 경쟁이 있으면 생존을 위해 생장과 생식을 피하는 개체가 살아남는다. 결국 생명체는 효율적인 에너지 습득과 함께 포식이나 경쟁, 그리고 자연재해와 같은 자연 저항을 고려하여 생존한다.

소비자가 정착하는 시간은 에너지 획득률, 즉 수익성에 달려 있다. 한계가치이론을 적용하면 서식지 내 최적 잔류시간은 소비자가 그 영역을 포기하고 떠나려는 순간까지 얻는 에너지 획득률에 직결된다. 소비자가 견딜 수 있는 에너지 획득률(생산−소비 또는 투자)은 현상 유지가 가능한 한계치인 0이다.

4 피식자와 포식자의 공진화

피식자 개체군은 포식을 당하면서도 생존력과 적응력이 높아지는 방향으로 진화한다. 여기에는 적어도 다음과 같은 다섯 가지 과정이 관여한다.

1) 피식자는 포식이 전체 개체군에 미치는 영향이 매우 미미하도록 할 수 있다. 피식자의 개체군이 매우 크거나, 또는 열세한 개체가 피식당하는 경우가 그렇다. 예를 들면 도토리거위벌레가 상수리나무의 종자를 가해하지만 종자 수가 워낙 많거나 이 벌레에 취약한 나무 개체만 계속 피해를 입으므로 포식의 영향이 적다.
2) 피식으로부터 살아남은 개체는 오히려 경쟁 상대가 없어져서, 즉 종내경쟁이 줄어들어서 제한된 자원을 이전보다 많이 이용할 수 있으므로 생장과 번식에 유리하다.
3) 피식자 개체군은 큰 몸집, 많은 개체수의 집단 형성, 은신, 독성 함유, 심지어는 포식자를 포만시키는 전략으로 피식을 피한다.
4) 피식자는 방어 능력을 키우고 포식자는 포획 능력을 키우면서 둘은 공진화한다. 피식자 개체가 모두 먹히면 포식자도 먹이가 없으므로 절멸하게 된다. 피식자가 방어 능력을 발휘하는 방법에는 독소 분비, 경계색, 의태, 위장, 속도 증가, 감각계 발달 등이 있다. 포식자 또한 유전자 변이를 통해 포획 능력이 높은 개체일수록 더 많은 후손을 남긴다. 포식자가 포획 능력을 발휘하는 방법에는 위장, 감각계, 속도, 힘, 몸 구조, 독 처리, 내독성 등이 있다. 하지

만 피식자 밀도에 대한 포식자의 반응에는 다른 요인도 계속 관여하므로 양상이 복잡하다. 요인 중에는 포식자와 피식자의 번식률, 은닉처, 다른 포식자 유무, 환경수용능력 등이 있다. 그러므로 포식자의 기능반응에는 포획과 섭취 능력 및 피식자의 회피 능력이 포함된다.

5) 자연 생태계에 존재하는 물리적이거나 생물적인 환경저항 또한 포식자와 피식자 모두에게 영향을 미친다.

포식자와 피식자의 상호작용은 역동적이다. 초식동물은 하층식생의 생장을 조절하여 종을 유지하고 종 경쟁을 완화하기도 하며, 종다양성을 유지하거나 종 유입을 가능하게 한다. 이때 식물은 초식에 대해 여러 형태로 방어한다. 상처가 나면 즙액을 분비하여 상처를 치유하면서 포식자에게는 피부 발열을 일으키고, 독을 분비하여 포식자가 토하거나 죽게 하면서 초식을 방해한다. 결국 포식도 포식자와 피식자의 상호 기능반응, 피식자의 방어, 공진화, 환경저항 및 이들 네 요소의 복합 상호작용의 결과이다.

3·1·3 공생

산림생태계에서 공생(共生, symbiosis)은 두 생물종이 아주 밀접하게 살아가는 일을 말한다. 상호공생(mutualism)은 함께 사는 짝형(pairwise) 또는 여러 종이 구성한 복수형(diffuse)의 생물종 간에 서로 이로움이 있는 관계를 말하며 주로 상리공생을 뜻한다. 상리공생에는 절대적(obligate) 공생과 임의적(facultative) 공생의 두 가지 형태가 있다. 절대적 공생은 서로 생존과 생장, 생식을 위해 반드시 같이 살아야 하는 관계이다. 임의적 공생은 원시협동(原始協同, protocooperation)이라고도 하며, 공생체가 상호 이익을 얻지만 상호 의존적이지는 않다.

절대적 공생은 식물의 에너지 획득 능력을 기반으로 한 생물 간의 양분 획득, 번식을 위한 화분 매개, 분산과 서식지 확보, 서식지 보호 기능 등 독립영양생물과 종속영양생물 간의 여러 형태로 존재한다. 예로는 엽록체가 있는 식물 세포, 미토콘드리아가 있는 동식물 세포, 질소고정균이 있는 뿌리혹, 균류와 식물 뿌리의 균근 공생체, 말미잘과 흰동가리의 관계, 시아노박테리아와 곰팡이의 복합체인 지의류, 산림 병해충에서 병원균과 매개충의 관계, 열대림에서 쇠뿔아카시아와 개미의 관계 등이 있다.

임의적 공생에서는 한 생명체가 생존과 번식을 위해 다른 생명체를 절대적으로 필요로 하지는 않지만 공생을 하면 훨씬 효율적으로 번성할 수 있다. 꿀잡이새(*Indicator indicator*)와 벌집의 꿀을 따는 포유동물(오소리 또는 인간) 간의 관계가 임의적 공생의 한 예이다. 꿀잡이새는 혼자서 벌집을 부수지 못하지만 포유동물에게 벌집이 있는 곳을 알려 주기만 한 뒤 동물 또는 사람이 벌집을 부수고 불과 연기 등으로 벌을 죽이거나 내쫓으면 꿀을 얻는다. 오소리나 사람은 꿀잡이새가 알려 주지 않으면 벌집을 찾는 데 적어도 3배나 많은 시간이 걸린다고 한다.

산림생태계에서는 균근이나 질소고정 뿌리혹, 지의류와 같은 절대적 공생이 뚜렷하고 중요하지만 줄기나 잎에 사는 내생체처럼 잘 감지되지 않는 임의적 공생도 흔하다. 절대적 공생은 기주 선택성이 어느 정도 있지만 주로 여러 종이 공생하는 복수형이다.

1 생물적 질소 고정

질소는 생물이 살아가는 데 있어서 매우 중요한 양분이다. 질소는 생물체 내 유전물질인 DNA의 구성 성분이며 형질과 대사를 지배하는 RNA, 아미노산, 효소 들의 구성 성분이다. 따라서 모든 생명체는 질소 양분을 절대적으로 필요로 하며 이를 얻기 위해 다양하고 적극적인 방법을 활용하고 있다. 공기 중의 질소는 대기의 79%를 차지하지만 매우 안정한 3중결합($N \equiv N$) 분자이기 때문에 보통 생명체들은 이용하지 못한다. 하지만 질소고정균은 공중 질소(N_2)를 환원하여 암모니아(NH_3)와 수소(H_2)를 만든다. 이때 생성된 암모니아는 아미드(amide)나 우레이드(ureide) 형태로 식물의 물관으로 수송되고 차후에 글루탐산으로 동화되어 식물체가 이용한다.

공중 질소를 고정하는 생물로는 호기성 독립생활 질소고정균인 아조토박터(*Azotobacter*), 혐기성 독립생활 질소고정균인 클로스트리듐(*Clostridium*), 근권의 미세호기성 질소고정균인 아조스피릴룸(*Azospirillum*), 논에서 아졸라(*Azolla*)와 공생하는 아나베나(*Anabaena*)를 비롯한 시아노박테리아(cyanobacteria), 콩과식물과 공생하는 질소고정균인 리조비움(*Rhizobium*), 비콩과식물과 공생하는 질소고정균인 프란키아(*Frankia*) 등이 있다. 이들 질소고정생물의 연간 질소 고정량은 환경과 기주식물에 따라 다르지만 수 kg/ha에서 수백 kg/ha이다(표 2-12 참조).

생물적 질소 고정 과정은 많은 에너지를 필요로 하며 식물이 합성한 포도당을 소모한다. 공중 질소 고정에 필요한 에너지는 고정된 질소 1g당 탄수화물 12~17g으로 공중 질소 고정

표 2-12 다양한 질소고정생물의 공중 질소 고정량

구 분	질소고정균	질소 고정량 (kg N/ha/yr)
산림 내 콩과 수종: 싸리나무속, 칡속, 아까시나무속, 자귀나무속, 다릅나무속, 박태기나무속 등 16속	*Rhizobium*, *Bradyrhizobium*, *Mesorhizobium* 등 6속 35종	150~300
비콩과 수종: 오리나무속, 보리수나무속, 소귀나무속, 담자리꽃나무속, 케아노투스속, 카수아리나속 등 8과 25속	*Frankia*(방선균)	39~84
기타(독립생활 근권)	*Azotobacter*, *Clostridium*, *Azospirillum*, *Anabaena* 등	0.3~25
지의류: 조약돌지의, 꽃잎지의, 사슴지의, 접시지의, 석이 등	시아노박테리아	2~300

[Kimmins, 2004]

의 효율은 6~8%에 지나지 않는다. 그러므로 질소고정식물(actinorhizal plant)은 빛을 많이 필요로 하고, 토양에 암모늄, 질산염, 유기질소 등 쉽게 이용할 수 있는 질소화합물이 있으면 이를 먼저 사용한다(Buchanan *et al.*, 2015).

질소고정효소는 에너지를 많이 필요로 하면서도 환원력이 있어야 한다. 질소고정균은 산소를 공급받아야 하지만 뿌리혹 내부의 질소고정효소는 혐기성(anaerobic) 상태를 유지해야 한다. 이를 위해서 식물체인 뿌리혹의 세포에 산소와 친화력이 매우 높은 붉은색의 레그헤모글로빈(leghemoglobin)이 있어 질소고정균에게는 산소를 전달하고 질소고정효소는 산소와 직접 접촉하지 않게 한다(그림 2-50 참조).

그림 2-50 콩과식물의 뿌리혹(가운데 붉은색 부분인 레그헤모글로빈은 산소 공급과 차단의 두 가지 일을 동시에 한다.)

생물적 질소 고정과 관련이 있는 산림 내 콩과 수종으로는 싸리나무속, 칡속, 아까시나무속, 자귀나무속, 다릅나무속, 박태기나무속 등 16속이 있으며, 공생하는 질소고정균은 리조비움속과 브레디리조비움(*Bradyrhizobium*)속 등 6속 35종이 알려져 있다. 비콩과 수종으로는 국내에 오리나무속, 보리수나무속, 소귀나무속, 담자리꽃나무속과 국외에 케아노투스(*Ceanothus*)속, 카수아리나(*Casuarina*)속 등 8과 25속 220여 종의 목본식물이 있으며, 공생하는 질소고정균은 프란키아이다(표 2-12, 그림 2-51 참조).

양수인 콩과식물은 유기물이 적은 척박한 토양에 개척자 식물로 들어가서 토양생태계 내 질소 양분과 유기물을 증대하므로 천이 과정의 초기 식물로 기여하고 천이 후기 종이 자리

그림 2-51 비콩과 질소고정식물

A: 담자리꽃나무(*Dryas*) B: 카수아리나(*Casuarina equisetum*) C: 소귀나무(*Myrica rubra*)

잡는 데 중요한 역할을 한다. 프란키아균과 공생하는 비콩과식물은 주로 목본으로 콩과식물만큼 흔하지는 않지만 질소 양분이 부족한 온대 · 한대 · 열대의 다양한 지역에서 자라기 때문에 환경이 열악한 훼손지 복원에 활용할 수 있다.

콩과식물에서 질소고정균인 리조비움속의 박테리아는 1년생 뿌리혹(root nodule)을 형성한다(그림 2-52 참조). 반면에 비콩과식물의 질소 고정 뿌리혹은 다년생으로 오리나무나 보리수나무에서는 계속 가지를 쳐서 산호 모양이 되고 소귀나무의 뿌리혹에서는 정단에 새로운 뿌리가 발달한다(그림 2-53 · 2-54 참조). 프란키아균은 뿌리혹 내부 세포에서 소낭송이(vesicle cluster)를 형성하여 공중 질소를 고정하므로(그림 2-55 참조) 오리나무와 보리수나무도 뿌리혹이 형성되지 않으면 질소 양분이 부족하여 생장이 위축되고 생존하지 못한다(그림 2-56 참조).

그림 2-52 콩과식물인 아까시나무의 1년생 뿌리혹

그림 2-53 비콩과식물인 물오리나무의 다년생 뿌리혹

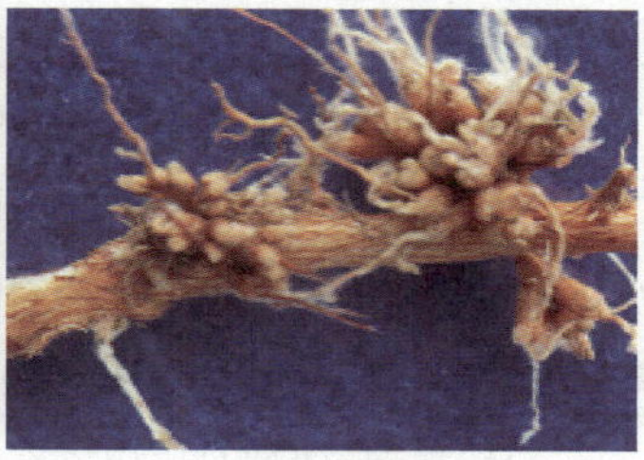

그림 2-54 소귀나무 뿌리혹 정단에 발달한 뿌리

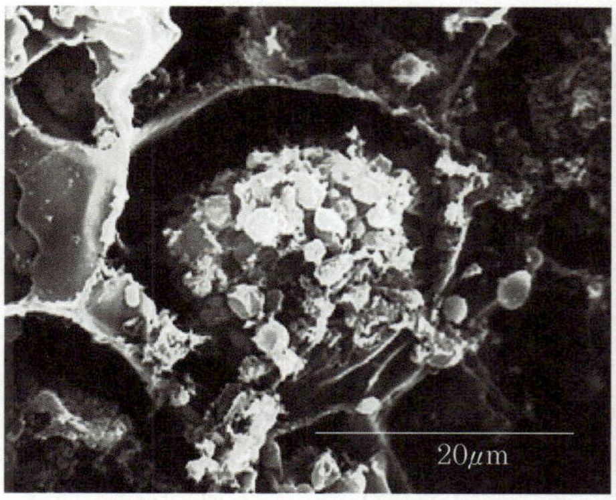

그림 2-55 오리나무 뿌리혹 세포 내에서 공중 질소를 고정하는 소낭송이 [Berry & Torrey, 1979]

그림 2-56 프란키아균을 접종하지 않은 오리나무 (왼쪽 두 개체)

2 균근

균근(菌根, mycorrhizae, fungus root)은 곰팡이와 식물의 뿌리가 상호작용하는 공생체이며, 균류를 의미하는 myco와 뿌리를 의미하는 rhiza가 합쳐진 용어이다. 균류는 토양에서

수분과 양분을 흡수하고 식물은 탄수화물을 생산하여 서로 교환한다. 균근의 역할로는 이동성이 적은 양분(인산, 암모늄태 질소, 아연, 구리)과 수분의 흡수 촉진, 잔뿌리 발달 촉진, 불리한 환경으로부터 뿌리 보호, 토양생태계 내 탄소와 양분의 순환, 토양입단 구조의 발달, 경제적으로 가치가 높은 송이, 능이, 덩이버섯과 같은 균근성 버섯의 생산 등을 들 수 있다.

균근의 가는 균사(菌絲, mycelium)는 뿌리가 양분과 수분을 흡수하는 표면적을 넓혀 이동성이 적은 양분, 즉 암모늄태 질소와 인, 아연 등의 흡수를 촉진한다. 특히 인의 흡수가 증가함에 따라 수분의 흡수도 증가하는 경향이 있다. 육상식물 대부분(97%)은 균근을 형성하며, 무기영양소가 부족하거나 건조지, 고산지대 등 생육 환경이 불량한 곳(건조, 독성, 고온, 저온)에서도 유리하게 생존하고 있다. 일부 식물은 균근이 없으면 정상적인 발달을 하지 못하는 경우도 있다. 그러나 균근이 식물에게 항상 이익을 주지는 않는다. 식물과 균근 사이의 관계는 식물종이나 균종, 그리고 토양 환경의 조건에 따라 형태가 다르고 상리공생부터 편리공생까지 범위가 넓다.

자연 생태계에서 균근의 형성은 생물다양성의 유지 및 보전, 생태계의 구조와 기능 유지, 그리고 훼손된 생태계의 복원에 적용할 수 있으며, 농림업에서는 비료와 농약의 사용량을 줄이는 데 응용할 수 있다. 하지만 균근균을 현지 토양에 효과적으로 적용하기 위해서는 구체적인 토양미생물에 관한 생태학적 · 유전학적 지식이 필요하다.

균근은 뿌리 내에서 균사가 존재하는 위치와 형태를 기준으로 내생균근, 외생균근, 내외생균근, 아부토이드형 균근, 진달래형 균근, 난초형 균근 등으로 구분하며, 산림토양에서는 외생균근과 수지상 내생균근의 두 가지가 중요하다(그림 2-57 참조).

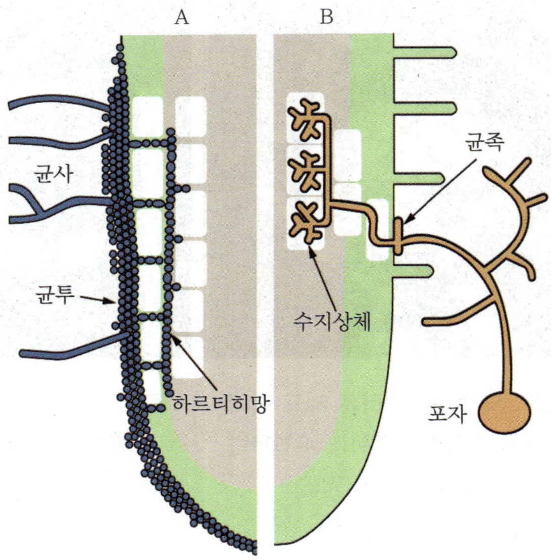

그림 2-57 외생균근(A)과 수지상 내생균근(B)의 형태
[Bonfante & Genre, 2010]

① 외생균근

외생균근(外生菌根, ectomycorrhizae)은 곤봉형, Y자형, 산호형, 혹 모양 등이 있으며(그림 2-58 참조), 균사가 뿌리 표면을 두껍게 싸서 균투(菌套, fungal mantle)를 만들고, 표피와 피층 세포의 사이까지 침투하여 하르티히망(Hartig net)을 형성한다(그림 2-59 참조). 이때 기주식물의 뿌리털은 자라지 않는다. 균사도 뿌리의 세포 내부나 내피 조직 안쪽의 유관속 조직 속으로는 들어가지 않는다. 외생균근균은 주로 담자균류(basidiomycetes; 그림 2-60 참조)와 자낭균류(ascomycetes)이며, 목본식물(소나무과, 자작나무과, 참나무과, 밤나무과, 버드나무과)의 뿌리와 공생하여 기주식물의 생장을 촉진할 뿐만 아니라 송이나 능이와 같은 귀중한 산림소득자원인 버섯을 생산한다.

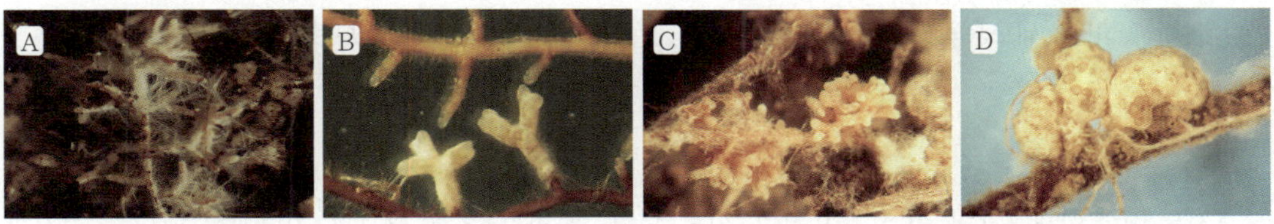

그림 2-58 다양한 형태의 외생균근

A: 소나무 묘목의 뿌리에 형성된 곤봉형, Y자형, 산호형 외생균근 B: 소나무 뿌리의 비균근(위)과 Y자형 외생균근(아래) C: 소나무 뿌리의 산호형 외생균근 D: 잣나무 뿌리의 혹 모양 외생균근

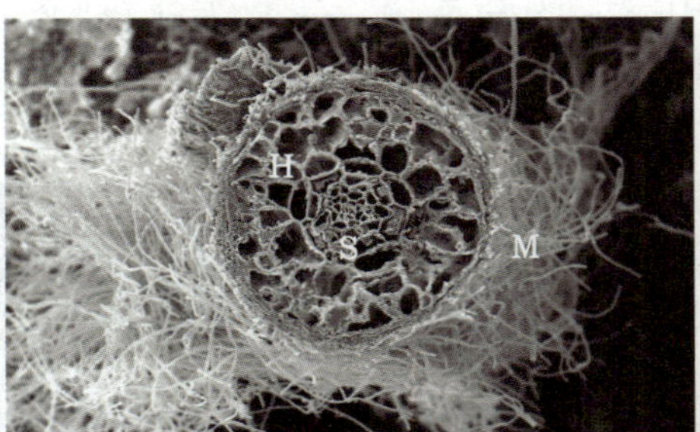

그림 2-59 굴참나무 뿌리에 능이가 형성한 외생균근 횡단면(M: 외부 균사층, H: 하르티히망, S: 균이 침투하지 않은 통도조직)

그림 2-60 참나무류의 뿌리와 공생하는 달걀버섯(*Amanita hemibapha*)

② 수지상 내생균근

수지상 내생균근(樹枝狀 內生菌根, arbuscular mycorrhizae)은 균사가 기주식물의 피층 세포 내부에 침입하여(그림 2-61 참조) 작은 나뭇가지 모양의 수지상체(arbuscule)와 주머니 모양의 낭상체(vesicle)를 형성한다(그림 2-62 참조). 수지상체에서는 기주식물과 균사 간의 양분 교환이 일어나고, 몇 종의 수지상 내생균근균은 낭상체에 양분을 저장한다. 하지만 균사가 뿌리의 통도조직인 내피 세포 안쪽으로 들어가지 않는 점은 외생균근의 경우와 같다. 균사가 뿌리 밖 토양으로도 자라지만 균투를 형성하지 않고 식물의 뿌리털은 덜 발달한다.

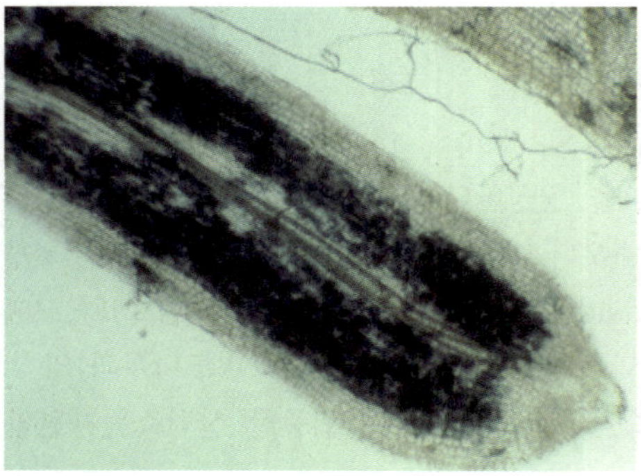

그림 2-61 들메나무의 수지상 균근 내 피층 세포층의 균사체(청색으로 염색됨)

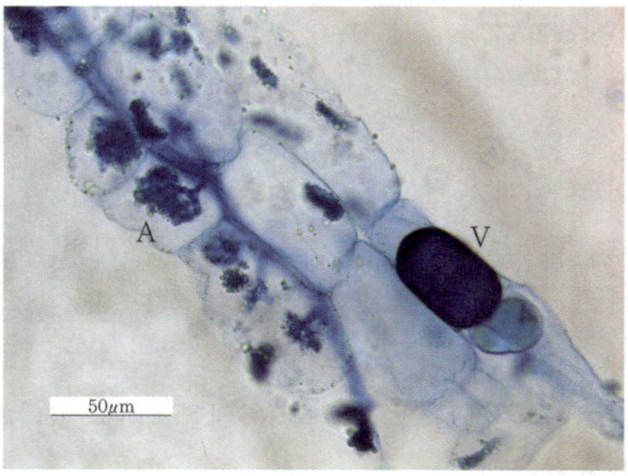

그림 2-62 수지상 균근의 피층 세포 내 수지상체(A) 및 낭상체(V)[Rajarshi, 2019]

내생균근의 기주 범위는 초본류, 주요 작물(수도작 제외), 쌍자엽식물, 외생균근 식물을 제외한 목본식물이며 외생균근의 기주 범위보다 훨씬 넓다. 한편 난초형 균근과 진달래형 균근도 균사가 뿌리 세포 내에 침투하는 내생균근이지만 수지상체를 형성하지는 않는다.

산림토양에서 수지상 균근균은 토양 내 0~15cm 깊이에 전체의 90%가 분포한다. 우리나라에서 수지상 균근균의 다양성은 남쪽으로 갈수록, 토양 수분이 충분한 지역일수록, 비옥도가 높을수록 증가하는 경향이 있다. 생태계에서는 양분이나 수분 환경에 따라 적응한 균종이 달라진다. 그러므로 수지상 내생균근균을 기주식물에 접종한 경우에도 기주식물 종, 균근균 및 토양 양분의 상태에 따라 효과가 크게 다르다(그림 2-63~2-65 참조).

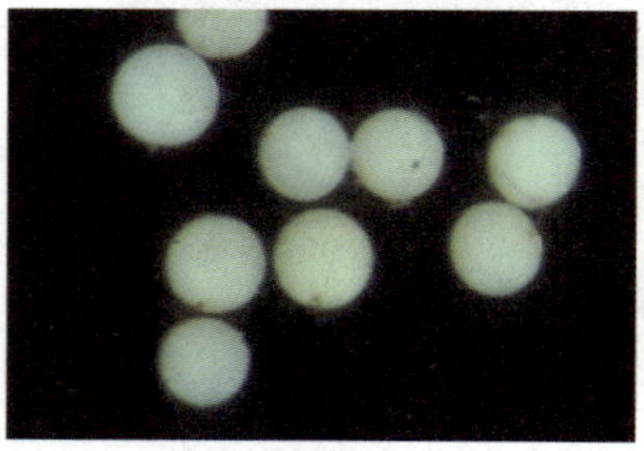

그림 2-63 균근균인 *Gigaspora margarita*의 포자

그림 2-64 균근균인 *Glomus clavisporum*의 포자낭과 포자

그림 2-65 물푸레나무에서 균종별로 차이가 나는 접종 효과

비료를 준 토양과 주지 않은 토양에서 각각 채집한 균근균을 비교했을 때 비료를 주지 않은 토양의 균근균이 기주식물의 어릴 때 생장을 촉진하고 성숙했을 때 꽃이 더 많이 피게 하였다. 이 결과는 식물이 척박한 토양에 적응한 균근균으로부터 이익을 더 얻으며, 토양 양분 환경이 변하면 상리공생에 따른 비용과 이익의 관계도 변함을 의미한다.

생태계 관점에서 보면 균근은 식물이 광합성 산물을 토양 속으로 투입하는 셈이므로 균근이 발달할수록 토양의 유기물 함량이 증가한다. 그리고 수지상 내생균근균이 형성하는 고분자량의 당단백질인 글로말린(glomalin)은 토양입자를 입단화하여 토양을 안정화하는 역할을 한다.

③ 기타 균근

내외생균근은 외부 형태가 외생균근과 비슷하지만 균사가 피층 세포의 내부로 침투하여 자란다. 주로 소나무류의 어린나무에서 발견되며, 기주의 방어 능력이 부족하기 때문에 생겨나는 현상이지만 생장을 위축시키지는 않는다고 알려져 있다.

진달래형 균근(ericaceous mycorrhizae)은 균사가 피층 세포에 들어가 있으며 뿌리의 표면도 둘러싸지만 균투를 형성하지는 않는다. 기주는 진달래, 철쭉, 산앵도나무속 식물이며 이들의 균근은 머리털처럼 매우 가늘다.

아부토이드형 균근(arbutoid mycorrhizae)은 균사가 뿌리 외부에 균투를 형성하고 피층 세포의 내부와 외부 모두에 들어가 하르티히망도 형성하므로 외생균근과 내생균근의 특징을 모두 나타낸다. 기주는 아르부투스(*Arbutus*, madrone)속, 악토스타필로스(*Arctostaphylos*, manzanita)속, 노루발(*Pyrola*)속 등이다. 이들 식물과 공생하는 균류는 담자균류이며 같은 서식지에서 다른 식물과도 외생균근을 형성한다.

수정난풀형 균근(monotropoid mycorrhizae)은 광합성을 하지 않는 무엽록소 식물인 노루발과의 수정난풀(*Monotropa*)속 식물의 뿌리에 형성되며 하르티히망과 균투가 발달한다(그림 2-66 참조). 이 균근의 균사는 인접한 수목과 외생균근을 형성한 뒤 탄수화물을 얻어서 기주인 수정난풀(*M. uniflora*)에 공급한다. 수정난풀이 외생균근에 기생하는 셈이다.

그림 2-66 수정난풀(A)과 수정난풀형 외생균근(B)[MLBS]

난초형 균근(orchidaceous mycorrhizae)은 저장 양분이 거의 없고 매우 작은 미세종자를 만드는 난초과식물에서 형성되며, 난초는 종자가 발아한 후 균류에 기생하여 산다. 난초과식물의 뿌리 세포 내에서 공생하는 균사는 코일형 균사체를 만들고 차츰 난초에 분해·흡수된다. 이들 균류는 낙엽버섯(*Marasmius*)속과 같은 목질 분해균, 또는 뽕나무버섯균(*Armillaria*)이나 리족토니아(*Rhizoctonia*)와 같은 뿌리 병원균이지만 난초의 뿌리와는 공생한다.

3 식물-질소고정균-균근균의 삼자공생

질소고정식물은 질소고정균뿐만 아니라 균근을 형성하여 균근균으로부터도 질소와 인산 양분을 공급받는다. 이와 같은 공생체를 식물-질소고정균-균근균의 삼자공생체(三者共生體, tripartite symbiosis)라고 한다. 기주식물은 광합성, 질소고정균은 질소 고정, 균근균은 인산 등의 양분 및 수분 흡수에 기여하므로 환경 스트레스에 대한 내성이 커진다. 특히 질소 고정에는 에너지(질소 기체 1mol을 고정하는 데 ATP 25~30mol이 필요함)와 인 양분이 필요하고 균근균 균사벽의 키틴 성분에는 질소와 탄수화물이 필요하므로 탄소, 질소, 인 양분을 스스로 해결하는 삼자공생체는 생태계에서 에너지와 양분 순환에 중요한 역할을 한다.

수지상 균근균이 잘 형성된 콩과식물은 질소 고정력과 이산화탄소 고정률도 높다. 프란키아균을 오리나무 묘목에 접종했을 때 균근 형성률이 높아지고 묘목의 생장은 40~60% 증가하였다(Yamanaka *et al.*, 2003). 한편 균근 식물에서 더 많이 사용되는 에너지는 광합성을 더 많이 함으로써 충당할 수 있다. 결국 삼자공생 관계에서는 모자라는 탄소, 질소, 인을 각 공생체가 해결함으로써 총체적으로 공생체 구성원 모두에게 이익이 된다. 하지만 삼자공생체에서는 광량이나 수분 및 질소 공급량에 따라 공생균의 기여도가 달라진다. 광 결핍이나 수분 결핍 동안에는 광합성과 질소 고정 속도뿐만 아니라 균근과 뿌리혹의 발달 및 식물 생장량도 감소한다.

4 수분과 종자 전파

화분 매개(수분, pollination)는 종자식물의 수술에 있는 꽃가루를 곤충이나 새 또는 바람이 암술머리로 운반하는 과정이다. 화분 매개 과정에서 매개 곤충이나 새는 꿀과 꽃가루(즉 에너지)를 얻고, 식물은 수분을 받아 유성생식함으로써 유전자가 다양한 종자를 생산할 수 있다. 즉 식물은 매개자에게 에너지를 공급하고 매개자는 꽃가루를 운반해 주는 상리공생 관계를 맺는다. 식물은 수분을 위해 곤충이나 새를 유인하는 빛깔, 향기, 꿀 등을 생산하고, 곤충이나 새는 꽃을 찾아다니면서 꽃가루를 옮긴다. 이를 위해 식물과 화분 매개자는 생물계절학적 특성(꽃이 피는 시기와 곤충의 활동 시기)에 맞춘 형태적 · 생리적 · 행동적 형질로 진화해 왔다.

수분에 성공한 식물은 종자를 생산하여 퍼뜨릴 일이 남았다. 성숙한 종자를 멀리 전파하는 역할을 동물에게 맡기기 위해 동물이 좋아하는 과육을 발달시킨다. 잣나무와 참나무류의 종자는 탄수화물을 많이 함유하고 있어 종자를 전파할 동물들을 유인한다.

5 보호자

확보된 자원을 보호하는 공생 형태가 있다. 잘 알려진 예는 개미와 진딧물, 말미잘과 흰동가리, 쇠뿔아카시아와 아카시아개미의 공생이다. 남아메리카 열대 및 아열대 지방의 아카시아개미(*Pseudomyrmex*)는 쇠뿔아카시아(*Acacia cornigera*)의 쇠뿔처럼 생긴 큰 가시 속에 산다. 가시 속에서 개미는 조직이 무른 수(pith)를 파내어 집을 짓고, 잎 기부에 있는 꿀샘과 잎 끝부분에 형성된 지질 및 단백질이 풍부한 노란 벨트체(Beltian body)에서 에너지와 양분을 얻어 산다.

아카시아개미가 하는 역할은 쇠뿔아카시아의 줄기에 가까이 오거나 기어오르는 덩굴성 식물의 종자, 순, 줄기 등을 섭식하고 줄기를 파고드는 천공성 곤충이나 병원균의 포자를 제거하는 일이며, 심지어는 초식동물의 접근도 막아 주면서 나무 주위로 반지름 4m까지 경쟁 식물을 제거한다. 덕분에 우거진 열대림 속에서도 키 작은 쇠뿔아카시아는 빛을 충분히 받을 수 있으므로 광합성을 하여 당과 지질을 합성한다. 개미는 수목으로부터 먹이와 서식처를 얻고 수목은 개미의 보호를 받음으로써 경쟁이 치열한 열대림에서 서로 생장과 생존을 도우며 절대적 공생 관계를 형성한다.

6 지의류

지의류(lichen)는 공생조류(phycobiont)인 시아노박테리아[이전엔 남조류(blue green algae)라고 함]와 공생균류(mycobiont)인 자낭균류의 상리공생체이다(그림 2-67 · 2-68 참조). 두 구성원은 절대적으로 함께 살면서 효율적으로 에너지와 양분을 획득하고 번식체를 전파한다.

그림 2-67 자낭균과 시아노박테리아의 공생체 작은꽃잎지의(*Fuscopannaria*)

그림 2-68 바위에 나는 식용 지의류 석이(*Umbilicaria esculenta*)

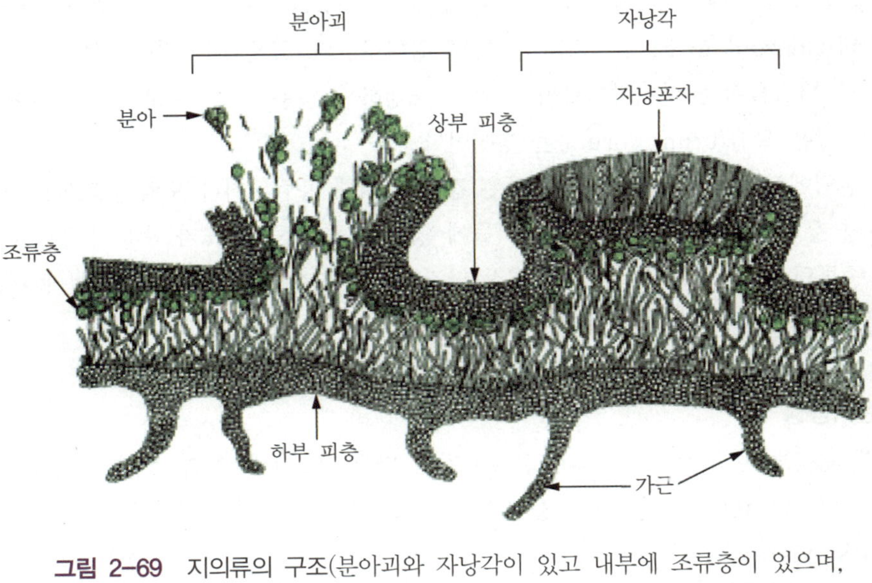

그림 2-69 지의류의 구조(분아괴와 자낭각이 있고 내부에 조류층이 있으며, 분아는 조류와 균사체로 구성된다.)[Armstrong, 2017]

공생조류는 빛과 이산화탄소로 광합성을 하여 공생균류에게 탄수화물을 공급하며, 공생균류는 물과 무기물을 흡수하여 조류에게 공급하고 건조와 같은 환경 스트레스로부터 공생조류를 보호하여 생존율을 높인다(그림 2-69 참조). 공생균류는 흡기(吸器, haustoria)를 공생조류의 세포벽 내로 침투시켜 영양을 얻고 산소도 얻는다.

7 편해작용과 타감작용

편해작용(偏害作用, amensalism)은 어떤 생물종의 개체가 일방적으로 다른 개체나 종에게 해를 입히는 현상을 말하며, 항생작용(antibiosis)이지만 빛이나 수분 및 양분을 쟁탈하는 경쟁 관계는 아니다. 편해의 한 예인 타감작용(他感作用, allelopathy)은 한 생물체가 생화학물질을 주위 환경에 배출하여 다른 생물종이 발아나 생장을 하지 못하도록 해를 끼치면서 자신의 생존과 생장을 확보하는 현상이다. 이러한 작용을 하는 물질을 타감물질(他感物質, allelochemical)이라고 한다. 타감물질은 자연 생태계에 흔하며, 식물이든 동물이든 타감물질을 분비하여 초식자나 포식자 또는 경쟁자로부터 자신을 보호하고 경쟁 공간을 확보한다(Perry *et al.*, 2008).

타감물질의 예로 가래나무의 잎, 열매, 줄기, 뿌리 조직에서 배출되는 수용성의 비독성물질인 수산화주글론(hydroxy juglone)은 토양에서 산화하여 주글론(juglone)이 되고 다른 식물종의 발아와 생장을 저해한다(Kimmins, 2004). 호두나무의 주글론에 민감한 식물로는 소나무, 진달래, 철쭉, 자작나무, 블루베리, 재배용 포도나무, 사과나무, 국화, 물망초, 감자, 토마토 등이 있다. 저항성 수목으로 측백나무, 물푸레나무, 벚나무, 개나리, 아까시나무, 가문비나무, 칡 등 수십 종이 있으며, 저항성 초본으로도 수선화, 야생 국화, 원추리, 고사리, 달맞이꽃, 튤립 등 수십 종이 있다(Appleton, 2000).

열대지방의 몇몇 수종은 니켈, 납, 알루미늄 등의 독성물질을 집적하여 주위의 다른 식물을 축출한다(Ghazoul & Sheil, 2010). 특정 참나무류와 공생하는 덩이버섯(*Tuber* sp.)은 토양 내부로 타감물질을 분비함으로써 주위의 공생하지 않는 식물을 모두 제거하여 토양이 불에 탄 것 같은 모습(brunt, brule)을 형성한다.

하지만 산림에서 분비된 타감물질의 경우 강우에 의해 용탈되거나 토양미생물에 의해 분해되거나 토양 유기물과 결합하므로 다른 식물에 영향을 줄 만큼 농도가 충분히 집적되지 못하고, 여러 종류의 목본 및 초본 식물이 특정 타감물질에 저항성을 나타내기 때문에 독성 효과를 충분히 증명하는 데에는 어려움이 있다(Taiz & Zeiger, 2002).

8 편리공생

편리공생(偏利共生, commensalism)은 두 가지 다른 생물종이 함께 살지만 한쪽만 유리한 공생 관계이다. 그러나 이익을 얻는 공생체가 과도하게 번성하면 기주가 해를 입는 기생 관계가 될 수도 있다.

산림에서 수목의 수피와 잎 표면에 서식하는 비기생적 착생식물인 지의류, 난초류, 이끼류 등은 수목에 붙어 수관 틈새로 빛을 확보하고 광합성을 한다. 이때 기주식물 내부로 들어가지 않고 강우나 줄기 표면을 흐르는 물에서 수분과 양분을 독자적으로 획득하므로 기주식물에는 아무런 영향을 주지 않는다.

착생식물과 기주식물을 시공간적으로 달리 보면 경쟁이나 공생 관계로 발전할 수 있다. 착생식물이 기주의 광합성을 방해하면 경쟁 관계가 되고, 착생식물의 광합성 산물과 질소 고정 작용이 토양 비옥도를 높여 기주식물의 생장에 기여하면 임의적 공생 관계가 될 수 있다. 한편 땅속에서 여러 종의 수많은 뿌리가 만나더라도 상호작용이 없으면 서로 무관한 원시협동 상태가 된다.

3·1·4 기생

기생(寄生, parasitism)은 기주의 조직이나 표면에 살면서 양분을 취하여 기주의 적응도를 떨어뜨리지만 기주를 죽이지 않고 사는 형태이다. 기생생물(parasite)은 일반적으로 자기보다 크고 강한 생물체로부터 일방적으로 영양을 섭취하지만 기주의 생존을 위협하지는 않는다. 따라서 기주 개체군을 따라 널리 퍼지는 능력이 있다. 하지만 기생생물이 영양소를 과도하게 섭취하면 기주생물의 활력이 떨어져 생육장해가 나타나며, 심할 경우에는 2차적 감염이나 불임으로 번식력을 잃고 종 내 및 종간의 경쟁에도 뒤처져 생존이 어려울 수 있다.

잎에 병을 일으키는 균이나 진딧물, 잎벌, 잎벌레 등은 기주식물의 일부에서 에너지와 양분을 소량만 취하고 기주를 죽이지는 않으므로 기생의 특성을 띤다. 일부 식물도 기생을 한다. 새삼(*Cuscuta*)은 광합성을 하지 않고 다른 식물로부터 에너지와 영양소를 얻으면서 바이러스(virus)와 같은 병원균을 옮기기도 한다(그림 2-70 참조). 기주 선택성이 있는 새삼은 기주의 생장을 방해하여 다른 종과의 경쟁에서 도태하게 함으로써 다른 식물종의 번성을 초래하기도 한다. 겨우살이는 광합성을 하지만 물과 영양소를 기주식물로부터 얻는다. 과육이 잘 발달한 겨우살이 열매를 새들이 먹고 종자를 전파하기도 하며, 종자에는 끈끈적한 점액물

그림 2-70 벌개미취에 기생하는 새삼의 덩굴과 열매

그림 2-71 잎의 점무늬 병징은 병원균이 퍼지는 것을 막기 위한 기주의 과민성 반응

질이 있어 가지에 잘 부착한다.

숙주가 죽으면 기생생물도 번식을 못한다. 그러므로 기생생물은 자신의 자손이 생활사를 완성할 수 있도록 기주가 오래 살게 하거나, 유성번식과 무성번식을 조합하여 새로운 환경에 적응한 번식체를 폭발적으로 증식하면서 다음 세대에도 지속가능하도록 진화하고 있다. 종마다 생존을 목적으로 단일기주기생, 2종기주기생, 포식기생, 그리고 매개충 기생 등의 다양한 관계를 이루며 산림생태계에 존재한다.

1 기생균과 산림생물의 반응

산림식물은 기생균의 침입에 대해 물리적으로 그리고 생화학적으로 방어한다. 이들의 방어체계는 이미 갖추고 있는 기존적(旣存的) 방어와 병원균이 침입했을 때 생성되는 유도적(誘導的) 방어로 나뉜다. 기존적 방어 체계로는 코르크층이 있는 수피, 잎의 왁스층 · 페놀화합물 · 타닌 · 파이토안티시핀 등의 물질과 방어물질을 생산하는 유조직 · 형성층 등이 있다. 유도적 방어 체계로는 병원균이 침입했을 때 유조직이 생성하는 코르크층, 이층, 전충체, 페놀화합물, 파이토알렉신 등과, 기생균의 침입을 막기 위해 조직을 괴사시키는 과민성 반응(그림 2-71 참조) 등이 있다. 유전자 돌연변이로 기생균의 침입을 방어하는 저항성 유전자가 발달하기도 한다.

성공적인 기생균은 기주의 물리적 · 생화학적 방어 체계를 뚫는 기생 능력을 발달시키지만 그렇지 못한 기생체는 절멸한다. 결국 기주는 저항성으로, 기생생물은 병원성으로 각자의 생존을 위해 공진화해 왔다. 이에 따라 기생 관계에 있어서 자연선택은 서로의 생존을 위해 기주이든 기생자이든 서로 죽이지 않는 약한 기생으로 진화해 왔다고 볼 수 있다. 그럼에도 기생생물과의 상호작용에서 기주가 죽는 두 가지 경우가 있다. 즉 기생생물을 만난 적이 없어서 공진화하지 않은 경우와 너무 과다한 기생생물 개체군이 침입한 경우이다.

우리나라 산림과 조림지에 한때 잣나무 털녹병, 잣나무 아밀라리아뿌리썩음병, 밤나무 동고병 등이 심하게 확산하여 고사목이 많았지만, 현재는 자연간벌 효과 정도로 발생하므로 산림 황폐화는 나타나지 않고 있다. 이렇듯 새로운 수목병이 대발생하는 이유는 기주식물의 방어 체계를 무너뜨리는 새로운 병원균이 진화로 생겨나는 반면에 기주에서는 이에 대한 저항성이 발달하지 못했기 때문이다. 현재 창궐하는 소나무재선충병과 참나무 시들음병이 대표적인 예이다(이돈구 등, 2012).

소나무류는 상처를 입으면 수지를 분비하여 병해충의 침입을 방어한다. 하지만 국외에서 들어온 소나무재선충은 오히려 이 수지구를 통해 내부로 들어가고 수지구의 상피세포에서 양분을 획득하여 번식하는 능력이 발달하였다(그림 2-72 · 2-73 참조). 소나무재선충은 외래곤충인 솔수염하늘소가 매개하여 옮기며 소나무와 곰솔을 수개월 내에 급작스럽게 죽인다. 따라서 소나무 개체군은 아직 저항성이 발달할 시간을 가질 수 없어 이에 맞서는 맞진화(counter-evolution)를 못한 상황이다.

참나무 시들음병균은 국내 종인 광릉긴나무좀이 매개하며 주로 수피가 얇은 신갈나무에 피해를 입힌다(그림 2-74 · 2-75 참조). 신갈나무 역시 이 병원균과 곤충에 대한 저항성을 아직 발달시키지 못하고 있다. 우리나라 산림생태계의 먹이그물에서 보면 소나무재선충과 참나무 시들음병균은 포식자이고, 피식자인 소나무, 곰솔, 잣나무, 신갈나무 등의 개체군은 풍부하고 연속적으로 넓게 분포한다. 그렇지만 이들 수종은 저항성을 전혀 갖추지 못하였다.

그림 2-72 소나무재선충병의 피해를 입은 소나무(제주도)

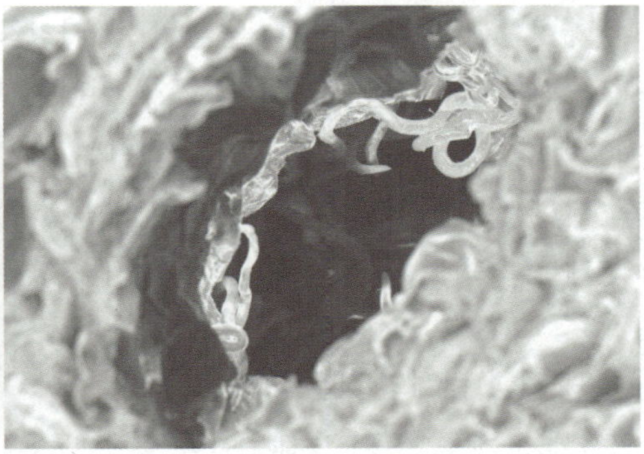

그림 2-73 소나무 가지의 피층 수지구 내 소나무재선충

그림 2-74 참나무 시들음병 피해 벌채지 훈증(주요 수종 신갈나무; 서울 우면산)

그림 2-75 참나무 시들음병에 감염된 신갈나무 줄기 단면(광릉긴나무좀이 들어간 천공 자국이 보이고, 1년생 목부 외에 변색된 내부 목질부는 급속 사멸하였다.)

일반적으로 기생균과의 관계에서 기주 개체군의 반응은 세 가지로 나타난다. 즉 완전 감수성 개체(susceptible), 감염된 개체(infectious), 그리고 회복되어 면역이 생긴 개체(recovered)이다. 외래 곤충이 매개하여 새롭게 전파된 치명적인 수목병에 대해 감수성 개체는 매우 많고 회복되는 개체는 매우 드물다. 그러므로 현재로서는 병에 걸린 개체목을 철저히 격리하여 제거하는 일이 중요하다.

2 동물과의 상호작용

동물은 수목의 잎이나 열매, 수피를 먹으면서, 또 줄기를 절단하면서 숲틈을 만들고 종자를 전파하기도 한다. 이러한 동물의 활동에 대해 수목은 여러 가지 방식으로 방어하거나 또는 이용하기도 한다. 잎이나 가지에는 동물이 싫어하는 가시, 침, 털 등이 발달해 있고, 수지나 개미산과 같은 자극적 물질 또는 치명적인 독성물질을 분비하기도 한다. 또한 특정 양분이나 단백질이 부족하거나 소화가 어려운 타닌 등의 물질을 분비하여 섭식을 방해하기도 한다. 한편 종자 생산이 풍년일 경우에는 섭식하는 동물들을 포만시켜서 종자 섭식률을 줄이기도 한다. 열대지방의 코끼리는 큰 수목을 뽑거나 훼손하여 숲틈을 만들고 빛과 수분 환경을 좋게 함으로써 먹이로 선호하는 선구수종의 식생이 계속 유지되도록 한다.

3 기생 관계의 생물적 활용

인간에게 해를 주는 병해충이나 잡초 등을 방제하기 위해 기생생물 또는 천적을 이용하는 일을 생물적 방제(biological control)라고 한다. 효과적인 생물적 방제 생물은 몇 가지 특징이 있다. 즉 숙주의 환경에 적응하고 기주를 잘 찾으며 개체군 성장률이 높고 분산을 잘하며 공진화한다. 따라서 생물적 방제가 한번 정착하면 관리 비용이 더 이상 들어가지 않고, 화학적 방제와 달리 병해충의 내성이 덜 나타나서 생태계가 안정화한다.

우리나라 산림에서는 산림 해충인 솔잎혹파리를 방제하기 위해 솔잎혹파리먹좀벌, 혹파리사리먹좀벌 등을 사육하여 방사한 바 있다. 방사 효과로 솔잎혹파리 개체군의 약 11%에서 기생벌이 발견되었으나 현재는 솔잎혹파리로 인해 소나무가 죽는 일이 더 이상 나타나지 않아 사육 및 방사를 중단하였다.

하지만 생물적 방제에도 종간의 복잡한 상호작용이 존재한다. 한 종류의 먹이를 대상으로 하는 개체군의 밀도가 증가하여 종내경쟁이 생기면 여러 종의 천적 간 종간경쟁도 생긴다. 과기생(superparasitism)은 한 마리의 기주에 여러 마리의 포식기생충이 존재하는 현상으로 나방류의 큰 기주에 기생벌 수십 마리가 기생하기도 한다. 중기생(hyperparasitism)은 한 종류의 포식기생충 속에 또 다른 종류의 포식기생충이 기생하는 현상이다. 공기생(multiple parasitism)은 한 마리의 기주에 2종 이상이 동시에 기생하는 경우이지만 결국에는 경쟁배타에 의해 한 종만 남아 생육하는 경우가 많다. 그 밖에 인위적인 천적 도입으로 예기치 않은 상호작용도 생길 수 있다. 예를 들어 하와이에서는 방귀벌레를 방제하기 위해 도입한 외래 곤충이 방제 대상이 아닌 고유종에게까지 기생하는 일이 벌어졌다.

3·1·5 중립

중립(中立, neutralism)은 두 생물종이 서로 영향을 주고받지 않으면서 함께 공존하는 상태이다. 중립은 두 생물의 생태지위가 완전히 다른 경우라고 할 수 있다. 하지만 산림생태계에서 정확한 중립을 관찰하기는 쉽지 않다. 왜냐하면 어떤 식생이든 자리 잡으면 지상과 지하에서 주위의 물리적 · 생물적 환경에 영향을 미치고 공존하는 개체들도 서로에게 영향을 주기 때문이다.

산림생태계 중 산복이나 산정의 건조한 척박지에 위치한 소나무림에서는 철쭉이나 진달래가 중립으로 공존한다. 이들은 소나무와 지상에서 빛 경쟁을 하지 않으며 지하에서도 수분과 양분을 두고 경쟁하지 않는 것으로 보인다. 하지만 소나무 개체수가 감소하고 신갈나무 개체수가 증대하면 진달래는 줄어들지만 철쭉은 늘어나는 경향이 있어 단기간에 중립 여부를 판단하기 어렵다.

3·1·6 환경 적응과 진화

진화(進化, evolution)는 과거 생물이 오랜 세대를 거치면서 변화하는 주위 환경에 적응하여 형태 · 구조와 유전적 형질이 바뀌는 과정을 뜻한다. 현존하는 생명체는 진화의 산물이며, 생물의 진화는 현재도 끊임없이 이루어지고 있다.

공진화는 두 생물종이 상호작용을 통해 적응과 선발을 거치면서 함께 생존하고 진화하는 과정이다. 꿀을 생산하는 고등식물과 꽃가루를 매개하는 곤충 사이의 공생 관계는 잘 알려진 긍정적인 공진화이다. 즉 식물은 수분을 위해 매개 곤충이 잘 찾도록 꽃의 형태 및 꿀의 양과 질이 변하였고, 곤충은 꽃의 구조에 맞추어 몸체와 꿀을 빠는 입의 형태가 변하였다.

산림생태계의 구조와 기능은 변화하는 환경에 적응하고 진화한 생물에 의해 지속되고 있다(그림 2-76 참조). 하지만 생물이 이미 적응한 현존 환경도 시공간적으로 변동하고 변화하므로 때로는 이들이 살아가기에 한계가 있을 정도로 불리해지기도 한다. 예를 들면 생물적 환경에서는 서식지와 먹이 및 번식을 놓고 치열하게 경쟁하는 새로운 개체군이나 새로운 종뿐만 아니라 천적인 포식자도 돌연 출현할 수 있다(표 2-13 참조).

그림 2-76 겨우살이-참나무류 상층과 주목 등의 하층식생으로 이루어진 산림생태계(생물과 물리 환경의 상호작용에 적응한 구조와 기능으로 유지된다.)

표 2-13 산림생태계 내 변화에 따른 상호작용과 지속성

생태계 내의 변화	생물적 · 물리적 상호작용
먹이 및 서식지의 시공간적 변화	경쟁 생물 이동 공간 형성 공생, 기생, 포식
유전자 변이	적응과 진화
생태계 지속	구조 유지(먹이그물 구조, 지위) 기능 유지(생산, 소비, 분해)

기후변화, 자연재해, 산불 등의 교란은 생물의 생장 잠재력을 떨어뜨린다. 이러한 자연 요인을 환경저항이라고 한다. 현존하는 생물종은 환경저항에도 불구하고 생활사 중에 유성생식을 하여 새로운 유전자를 지닌 개체를 만들고 그중 환경에 적응한 후손을 남긴 결과이다. 이들 중에서 특정 지역 환경요인에 적응하여 유전자가 상당히 변화한 생태형은 다른 종으로 분화하기도 한다(제 I 편 제2장 2·2·3 참조). 유전자 변이가 종 분화까지 이어지지 않은 경우는 적응형(ecophenes)이라고 한다. 위도, 고도, 수분 환경의 변화와 같이 환경이 점진적으로 변화함에 따라 점진적인 형질 변화를 나타내는 생태경사형(ecocline)이 생기기도 한다.

3·2 산림생물과 환경의 상호작용

산림은 지구상의 여러 기후 · 물리적 환경, 즉 온도와 수분(강수량)에 적응하여 생존 · 생장하며 번성하고 있다. 산림생물 또한 산림생태계의 물리적 요인과 상호작용하면서 적응 · 진화하여 생존해 왔다. 기후변화는 기온 상승과 같은 물리적 환경의 변화를 가져오고 홍수, 가뭄, 이상 난동과 한파 등 크고 작은 교란을 일으켜 산림생태계 생물에게 스트레스를 주고 있다. 스트레스란 생물에게 불리한 영향을 미치는 외부 요인을 말한다.

3·2·1 수분

물(수분)은 모든 생물의 주요한 구성 성분으로 여러 가지 물리 · 화학적 과정에 관여하며, 다음과 같은 다양하고 특이한 성질을 갖고 있다.

1) 극성이다. 분자식 H_2O이지만 산소는 수소 4개와 결합한다(공유결합 2개, 수소결합 2개).
2) 빙점과 비등점의 차이가 100℃나 되고, 열수용력이 공기보다 1,000배 크다.
3) 비열 1cal/g, 기화열 539cal/g, 융해율 80cal/g으로 액체 중에서 매우 높은 편이다.
4) 3상(기체 · 액체 · 고체)이 있다.

5) 대류하며, 밀도는 4℃에서 가장 높고, 얼음이 액체 상태의 물보다 가볍다.
6) 물의 표면장력은 0.074로 큰 편이다.
7) 공기보다 열전도율이 20배 높다.
8) 물에서의 산소 확산은 공기에서보다 10,000배 느리다.
9) 엔트로피(entropy)가 낮아 스스로 유발하는 반응력이 낮다.

1 산림과 수분의 상호작용

산림에서 물은 토양-수목-대기의 연속체를 통해 순환한다. 수목은 기공을 통해 증산작용을 하여 올리는 물로 광합성을 하고 토양의 양분을 운반하며 세포의 활성을 유지한다. 식물이 토양에서 뿌리를 통해 빨아올린 물 중 95~99%는 기공을 통해 대기로 소실되고, 극히 일부가 식물체 표피를 통해 증발하기도 한다. 기공을 통한 증산과 수체 및 토양 표면에서의 증발을 합쳐서 증발산이라고 한다. 나머지 1~5% 중에서 0.1~1%가 광합성과 수체 내 생화학 반응에 이용되고, 0.9~4%가 잎과 체관부에 남아 세포의 팽압 유지에 이용되거나 변재부에 저장된다. 수목에서 수분 저장량의 75%가 변재 부위에 저장된다.

산림의 연간 증산량은 기후와 임분 및 기상 상태에 따라 달라 280~1,570mm/yr 범위이며 연간 강우량의 21~93%이다(Kimmins, 2004). 잎의 단위무게당 수분 증산량은 침엽수의 경우 1.3~3.2g/g 생엽인 데 비해 활엽수는 4.8~9.5g/g 생엽이다. 하지만 단위면적당 잎의 양은 침엽수가 12~40Mg/ha으로 활엽수 5~8Mg/ha보다 약 4배 많으므로 임분의 연간 증산량은 침엽수가 86~190mm/ha/yr, 활엽수가 140~170mm/ha/yr로 차이가 크지 않다(이경준, 2021).

북동아시아 온대 산림의 연간 증발산량은 300~630mm, 엽면적지수는 3.6~4.3으로 7월에 가장 높다. 1일 증발산량은 0~7.4mm로 연중 변이가 크고 하루 중에서는 12시경에 가장 높다(Wang *et al.*, 2022). 산림의 증발산 속도는 기후, 임분, 토양, 기상 상태 외에 엽면적지수나 수증기압차(vapor pressure deficit; 공기 중 포화수증기량과 현재 수증기량의 차이)가 클수록, 건조하고 온도가 높을수록 올라간다.

한편 산림은 강우를 차단한다. 산림에 내리는 강우는 수관의 잎과 가지의 수피에 묻어서 임지에 도달하지 못하고 증발하기도 하며 이를 강우차단(rainfall interception)이라고 한다. 강우차단량은 잎의 비표면적(면적/부피)이 넓은 침엽수에서 많으며 계절과 강우량, 산림의 수직 구조, 엽면적지수 등에 따라 차이가 있어 연간 180~460mm이다. 강우차단율(강우차단량/강우량)은 강우량이 적을수록 높아서(그림 2-77 참조) 강우량이 3~6mm 이하인 경우에는 약 40%, 강우량이 15~20mm인 경우에는 약 17%이다.

아마존에서 열대 원시림과 야자(palm) 농장의 물 수지 관계를 추정 계산한 결과에 따르면 강우량이 2,007mm일 때 원시림에서는 증발산량이 74%(증산 48%, 강우차단에 의한 증발 26%, 토양에서의 증발은 거의 없음)이고 토양 유출수가 26%이었다. 하지만 산림을 벌채하고 조성한 야자 농장에서는 증발산량이 45%(증산 24%, 강우차단에 의한 증발 6%, 토양에서의

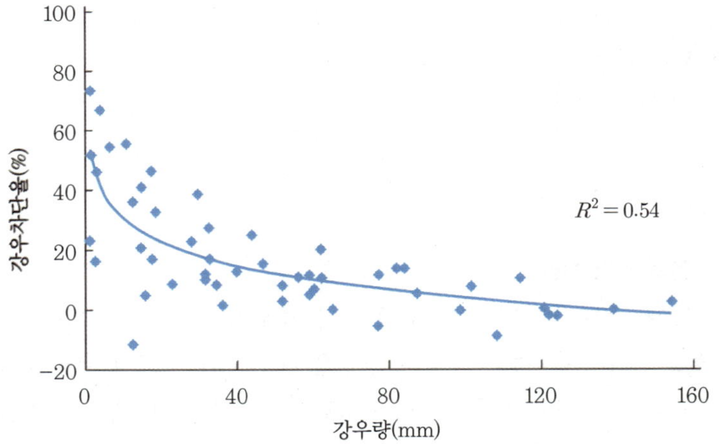

그림 2-77 열대림에서의 강우량에 따른 강우차단율
[Gomez-Peralta *et al.*, 2015]

증발 15%)로 줄고 토양 유출량은 55%로 증가하였다(Kunert, 2015; 그림 2-78 참조).

산림에서는 짙은 안개나 구름이 낀 경우 수증기가 임목의 잎, 가지, 줄기에 물방울로 응결한다. 이를 수우(fog drop)라고 하며 양은 안개의 정도와 빈도에 따라 총강우량의 10~40%에 달한다. 산정 산림생태계에서 수우는 습도를 높이고 수관부와 토양에 수분을 공급한다. 대기 중의 분진도 수우에 포함되어 산림생태계에 영향을 준다. 파도가 많이 치는 해안에서는 수우에도 염분이 들어 있어 이에 적응한 곰솔이나 보리밥나무 등만 생존할 수 있다.

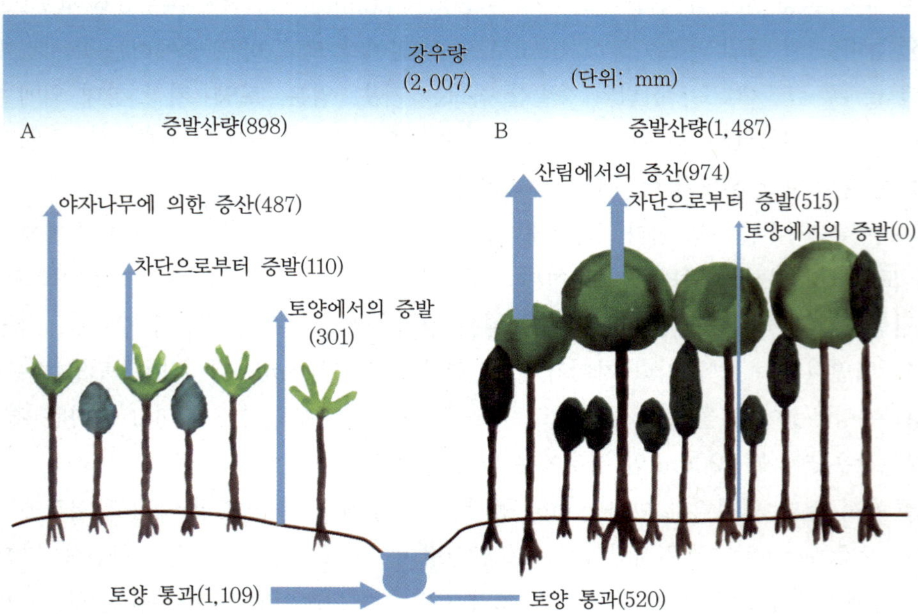

그림 2-78 야자 농장(A)과 원시림(B)의 물 수지 비교[Kunert *et al.*, 2015]

2 수분 변화에 대한 적응

산림생태계는 토양 수분의 과잉과 부족 모두의 영향을 받는다. 연중 장마나 건조 시기가 있는 환경에서는 침수, 건조 등 주기적인 지하수 변동에 적응한 수종이 생존한다. 소나무는 산 능선부뿐만 아니라 폭우에 침수되는 산림 계곡에도 분포한다. 이 경우 침수 기간이 짧고 배수가 잘되는 위치에 있기 때문이다.

① 수분 과잉에 대한 적응

수목 뿌리가 장시간 침수되면 토양 내 산소가 부족해져서 뿌리가 사멸하고 생장이 저해되며 심하면 수목 전체가 고사한다. 저지대에서는 지하수의 수위가 높아지면 수목의 생장이 저해될 수 있다. 산림생태계에는 주기적인 침수에 적응한 여러 수종이 있다(표 2-14 참조). 북아메리카의 산림습지에 주로 분포하는 흑물푸레나무(*Fraxinus nigra*)와 미국낙엽송(*Larix laricina*), 동부 지역에 자생하는 흑버들(*Salix nigra*) 등이 대표적이다(그림 2-79 참조). 버드나무류는 물가에 잘 적응한 수종으로 수시로 잠기는 물가 주변의 생태계를 안정화한다.

표 2-14 침수에 대한 내성 수종

내침수성	수 종
내성	낙우송(*Taxodium distichum*), 참꽃단풍(*Acer rubrum*), 흑물푸레나무(*Fraxinus nigra*), 미국낙엽송(*Larix laricina*), 흑버들(*Salix nigra*)
중간 내성	양버즘나무(*Platanus occidentalis*), 서양측백(*Thuja occidentalis*), 대왕참나무(*Quercus palustris*), 네군도단풍(*Acer negundo*), 발삼전나무(*Abies balsamea*), 흑자작나무(*Betula nigra*), 미루나무(*Populus deltoides*), 흰버들(*Salix alba*)
약함	소나무속(*Pinus* spp.), 비술나무(*Ulmus pumila*), 백합나무(*Liriodendron tulipifera*), 설탕단풍(*Acer saccharum*), 흑호두나무(*Juglans nigra*), 뽕나무속(*Malus* spp.), 가문비나무속(*Picea* spp.), 피나무속(*Tilia* spp.), 미국흰참나무(*Quercus alba*)

[Iles & Gleason, 2008]

그림 2-79 북아메리카의 산림습지에 우점하고 있는 흑물푸레나무(A · B)와 하층에 자연 발생한 미국낙엽송 치수(C)(미국 미시건주)

낙우송에는 호흡근(pneumatophore)이 있어 공기가 잘 통하며 물가 쪽에서 더 크게 발달한다(그림 2-80 A 참조). 열대지방의 해안가에서 자라는 맹그로브(mangrove)는 물속에서 수목을 지지하는 기근(aerial root)이 발달한다(그림 2-80 B 참조). 기근은 침수 시 부족한 산소를 해결하는 동시에 파도에 견디고 정착하는 역할을 한다. 길고 끝이 뾰족한 맹그로브의 종자는 가지에 매달린 채 발아한 뒤 낙하하여 물속 바닥에 꽂히면 신속히 발근하고 잎을 내어 광합성과 생장을 개시한다(그림 2-80 C 참조).

그림 2-80 수분 과잉에 적응한 수종

A: 낙우송의 호흡근 B: 맹그로브의 지지 기근 C: 끝이 뾰족한 맹그로브의 종자

② 수분 결핍에 대한 적응

수목은 토양 수분이 부족할 경우에는 뿌리에서 생성한 아브시스산(abscisic acid)을 잎으로 전달하여 기공을 폐쇄하고 수분 소비를 줄인다. 더 부족해지면 초기위조점에서 시들기 시작하고, 더

표 2-15 식물의 건조 저항성 기작

저항성 전략	적응 방법	식물 예
수분 손실 감소	기공에 왁스층이 있음	선인장류(*Opuntia*)
	함몰된 기공	소나무류
	밤에 기공을 열고 CO_2 고정	선인장류
	잎 표면의 털이 수분 흡수	파인애플과식물(bromeliad, 남아메리카 고산 건조지 식물)
	오그라진 잎	아프리카나래새(esparto grass, *Stipa*)
수분 저장	다육질 잎	칼랑코에(*Kalanchoe*, 돌나물과)
	다육질 줄기	유포르비아(*Euphorbia*, 대극과)
	괴경에 수분 저장	메스키트(mesquite, 미국 건조지 콩과 관목식물)
수분 흡수	깊은 뿌리 시스템	아카시아(*Acacia*), 프로소피스(*Prosopis*), 열대지방 건조지 콩과식물
	지하수층 아래에서 수분 흡수	협죽도(*Nerium indicum*)
	잎 표면의 털이 수분 흡수	틸란드시아(*Tillandsia*, 뿌리가 없는 착생식물)

심할 경우에는 회복할 수 없는 영구위조점에 도달하여 잎이 죽는다. 하지만 내건성 식물은 건조에 대비하여 수분을 저장하고 효율적으로 흡수하거나 손실을 줄이는 등 여러 가지 건조 저항성 전략을 지니고 있다(표 2-15 참조). 또한 수분 보전을 위해 다양한 형태적 · 생리적 특성을 나타낸다(표 2-16 참조).

표 2-16 수분 부족에 대한 내건성 식물의 형태적 · 생리적 적응 특성

형태적 적응 특성	생리적 적응 특성
• 수고 생장 감소 • 잎의 크기 감소, 두께 증가, 털 발달, 세포 소형화 • 기공의 소형화, 밀도 감소, 함몰, 주변 털 발달, 개폐 조절 • 각피 비대화, 왁스층 발달 • 엽육세포 내 책상유세포 증가, 해면유세포 감소, 세포간극 축소 • 뿌리 확장	• 세포 내 당 축적 증가, 전분/당의 비율 감소, 농도 증가, 삼투퍼텐셜 감소, 콜로이드 성분 함량 증가, 함수율 감소 • 원형질 점성 감소, 침투능 증가 • 증산과 광합성 속도 조절 • 위조점에 대한 저항력 증가 • 조기 개화 및 결실 • 수명 연장

[Kimmins, 2004]

수분 부족에 대한 생리적 반응에 따라 건성 식물을 구분하면 다음과 같다.

1) **건조탈출 식물**(drought escaper): 수분이 부족할 때 생리 · 대사 기능을 정지한다. 왜소하고 뿌리/지상부(R/T) 비율이 크며, 생활사 기간이 매우 짧아서 발아-생장-개화-결실의 과정을 우기 동안에 완성한다.
2) **내건성 식물**(drought tolerant): 수분이 부족할 때 잎의 수분퍼텐셜을 낮추어서 수분 흡수능을 높이고 팽압을 유지하여 광합성 효율을 유지하는 식물로 건조회피형 식물과 진정내건성 식물이 있다.
   - **건조회피형 식물**(drought avoider): 수분 부족 상황에 처했을 때 수분절약형 또는 수분소비형의 방법으로 수분퍼텐셜을 높게 유지하면서 건조를 피한다. 수분절약형 식물(water savers)은 다육식물처럼 수분을 많이 저장하거나 두꺼운 큐티클층으로 수분 손실을 줄인다. 수분소비형 식물(water spenders)은 뿌리 흡수력이 뛰어나서 함수율을 높게 유지하고 기공을 열어 수분을 소비하면서도 높은 광합성을 유지한다. 수목의 내건성은 주로 이 두 방법을 혼용하는 건조회피형에 해당한다. 즉 형태적으로는 잎이 작아지고 세포벽이 두꺼워지며 각피와 왁스층이 잘 발달하고 기공이 함몰되며(그림 2-81 참조) 기공 주위에 왁스층이 발달하여(그림 2-82 참조) 수분 손실을 줄이는 동시에 뿌리는 깊고 넓게 확장하여 수분 흡수를 높인다.
   - **진정내건성 식물**(true drought tolerant): 심한 건조 상황에서도 여러 방법으로 물을 흡수할 수 있다. 즉 세포 내에 충분한 삼투용질이 있어 탈수가 일어나지 않게 하거나, 세포 내 용질의 농도를 높이고 삼투퍼텐셜을 낮추어 잎의 팽압을 유지하고 광합성을 계속한다. 수목 중에서 소나무, 은행나무, 리기다소나무, 상수리나무와 같이 진정내건성을 나타내는 수

종은 증산을 억제할 수 있는 회피 능력이 잘 발달해 있다. 심한 탈수가 일어나더라도 물질 대사에 부작용이 발생하지 않는 지의류, 선태류 등은 잎의 수분퍼텐셜이 −52~100MPa이어도 광합성을 한다.

한편 토양에 수분이나 양분이 부족할 때에는 식물체 내의 시토키닌/옥신의 비율이 감소, 즉 옥신이 증가함으로써 뿌리 생장을 촉진하여 뿌리/지상부의 생장 비율이 커진다(Kurepa & Smalle, 2022). 이 결과 식물은 토양에서 수분과 양분을 더 흡수하여 생존을 유지한다(그림 2-83 참조).

그림 2-81 소나무의 함몰된 기공(수분 손실을 줄임)[Schulte]

그림 2-82 참나무의 기공(주위에 왁스층이 발달함)[del Río *et al.*, 2014]

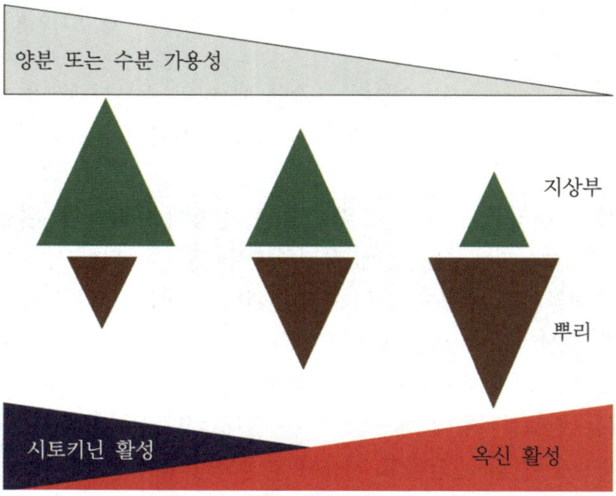

그림 2-83 토양 내 양분이나 수분 부족 시 뿌리/지상부의 생장 비율을 조절하는 시토키닌/옥신의 비율(특히 옥신이 뿌리 생장을 촉진함)[Kurepa & Smalle, 2022]

3·2·2 양분

1 양분과 산림생물

식물 생장에는 질소, 인, 칼륨을 비롯한 10대 영영소와 미량원소가 절대적으로 필요하다. 그중 산림생태계에서 더욱 필요하지만 부족해지기 쉬운 양분은 질소와 인이다. 그 밖의 칼륨, 칼슘, 마그네슘, 황 등과 미량원소는 토양광물에 함유되어 있기 때문에 부족 현상이 그리 심하지 않다.

질소와 인은 함께 DNA와 RNA의 구성 성분이고, 효소로 그리고 에너지 변환에 중요하게 관여한다. 질소는 아미노산, 단백질, 효소, 유전자, 엽록체의 기본 구성 물질이고 인은 유전자의 구성 성분이며, ADP와 ATP로 변하거나 NADP, NAD 또는 NADPH로 변하면서 에너지를 저장하고 전달하는 데 매우 중요하다.

2 양분에 대한 반응 및 적응

생태계에서 질소는 귀중한 양분이어서 산림수목은 경제적으로 그리고 전략적으로 질소를 활용한다. 즉 각 수목 개체는 낙엽이 될 잎에서 질소를 회수한다(Killingbeck & Whitford, 1996; 그림 2-84 참조). 토양에 양분이 부족할 경우에는 흡수율을 높이기 위해 지상부보다 뿌리 생장을 촉진한다. 따라서 이때는 지상부 잎과 가지의 생장이 상대적으로 부진하다(Setälä & Huhta, 1991; 그림 2-85 참조).

육상생태계에서 질소 강하물 또는 인위적 시비 등에 따른 토양 내 질소 농도가 상승하면 식물 생장이 유의미하게 증가한다. 질소 증가와 관련한 실험 자료를 메타분석한 연구 결과에

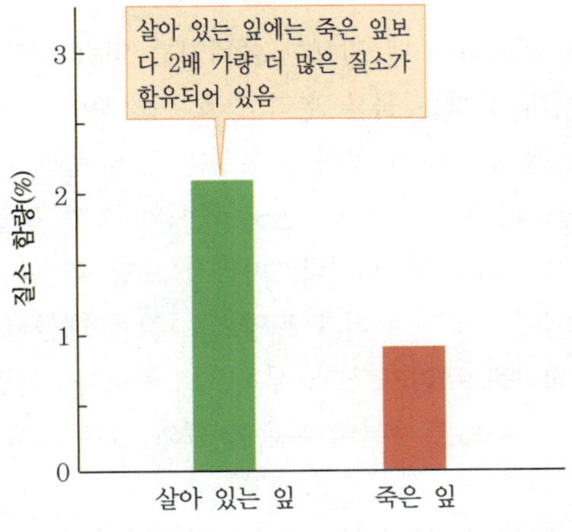

그림 2-84 살아 있는 잎과 죽은 잎의 질소 농도[Killingbeck & Whitford, 1996]

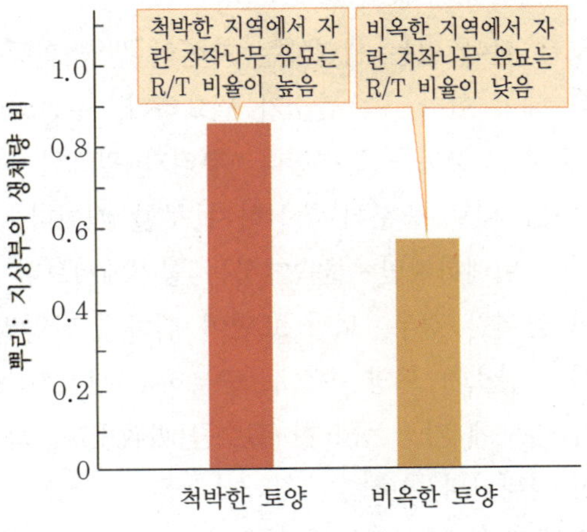

그림 2-85 척박한 토양과 비옥한 토양에서의 R/T 비율[Setälä & Huhta, 1991]

따르면 질소 증가 처리는 산림생태계 식생의 지상부 및 지하부 탄소 고정율을 모두 높이지만, 지하부에 비해 지상부에 더 많은 탄소를 할당하여 뿌리/지상부의 비율은 감소하였다(Li *et al.*, 2015). 뿌리의 경우 굵은 뿌리의 바이오매스는 증가하지만 양분 흡수에 직접적으로 관여하는 잔뿌리 바이오매스는 감소하는 경향을 보였다(그림 2-86 참조). 이에 따라 토양 내 탄소와 양분의 보유는 증가하고 곰팡이균에 의한 감염률은 감소하였다.

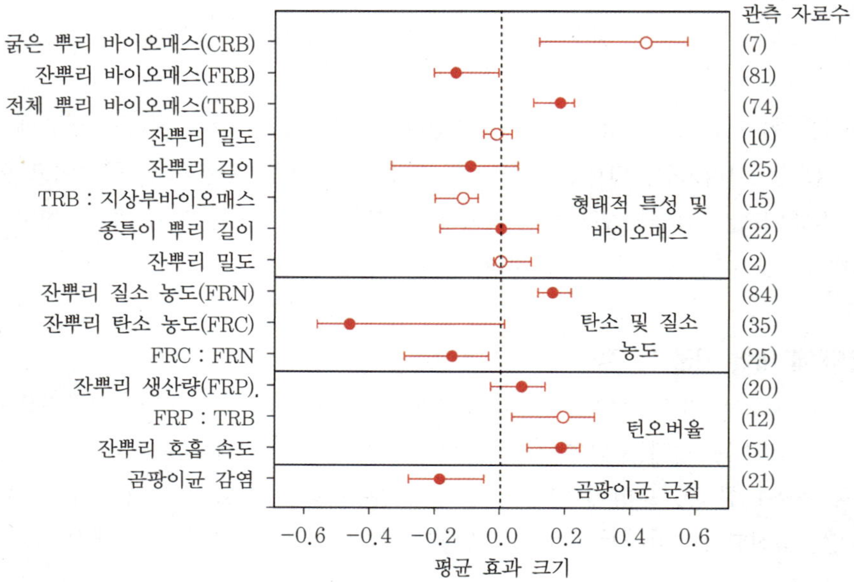

그림 2-86 질소 증가에 따른 식물 뿌리의 반응을 메타분석한 결과[Li *et al.*, 2015]

3·2·3 공기

모든 살아 있는 생명체는 자신의 생명 활동을 유지하는 데 필요한 에너지를 얻기 위해 호흡을 해야 한다. 즉 산소가 필요하다. 수목의 잎과 줄기는 물론 뿌리도 호흡을 하여 생장하고 수분과 양분을 흡수한다. 뿌리가 필요한 산소를 흡수하지 못하는 경우는 공기 중의 산소가 토양 내로 충분히 확산하지 못할 때이다. 산소의 확산 속도는 농도 차이와 통기 구멍의 면적에 비례하지만, 물속에서는 공기에서보다 1/10,000이나 느리다. 따라서 토양 내 공간에 물이 들어찬 경우, 토양 표면이 심하게 답압된 경우, 또는 뿌리가 토양으로 깊게 매몰된 경우에는 산소가 토양 속으로 충분히 확산하지 못하므로 뿌리가 산소 부족으로 죽는다. 이렇게 수분 흡수에 가장 중요한 흡수근(吸收根)이 죽으면 수목은 수분이 부족할 때와 같은 시듦 증상이 나타난다.

수분 과잉으로 토양에 산소가 부족할 경우에 대비한 수목에서는 지상으로 호흡근이 발달하고 뿌리 내부에는 공기가 통하는 통기조직(通氣組織, aerenchyma)이 발달한다(3·2·1 ② 참조). 수목이 수분 부족으로 시들었을 때 관수하면 회생하지만, 침수하거나 답압 또는 매몰로 시들었을 때에는 배수를 하고 흙을 파내더라도 이미 늦어서 회생하지 못하는 경우가 많다. 예를 들어 2000년대에 충북 보은군의 천연기념물 백송이 복토로 인해 시들었을 때 뿌리 위에 복토한 흙을 60cm나 걷어 냈지만 고사하고 말았다.

한편 식물은 치명적인 독가스로 인해 죽기도 한다. 2012년 경북 구미국가산업공단의 한 공장에서 세정제로 쓰이는 불산 가스의 누출 사고가 발생하여 노동자가 사망하고 지역 주민과 가축, 농작물이 극심한 피해를 입은 일이 있다.

3·2·4 빛

빛(광)은 식물이 광합성을 하는 데 에너지를 공급하는 절대불가결의 요소이다. 빛에너지는 광량, 광질(파장), 광주기의 세 가지 속성으로 산림생물에게 영향을 준다. 식물은 빛에너지를 이용하여 엽록체에서 물을 전자(e^-), 양성자(H^+), 산소(O_2)로 분해하고 여기서 얻은 에너지(ATP)와 환원력(NADPH)으로 이산화탄소를 동화하여 탄수화물을 만든다. 식물이 계속 생장하기 위해서는 기존 세포의 활동인 생체 유지와 광합성 자체에 소요되는 에너지보다 더 많은 에너지를 광합성으로 생산해야 한다. 지구에 도달하는 빛에너지는 평균 1,360W/m^2, 태양상수로는 1.95cal/cm^2/min에 달하지만 산림생태계에 도달하는 빛에너지의 양과 질 그리고 광주기는 때와 장소에 따라 변하여 차이가 크다. 여기에서는 시공간적으로 변이가 가장 큰 광량을 중심으로 산림식물의 적응에 대해 기술하기로 한다.

[1] 양수와 음수

산림생태계 내에서 항상 빛을 충분히 확보하지 못하는 키 작은 어린 임목은 내음성(耐陰性, shade tolerance)으로 그늘을 견뎌야 한다. 양수(陽樹, shade intolerant)와 음수(陰樹, shade tolerant)는 그늘에서 견딜 수 있는 능력의 유무로 구분하며 생존 가능한 광량 비율로 세분할 수 있다(표 2-17 참조)

양수는 그늘에서 잘 견디지 못하고 음수는 그늘에서 견딜 수 있다. 양수의 광보상점과 광포화점이 음수보다 높지만, 양수와 음수 모두 수관 내부에는 음엽과 양엽이 있다. 한편 어린 나무가 그늘에서 빛을 많이 받기 위해 잎을 너무 넓히면 갑작스레 닥치는 가뭄이나 동물의 초식으로 인해 넓은 잎을 잃고 죽을 수 있다. 따라서 음수는 발아한 어린나무가 낮은 광도에서도 살아남도록 에너지를 땅속 종자에 많이 축적한다. 내음성이 매우 큰 굴거리나무(그림 2-87 참조)나 중성수인 참나무류의 종자는 핵과 또는 견과로 크기가 1cm나 된다.

또한 내음성 수종은 어린나무 시기에 수고 생장보다 뿌리 생장에 에너지를 더 투입하고 호흡률이 낮다. 이렇게 비축한 에너지로 어린 초기에 그늘에서도 살아남을 수 있다. 또한 잎이 오래 살고 자연 낙지를 잘하지 않고 지하고가 낮으며, 혼효림을 이루면서 높은 밀도를 유지한다. 하층식생으로 오랫동안 견딘 음수는 빛을 가리던 상층 나무가 제거되면 수고 생장과 직경 생장을 급격히 높일 수 있다.

표 2-17 양수와 음수의 기준과 대표 수종

구 분	생존 가능 광량	침엽수	활엽수
극음수	전광의 3% 미만	주목, 개비자나무, 나한백 등	사철나무, 회양목, 굴거리나무 등
음수	전광의 3~10%	전나무속, 솔송나무, 가문비나무 등	칠엽수, 너도밤나무, 녹나무, 서어나무속, 단풍나무 등
중성수	전광의 11~30%	잣나무, 편백 등	느릅나무, 참나무속, 목련, 동백나무, 물푸레나무, 산초나무, 철쭉 등
양수	전광의 31~60%	은행나무, 소나무속, 향나무, 측백나무속, 낙우송 등	밤나무, 오리나무, 버즘나무, 벚나무속 등
극양수	전광의 61% 이상	왕솔나무, 잎갈나무, 방크스소나무 등	버드나무, 자작나무, 포플러 등

[이경준, 2021]

반면에 양수는 작은 종자를 생산하고 종자에는 얇은 날개나 털이 있어서 개활지에 널리 퍼질 수 있다. 하지만 종자에 저장된 에너지가 적기 때문에 빠른 시기에 빛과 물을 많이 확보해야 정착할 수 있다. 오리나무, 자작나무, 버드나무과 수종이 양수에 해당한다(그림 2-88 참조).

그림 2-87 극음수인 굴거리나무
A: 서식처(한라산) B: 핵과 열매(크기 10mm)

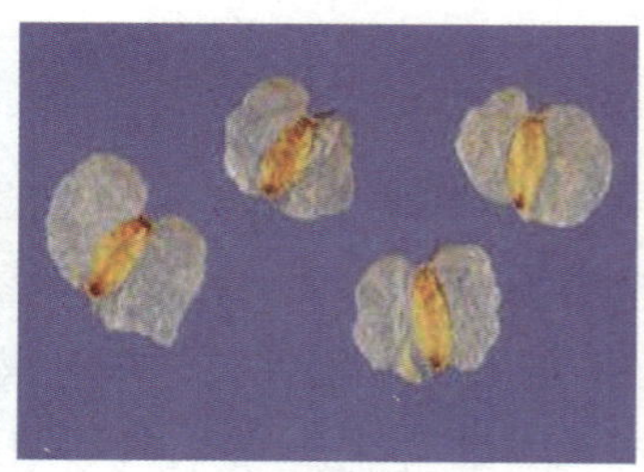

그림 2-88 극양수인 자작나무 종자(얇은 날개, 크기 5mm)

2 양엽과 음엽의 광 반응

개체목의 수관 중에서 남쪽 바깥 부분의 잎은 빛을 많이 받는 양엽(陽葉)이 되고, 북쪽의 안쪽 잎은 그늘 속에 있는 음엽(陰葉)이 된다. 각 잎은 위치한 광 환경에 따라 광합성을 효율적으로 하기 위해 형태적 · 생리적 · 생태적으로 최적 상태를 갖추도록 적응하여 발달한다.

빛을 많이 받는 양엽은 남향~서향에서 수관의 바깥쪽에 위치하며, 책상조직이 두껍고(그림 2-89 참조), 엽록소 함량이 많아 광보상점과 광포화점이 높다(그림 2-90 참조). 양엽의 광포화점이 높은 이유는 책상조직에 엽록체가 치밀하게 분포하여 광 입자를 많이 받으므로 광합성을 많이 할 수 있기 때문이다. 광보상점 또한 높은 이유는 엽록체가 많아 호흡량이 늘어나기 때문이다. 양엽은 광합성을 많이 하는 데 비해 광 효율이 낮으며, 내음성이 약하지만 내건성은 강하다. 반면에 빛을 적게 받는 음엽은 양엽과 반대의 특성을 나타낸다(표 2-18 참조).

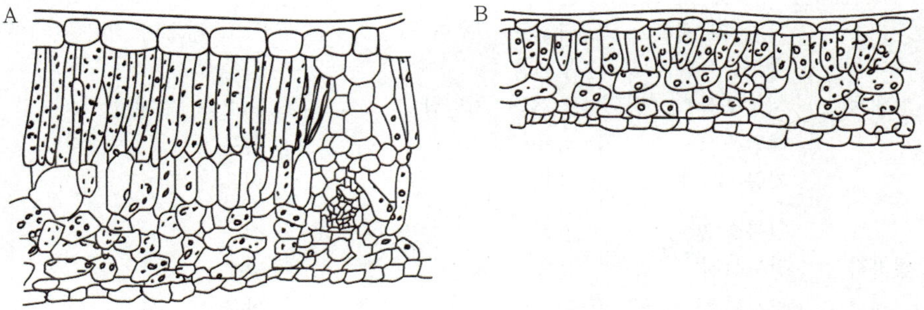

그림 2-89 책상조직이 두꺼운 양엽(A)과 책상조직 · 해면조직이 얇은 음엽(B)의 단면[Kimmins, 2004]

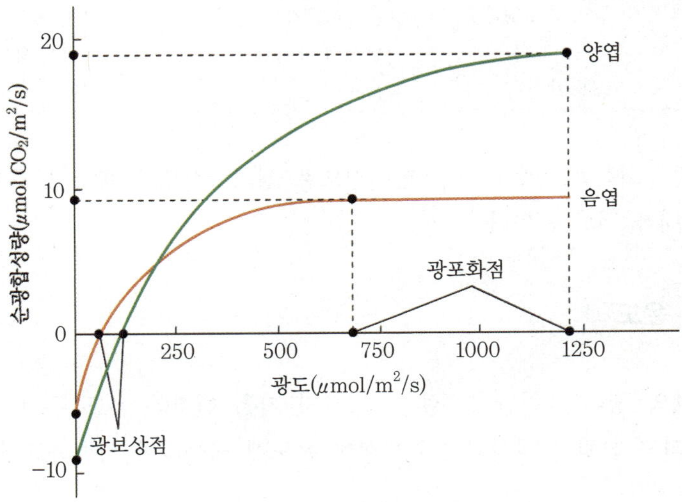

그림 2-90 양엽과 음엽의 광보상점과 광포화점

3 빛에 대한 적응

식물은 빛이 적으면 빛을 확보하기 위해 길이 생장을 주로 하므로 줄기가 가늘어지고 뿌리가 약해진다. 그 결과 뿌리/지상부 비율이 낮아지고 수분 스트레스에 약해진다. 한편 땅속이나 낙엽 속에서 빛을 받지 못할 경우에는 잎과 줄기 및 마디 사이가 길어지고 측아가 발달하지 않는다. 또한 잎과 줄기의 세포벽이 얇아지고, 엽록소가 합성되지 않아 잎이 노란색 또는 흰색을 띠는 황백화(黃白化, etiolation) 현상이 나타난다. 그러나 일단 빛을 확보하면 자엽이 신장하고 안토시아닌이 합성되며, 황백화색소체(etioplast)에서 엽록체가 발달하는 탈황백화(脫黃白化, deetiolation)가 일어나 정상적으로 생장한다. 결국 산림식물은 주어진 빛 환경

표 2-18 개체목에서 양엽과 음엽의 위치 및 형태적 · 생리적 · 생태적 차이

구 분		양 엽	음 엽
위치	방향	남향, 서향, 빛에 노출	북향, 그늘
	수관 내 위치	바깥쪽	안쪽
형태적	모양 및 결각	작고 두꺼우며 큼	크고 얇으며 작음
	각피층	두꺼움	얇음
	책상조직	2~3층, 치밀함	1~2층, 엉성함
	해면조직	적음	많음
	기공 수	많음	적음
생리적	엽록소 함량	많음	적음
	광보상점	높음	낮음
	광포화점	높음	낮음
생태적	내건성	높음	낮음
	내음성	낮음	높음
	수분 효율	높음	낮음
	광합성 효율	낮은 광도에서 낮고, 높은 광도에서 높음	낮은 광도에서 높고, 높은 광도에서 낮음
	총광합성량	많음	적음

변화에 대해 생화학적으로 내외부 형태적으로 생리학적으로 광합성 효율을 최적화하여 순광합성량이 최대가 되도록 한다.

3·2·5 온도

산림생태계의 생물은 연간 · 계절간 · 일간의 기온 변화와 온도 주기, 고온이나 저온, 위도와 고도, 그리고 산림이 형성되면서 변화한 온도에 적응하여 생존하고 있다.

1 온도와 호흡 및 순생산

온도는 어떤 지역에서 산림생태계 식물이 생존할 수 있는가를 결정짓는 중요한 인자이다. 수목마다 생존할 수 있는 온도 범위가 있으며, 그중에서 생존 가능한 최고온도와 최저온도, 그리고 가장 잘 자랄 수 있는 최적온도 등을 주요온도(cardinal temperature)라고 한다. 수목의 주요온도는 열대지방의 수종에서 높고 한대지방의 수종에서는 낮다.

온도는 식물의 광합성량 및 호흡량과 직결되어 생존에 영향을 미친다. 수목의 광합성 또한 온도의 영향을 받는다. 수목은 광합성량이 호흡량보다 많아야, 즉 순광합성량이 0보다 커야 생존할 수 있고 클수록 잘 자란다. 일반적으로 모든 생물의 호흡은 온도가 상승함에 따라 증가하며, 온도가 10℃ 상승함에 따라 증가하는 호흡량, 즉 호흡 증가율을 나타내는 온도계수(temperature quotient, Q_{10})는 2.0~2.5이다. 다시 말해 온도가 10℃ 오를 때마다 호흡량

이 2.0~2.5배 증가한다. Q_{10}이 높은 생물은 온도 상승에 따라 호흡량이 더욱 크게 증가한다는 뜻이므로 온도 상승은 이들의 생존에 불리하게 작용한다. 낮은 온도 조건에 분포한 수종이 높은 온도에 노출되면 호흡량이 더 크게 증가하므로 이들의 Q_{10}은 이미 높은 온도에 분포하던 수종보다 더 높다(그림 2-91 참조).

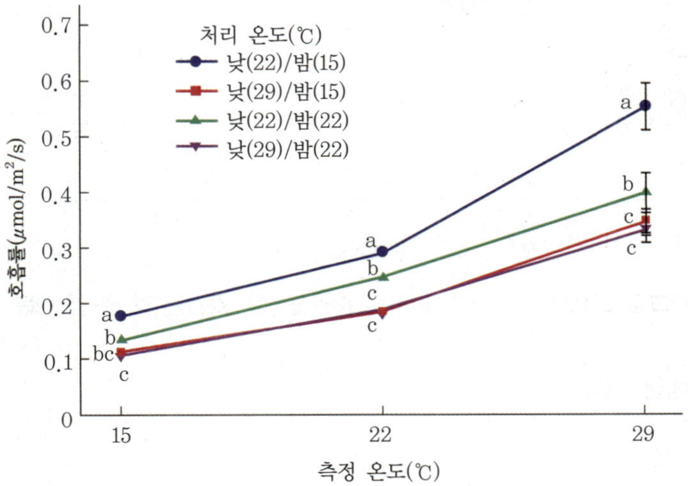

그림 2-91 세 가지 밤낮 온도 체제에서 자란 테에다소나무 묘목의 호흡률 변화(낮은 온도 체제에 있던 묘목을 높은 온도에 노출시키면 호흡률이 더 높아진다. a, b, c는 각 온도에서 묘목의 호흡률이 5% 유의수준에서 다름을 나타낸다.)[Will, 2000]

생명체는 빛이 없거나 추워도 생명 유지를 위해 호흡을 해야 한다. 그러므로 위도와 고도가 높아짐에 따른 식물의 생존 여부는 겨울철에 광합성을 할 수 있는 낮의 길이와 최저온도에 의해 주로 결정된다. 이 기간 동안 광합성량이 호흡량보다 많아야 생존할 수 있으므로 개체목의 주요온도는 지역에 맞게 적응한 결과이다.

수종마다 순광합성량이 높은 온도대가 다르지만 온대지방의 수목은 15~25℃이다. 기온이 25℃ 이상으로 올라가도 광합성량이 증가하지만 호흡량이 더욱 증가하므로 순광합성량은 급격히 감소한다(그림 2-92 참조). 따라서 광합성을 하는 낮 동안에는 기온이 높고, 광합성을 하지 않고 호흡만 하는 밤 동안에는 기온이 낮아야 순광합성량이 많아지므로 밤낮의 기온차가 클수록 생장에 유리하다. 밤낮의 기온차에 따른 수목의 최대 생장은 수종과 지역 품종에 따라 다르지만, 수고 생장은 10~12℃ 차이가 있을 때 최대가 된다. 우리나라에서는 일교차가 14℃ 정도로 큰 가을철에 식물의 순생산량이 가장 많다.

한편 지구온난화로 인한 산림생태계 수목의 생장 및 생리적 반응은 수종과 계절에 따라 다르게 나타난다. 야외에서 3℃의 온난화 처리를 한 결과 굴참나무의 생장은 빨라졌으나 소나무는 느려졌고, 가을철 순광합성률을 보면 굴참나무는 높아졌으나 소나무는 낮아졌다. 결국 굴참나무는 개엽을 빨리하고 낙엽 시기를 늦추면서 생장기간이 길어졌다(손요환, 2013).

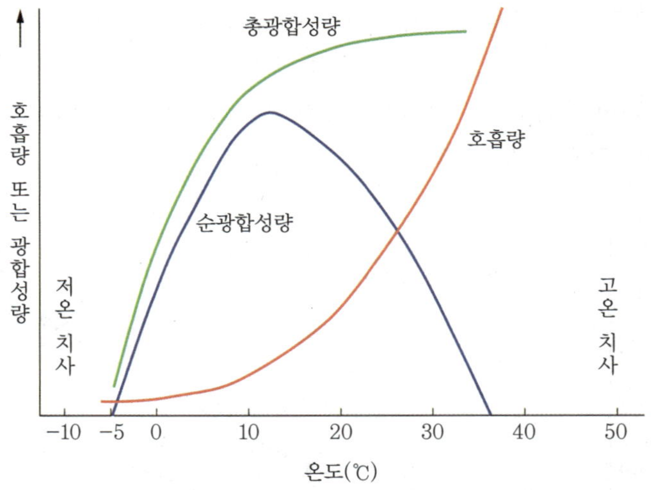

그림 2-92 온도 변화에 따른 순광합성량, 호흡량 및 총광합성량

2 온도에 대한 적응

① 적응

수목은 온도 환경에 적응(適應, adaptation)하면서 번성하였다. 해발고도가 100m 상승할 때마다 기온이 약 0.6℃씩 낮아지는 데 비해 수목의 광합성 최적온도는 약 0.9℃씩 낮아진다. 서늘한 기후에서 사는 종은 낮은 온도대에 적응한 경우이며, 순광합성률이 최대가 되는 온도가 온대지방에서는 25℃이지만 고산지대에서는 13~17℃이다.

추운 고산지대에 적응한 수종은 영하 6℃에서도 광합성을 할 수 있다. 그러나 온도가 충분히 높지 않을 경우에는 순광합성량이 적어서 식물이 생존하지 못하기 때문에 고산지대 수목은 태양복사열이 보존되는 지면에 낮게 붙는 포복성이 되거나 보온을 위해 군상(群狀)으로 자란다(그림 2-93 참조). 이보다 더 높은 고산지대에서는 수목이 더 이상 자라지 못하는 수목한계선(樹木限界線)이 나타난다.

그림 2-93 고산지대의 저온에 적응하여 포복성이 된 눈향나무와 군상 분포하는 시로미 및 산매자나무(한라산)

수목은 온도 주기에도 적응하였다. 기온은 매일 밤낮으로, 연중 계절적으로 주기성을 띠며 변화한다. 수목의 생장은 밤낮의 기온차에 따라 광합성과 호흡이 달라지므로 이에 따른 순생장량도 달라진다. 우리나라에서는 여름철에 기온이 높고 수분이 충분하여 광합성량이 많지만 밤에도 기온이 높아서 호흡량이 많다. 따라서 맑은 날이 많고 습도가 낮아서 밤낮의 기온차가 큰 가을철에 식물의 순생장량이 가장 높다. 종자의 발아뿐만 아니라 결실도 일교차가 클 때 촉진된다.

② 순응

수목은 온도순응(thermal acclimation)을 한다. 즉 온도 환경에 따라 주요온도가 바뀐다. 온대지방에서 가을에 일장이 짧아지고 기온이 서서히 하강함에 따라 수목은 생장을 정지하고 저온순응(cold acclimation)을 한다. 저온에 순응한 수목은 내한성이 생겨서 영하의 온도와 서리에도 손상을 입지 않는다. 온도순응은 10일 정도의 단기간에도 일어난다.

실험적으로 열대지방 산림의 수관층에서 밤 동안 3℃ 더 높은 온도에서 처리한 수목의 잎은 차후에 호흡률이 낮아졌다. 즉 지구온난화로 수목의 호흡률이 증가만 하는 것이 아니고, 순응한 수목은 차후 호흡률이 낮아져 순광합성량이 오히려 약 21% 증가할 수 있다고 추정되었다(Slot *et al.*, 2014). 기온이 30℃ 정도의 고온이 되면 수목이 순응하면서 주요온도가 올라가고, 세포 내에서 열충격단백질(heat shock protein)이 생성되어 세포 내 생리작용을 보호한다.

수목의 순응에는 일장도 관여한다. 봄에는 길어지는 일장과 함께, 식물이 생장할 수 있는 5℃ 이상인 일평균기온의 합을 뜻하는 유효적산온도가 꽃 피고 동아가 트는 시기를 결정한다(제Ⅰ편 제1장 1·1·5 참조). 그러나 일장이 바뀌지 않은 채 기온이 변하면 수목이 적응하지 못한다. 예를 들어 밤 늦게까지 켜진 가로등 아래에 위치한 가로수의 잎은 겨울에도 활력을 유지하다가 동해를 입는다.

표 2-19 산림생태계 식물의 내한성·내고온성 기작

기 작	방 법
춘화처리	개화: 다년생 초본은 일정 기간 저온에 노출해야 꽃이 핌 휴면타파: 동아나 종자가 일정 기간 동안 저온처리된 후 싹이 트고 발아함
저온순응	저온 적응: 생장을 정지하여 적응함 주요온도 하강: 저온에 노출되면 생장한계 최고온도와 최적온도 및 최저온도가 하강함
내한성·내동성	영하 10~20℃: 수목의 생장이 중지하고, 내수피에 탄수화물·단백질·지질 등이 증가함 영하 40℃ 이하: 본격적인 내한성이 진행되고, 수용성 단백질과 막지질이 합성됨
구조적 보호	동아 보호: 왁스층이 발달하고 잎이 동아를 감쌈 보온: 수목이 지면에서 포복하듯이 자라고, 죽은 가지와 잎을 장기간 유지함
고온성	주요온도 상승: 고온인 30℃에 노출되면 생장한계 최고온도와 최적온도 및 최저온도가 상승함 생리작용 유지: 열충격단백질이 생성되어 기능함

[이경준 등, 1996]

③ 내한성

지역 환경에 이미 적응한 수목은 내한성·내고온성과 관련하여 식물의 구조와 기능 면에서 특징적인 생존 전략을 지니고 있다(표 2-19 참조). 추운 곳에서 자란 식물은 저온을 겪어야 동아가 트고 꽃이 피며 결실을 할 수 있다. 이를 춘화처리(vernalization) 또는 저온처리(chilling treatment)라고 한다. 따뜻한 곳에서 자란 식물은 저온순응을 거치면 최적온도 등의 주요온도가 낮아져 영하의 온도에서도 견딜 수 있게 된다.

고위도나 고산지대에서 자라는 수목은 공통적으로 내한성이 높다. 침엽수인 가문비나무와 잎갈나무(이깔나무), 활엽수인 버드나무, 자작나무, 사시나무 등은 영하 80℃에서도 생존할 수 있다. 우리나라 고산지대의 주요 수종은 주목, 눈잣나무, 구상나무, 분비나무, 가문비나무, 사스래나무 등이다. 이들 고산 수종은 여러 방식으로 겨울 추위에 적응하였다. 구상나무는 동아와 꽃눈 표면이 왁스로 덮여 있고 주위 잎들이 동아를 감싼다(그림 2-94 · 2-95 참조). 눈향나무는 지면 가까이 붙어 포복하듯이 자라고, 시로미는 모여 자란다. 담자리꽃나무는 죽은 잎과 가지를 그대로 간직하여 보온한다.

그림 2-94 왁스로 덮인 구상나무의 꽃눈과 동아(한라산)

그림 2-95 겨울철에 정단의 동아를 잎으로 감싸서 보호하는 구상나무(한라산)

④ 고온과 가뭄의 복합적 문제

대기 중 이산화탄소 증가로 인한 기후변화는 온난화와 함께 가뭄의 빈도도 높이고 있다. 수분이 부족한 환경에서 내건성 식물은 형태적으로 생리적으로 다양하게 적응할 수 있다(표 2-16 참조). 그러나 50℃ 이상에서는 일반적으로 식물 세포막이 손상을 입으며, 세포 내 단백질이 비가역적으로 변성되어 기능을 상실하고, 호흡이 급격히 증가하며 고사한다. 더구나 고온과 가뭄이 함께 작용하여 식물의 적응 한계를 넘어서면 식물의 광합성 과정 중 광계 Ⅱ를 저해하여 물로부터 전자와 양성자를 발생하지 못하고 엽록소 및 카로틴 감소, 지질의 과산화, 항산화효소 감소 등을 겪는다. 특히 두 환경 인자가 상승효과를 나타내므로 식물의 생장과 생식을 더욱 어렵게 한다. 예를 들면 잎의 엽록소 함량은 가뭄에서 9%, 고온에서 27% 감소하지만 두 인자가 모두 있을 경우에는 49%나 감소한다(Basu *et al.*, 2022).

고온과 가뭄은 생식생장에서도 꽃의 발달, 화분 활력, 수분·수정·배발달, 열매의 생장과 발달 등에 심각한 장애를 초래한다. 결국 식물의 비정상적 생육과 생식으로 생태계의 1차생산이 줄고 이에 따라 생태계 내 먹이사슬과 양분 순환에도 악영향을 끼친다. 그러므로 수목의 순응과 적응의

한계를 넘지 않도록 고온, 저온, 가뭄 그리고 환경의 급격한 변화를 관리하는 일이 수목의 구조와 기능을 지키고 결국은 산림생태계의 구조와 기능도 온전히 보전하는 길이다.

연습문제 ▮

1. 산림생태계 내에서 생물종의 생존을 위한 생물적 상호작용에 대해 설명하시오.
2. 산림생태계 내 상호작용을 적응 및 진화와 관련하여 설명하시오.
3. 산림수목의 뿌리와 공생하는 미생물의 상호작용에 대해 설명하시오.
4. 우리나라 참나무 시들음병에서의 기생과 공생 관계를 설명하시오.
5. 소나무재선충병에서의 기생과 공생 관계를 설명하시오.
6. 산림생태계 내에서 물의 역할에 대해 설명하시오.
7. 식물이 물 부족이나 과잉 및 공기 부족을 해결하는 전략에 대해 설명하시오.
8. 산림수목이 빛의 부족이나 과잉을 해결하는 방법을 설명하시오.
9. 산림수목의 온도 적응에 대해 설명하시오.

참고문헌 ▮

1. 국가표준식물목록. nature.go.kr/kpni, 국립수목원.
2. 김종갑. 2022. 한라산 구상나무와 소나무의 시·공간분포에 영향을 미치는 환경요인 연구. 제주대학교 대학원 박사학위 논문.
3. 손요환. 2013. 지구 온난화가 산림생태계의 탄소 순환에 끼치는 영향에 관한 open-field 실험에서의 연구. 한국연구재단 보고서.
4. 손요환, 구창덕, 김춘식, 박필선, 윤충원, 이계한. 2016. 신고 산림생태학. 향문사.
5. 이경준. 2021. 수목생리학. 서울대학교출판문화원.
6. 이돈구 외. 2012. 숲의 생태적 관리. 서울대학교출판문화원. 서울.
7. Appleton B, Berrier R, Harris R *et al.* 2000. The walnut tree: Allelopathic effects and tolerant plants. Virginia Cooperative Extension. Publication Number 430-021.
8. Armstrong WP. 2017. Desert Varnish & Lichen Crust: Lichenized fungi vs. lichenicolous fungi. waynesword.net.
9. Basu PS, Chaturvedi SK, Gaur PM *et al.* 2022. Physiological mechanisms of tolerance to drought and heat in major pulses for improving yield under stress environments. In Kimatu JN (ed). Advances in Plant Defense Mechanisms. IntechOpen.
10. Beals M, Gross L, Harrell S. 1999. Interspecific competition: Lotka-Volterra. nimbios.org/~gross.
11. Berry A, Torrey JG. 1979. Isolation and characterization in vivo and in vitro of an actinomycetous endophyte from *Alnus rubra* Bong. In Gordon JC, Wheeler CT, Perry DA (ed). Symbiotic Nitrogen Fixation in the Management of Temperate

Forests. Oregon State University Press.
12. Bonfante P, Genre A. 2010. Mechanisms underlying benefitial plant–fungus interactions in mycorrhizal symbiosis. Nature Communications 1: 48.
13. Buchanan BB, Gruissem W, Jones RL (ed). 2015. Biochemistry and Molecular Biology of Plants. American Society of Plant Physiologists. Rockvelle.
14. Del Río S, Álvarez R, Candelas A et al. 2014. Preliminary study on taxonomic review using histological sections of some Iberian species from the genus *Quercus* L. (Fagaceae). American Journal of Plant Science 5(18): 2773–2784.
15. Drayer D, Kate M. 2016. How are trophic levels related to the flow of energy through an ecosystem? socratic.org.
16. Ghazoul J, Sheil D. 2010. Tropical Rain Forest Ecology, Diversity, and Conservation. Oxford University Press.
17. Gomex–Peralta D, Oberbauer SF, McClain ME, Philippi TE. 2008. Rainfall and cloud–water interception in tropical montane forests in the eastern Andes of Central Peru. Forest Ecology and Mangement 255(3–4): 1315–1325.
18. Holling CS. 1959. The components of predation as revealed by a study of small–mammal predation of the European pine sawfly. The Canadian Entomologist 91(5): 293–320.
19. Iles J, Gleason M. 2008. Understanding the Effects of Flooding on Trees. Iowa State University Extension and Outreach.
20. Killlingbeck KT, Whitford WG. 1996. High foliar nitrogen in desert shrubs: An important ecosystem trait or defective desert doctrine? Ecology 77(6): 1728–1737.
21. Kimmins JP. 2004. Forest Ecology: A Foundation for Sustainable Forest Management and Environmental Ethics in Forestry. 3rd ed. Prentice Hall.
22. Koerner C. 2013. Ecology of population and vegetation. In Strasburger's Plant Sciences. Springer.
23. Kunert N, Aparecido LMT, Barros P, Higuchi N. 2015. Modeling potential impacts of planting palms or tree in small holder fruit plantations on ecohydrological processes in the Central Amazon. Forests 6(8): 2530–2544.
24. Kurepa J, Smalle JA. 2022. Auxin/cytokinin antagonistic control of the shoot/root growth ration and its relevance for adaptation to drought and nutrient deficiency stresses. International Journal of Molecular Sciences 23(4): 1933.
25. Li W, Jin C, Guan D *et al.* 2015. The effects of simulated nitrogen deposition on plant root traits: A meta–analysis. Soil Biology & Biochemistry 82: 112–118.
26. Mountain Lake Biological Station. mlbs.virginia.edu, University of Virginia.
27. Perry DA, Oren R, Hart SC. 2008. Forest ecosystems. 2nd ed. Johns Hopkins.
28. Rajarshi R. 2019. Vesicular Arbuscular Mycorrhizae. commons.wikimedia.org.
29. Schulte PJ. Plant Anatomy. schulte.faculty.unlv.edu.
30. Setälä H, Huhta V. 1991. Soil fauna increase *Betula pendula* growth: Laboratory

experiments with coniferous forest floor. Ecology 72(2): 665–671.

31. Slot M, Rey–Sánchez C, Gerber S *et al.* 2014. Thermal acclimation of leaf respiration of tropical trees and lianas: response to experimental canopy warming, and consequences for tropical forest carbon balance. Global Change Biology 20(9): 2915–2926.
32. Southwood TRE, May RM, Hassell MP, Conway GR. 1975. Ecological strategies and population parameters. The American Naturalist 108: 791–804.
33. Taiz L, Zeiger E. 2002. Plant Physiology. 3rd ed. Sinauer Associates.
34. Wang X, Zhu X, Xu M *et al.* 2022. Evapotranspiration dynamics and their drivers in a temperate mixed forest in northeast China. PeerJ 10: e13549.
35. Will R. 2000. Effect of different daytime and night–time temperature regimes on the foliar respiration of *Pinus taeda*: predicting the effect of variable temperature on acclimation. Journal of Experimental Botany 51: 1733–1739.
36. Yamanaka T, Li CY, Bormann BT, Okabe H. 2003. Tripartite associations in an alder: effects of Frankia and *Alpova diplophloeus* on the growth, nitrogen fixation and mineral acquisition of *Alnus tenuifolia*. Plant and Soil 254: 179–186.
37. Yoda K, Kira T, Ogawa H, Hozumi K. 1963. Self–thinning in overcrowded pure stands under cultivated and natural conditions. Journal of Biology 14: 107–129.

제4장

산림 교란

교란(攪亂, disturbance)은 시공간적으로 예기치 않게 일어나는 사건을 말하며, 자연 생태계에서는 빈번하게 일어나고 있다. 모든 생명체는 어떤 형태로든 교란을 겪으면서 회복력을 발휘하여 생존해 왔다. 그러나 인간 활동에 의한 급격한 지구 환경의 변화는 산불 · 가뭄 · 강풍 · 산사태 증가 및 병해충 대발생 등과 같은 교란의 빈도와 강도를 높여 산림생태계를 심각하게 위협하고 있다(Thom & Seidl, 2015).

산림 교란(forest disturbance)은 산림생태계 동태의 가장 중요한 자연적 제어자로서 생태계의 구성, 구조와 기능을 변화시킨다. 오늘날 많은 생태학자들은 교란을 펄스(pulse)와 프레스(press)로 구분하기도 한다(Inamine *et al.*, 2022). 일반적으로 산불, 홍수, 목재 수확 등과 같이 쉽게 정의할 수 있는 단기적이고 갑작스러운 교란을 펄스 교란이라고 하며, 생태계는 이러한 수준의 교란에 반응한 이후에 회복할 수 있다. 반면에 생태계에 지속적이며 장기적으로 영향을 미치는 강도로 생태계의 물리적 구조를 변화시키는 교란을 프레스 교란이라고 한다. 프레스 교란의 예로는 산림을 농경지로 개간하는 토지이용 전환, 야생동물에 의한 지속적 식해, 기후변화 등이 있다.

산림 교란은 강도에 따라 다르지만 생태계 관리적 차원에서 보면 긍정적인 면과 부정적인 면이 모두 있다. 자연 교란은 생물다양성, 생물 서식처 개선, 다양성지수 등에 긍정적인 변화를 나타내지만, 산림 내 탄소 저장량이나 생태계서비스 등과 관련해서는 부정적인 영향을 미친다.

한편 생태계에 영향을 주지만 뚜렷하게 구분되지 않는 사건은 교란 대신 섭동(攝動, perturbation)이라고 하며, 이는 생태계에 점진적인 변화를 가져오고 종종 인간에 의해 초래된다. 기후변화가 섭동의 적절한 예가 될 수 있다. 산림 교란은 이러한 기후변화에 민감하게 반응하며 상호작용을 한다. 기온 상승과 건조한 기후로 산불, 가뭄, 병해충의 발생이 늘어나고, 따뜻하고 습한 조건에서는 강풍과 병원균에 의한 교란이 증가할 수 있다(Seidl *et al.*, 2017). 여러 형태의 교란은 상호작용을 통해 교란의 영향을 증폭할 수 있고, 식생 변화와 같은 간접적인 영향은 기후변화에 대한 민감성을 경감할 수도 있다(그림 2-96 참조).

건조한 기후가 계속될 경우 수분 부족에 따라 낙엽층에 과도한 연소물이 집적되어 대형 산불 발생의 위험이 커지고, 임목 활력도의 저하로 나무좀과 같은 산림 병해충의 감수성이 높

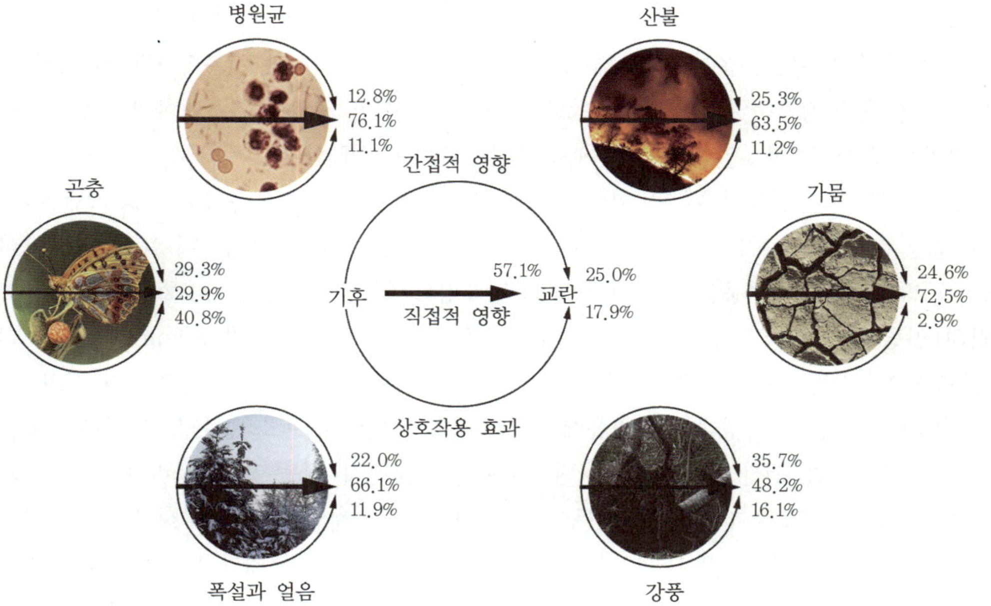

그림 2-96 기후변화가 산림 교란에 미치는 직접적 · 간접적 영향 및 상호작용 효과 (화살표와 숫자는 각 효과의 중요도를, 가운데 그림은 전체 교란의 종합적 분석 결과를 나타냄)[Seidl *et al.*, 2017; Wikimedia Commons]

아질 수 있다. 또한 산림관리의 부재로 임목 밀도가 과도해지면 개개의 임목이 필요로 하는 가용 수분 함량이 낮아지고 산불 발생 위험이 증가한다. 또한 대기 중 오존 농도의 증가는 뿌리에 공급하는 탄수화물의 양을 감소시켜 산림 내 바이오매스 감소의 원인이 된다.

산림생태계 내에서 발생하는 산림 교란 중 대기오염에 의한 질소 강하물의 과도한 유입은 임목과 토양 내 양분 불균형(칼륨, 인, 마그네슘, 칼슘과 같은 다량양분의 결핍)뿐만 아니라 임목의 뿌리/지상부 비율의 변화, 서리나 가뭄에 의한 피해, 착생식물 증가, 냉해에 대한 저항성 감소, 동해 위험 증가 등을 초래한다. 특히 질소 강하물의 유입 증가, 기온 상승, 이산화탄소 농도 증가에 따라 임목의 연륜 폭이 증가하면 기계적 저항성이 감소하여 풍도목 발생이 촉진되기도 한다.

4·1 비생물적 교란

4·1·1 기후변화

최근 지구 환경 변화에 의한 홍수, 가뭄, 한파, 폭설 등의 기상이변이 잦아지면서 환경적 · 경제적 · 사회적 문제가 발생하고 있으며, 이러한 현상은 전 지구적으로 더 가속화할 것으로 전망하고 있다. 기후변화에 관한 정부간 협의체(Intergovernmental Panel on Climate

Change, IPCC)는 지역에 따라 차이가 있겠지만 건조 지역과 습윤 지역의 계절 강수량 차이가 커지고 우기와 건기의 기온차가 더 벌어질 것으로 예상하며 이러한 기후변화가 전 지구적으로 일어나고 있음을 강조하였다. 특히 한반도를 포함한 아시아 지역은 기후변화에 가장 취약하여 생물다양성 감소, 질병, 홍수 등의 문제가 다른 지역보다 더 심각할 것으로 관측되고 있다.

한반도에서 최근 관측한 기후변화의 경향을 살펴보면 연평균기온은 1981~2010년 매 10년 동안 평균 0.41℃, 2001~2010년 0.5℃ 상승하여 과거 1954~1999년 매 10년 동안 변화한 평균 0.23℃보다 큰 변동을 보였다. 연평균강수량도 2001~2010년 1,412mm로 최근 30년 동안의 연평균강수량 약 1,315mm에 비해 증가하였다. 또한 일강수량 80mm 이상인 호우일수는 종전 20일에서 최근 10년 동안 28일로 증가하였다(환경부 · 국립환경연구원, 2015).

기후변화에 따른 산림생태계의 반응에는 기능적인 측면에서 탄소 순환(탄소 흡수 · 배출 기능)과 관련한 산림 생산성의 변화, 산림식생대의 시공간적 이동 및 생물다양성의 변화, 산불 · 홍수 · 가뭄과 같은 자연적 교란 등이 있다. 또한 구조적인 측면에서 식물의 분포와 생육범위가 변하여 산림식생대가 바뀌었고, 미생물과 곤충의 생리 · 생태가 변하여 병해충의 발생 추이와, 야생동물의 생리 · 생태의 변화로 동태와 습성이 달라졌다(국립산림과학원, 2010).

기온 상승에 따른 산림생태계의 수분과 열 수지의 변화는 유기물의 분해속도와 관련하여 산림생태계의 양분 순환 체계와 산림 생산성에 영향을 미친다. 즉 지구온난화로 인한 기후변화로 산림생태계가 영향을 받는 과정은 식물체 잎 표면에서의 수분, 열에너지 및 이산화탄소의 교환에 따른 생리적 변화에서 출발하여 생장 및 생식 양상의 변화, 미생물과 동식물을 포함한 생물군집의 종 조성 변화 및 산림생태계의 생장 변화를 초래하며, 크게는 식생대의 이동이 예상되기도 한다. 아울러 생태계 안에서의 먹이사슬, 수분 수지, 양분 순환 체계, 산불 및 산사태와 같은 산림 교란 체계 등 산림생태계의 전반적 구성 요소에 변화를 가져온다(표 2-20 참조).

우리나라도 봄과 여름철 평균기온의 상승에 따라 산불 및 산사태와 같은 산림재해가 증가하고 있는 추세이며, 산림 병해충의 발생 증가 및 외래 병해충의 유입과 확산, 고온과 가뭄에 대한 상록침엽수의 스트레스가 관찰되고 있다(국립산림과학원, 2010). 특히 산림식생 중 소나무 임분은 기후변화에 따라 분포 면적이 지속적으로 감소하고 있어 2020년대에는 중부지방, 2050년대에는 생육기 강수량이 상대적으로 적은 경상북도 지방, 2070년대에는 강원도 산악 지방을 중심으로 잔존하여 상당량의 소나무 임분이 우리나라에서 사라질 것으로 예측한 바 있다(그림 2-97 참조).

미래 기후변화에 따른 산림생태계 변화를 예측하기 위해 야외에서 인위적인 기후변화 모의실험이 가능하다(Chung *et al*., 2013). 온난화, 폭우(강수량 증가) 또는 가뭄(강수량 감소), 이산화탄소 농도 증가, 질소 시비(강하물 증가) 처리 등의 기후변화 모의실험을 통해 산림생태계의 생산성 및 탄소 순환의 변화를 평가하는 많은 연구가 전 세계적으로 진행되고 있다. 최근에는 다양한 육상생태계에서 수행한 1,119개의 연구 결과를 바탕으로 메타분석한 결과가 발표된 바 있다(그림 2-98 참조).

표 2-20 기후변화가 산림생태계에 미치는 영향

구 분	내 용
산림식생대의 변화	평균기온 1℃ 상승 시 현재의 중위도 지역 기후대가 극지방으로 약 150km, 해발고 150m 상승 군집 구조 및 식생대의 변화가 불가피함 침엽수류 분포 지역 감소 및 활엽수류 분포 지역 확대
수목의 개엽시기	1℃ 상승 시 개엽시기 5~7일 단축 수목뿐만 아니라 숲 바닥의 초본류와 곤충을 먹는 동물의 생활사 및 먹이사슬도 변화
수목 생장과 산림 생산성	우리나라의 경우 기온 상승과 강수량 증가로 인해 산림 생산성 향상 산림생태계의 기온 상승에 따른 토양 호흡 증가로 산림 순생산성은 증가하더라도 총탄소 저장량은 크게 변하지 않거나 감소할 것으로 예측됨 산불 발생 증가 및 산림 병해충 만연으로 탄소 저장량이 감소할 것으로 예상됨
토양의 탄소 저장	탄소 저장고로서 토양 탄소의 역할이 매우 중요함 경기도 광릉 지역의 경우 1971년 이후 2041년까지는 지속적으로 증가하지만 2100년까지는 감소할 것으로 예상됨
수목의 병충해 상태	아열대 수목 병원균 및 병해충 증가
수목의 생리적 적응성	기후변화 요인에 따른 수목의 스트레스로 인한 쇠퇴
산림동물	곤충 개체군 및 군집 변동 야생동물 영향 사례 미흡
산림재해	강수량 증가에 따라 산사태 발생 증가 산불 발생 증가 및 지역적 편차 발생

[임종환, 2008; 손요환, 2010]

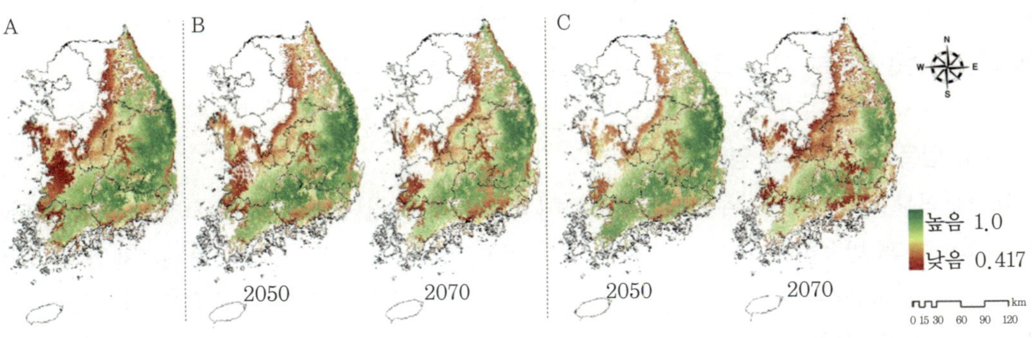

그림 2-97 기후변화 시나리오(RCP)에 따른 2050년, 2070년 우리나라 소나무의 잠재적 분포 변화 예측(A: 현재, B: RCP4.5, C: RCP8.5)[조낭현 등, 2020]

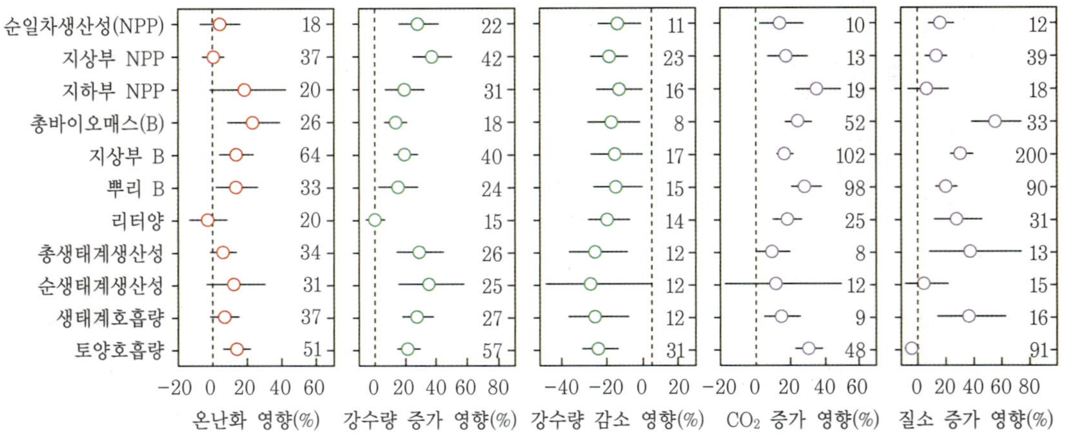

그림 2-98 기후변화가 육상생태계의 탄소 순환에 미치는 영향에 관한 모의실험을 메타 분석한 결과(세로축 숫자는 자료수)[Song *et al.*, 2019]

4·1·2 대기오염

1980년대에는 산성비로 불리는 산성 강하물이 유럽과 북아메리카 지역 산림생태계의 건강도를 악화하는 요인이었다. 산성비를 비롯한 대기오염물질은 산림생태계의 식생과 토양생물에 생리적인 손상을 가하고 장기적으로는 토양 내 염기성 양이온의 손실을 초래한다. 대기 중 오염물질은 강수에 포함되거나 대기 입자, 가스와 같은 형태로 존재하기도 한다. 최근 질소산화물, 휘발성 유기화합물, 태양광의 반응으로 생성되는 오존도 많은 지역에서 심각한 문제로 대두되고 있다.

산림생태계의 임목은 대기오염의 영향을 직간접적으로 받는다. 직접적인 영향을 받는 부분은 줄기와 수관이며, 간접적인 영향은 토양층에서 발생하여 임목의 생리적 특성과 함께 탄소 수지, 수분 수지, 양분 수지 등이 변화한다. 특히 임목의 양분 불균형으로 인해 내한성과 내건성이 감소하고, 곤충과 다른 병해충의 공격에 대한 저항성이 약화하며, 서리나 가뭄에 대한 민감성이 높아진다. 가장 심각한 대기오염물질은 기체상의 이산화황(SO_2), 질소산화물(NO_x), 오존(O_3)이며 이들 물질은 식물에 직접적인 영향을 미친다.

1 임목에의 직접적 영향

대기오염물질 중 SO_2는 주로 기공을 통해 잎에 들어가거나, 젖은 잎 표면에 침적되었다가 각피 왁스층과 반응하여 손상된 각피를 통해 잎에 들어갈 수 있다. SO_2는 잎 표면과 잎 내부에서 물과 반응하여 황산이 되고, 이때 흰색 반점과 함께 황화현상과 같은 가시적 피해가 발생한다. 잎의 손상 정도는 산에 완충할 수 있는 식물 세포의 능력에 따라 다르지만, 세포막의 투과성이 증가하고 세포 내 물질이 손실되어 강설이나 결빙과 같은 비생물적 스트레스에 보다 민감해진다. 임목이 이용할 수 있는 광합성 산물이 줄어들고 대사 활동이 변함으로써 임목 생장이 감소한다. 또한 토양 내 알루미늄 농도가 증가하고 토양의 화학적 성질이 바뀌어 양이온 흡수가 차단됨으로써 뿌리의 생장에 지장을 초래한다(그림 2-99 참조).

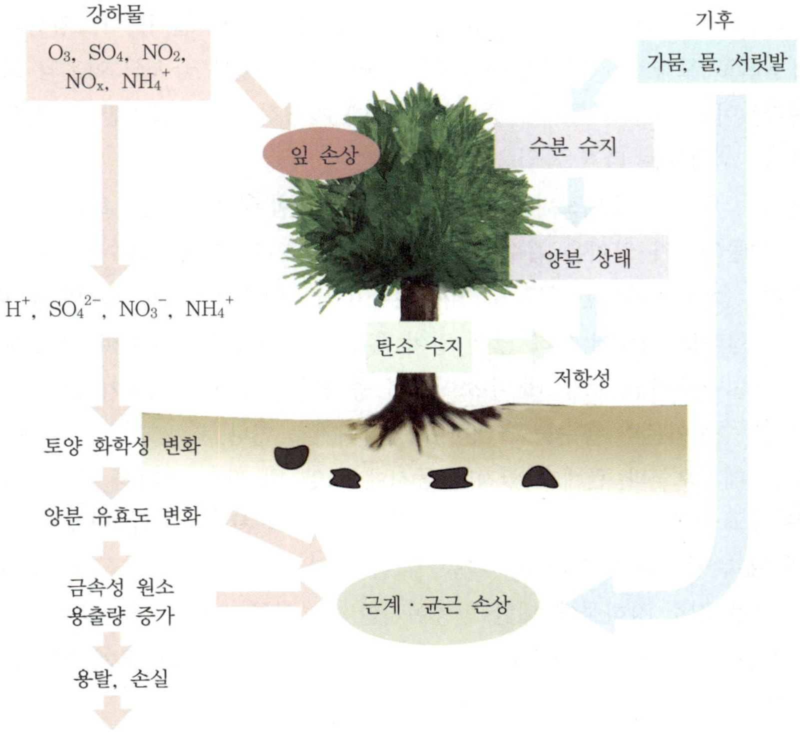

그림 2-99 대기오염과 임목 및 토양의 직간접적 관계
[Ågren & Andersson, 2012]

NO_x는 기공을 통해 잎에 들어가며 각피층의 저항성이 SO_2나 O_3보다 낮다. 높은 농도의 NO_x는 식물 생장을 저해하지만 적당한 수준에서는 식물 생장을 제한하는 원소를 첨가할 경우 생장을 촉진할 수도 있다. NO_x에 대한 지속적인 노출은 건조, 결빙, 병해충 등에 대한 민감도를 높일 수 있다.

O_3는 성층권에 많은 양이 존재하며 유해한 자외선을 차단하는 중요한 기능을 하지만, 대류권의 O_3는 생성 기작과 역할이 성층권에서와 다르다. 대류권에서는 대기 중의 이산화질소(NO_2) 및 탄화수소(hydrocarbon)가 자외선과 반응하여 O_3가 생성된다. 따라서 대기 중 탄화수소와 태양광이 최대인 봄과 초여름에 고농도 O_3가 발생한다. O_3의 독성은 식물의 필수 영양소와 연관되지 않기 때문에 SO_2나 NO_x만큼 복잡하지 않다. O_3는 주로 기공을 통해 흡수되며, 식물 세포에 들어가면 세포의 수용성 구성 물질과 반응하고 민감한 부분에서는 산화가 일어난다. 그 결과 황화현상이나 괴사 반점과 같은 시각적인 피해 증상이 나타난다. 일반적으로 O_3에 의한 손상은 침엽수보다 활엽수, 극상종보다 선구종이 민감하다고 알려져 있다.

2 임목에의 간접적 영향

토양 내 SO_4^{2-}이나 NO_3^- 같은 대기오염물질이 유입되면 Ca^{2+}, Mg^{2+}, K^+와 같은 염기성 양이온의 용탈과 함께 교환성 H^+ 이온이나 Al^{3+} 이온의 증가가 일어난다. 황산화물이나 질소산화물의 유입으로 토양 pH가 저하하여 중금속을 포함한 일부 금속성 이온의 토양용액 내 용출이 많아진다. 이들 이온의 유효도 증가가 식생에 치명적이지는 않지만 그 식생을 기반으로 살아가는 다른 생명체는 타격을 입을 수 있다.

토양의 산성화는 하나의 요인보다는 다수의 과정이 포함된 복합적인 요인에 의해 발생한다. 예를 들면 식물의 1가 양이온 흡수는 수소이온 1개, 2가 양이온 흡수는 수소이온 2개의 생산을 의미하며, 음이온 흡수는 HCO_3^- 이온이나 OH^- 이온과의 교환을 의미한다. 질소는 NH_4^+나 NO_3^-의 형태로 식생에 의해 많은 양이 흡수되는 주요한 양분이며, 산성토양에서 식물이 NH_4^+ 이온을 흡수하면 토양 내 수소이온이 증가하여 토양 산성화가 발생한다. 그러나 NO_3^-를 흡수하면 수소이온의 흡수를 초래하여 중화되기도 한다.

토양 산성화는 대기오염과 관계가 있지만 동시에 토양 내 필수 염기성 양이온이 감소하므로 임목의 양분에도 변화가 일어난다. 예를 들면 유럽의 가문비나무 잎 내에서 질소 농도는 30~40년 동안 계속 증가한 반면에 인, 칼슘, 칼륨과 같은 양분의 농도는 감소하였다. 잎 내 질소 농도의 증가는 질소 강하물에 대한 반응이지만 인, 칼륨, 칼슘 등의 감소는 토양 내 가용성 총량의 변화로 해석된다. 잎에서의 질소 농도가 높아지면 잎의 무게 및 바이오매스가 증가하고 결과적으로 임목 생장을 촉진한다.

4·1·3 산불

산불(forest fire)은 자연적 또는 인위적으로 자주 발생하는 교란이다. 산불은 생태계의 변화를 가속화하여 장기적인 식생 분포와 특성을 제어하고 산림 생산력과 생물다양성, 대기권의 이산화탄소 총량에 영향을 미치는 대표적인 산림 교란이다.

산불의 3요소는 연료 · 열 · 산소이고, 산불에 영향을 미치는 3인자는 연료 · 기상 · 지형이다. 산림도 일종의 연료이므로 소나무처럼 잘 타는 수종이 연속적으로 배열되거나 우거질수록 산불이 발생할 위험이 커진다. 또한 기온이 높고 습도가 낮을수록, 그리고 빛을 많이 받는 경사면과 주풍 방향으로 뻗은 지형에서 산불 발생의 위험이 높고 진행 속도가 빨라져서 큰 산불이 된다.

산불의 유형은 ①나무의 가지와 잎이 타는 수관화, ②수목의 줄기가 타는 수간화, ③임상의 낙엽 · 낙지 · 하층식생 등이 주로 타는 지표화, ④이탄과 같은 땅속의 두꺼운 유기물이 타는 지중화, ⑤바람에 날아간 불씨로 확산하는 비화(비산화)로 구분한다. 다섯 가지 산불 유형은 산림의 구조(종 구성, 수직적 · 수평적 배열 등)와 기상 및 지형에 따라 발생할 확률이 달라진다.

우리나라에서 산불 발생에 영향을 미치는 주요 환경요인은 습도, 온도, 산림 내 건조한 낙엽, 바람 등이다. 기상 특성의 경우 평균기온 12.2℃, 상대습도 29.9%, 평균풍속 3.7m/sec, 무강우일수 11.9일에서 산불이 많이 발생하였다고 보고한 바 있다(이병두 · 김경하, 2013). 그러나 환경적 요인보다 인간의 부주의로 인해 산불이 주로 발생한다.

1 산불의 영향

산불은 단기간에 산림생태계 전반에 걸쳐 큰 변화를 일으킨다. 산불이 발생하면 지상부의 바이오매스가 연소하여 이산화탄소와 에너지로 전환되며 생태계의 순생산력이 일시적으로 0에 가까워진다. 식생 천이의 발달 및 회복은 산불 발생지의 토양 내에 잔존한 유기물의 양과, 광물질 양분으로 새롭게 전환되는 능력에 달려 있다. 유기물층 내 낙엽 · 낙지 등이 타면서 질소, 인, 칼륨, 황 등의 양분이 기체 상태로 휘산(揮散, volatilization)하기도 하며, 표토층에 잔류한 양분도 강우 발생 시 침식이나 용탈에 의해 임지로부터 유실될 수 있다.

산불은 강도에 따라 지상부의 식생뿐만 아니라 지하부의 토양 내 생명체까지 태우고 재를 남긴다. 이 결과 산림토양은 더 많은 빛을 받고 수분 침투성이 감소하여(그림 2-100 참조) 강우로 인한 침식이 심해진다. 또한 토양 내 질소 양분이 크게 감소하지만 알칼리성 양분은 재로 남아 pH가 상승하므로 양분 수지와 양분 유효도가 변화하고 궁극적으로는 산화지에서 재생하는 식물의 생장에 영향을 미칠 수 있다(Kim *et al.*, 1999). 예를 들어 2003년 충남 청양군의 산불 발생 지역을 조사한 결과 토양 0~15cm 깊이에서 질소 함량이 약 35% 감소하였고, 1996년 동해안 산불 발생 지역의 경우 표토 0~5cm에서 pH가 약 0.5 상승하였다. 그러나 산불 유형과 발생 강도 및 빈도, 그리고 발생 이후 경과 시간 등에 따라 산불이 산림생태계에 미치는 영향은 다양하다.

그림 2-100 산불 후 재로 덮인 산림토양은 수분 침투가 어려워 표면 침식이 증가함 (충북 영동군, 2005년)

그림 2-101 솔방울을 닫고 있던 송진이 산불로 녹으면 솔방울이 열리며 그 속에 든 종자가 비산함

2 산불에 대한 적응

산림생태계는 산불에 다양한 방법으로 적응해 왔다. 산불 발생 후에는 유기물층이 없어지면서 소나무의 발아가 수월해지고, 오리나무·비수리 등의 질소고정식물이 이입하여 토양 환경이 점점 나아진다. 산불이 잦은 산림에서는 수피가 두껍고 맹아력이 크며, 산불로 송진이 녹아서 열리는 폐쇄성 구과(serotinous cone; 그림 2-101 참조) 또는 신속한 종자 이입 등의 적응 전략을 지닌 수종이 살아남아 생태계를 안정화한다(표 2-21 참조).

표 2-21 산림생태계에서 산불의 역할과 산불에 대한 수목의 적응

산불의 역할	수목의 적응 전략
• 산림갱신	• 두꺼운 수피
• 경쟁 해소(자연간벌 효과)	• 폐쇄성 구과
• 임상 정비(연료의 감소 및 연속성 제거)	• 생장점 눈 보호
• 양료 순환 촉진	• 맹아 생장
• 야생동물 먹이와 초지 제공	• 매토종자 발아
• 병해충 감소	• 종자 이입
• 산림의 천이 조절	• 잦은 산불 이용(하층 경쟁 제거)

[이경준 등, 1996]

산불 발생 후의 천이 양상은 산불의 강도, 발아 후 집단화를 위한 종자의 비산 능력에 따라 다르다. 갱신은 생존한 관목 또는 미처 타지 않은 식생의 번성이나 기타 식물의 영양번식에 의해서도 가능하다. 산불 발생지에서 집단으로 발생하는 종은 바람을 타고 비산하여 유입된 종자나 토양 속에서 생존한 종자로부터 유래한다. 토양 내에 있던 초본 종자와 맹아가 발아하여 자라면서 회복이 촉진되기도 한다(그림 2-102 참조).

또한 산림에서 타기 쉬운 연료가 소진되고 나면 대형목이 남는다. 북아메리카나 유라시아 지역에 분포하는 한대 침엽수림, 북아메리카와 아시아의 초지, 열대 초지인 사바나 등에서는

그림 2-102 산불 발생지의 생태계 회복 양상
A: 리기다소나무(울산 봉대산, 2007년) B: 맹아가 발생한 참나무류(동해안, 2000년)
C: 초본식물과 참나무류 맹아로 회복 중인 소나무림(강원도 낙산사, 2005년)

생존을 위해 산불을 필요로 하는 종이 있다. 방크스소나무(*Pinus banksiana*)와 세쿼이아(*Sequoia sempervirens*)는 대표적인 폐쇄성 구과 수종으로 갱신을 위한 종자 산포 시 열이 필수적이다. 이들 수종은 줄기에 두꺼운 수피가 있어서 산불에 저항성을 보인다(그림 2-103 참조). 산불에 적응한 대표적 수종인 남부 유럽의 코르크참나무(*Quercus suber*)는 수피에 코르크층이 두껍게 발달하여 산불 발생 시 형성층으로의 열 전달을 효과적으로 차단한다(그림 2-104 참조). 오스트레일리아 태즈메이니아에 분포하는 유칼립투스(*Eucalyptus globulos*)도 산불로 갱신할 수 있다(Ågren & Andersson, 2012).

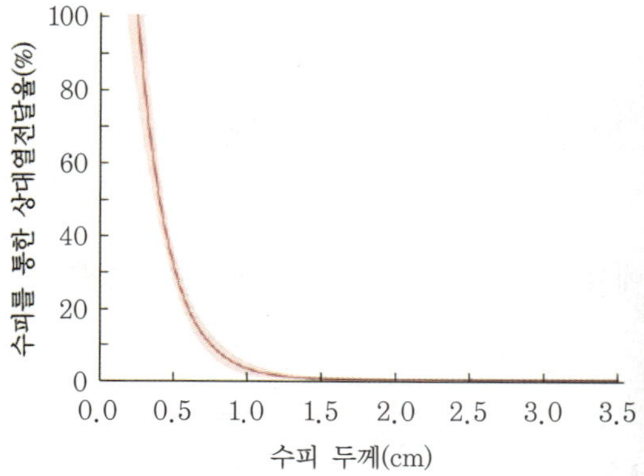

그림 2-103 브라질 열대림 24개 수종의 수피 두께에 따른 열전달률[Brando *et al.*, 2012; Binkley, 2021]

그림 2-104 코르크층이 두껍게 발달한 굴참나무(*Quercus variabilis*) 임분(강원 홍천군, 2023년)

3 산불 관리 및 피해지 복구

오늘날 우리나라 산불은 대부분 인위적으로 발생하며 번개와 같은 자연적 요인에 의한 산불은 덜 빈번하다. 사람이 접근하기 어려운 지역에서 발생하면 산불이 대형화하지만 도시 인근에서 발생하는 산불은 강도가 약하다. 산림생태계 수준에서는 산불의 영향이 다양하며, 낙엽층에 제한된 경우가 많지만 수관화가 발생하면 임목의 수관에 치명적인 피해를 입혀 고사율이 높게 나타난다. 국내의 대형 산불로는 1996년 강원 고성군 군사격장에서 발화한 산불이 산림 3,762ha를 태웠고, 이후 2000년 동해안 산불을 비롯해 청양·예산, 강릉·삼척, 고성·강릉, 울진·삼척 등 1,000ha 이상을 태운 대형 산불이 다수 발생한 바 있다(표 2-22 참조).

산림경영상 산불 관리 및 통제는 산불에 대한 산림생태계의 적응을 참고하여 연료의 양을 조절하거나, 산림을 혼효림이나 내화수림으로 유도하여 발생 위험도를 낮추거나, 자원의 가치 변화 정도를 고려하여 수행할 수 있다. 연료의 양을 조절하는 방법으로는 화입(火入, prescribed burning)이 있다. 화입은 연료의 양과 점화 시기 및 산불 통제 방법을 강구하여 실시한다. 그렇지 못할 경우에는 숲가꾸기사업을 활용하여 임분의 밀도를 줄이고 가지치기를

표 2-22 2000년 이후 우리나라에서 발생한 주요 대형 산불

발생 지역	발생 연도	피해 면적(ha)	최대 풍속(m/s)
동해안	2000	23,794	23.7
청양 · 예산	2002	3,095	15.1
양양	2005	973	32.0
강릉 · 삼척	2017	1,017	23.0
고성	2018	357	10.0
삼척	2018	161	10.8
고성 · 강릉	2019	2,872	36.6
울주	2020	519	19.1
안동	2020	1,944	18.8
울진 · 삼척	2022	16,302	28.3

[이창배 등, 2023]

하며 대경목으로 키우면 연료의 양과 배열 면에서 발화 확률이 낮아져 산화 가능성을 줄일 수 있다(그림 2-105 · 2-106 참조).

그림 2-105 숲가꾸기사업은 연료의 수직 · 수평적 연결을 끊고 나무를 굵게 하여 산불의 발생 확률을 크게 줄임

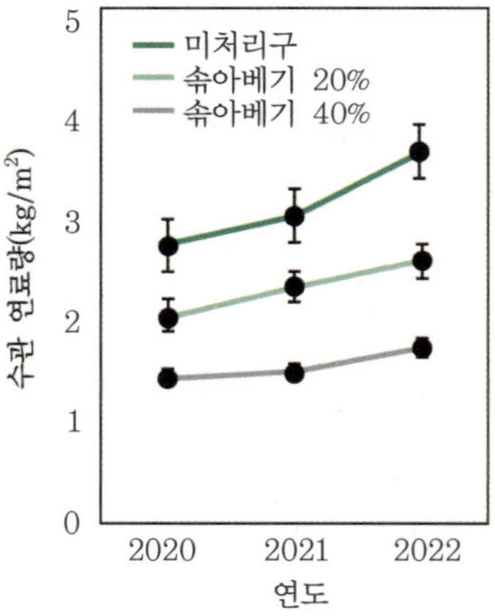

그림 2-106 솎아베기 강도별 수관층의 산불 연료량 변화 [이창배 등, 2023]

산불 발생 후 갱신하는 산림의 경우 산림 생산력이 상당히 떨어져 있기 때문에 산불 피해지 복구, 수종 선택 및 비배 관리와 같은 피해지 복원 등은 산림의 입지 환경 및 토양 특성을 충분히 고려한 후 실시해야 한다. 산불 발생지의 입지 및 식생 조건에 따라서 숲의 생태적 관리와 자연천이를 우선시하는 지역은 자연 복원을 실시하고, 목재 생산을 통한 경제적 가치나 산사태와 같은 산지 재해 예방을 추구하는 지역은 인공 복구를 병행하고 있다(그림 2-107 참조).

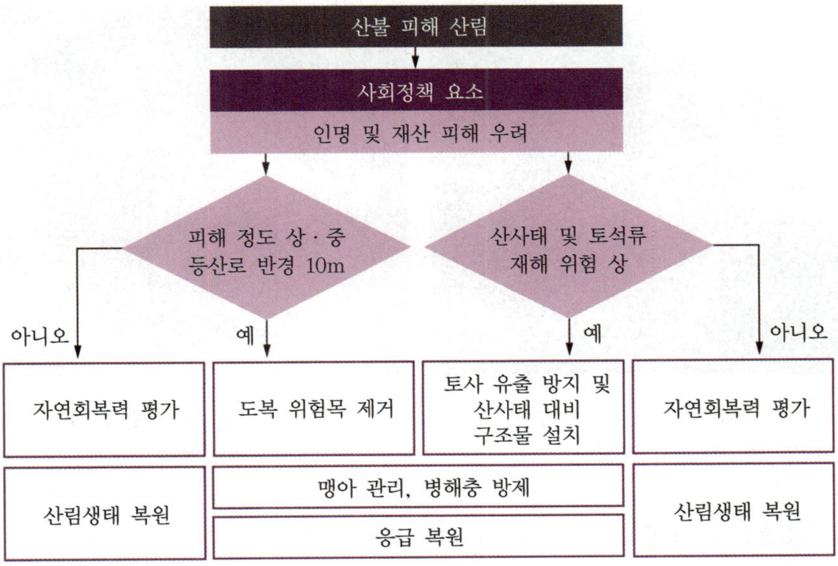

그림 2-107 산불 피해지 응급 복원 및 생태 복원을 위한 의사 결정 흐름도
[이창배 등, 2023]

4·1·4 강풍

바람은 수분, 온도, 물질 등과 에너지를 운반하며, 산림생태계에서는 증발산을 촉진하고 온도 변화를 일으킨다. 또한 이산화탄소, 꽃가루, 종자, 병원균, 포자, 곤충, 토양, 심지어 대기오염물질까지도 전파하며 방풍의 역할도 한다.

바람에 의한 교란은 국지적 또는 지역 규모에서 산림생태계의 구조와 구성, 기능에 큰 영향을 미친다. 강풍에 의해 발생하는 임목 손상 정도는 바람의 강도 · 빈도, 입지 특성, 개개 임목 특성과 같은 다양한 원인의 영향을 받는다(Yoshida & Noguchi, 2009). 특히 지형과 더불어 임목의 저항성, 목재 강도, 수고, 근계 구조 등 수종 고유의 특성이 중요한 역할을 한다.

강풍이 발생하면 가지 또는 줄기 부분이 부러지거나 뿌리가 도복하는 등 다양한 형태로 피해가 발생한다(그림 2-108 · 2-109 참조). 줄기가 부러지는 경우는 목재 강도나 지상부의 구조적 특성에 기인하며, 침엽수류에서 강풍 피해가 심한 것도 수고와 수관폭이 크고 목재 강도가 약하기 때문이다. 또한 수관 상부와 하부의 풍속 차이 때문에 흉고직경이나 수고가 큰 임목이 작은 임목에 비해 강풍에 취약하다. 뿌리의 도복은 국소 지형에서 천근성 · 심근성과 같은 뿌리의 분포 및 점유 공간의 크기와 관련이 있으며, 수간 동공 및 설해가 발생한 지역에서도 일어날 수 있다. 일반적으로 자작나무와 같은 천이 초기 단계의 수종은 바람에 의한 손상이 적으며, 혼효림은 침엽수 단순림에 비해 바람에 대한 저항성이 강하다.

강풍은 임분의 구조를 파괴하기도 하지만 수종 갱신의 기회를 제공하기도 한다. 예를 들면

그림 2-108 태풍(곤파스)으로 인해 도복한 소나무 성숙림(경기 포천시, 2010년)

그림 2-109 태풍(무지개) 피해를 입은 일본잎갈나무 조림지(경남 함양군, 2003년)

수관 사이의 숲틈이나 뿌리의 도복으로 발생한 작은 기복 및 광물질 토양층의 노출은 치수의 발생 및 생육에 알맞은 환경조건을 만들기도 한다.

바람이 많이 불고 나무 사이의 간격이 넓은 곳에서 자라는 나무는 줄기의 아래가 굵고 위쪽으로 갈수록 가늘어져 초살도가 커지며, 지상부에 비해 뿌리의 발달이 강하다. 특히 주풍 방향으로 바람이 세게 불 경우에는 건조로 인해 나무가 잎과 가지를 잃어 깃발 모양을 하고(그림 1-13 참조) 한쪽으로 기울어진 편심생장(eccentric growth)을 한다. 편심생장을 목재의 구조적 측면에서 보면 연재(softwood) 수목의 경우 바람이 불어가는 쪽으로 압축이상재(compression wood)를, 경재(hardwood)의 경우 바람이 불어오는 쪽으로 신장이상재(tension wood)를 형성한다(그림 1-18 참조). 태풍이 자주 부는 지역의 산림에서는 나무가 바람에 적응하여 심하게 흔들려도 가지가 쉽게 부러지지 않고 도복도 하지 않는다. 주기적인 폭풍으로 죽은 가지들이 제거된다.

4·1·5 폭설

임목에 발생하는 설해는 관설, 설압, 눈사태 등에 의한 피해로 구분할 수 있다. 그 밖에도 생리적 피해와 근원부 만곡에 의한 목재 이용률 저하 측면에서 피해가 발생할 수 있다.

눈에 대한 산림생태계의 적응 양상은 눈의 특징에 따라 달라진다. 적설이 공극 내에 물을 함유하면 습설(濕雪), 물이 없으면 건설(乾雪, 마른눈)이라고 한다. 막 내려 눈의 결정이 남아 있으면 신설(新雪), 굳은 습설과 빙설은 구설(舊雪), 임목의 가지 · 잎 · 수관 등에 부착한 눈은 관설(冠雪, crowned snow)이라고 한다. 수분이 많고 나중에 얼어 붙는 습설이 올 경우 눈의 피해를 크게 입힌다.

우리나라는 내리는 눈이 수관에 부착하기 쉬운 기상 조건이어서 단기간 강설량이 많을 때 관설에 의한 산림 피해가 주로 많다(이창우, 1969). 눈은 무게가 나가기 때문에 수관에 얹히면 가지를 부러뜨릴 수 있고, 경사지의 임상에 쌓이면 줄기에 압력을 가한다. 경사지에서 폭설로 인해 많은 압력을 받은 수목은 해빙기에 지면이 약화하면 간접적으로 도복의 피해를 입기도 한다(그림 2-110 참조). 많은 눈에 적응한 수종은 수형이 원추형으로 발달하여 정단부에 눈이 쌓이지 않고, 곁가지가 밑으로 잘 처져서 쌓인 눈이 흘러내리며, 경사지에서는 줄기가 지면에 쌓인 눈 무게를 견디며 휘어서 자란다(그림 2-111 참조). 수종별로는 소나무가 설해에 약하고, 일본잎갈나무와 참나무는 소나무보다 강하며, 잣나무는 설해에 강한 편이다.

그림 2-110 폭설이 내린 이듬해 봄철에 지면 약화로 도복 피해를 입은 삼나무림(일본 기후현 다카야마시)

그림 2-111 경사지의 눈 무게로 인해 줄기 아랫부분이 휘어서 자란 우산고로쇠(울릉도 성인봉)

4·2 생물적 교란

4·2·1 산림 시업(목재 수확)

전 세계적으로 산림에서의 목재 수확(harvesting)은 약 1,800만 ha에서 매년 발생하고 있다(Furukawa *et al.*, 2015). 이는 산불, 곤충 피해 다음으로 넓은 면적을 차지하며, 강풍과 기타 병해를 포함한 전체 교란 면적의 약 15%에 해당한다(FAO, 2020). 조림된 산림은 전 지구 산림면적의 약 7%로 인류가 사용하는 목재 대부분을 공급하고 있다(그림 2-112 참조). 나무 농장(tree farm)은 전 지구 산림의 약 1.5%를 차지하지만, 좋은 입지 환경에서 집약적인 관리에 의한 높은 생산성, 그리고 시장과의 양호한 접근성 덕분에 전 세계 비연료 목재의 약 1/3을 공급하고 있다. 집약적으로 관리하는 조림지로부터 목재가 공급되지 않는다면 목재 가격이 상승하고 관리되지 않은 더 넓은 면적의 산림으로부터 목재 수확이 필요하다(Binkley, 2021).

나무 심기(조림) 이후 솎아베기와 모두베기를 통한 목재 수확 및 이용, 이와 동시에 재조림은 지속가능한 산림경영을 위해 필수적인 임업 활동이다. 적절한 강도의 솎아베기는 광 환

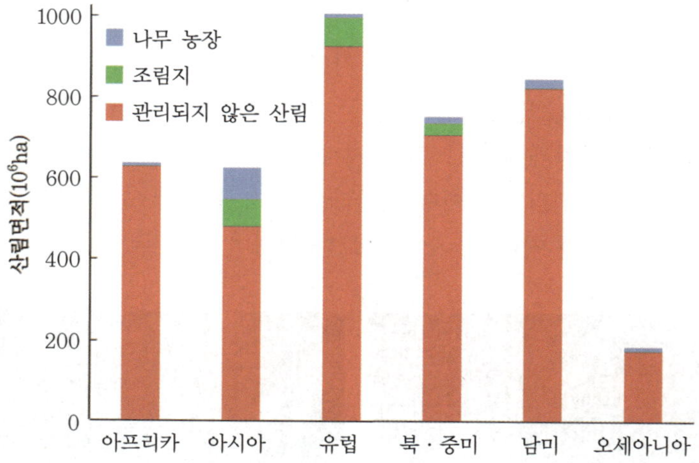

그림 2-112 나무 농장, 조림지, 관리되지 않은 산림의 대륙별 면적 분포 [FAO, 2020]

경을 개선하여 상층 수목의 생장을 향상하는 동시에 하층식생의 유입을 유도하고, 종의 구성을 바꾸어 숲의 천이에 영향을 미치는 등 숲의 구조와 기능을 변화시킨다(그림 2-113 참조). 솎아베기를 통해 수관이 감소하면 공중 연료(탈 수 있는 물질)가 제거되어 산불 발생을 줄이는 데 효과적이지만, 목재 수확 이후 임상에 고사 유기물이 잔존할 경우에는 지표 연료가 증가하므로 산불에 취약한 환경이 조성되기도 한다(이창배 등, 2023).

모두베기 또는 커다란 틈(gap)의 형성은 개척종(pioneer species)이 유입할 수 있는 환경을 조성한다(그림 2-114 참조). 특히 수확 작업에 의해 무기 토양이 노출될 경우에 더욱 그러하다. 따라서 산림경영인은 나무를 베는 방법과 강도를 조절함으로써 숲의 갱신 속도와 구조에 크게 영향을 미칠 수 있다.

그림 2-113 적정한 강도의 솎아베기로 광환경이 변화하고 모수로부터 유입된 종자에서 치수가 발생한 소나무림(강원 정선군, 2021년)

그림 2-114 모두베기 후 토양 노출 및 광환경 변화가 나타난 산지에 재조림한 참나무 묘목(경기 포천시 산림기술경영연구소 시험림, 2023년)

모두베기의 경우 수관의 제거로 인해 토양 표면으로 유입되는 광량이 증가하고 이에 따라 대기와 토양의 온도 상승이 뚜렷하게 나타난다(그림 2-115 참조). 한편 솎아베기의 경우는 작업 강도에 따라 환경 변화의 차이를 보인다. 적정 강도의 솎아베기를 하면 수관폭이 빠르게 확장하므로 수년 내에 이전의 상태로 회복하여 광 환경 및 온도 변화가 유의적인 차이를 보이지 않을 수 있다. 솎아베기 또는 모두베기의 경우 임상 내 온도 상승으로 토양 표층의 수분이 증발하여 토양 수분이 감소하기도 하지만 식생에 의한 증산량의 감소로 오히려 토양 수분이 증가하는 경향을 보이기도 한다.

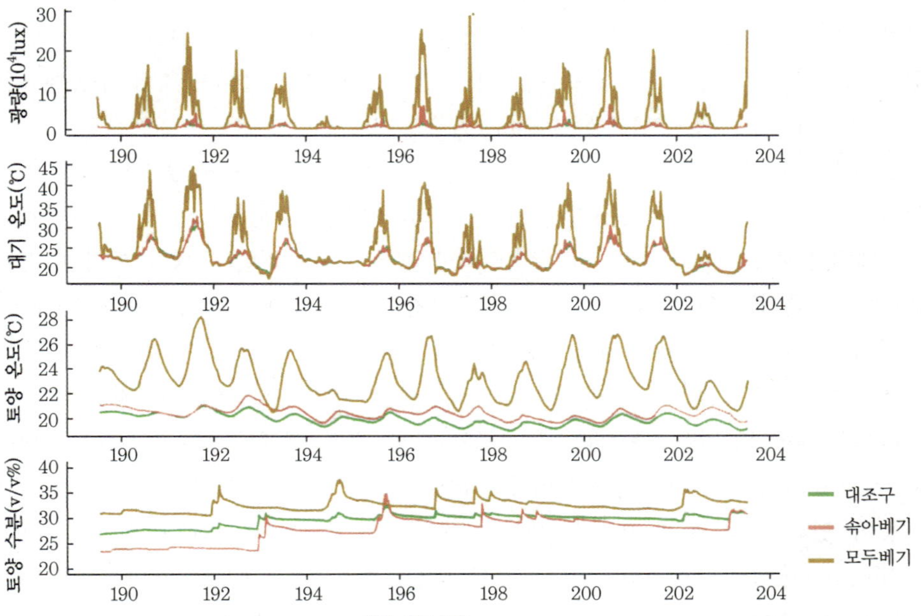

그림 2-115 참나무림 솎아베기 및 모두베기 연구 대상지의 여름철 광 환경, 기온, 토양 온도, 토양 수분 모니터링(강원 춘천시, 2022년)

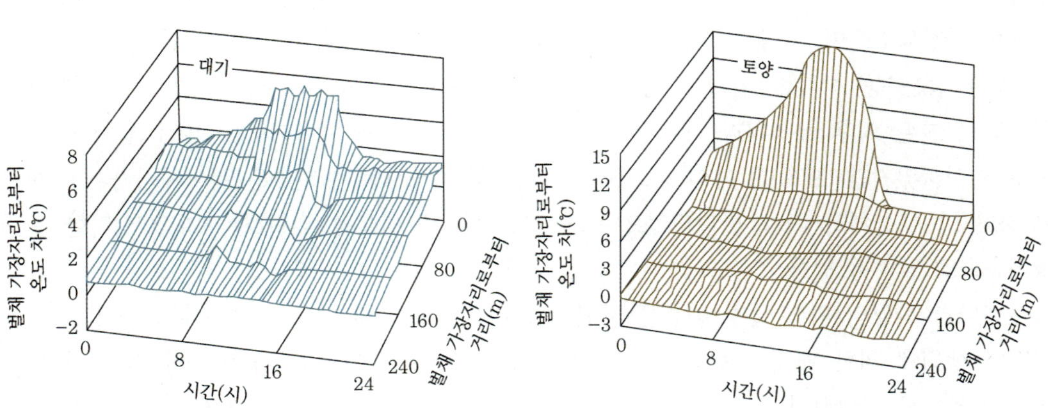

그림 2-116 모두베기가 대기 및 토양 온도에 미치는 가장자리 효과[Binkley, 2021]

또한 벌채지와 인접한 숲의 경계(border)에서는 가장자리(edge) 효과도 있다. 기온의 경우 벌채지 경계로부터 벌채되지 않은 숲 안쪽으로 더 넓은 범위까지 영향을 미치지만, 토양 온도는 좁은 범위에서 더 큰 온도 차를 보인다(그림 2-116 참조).

4·2·2 산림 병해충

산림 병해충은 산림생태계의 다양성과 관련이 있는 자연적인 매개체로서 산림의 종 구성, 산림 구조, 특정 수종의 생장, 숲틈 발생, 특정 야생동물의 서식처, 생태계의 양분 순환 등에 상당한 기여를 한다. 또한 같은 종에서도 임목의 연령이나 임분의 발달 단계와 밀접한 관계가 있는 경우가 있으며, 일반적으로 활력이 강한 수종보다는 활력이 약한 수종에 선택적으로 영향을 끼친다.

자연 생태계에서 산림 병해충은 수천 년에 걸쳐 기주식물과 공존해 왔으며, 서로의 생존을 위해 이상적인 균형을 맞추며 공진화해 왔다. 그러나 외래 병해충이 어느 한 지역에 도입되었거나 생태계가 자연 상태로부터 급격히 변화한 경우에는 이러한 균형이 깨질 수 있다. 최근 기후변화 및 국가 간의 무역 증가에 따라 외래종의 유입과 번성의 위험이 증가하고 있다.

외래 병해충의 유입으로 인해 산림생태계가 심각한 손상을 입은 예로 미국의 경우 풀과 나무의 잎에 피해를 주는 짚시나방(gypsy moth), 중국 · 한국 · 일본이 원산지로 알려져 있으며 단풍나무류 · 버드나무류 · 사시나무류 · 느릅나무류 등에 피해를 주는 아시아긴뿔딱정벌레(Asian long-horned beetle), 물푸레나무류에 피해를 주는 호리비단벌레(emerald ash borer) 등이 있다. 일본과 우리나라에서는 곰솔과 소나무 등에 피해를 주는 소나무재선충(pine wilt nematode) 등이 있다. 또한 산불 발생, 기후변화, 과도한 토양 답압 등에 의한 생태계의 급격한 변화는 산림 병해충의 발생에 영향을 끼칠 수 있다.

우리나라에서 솔잎혹파리(pine needle gall midge)는 1929년 목포와 서울에서 최초로 발생한 산림 해충으로 소나무 잎의 하부에 충영(gall)을 형성하므로 임목이 고사하거나 재적 및 생장이 감소한다. 솔껍질깍지벌레(black pine bast scale)는 1963년 전라남도 남서해안에서 최초로 관찰되었으며, 곰솔의 가지 껍질에 갈색 반점이 생기고 수관 하부가 갈색으로 변하거나 말라 죽는 등 심각한 피해를 입혔다. 미국흰불나방(fall webworm)은 1958년 서울에서 최초로 관찰된 이후 우리나라 대부분의 활엽수 잎을 식해하였으며 1968~1972년 동안 전국으로 확산하였지만 1979년 이후 감소세가 뚜렷하였다. 소나무재선충은 북아메리카가 원산으로 1988년 부산에서 처음 발견되었으며 곰솔과 소나무 임분을 위협하는 가장 심각한 산림 병해충으로 알려져 있다.

우리나라 산림의 외래 돌발 해충은 자연 상태에서보다 10배 정도 빠르게 확산하였다. 이는 인간의 행위에 의한 매개가 원인이며, 특히 도로나 철도 주변, 거주지 인근의 숲이 가장 민감한 지역으로 나타났다(Choi & Park, 2012). 한편 병해충으로 인한 대면적 수목 고사지는 기후 환경의 변화에 따른 산불 발생 등의 2차 피해에 매우 취약하다. 특히 건조 및 가뭄은 수목, 곤충, 산림 구조에 영향을 미치고 시간의 경과에 따른 산불의 유형 및 강도에 영향을 미칠 수 있다(그림 2-117 참조).

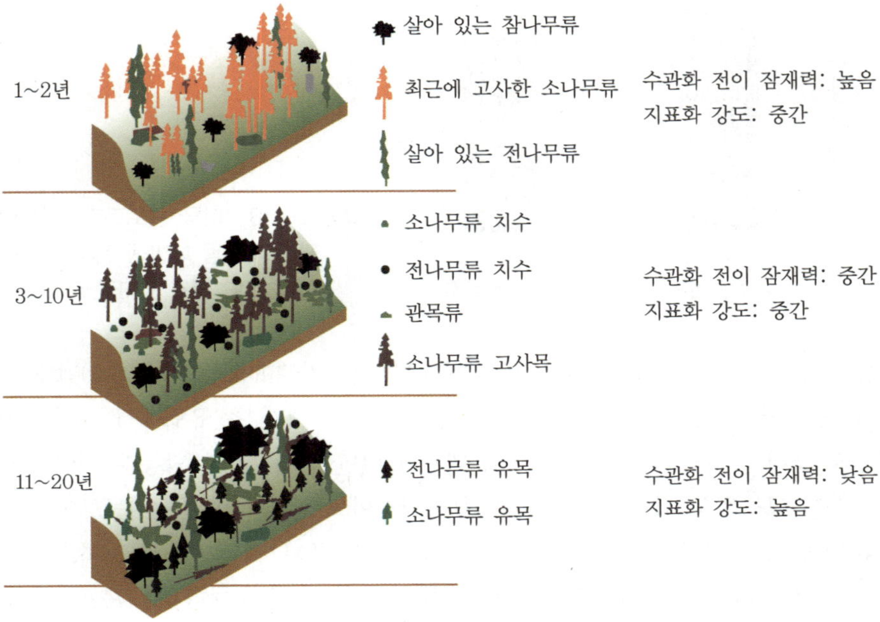

그림 2-117 시간 경과에 따른 산림 병해충 피해지의 산불 피해 위험 정도[Binkley, 2021]

4·2·3 생물적 구성 변화

이차천이는 주로 산불, 폭풍, 목재 수확, 토지이용 변화 등의 교란에 기인한다. 새로운 식물종·동물종의 추가(addition) 또는 기존 종의 배제(subtraction)도 교란의 한 형태로서 산림 천이의 궤도를 수정할 수 있다. 식물상(flora)·동물상(fauna)의 변화는 기존 생태계에 상당한 교란으로 작용하여 보다 실질적으로 이차천이에 영향을 미칠 수 있다.

특정한 종이 제거(elimination)되거나 풍부도가 감소하면 그 종이 차지하던 공간은 다른 유기체로 대체된다. 수종의 손실은 많은 경우 그 수종이 적응하지 못한 곤충과 병원균 도입의 결과이다. 지난 100년간 외래종 또는 병원균 도입에 의해 종이 제거되거나 거의 절멸한 많은 사례가 있다. 미국 와이오밍주 남동부 지역의 콘토르타소나무(*Pinus contorta*)림에서는 소나무좀(mountain pine beetle, *Dendroctonus ponderosae*) 대발생으로 인해 상층을 우점하던 소나무의 절반 이상이 고사하였다. 그러나 살아남은 로키전나무(*Abies lasiocarpa*), 엥겔만가문비나무(*Picea engelmannii*), 북미사시나무(*Populus tremuloides*) 등의 상층목과 하층식생으로 구성된 임분은 이전과 다른 구조의 산림으로 발달할 수 있는 잠재력을 보였다(Kayes & Tinker, 2012; 그림 2-118 참조).

미국밤나무는 북아메리카 동부 지역을 우점한 주요 식생이었으나 1904년 아시아로부터 유

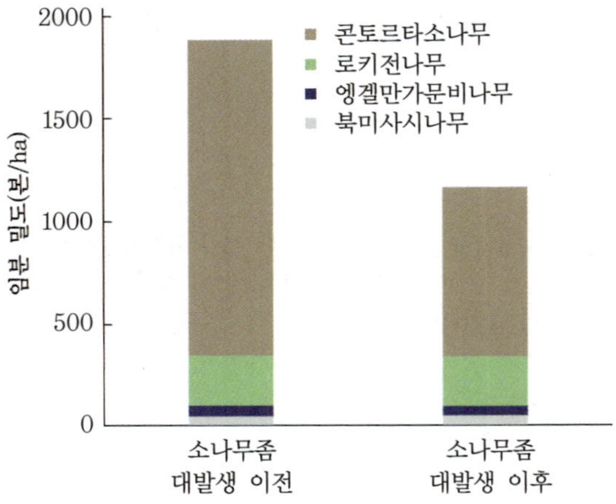

그림 2-118 미국 콘토르타소나무림에서 소나무좀 대발생 전후의 수종별 임분 밀도 분포[Binkley, 2021]

입된 병원균(chestnut blight fungus)에 의한 밤나무 가지마름병으로 1940년대에 사실상 절멸하였다. 습지와 수변림에 서식하는 미국느릅나무는 20세기 초 유럽에서 유입된 병원균으로 인해 입지 조건에 따라 다양한 수종으로 대체된 반면에 미시간주 남동부 지역에서는 하층 또는 중층 식생으로 일부 남아 있다. 1990년대 아시아로부터 미시간주 디트로이트 지역으로 유입된 외래종인 호리비단벌레는 2022년까지 미국 36개주와 캐나다 5개 지역으로 확산하였다(Kolka *et al.*, 2018). 큰 규모의 호리비단벌레 개체군이 물푸레나무류(*Fraxinus* spp.)를 가해할 경우 직경 1인치 이상인 모든 나무가 고사한다고 보고되었다. 일반적으로 배수가 불량한 토양에서 서식하는 흑물푸레나무(*F. nigra*) 순림은 고사율이 높을 경우 잠재적으로 관목 습지의 형태로 대체된다고 알려져 있다.

종이 추가되는 경우에도 산림생태계가 크게 달라질 수 있다. 특정 지역을 점유하고 있는 기존 수종들은 해당 입지에 완전하게 적응하면서 생장했다기보다는 단순하게 시간적으로 자원의 이용과 접근이 유리한 환경에 있었을 수 있다. 따라서 더 우세한 경쟁자가 침입하면 산림의 천이에 있어서 큰 변화를 초래할 수 있다. 유럽의 경우 미송(*Pseudotsuga menziesii*), 스트로브잣나무(*Pinus strobus*), 루브라참나무(*Quercus rubra*), 아까시나무(*Robinia pseudoacacia*), 북동 · 북중 아메리카 지역의 구주소나무(*P. sylvestris*), 독일가문비(*Picea abies*), 노르웨이단풍(*Acer platanoides*), 곰솔(*P. thunbergii*), 뽕나무(*Morus alba*), 가죽나무(*Ailanthus altissima*), 비술나무(*Ulmus pumila*), 유럽잎갈나무(*Larix decidua*), 남반구 온대 지역의 몬터레이소나무(*P. radiata*), 파툴라소나무(*P. patula*), 습지소나무(*P. elliottii*) 등이 대표적인 예이다. 이들 종은 종종 일부 지역의 식물상에서 우점종이 되고 있다.

연습문제 ▌

1. 기후변화가 산림생태계에 미치는 영향을 설명하시오.
2. 대기오염이 임목에 미치는 직간접적인 영향을 설명하시오.

3. 산불이 산림생태계에 미치는 영향을 설명하시오.
4. 산림수목이 산불, 바람, 눈 등에 적응하는 전략에 대해 설명하시오.
5. 산림생태계의 생물적 교란과 비생물적 교란을 구분하여 설명하시오.
6. 산림 시업에 따른 미세기후 환경 변화에 대해 설명하시오.

참고문헌 ▌

1. 국립산림과학원. 2006. 산불피해지 복구 매뉴얼. 국립산림과학원.
2. 손요환. 2010. 기후변화(온난화)에 의한 산림생태계 영향 분석방안 연구. 산림청.
3. 손요환, 구창덕, 김춘식, 박필선, 윤충원, 이계한. 2016. 신고 산림생태학. 향문사.
4. 이경준, 한상섭, 김지홍, 김은식. 1996. 산림생태학. 향문사.
5. 이병두, 김경하. 2013. 로지스틱 회귀식을 이용한 대형산불판정 모형 개발. 한국임학회지 102(3): 415-419.
6. 이창배, 강원석, 권춘근, 김성용, 김은숙, 노남진, 류주열, 박병배, 박주원, 서경원, 안영상, 우수영, 이선주, 이예은, 임주훈, 장미나, 채희문, 한시호, 이해인, 한송희. 2023. 산불 관리의 과학적 근거. 지을.
7. 이창우. 1969. 산림과 설해. 한국임학회지 9(1): 87-99.
8. 임종환. 2008. 기후변화와 산림생태계 영향 그리고 산림관리. 국립산림과학원.
9. 임종환, 천정화, 권태성, 양희문, 박찬열, 김석권. 2010. 기후변화 적응 연구. 산림과학속보 제10-36호. 국립산림과학원.
10. 조낭현, 김은숙, 이보라, 임종환, 강신규. 2020. MaxEnt 모형을 이용한 소나무 잠재분포 예측 및 환경변수와 관계 분석. 한국농림기상학회지 22(2): 47-56.
11. Ågren GI, Andersson FO. 2012. Terrestrial Ecosystem Ecology. Cambridge University Press.
12. Binkley D. 2021. Forest Ecology: An Evidence-Based Approach. Wiley-Blackwell.
13. Brando PM, Nepstad DC, Balch JK *et al.* 2012. Fire-induced tree mortality in a neotropical forest: the roles of bark traits, tree size, wood density and fire behavior. Global Change Biology 18(2): 630-641.
14. Choi WI, Park YS. 2012. Dispersal patterns of exotic forest pests in South Korea. Insect Science 19(5): 535-548.
15. Chung H, Muraoka H, Nakamura M *et al.* 2013. Experimental warming studies on tree species and forest ecosystems: a literature review. Journal of Plant Research 126: 447-460.
16. FAO. 2020. Global Forest Resources Assessment 2020: Main report.
17. Furukawa T, Kayo C, Kadoya T *et al.* 2015. Forest harvest index: Accounting for global gross forest cover loss of wood production and an application of trade analysis. Global Ecology and Conservation 4: 150-159.
18. Inamine H, Miller A, Roxburgh S *et al.* 2022. Pulse and press disturbances have

different effects on transient community dynamics. The American Naturalist 200(4): 571–583.

19. Kashian DM, Zak DR, Barnes BV, Spurr SH. 2023. Forest Ecology. 5th ed. Wiley.
20. Kayes LJ, Tinker DB. 2012. Forest structure and regeneration following a mountain pine beetle epidemic in southeastern Wyoming. Forest Ecology and Management 263: 57–66.
21. Kim C, Lee WK, Byun JK *et al.* 1999. Short–term effects of fire on soil properties in *Pinus densiflora* stands. Journal of Forest Research 4: 23–25.
22. Kolka RK, D'Amato A, Noh NJ *et al.* 2018. Understanding and Managing Emerald Ash Borer Impacts on Ash Forests. MDPI.
23. Seidl R, Thom D, Kautz M *et al.* 2017. Forest disturbances under climate change. Nature Climate Change 7: 395–402.
24. Song J, Wan S, Piao S *et al.* 2019. A meta–analysis of 1,119 manipulative experiments on terrestrial carbon–cycling responses to global change. Nature Ecology & Evolution 3: 1309–1320.
25. Thom D, Seidl R. 2016. Natural disturbance impacts on ecosystem services and biodiversity in temperate and boreal forests. Biological Reviews 91(3): 760–781.
26. Wikimedia Commons. commons.wikimedia.org.
27. Yoshida T, Noguchi M. 2009. Vulnerability to strong winds for major tree species in a northern Japanese mixed forest: analysis of historical data. Ecological Research 24(4): 909–919.

제5장

산림의 공간적 변화

5·1 공간의 의미와 위계 구조

5·1·1 공간의 의미

공간(空間, space)이란 ①아무것도 없는 빈 곳, ②물리적으로나 심리적으로 널리 퍼져 있는 범위, ③영역이나 세계, ④물질이 존재하고 여러 가지 현상이 일어나는 장소 등으로 정의할 수 있다. 철학에서는 공간을 시간과 함께 세계를 성립하는 기본 형식으로 본다. 공간은 시간과 함께 산림의 변화를 인식할 수 있는 주된 요소이다.

산림생태계에서 산림을 구성하는 식물 · 동물 · 미생물이 생산자 · 소비자 · 분해자로서의 다양한 기능을 정상적으로 수행하기 위해서는 크고 작은 적정 공간이 요구된다. 노출된 암석에 자리 잡은 지의류 · 선태식물은 약 $1cm^2(1cm \times 1cm)$의 공간이면 충족되고, 소백산 · 설악산 · 지리산 등 아고산대 초원이나 해안가 사구 등 우리나라에 분포하는 다양한 초원식생은 약 $1m^2(1m \times 1m)$의 공간, 관목이 우점하는 곳에서는 $25m^2(5m \times 5m)$의 공간, 교목이 우점하는 군집에서는 우점 군락의 높이에 따라 다르지만 일반적으로 $100m^2(10m \times 10m)$ 이상의 공간을 각각 요구한다. 경관생태학적 관점에서는 더 큰 공간이 필요하고 한강, 낙동강, 금강 등의 유역생태계는 훨씬 더 큰 공간이 필요하다. 이처럼 산림에서 생태 시스템의 정상적인 작동을 위한 공간의 크기는 매우 다양하다.

5·1·2 공간의 위계적 관점

모든 산림생태계의 공간은 시간, 기후, 지형, 토양 등의 영향을 받아 광범위한 지역에서 동질성, 이질성, 복잡성 등이 나타난다. 복잡한 산림생태계의 공간을 보다 완전하고 체계적으로 이해하기 위해서는 상하로 여러 단계인 위계(位階, hierarchy)의 관점에서 이해할 필요가 있다.

생물 분류(종, 속, 과, 목, 강, 문, 계), 생리학(분자, 세포, 조직, 기관, 개체), 군대 계급(사병, 상사, 중위, 대위, 소령, 중령, 장군), 행정구역(동, 구 · 면, 시 · 군, 도), 생태학(개체, 개체군, 군집, 생태계, 경관, 생물군계) 등 많은 분야에서 이미 낮은 수준에서 높은 수준에 이르는 위계 구조를 적용하고 있다. 생물, 생리, 군대, 생태학 등에서의 위계 구조가 의미하는 바는 낮은 수준의 구성 요소가 조합하여 더 크고 기능적인 전체를 이룰 때 하위에서는 존재하지 않거나 명확하지 않던 새로운 특성이 나타난다는 점이다. 상위의 수준으로 이동함에 따라 추가로 생기고 더해지는 현상을 창발성(創發性, emergent property)이라고 하며, 이는 낮은 수준의 구성 요소 간 기능적 상호작용의 결과물이다.

공간의 크기에 대한 위계적 관점은 시간과 함께 이해할 필요가 있다. 즉 산림생태계 공간에서 동적인 시간의 함수를 배제할 수 없으며, 생태계의 생산 · 소비 · 분해 과정은 이미 시간의 차이를 두고 나타나는 기능 현상이다. 우리나라 소나무 임분의 경우 수십 년 또는 수백 년에 걸쳐 형성되어 왔고, 지구 단위에서 이해 가능한 넓은 공간을 차지하고 있는 생물군계의 경우 100만 년 이상의 시간 영향이 있었으므로 공간의 규모는 시간의 규모와 함께 고려해야 한다.

5·1·3 공간 규모의 위계와 식생

공간의 규모는 가장 작은 소규모(microscale; 1km^2 이하), 중규모(mesoscale; 1~10,000 km^2), 대규모(macroscale; 10,000~1,000,000km^2) 및 거대규모(megascale; 1,000,000km^2 이상)로 구분한다(그림 2-119 참조). 공간과 시간의 상관관계에서 생태학적으로 중요한 사실은 공간이 넓을수록 일반적으로 그 공간에 영향을 미치는 시간이 길어진다는 점이다. 산림의

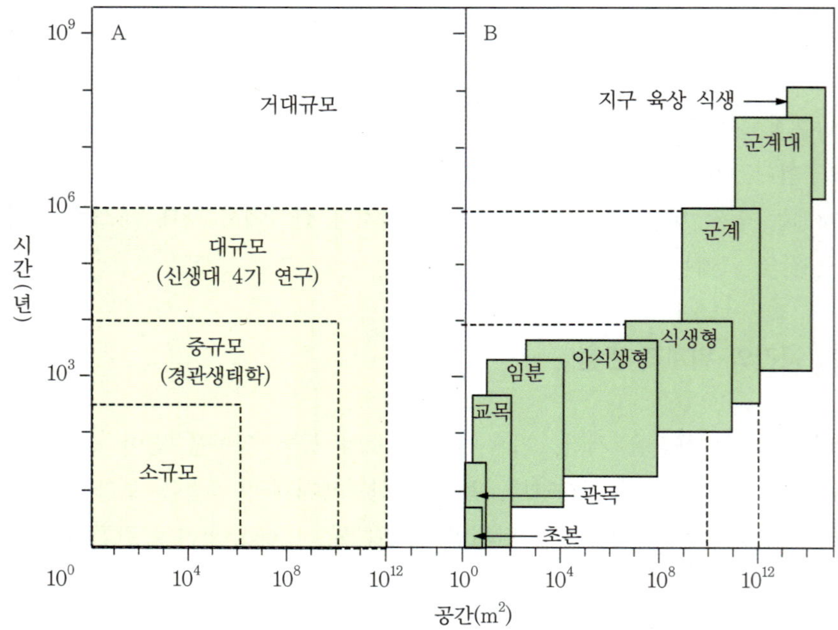

그림 2-119 공간과 시간의 규모 패러다임(A)과 식생 패턴(B)[Delcourt *et al.*, 1983]

공간 변화를 정확히 이해하기 위해서는 시간과의 관계성을 반드시 고려해야 하며, 이는 규모의 차이에 따라 관련한 문제와 적용 기술 등의 생태학적 의미가 필연적으로 다르기 때문이다.

공간의 규모에 대한 예를 들어 보면 우리나라는 면적이 100,412km^{2}로 대규모에 속하고, 서울특별시는 면적이 605.2km^{2}로 중규모(meso scale)에 속하며, 강원도와 경상북도는 면적이 각각 16,829.7km^{2}와 19,034.0km^{2}이므로 대규모에 속한다(국토교통부, 2022). 2022년 울진 · 삼척 대형 산불 피해지(16,302ha)는 중규모, 알래스카(1,518,808km^2)는 거대규모에 속한다고 볼 수 있다.

공간과 시간의 규모 패러다임에 따른 식생 패턴을 보면 대륙이나 생태권과 같은 거대규모에서는 지각변동과 생물상의 진화가 발생한다. 생태권은 가장 큰 생태계이고 모든 것을 포함하고 있는 생태계이다. 거대규모의 생태계는 일반적으로 우리가 알고 있는 바다와 대륙에 해당한다. 거대규모의 시간 범위는 100만 년 이상이고, 대규모의 시간 범위는 1만~100만 년까지이다. 더 낮은 수준의 중규모 생태계 공간은 광범한 평야, 구릉지, 산악지와 같은 지형이, 소규모 생태계 공간은 내륙 산림, 늪지, 호수와 같은 지형이 각각 특징적으로 나타난다.

생태계의 공간 단위를 위에서 아래로 살펴보면 복잡하고 이질적인 것에서 덜 복잡하고 비교적 동질한 것으로 진행한다. 이러한 수준은 임의적 구분으로 볼 수 있다. 왜냐하면 생태계 자체의 복잡성으로 인해 우리가 구분하고자 하는 대로 생태계의 수가 결정될 수 있기 때문이다. 대규모나 중규모와 같은 넓은 공간이나 소규모의 좁은 생태계 공간도 기후, 지형, 토양, 유기체 등의 모든 필수 요소를 포함한다. 모든 수준의 모든 구성 요소를 통합하여 경관생태계의 윤곽을 잡고 도면을 그리는 것이 이상적이다. 하지만 대부분 지역 단위나 소규모의 수준에서 진행되어 왔다.

기후, 식생, 지형 등의 단일 구성 요소에 따른 생태계의 분류는 각각의 구성 요소에 대한 공간 패턴을 설명할 뿐만 아니라 큰 규모의 생태계를 이해하기 위한 기초 요소가 된다. 패러다임에서 중규모를 대상으로 하는 분야는 대기, 지구, 생물상 등과 상호작용하는 생태계가 서로 맞물려 이질적인 모습을 보이는 토지 영역(land area)인 경관생태학(landscape ecology)이다. 생태계는 그 생태계를 둘러싸고 있는 인접 생태계의 환경 속에 놓여 있기 마련이며, 따라서 경관생태학은 생태계와 생태계 상호 간의 관계를 연구하는 학문이다. 즉 경관생태학은 생태계의 공간적인 특성을 고려하고, 공간적 패턴과 기능적 상호 관계에 초점을 둔다. 경관생태학의 시간적 범위는 수백 년에서 수천 년에 달한다.

경관 관리자, 임업가, 야생동물 생태학자, 박물학자 등에게는 500년 내의 짧은 시간 규모에서의 소규모와 중규모 공간이 주요 관심 대상이다. 이 영역의 식생 패턴은 초본 · 관목 · 교목의 생활형으로 구성된 임분, 식생형 및 군계로 볼 수 있다. 소규모와 중규모는 계절에 따른 강수량과 기온의 변화 패턴, 수십 년에서 수백 년까지의 기후 동향과 변동, 동식물의 분포 · 성장 · 상호작용에 영향을 미치는 범위이다.

5·2 생물군계

5·2·1 생물군계의 정의

생물군계(生物群系, biome)는 기후 환경조건에 대한 반응으로 이루어진 생물군집의 생물지리 단위이다. 공간 범위는 하나의 대륙 이상으로 넓어서 서식지(habitat)보다 큰 의미이며, 다양한 서식지를 포함할 수 있는 개념이다. 동일한 생물군계에 속하는 생태계는 유사한 식물군집 구조와 생태계 기능이 나타나므로 지구 차원의 넓은 범위에서 생태계 과정을 비교하기에 편리하다. 생물군계의 유형 중에서 열대우림과 사막은 식물군집의 구분이 명확하며, 특히 육상 생물군계의 지리 분포는 일반적인 기온 및 강수량의 변화, 기후 변이와 거의 일치한다.

서로 관련 없는 생물군이 동일한 환경조건에서 서로 비슷한 양상을 보이며 진화하는 현상을 수렴(convergence)이라고 한다. 사막의 반건조한 환경에서 다육질의 선인장과 대극과식물이 수분의 손실을 줄이기 위해 비슷한 모습으로 진화한 예가 대표적이다. 설악산 대청봉과 중청봉 사이에 분포한 눈잣나무, 눈주목, 눈측백 등도 수렴의 예이다. 종은 다르지만 설악산의 강풍에 오랜 기간 노출되어 곧게 서지 못하고 누워서 자라는 형태로 진화해 온 결과로 볼 수 있다. 결론적으로 환경조건이 비슷하면 비록 식물의 조상이 서로 다르더라도 환경조건에 적응하기 위해 비슷한 형태의 구조로 발전하게 된다. 기온, 강수량과 같은 기후는 열대우림, 온대림, 사막, 툰드라 등 지구의 다양한 생물군계 유형을 결정하는 주요 인자이다.

5·2·2 생물군계의 구분

생물군계에 대한 분류 체계는 몇 가지가 있다. 그중 발터(H. Walter, 1979)는, 기온과 강수량이 식물 생장에 영향을 미치는 주요 인자이므로 기후를 중심으로 생물군계를 나누었다(문형태 등, 2013; Ricklefs, 2010). 발터의 기후도는 육상 식생의 분포와 기후 사이의 관계를 연구하기 위해 개발되었으며, 기온과 강수량의 계절적 변화, 건기와 우기의 길이와 강도, 월평균 최저기온이 0℃ 이상 또는 이하인 달의 연간 비율 등을 포함하여 유용한 기후 정보를 나타낸다(김재근 · 김홍태, 2014; Molles, 2013). 발터는 기온과 강수량의 연 순환을 기초로 9개의 유형으로 구분하고 기후대와 식생 특징을 정리하였다(그림 2-120, 표 2-23 참조).

휘태커(R.H. Whittaker, 1975)는 기온 및 강수량의 평균을 중심으로 생물군계의 경계를 구획화하여 간단한 기후 도표를 제시한바(Odum & Barrett, 2005) 발터 체계의 9개 생물군계와 일치하였다(그림 2-121 참조). 초원, 관목림, 산림이 주요 식생 유형으로 나타난 것은 기온과 강수량뿐만 아니라 산불, 토양, 계절 등의 요인이 영향을 미쳤을 수 있다.

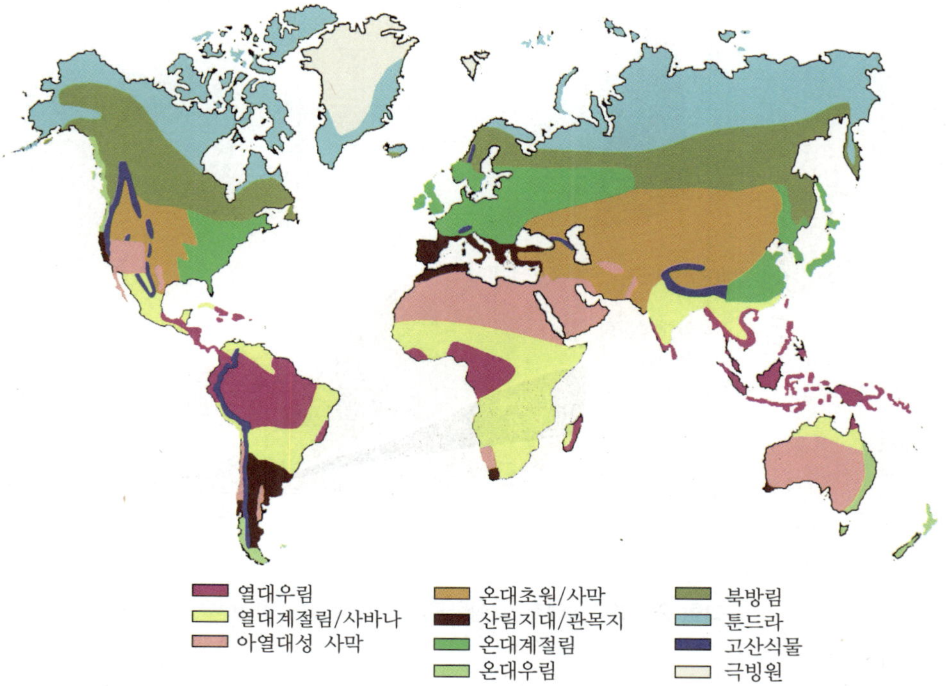

그림 2-120 세계 생물군계의 유형 분포[Ricklefs, 2010]

표 2-23 발터의 생물군계별 기후대 및 식생

생물군계	기후대	식 생
열대우림	적도, 항상 습하고 온도의 계절적 반응이 거의 없음	상록수 열대우림
열대계절림/사바나	열대, 여름에 비가 많이 오고 겨울은 건조함	계절림, 관목 또는 사바나
아열대사막	아열대(뜨거운 사막), 높은 계절성, 건조 기후	상당히 노출된 지표면과 사막 식생
산림지대/관목지	지중해, 겨울에는 비가 많이 오고 여름에는 가뭄	가뭄에 적응한 경엽, 서리에 민감한 관목지와 산림지대
온대우림	따뜻한 온도, 가끔 서리가 내리고 여름에 종종 강우량이 많음	온대상록수림, 다소 서리에 민감
온대림	활엽수림, 적당한 온도, 겨울에는 결빙	서리에 대한 저항성, 낙엽수, 온대계절림
온대초원/사막	대륙성(추운 사막), 건조하고 따뜻하거나 더운 여름과 추운 겨울	초본과 온대사막
북방림	아한대, 낮은 온도, 서늘한 여름과 긴 겨울	상록수, 서리에 강한 비늘잎을 가진 산림(타이가 또는 냉한대침엽수림이라고도 함)
툰드라	극지방, 매우 짧고 서늘한 여름과 매우 길고 추운 겨울	낮은 상록수 식생, 나무가 없고 영구적 빙토에서 자람

[Ricklefs, 2010]

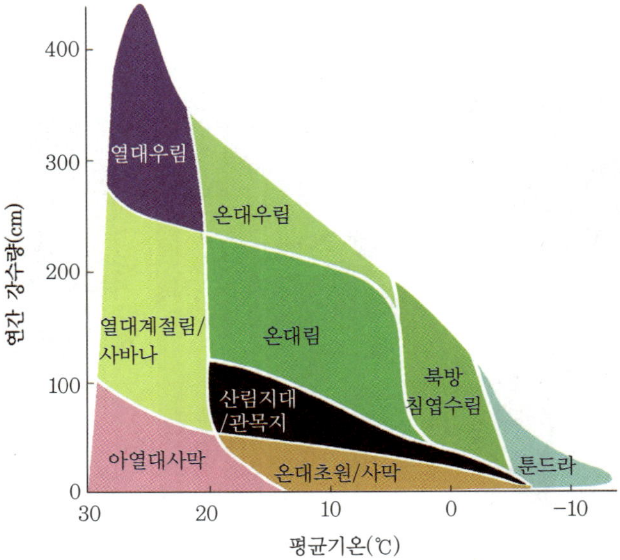

그림 2-121 휘태커의 식물군계[Ricklefs, 2010]

미국 국립과학재단(National Science Foundation, NSF)은 연평균기온, 연평균강수량과 관련한 6개 주요 생물군계의 분포를 구획화하여 발표하였다(그림 2-122 참조). 주변에 극상 식물이 전혀 없는 도시의 한가운데에서도 그 지역의 연평균기온과 연평균강수량을 알면 생물군계를 결정할 수 있다. 그림 2-122에 포함되어 있지 않은 열대사바나, 가시 관목, 열대몬순림과 같은 일부 생물군계는 연평균강수량보다 강우의 계절적 분포와 관련이 있다.

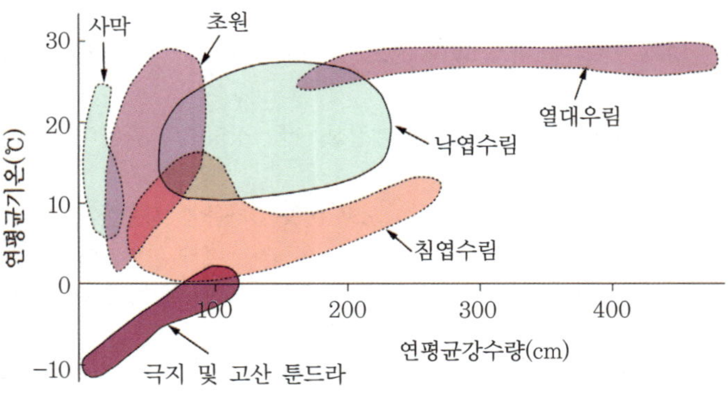

그림 2-122 연평균기온과 연평균강수량에 의한 생물군계 분포[Odum, 1997]

5·2·3 열대우림

열대우림(熱帶雨林, tropical rain forest)은 수관이 매우 높으며 자연이 만든 가장 큰 정원으로서 생물상의 다양성, 순생산성 등 산림생태학적 가치가 높은 생물군계이다. 열대우림은 적도의 3개 지역에서 나타나며, 대부분의 지역은 북위 또는 남위 10° 이내에 분포한다. 즉 ①중남아메리카의 아마존과 오리노코강, 아메리카 중부와 브라질의 대서양 해안을 덮고 있는 신열대우림, ②서아프리카의 남부 지역과 콩고강을 거쳐 동부 지역까지 덮고 있는 아프리카 열대우림, ③동남아시아의 인도, 말레이시아, 필리핀, 인도네시아, 오스트레일리아 등지의 열대우림이 포함된다.

연중 기온이 높고 많은 강수량이 지속되며, 기온의 계절적 변화가 매우 적다. 평균기온이 25~29℃, 연간 강수량이 2,000~4,000mm이며, 온도와 강수량이 열대우림 생물군계의 생태계 제한요인으로 작용하지는 않는다. 미생물의 활발한 활동으로 유기물이 급속히 분해되어 토양 내 유기물 함량이 매우 적고, 토양의 가수분해 속도가 빠른 라테라이트화 작용으로 철분과 알루미늄이 수산화물 또는 산화물 형태로 토양에 집적되므로 토양이 주로 적색을 띤다.

생물군계 중에서 종다양성이 가장 높을 뿐만 아니라 양분 순환 속도가 빠르고 단위면적당 생물학적 생산량이 가장 많은 반면에 교란에는 극히 취약하다. 종 조성을 보면 온대림과 달리 만경식물과 착생식물의 비율이 높다. 상관이 단조롭고 3~4개의 계층구조를 이루며 상록성 수종이 대부분이다. 수고는 30~40m이나 때때로 80m 이상으로 자라며, 상층의 수관울폐도가 높고 하층의 광도가 매우 낮아 하층식생 분포가 불연속적이고 밀도가 낮은 편이다.

수목의 근주 부근에 높은 수고를 유지하기 위한 판근(板根, buttress root)이 발달하기도 하고(그림 2-123 참조), 습도가 높은 환경에서 빗물이나 수분을 빨리 배수하기 위해 잎 끝에 드립팁(drip-tip)으로 불리는 수도꼭지처럼 생긴 뾰족한 구조를 가진 식물도 흔하다. 드립팁을 통해 습한 잎에서 수분이 빠르게 제거됨으로써 잎의 광합성 효율이 높아지고 잎에 달라붙는 지의류, 선태류, 균류 등의 착생 유기물도 감소한다.

중·남아메리카 열대우림에 분포하는 식물 가운데 '걸어 다니는 야자수(walking palm)'로 불리는 수종(*Socratea exorrhiza*)이 있다(그림 2-124 참조). 이 나무가 숲속을 자유롭게 걸

그림 2-123 카나리움(*Canarium decumanum*)의 근주에 발달한 판근(인도네시아 보고르식물원, 1855년 식재; 수고 60m, 흉고직경 2m)

그림 2-124 열대우림에 분포하는 '걸어 다니는 야자수' 소크라테아의 뿌리 [Hsu, 2005]

어 다닌다고 알려져 있었으나 사실은 특수한 뿌리 시스템이 있어 음지에서 양지로 서서히 이동한 결과일 뿐이다. 즉 땅속에 뿌리를 내리는 보통의 나무와 달리 지상 약 1m 높이의 밑동에서 뿌리가 자라 내려와 마치 다리가 여럿 달린 듯한 구조를 하고 있다. 시간이 지남에 따라 음지의 뿌리는 쉽게 들려 고사하고, 양지 쪽에 새로운 뿌리가 생기면서 서서히 양지 쪽으로 자리를 옮기게 된다.

열대림에서 생육하는 목본식물은 제곱킬로미터당 100여 종에 달하고 곤충, 파충류, 양서류, 포유류 등 동물상도 매우 다양하다. 생물다양성이 풍부한 열대우림에서 벌채와 개벌이 매우 빠른 속도로 진행되고 있어 많은 생물종이 멸종하였거나 멸종 위기에 처해 있다. 열대우림 생물군계의 보전과 보존이 절대적으로 필요한 시점이다.

5·2·4 온대림

온대림(溫帶林, temperate deciduous forest, 온대계절림)은 우리나라가 속해 있는 대표적인 생물군계로 봄 · 여름 · 가을 · 겨울의 계절에 따른 기상 변화가 심하다. 남반구보다 북반구에 대부분 발달하고, 아시아와 북아메리카의 위도 30~45° 사이, 유럽에서는 40~60° 사이에 분포한다. 아시아 지역에서 한국, 일본, 중국 동부, 오스트레일리아 동부 등지에 분포하며, 서유럽에서는 스칸디나비아 남부에서 시베리아 북서부, 그리고 영국에서 동유럽, 북아메리카에서 대서양 연안까지 분포한다. 연평균기온은 5~25℃, 연평균강수량은 650~3,000mm에 이르며, 더운 여름과 추운 겨울을 포함한 사계절이 뚜렷하다.

온대림은 크게 활엽수림과 침엽수림으로 구분할 수 있으며 대체로 활엽수가 우점한다. 겨울은 적설량이 많긴 해도 상대적으로 온화하며, 겨울철 추위가 심하고 여름에 건조한 곳에는 활엽수보다 침엽수가 더 많다. 북아메리카 서부의 100m 이상 자라는 거대한 세쿼이아(*Sequoia sempervirens*)와 오스트레일리아 남부의 거대한 유칼립투스는 현재 지구상의 나무 중 가장 크며 온대림에 분포한다.

온대림의 토양은 지역에 따른 변이가 크며 북부 지역과 남부 지역으로 구분할 수 있다. 북부 지역의 토양은 회갈색 포드졸 토양, 남부 지역은 황갈색 포드졸 토양이다. 회갈색 포드졸 토양은 전반적으로 토양 산도가 높고 유기물 함량이 많아 비옥하지만, 황갈색 포드졸 토양은 라테라이트 토양과 성질이 비슷하여 비옥도가 낮은 편이다. 지형적 기복이 다소 심하며, 일반적으로 활엽수림 토양보다 침엽수림 토양의 산도가 높고 비옥도가 낮은 편이다.

온대림은 계절 변화에 반응하여 추운 겨울 동안 대부분의 식물이 휴면 상태에 머무르고 봄의 개엽 · 개화를 시작으로 더운 여름까지 왕성한 생육 활동을 하다가 가을이 되면 잎에 있는 양분을 수체(樹體)로 옮긴 후 잎을 떨구고 다시 휴면기로 들어가는 과정을 매년 반복한다. 동물 또한 변동성이 높은 기후에 잘 적응해 왔다. 식물이 휴면기에 들어가는 겨울 동안 포유류는 추위를 견뎌야 하고 조류는 온화한 지역으로 이동하며, 이동 거리가 짧은 곤충은 번데기로 변태(變態)한 뒤 휴면에 들어가 추운 겨울을 난다. 이러한 생물계절학적 반응은 여러 생물군계 유형 중에서 가장 독특하다.

상층의 상관 우점종은 대체로 참나무류(*Quercus* spp.), 단풍나무류(*Acer* spp.), 물푸레나무류(*Fraxinus* spp.), 너도밤나무류(*Fagus* spp.), 벚나무류(*Prunus* spp.), 느릅나무류(*Ulmus* spp.), 피나무류(*Tilia* spp.), 가래나무류(*Juglans* spp.), 사시나무류(*Populus* spp.) 등이다. 온대림은 열대우림에 비해 나무의 종다양성이 낮지만 생물량은 비슷하거나 많을 수 있다. 수직적으로 계층 분화가 잘되어 있고, 교목층의 수고가 40~100m에 이를 만큼 다양하다. 온대림 지대에 인류가 오랫동안 정착해 왔고 인구밀도가 높은 지역이 많은 관계로 원식생은 대부분 변형되거나 파괴되어 현재 이차림(二次林) 형태로 존재한다.

5·2·5 북방림

지구의 11%를 덮고 있는 북방림(北方林, boreal forest)은 타이가(taiga), 한대림(寒帶林), 냉한대침엽수림(冷寒帶針葉樹林)이라고도 한다. 북방림은 북극 툰드라 남쪽에, 수직적으로는 고산 지역의 툰드라 이하에 침엽수림을 형성한다. boreal은 그리스어의 북쪽을 뜻하는 단어에서 유래하였으며, 북방림이 북반구에만 제한적으로 나타난다는 사실을 반영한다. 북방림은 북아메리카의 북위 50°와 유라시아의 북위 65°를 중심으로 넓은 띠를 이루며 뻗어 있다. 캐나다의 중앙을 지나며, 북방림의 남쪽에는 온대림과 온대초원이 있고 북쪽으로는 툰드라가 있다.

연평균기온은 5℃ 이하이고, 러시아의 베르호얀스크(Verkhoyansk) 지역은 겨울에 영하 70℃까지 내려간다. 북방림의 연평균강수량은 200~600mm이지만 지역에 따라 차이가 크며, 낮은 온도와 긴 겨울 때문에 증발량이 적어 습윤하다. 가뭄이 잘 나타나지 않지만 한번 발생하면 산불로 이어져 큰 피해를 입을 수 있다.

토양은 포드졸 토양이 대표적이며, 배수가 불량하고 강한 산성을 띤다. 낮은 기온과 짧은 생육기간 탓에 유기물의 분해속도가 느려 L · F · H의 유기물층이 뚜렷이 구별되는 조부식을 생성한다. 유기물층 아래에는 점토, 철분, 알루미늄, 부식질 등이 용탈되어 회색 층이 나타난다. 분해된 유기물은 강한 산성을 띠며, 토양수가 아래로 침전하여 아래 토양층도 산성을 나타낸다. 낮은 pH와 낮은 기온은 낙엽 · 낙지와 같은 식물 잔해물의 분해를 방해하여 유기물층이 쌓여 가므로 북방림은 지구상에서 가장 큰 유기탄소의 저장고 역할을 한다.

수고는 지역에 따라 차이가 있지만 대부분 10~20m에 달한다. 북방림의 대표적인 우점종은 소나무류, 가문비나무류, 전나무류, 잎갈나무류 등이다. 위도와 고도가 올라갈수록 나무의 크기가 작아지고 수목한계선 근처에는 관목형이 나타나며, 가장 추운 시베리아에서는 잎갈나무류가 우점한다.

침엽수림이 우점하고 있어 종다양성이 매우 낮고, 산불 등의 교란이 발생한 곳에서는 이차천이의 선구수종인 자작나무류, 사시나무류 등의 활엽수가 곳곳에 산포한다. 경제성 높은 목재 자원인 침엽수종으로 구성된 광활한 지대이지만 인구밀도는 그다지 높지 않다. 춥고 열악한 환경조건에서도 현재에 이른 침엽수림에 교란이 일어나면 원생태계 또는 원식물군집으로의 복원이 쉽지 않다.

5·2·6 온대초원

온대초원(溫帶草原, temperate grassland)의 생물군계는 한랭사막을 포함하여 강우량이 적은 대륙의 내부에 분포한다. 고유의 초본 식생 대신에 옥수수, 밀 등의 농작물을 도입 · 경작하면서 생태계가 변형되었다. 또한 과도한 방목이 이루어지고 있어 생태계의 수용력을 초과하지 않도록 해야 하는 군계이다.

초원은 유라시아 스텝(steppe)과 북아메리카 프레리(prairie)가 대표적이다. 프레리는 북아메리카의 넓은 면적을 차지하고, 스텝은 유라시아에 훨씬 더 넓은 면적을 차지하고 있다. 북아메리카의 대초원 지대는 캐나다 남부에서 멕시코만, 로키산맥에서부터 동쪽의 낙엽수림까지 펼쳐져 있고, 유라시아의 온대초원은 유럽 동부에서 중국 북동부까지 연속적으로 분포한다.

연강수량은 250~600mm로 사막보다 덜 건조하지만 가뭄이 나타나며, 여름에는 덥고 겨울에는 온난하다. 토양은 다양하게 나타나는데 강우량이 적기 때문에 표토층의 점토나 양이온이 용탈하지 못하고 연간 순생산량이 높아서 매년 많은 양의 유기물이 토양으로 환원되므로 유기질 함량이 높고 비옥하며 염기성 또는 중성의 산도를 나타낸다.

건조한 여름에 화재가 빈번하게 발생하여 온대초원의 나무를 제거한다. 따라서 강과 하천을 따라 임목이 제한적으로 자라고 대부분의 온대초원은 초본식물로 피복된다. 초원의 식물은 보통 5cm 정도까지 자라지만 습한 초원에서는 200cm까지도 자라며, 가는잎초본과 넓은잎초본의 뿌리가 밀집하여 나무가 들어오기 어렵다. 온대초원의 대표 식물은 벼과와 사초과 식물이며 국화과, 콩과, 꿀풀과 등 쌍자엽식물의 종다양성이 높다.

5·2·7 열대사바나

열대사바나(tropical savanna)는 인류의 기원인 곳이면서, 멀리 볼 수 있도록 또는 재빨리 달릴 수 있도록 진화한 동물들의 서식처이기도 하다. 건조한 열대지방에 널리 분포하며 나무는 곳곳에 산포한다. 적도로부터 남북으로 위도 10~20°에 해당하는 열대 건조기후의 북쪽 끝이나 남쪽 끝에 대부분 위치하며, 특히 아프리카 동부의 중간 고도에 분포한다.

일반적으로 건조하고 연간 강우량은 900~1,500mm이며, 가장 건조한 3~4개월은 매월 50mm 미만의 비가 내린다. 비가 오기 시작하는 여름에 강한 번개가 내리쳐 종종 화재의 원인이 되기도 한다. 어린 나무는 불에 쉽게 타 죽지만, 풀은 불에 잘 견디고 타더라도 빠르게 다시 돋아난다. 불은 결과적으로 열대사바나가 초원 상태를 유지하는 데 도움을 준다.

수분 침투성이 낮은 열대사바나의 불투수성 토양은, 표면 토양이 침수되는 우기 동안 나무가 자라지 못하므로 열대사바나를 유지하는 데 큰 역할을 한다. 대부분의 생물 활동은 지표면에서 이루어지며, 화재가 빈번하게 일어나는 환경에서는 불에 저항성이 있는 식물이 선택되어 생육한다.

5·2·8 아열대사막

사막의 종류는 지역에 따라 매우 다양하다. 일반적으로 고비사막 같은 대분지 지역의 건조지대와 중앙아시아를 사막으로 분류하지만, 추운 겨울과 적은 강우량으로 온대초원/사막 군계에 포함된 한랭사막도 있다. 이와 대조적으로 고기압과 해들리세포(Hadley cell)의 하강기류가 만나는 지역은 강우량이 매우 적고 기온이 높은 사막을 형성하며, 이를 아열대사막(亞熱帶砂漠, desert) 또는 고온사막(高溫砂漠)이라고 한다. 아열대사막은 적도에서 남북으로 위도 20~30°에 위치하며 북아메리카 남서부 지역, 아프리카 북부의 넓은 지역, 오스트레일리아의 대부분 지역에 산포한다. 대륙 내부에 위치한 고비사막, 북아메리카의 그레이트베이슨(Great Basin)과 같이 일반적인 사막의 위도를 벗어난 지역에도 사막이 존재한다.

사막에 따라서 기후 조건이 상당히 다르다. 아타카마, 중앙사하라와 같은 사막은 비가 거의 내리지 않는 반면에 북아메리카의 소노라사막은 매년 약 300mm의 비가 내린다. 하지만 증발량과 증산량이 강우량을 훨씬 웃돌기 때문에 물 부족 현상이 나타난다. 사막은 평균기온이 30℃를 초과하는 달이 대부분이며, 북아프리카 사막은 최고기온이 56℃ 이상으로 올라가는 때도 있다.

사막의 토양은 일반적으로 유기물 함량이 적어 암석쇄토(lithosol)로 분류되지만, 관목 아래에 있는 토양은 종종 많은 양의 유기물을 함유한다. 계곡이나 저지대의 사막 토양은 배수가 잘되지 않아 많은 양의 염분이 축적되고 식물의 물 흡수를 방해하므로 불모성(不毛性)의 사막 환경이 된다. 사막 토양은 석회집적층(石灰集積層, caliche)이라고 불리는 탄산칼슘이 많은 단단한 층을 형성하므로 석회집적층의 형성 정도는 토양의 나이를 추정하는 유용한 수단이 된다.

사막생태계에 적응한 식물은 생활형이 뚜렷하다. 일년생 식물은 적당한 수분이 있을 때만 자란다. 관목은 중심 줄기가 짧게 발달하고 줄기에서 뻗어 나온 수많은 가지와 가시투성이의 작은 잎으로 되어 있어 수분 손실을 막는다.

5·2·9 툰드라

북방림 북쪽에 위치한 극기후대의 영구동토(permafrost)로, 나무가 없고 약 202만 ha에 달하는 도넛 형태의 평원 지대를 툰드라(tundra)라고 한다. 툰드라에서는 이끼류, 지의류, 사초류 등의 다년생 초본과 일부 관목이 우점하는 탁 트인 경관이 나타난다. 툰드라는 북극권 대지의 대부분을 둘러싸고 있으며, 스칸디나비아 북부에서 유럽 북부 지역을 거쳐 시베리아, 알래스카, 캐나다의 북부를 지나고 그린란드와 아이슬란드 북부의 해안에도 산포한다.

툰드라의 기후는 식물이 생장하기에 너무 춥고 건조하다. 연강우량은 250mm 이하이고 종종 눈으로 얼어붙어 있어 식물이 이용하기 어렵다. 생육기간은 50~60일 정도로 짧고, 여름 기온은 3~12℃이다. 겨울 평균기온은 영하 32℃ 정도로 낮아 목본과 지상부 조직이 생존하기 힘들다.

토양은 산성이고 유기물 함량이 많지만 양분 함량은 적으며, 양분이 결핍된 토양 환경에서 식물이 수년 동안 버텨야 한다. 표토 바로 아래에 수 미터 두께의 영구동토층이 있으며 표토는 얼었다 녹는 과정을 반복한다. 이때 물과 중력의 활동으로 흙이 영구동토의 사면을 따라 천천히 움직이는 표토의 동활침식(凍滑浸蝕, solifluction)이 발생한다.

메마른 땅으로 알려진 툰드라는 생물학적으로도 생산성이 낮은 땅이다. 이곳에서 자라는 식물은 각자 나름의 독특한 생존 전략을 가지고 있다. 즉 혹독한 환경 속에서 살아남기 위해 얼음과 눈이 담요 역할을 하도록 지면에 밀착하여 자라거나 왜성의 생활형으로 환경에 적응하고 있다.

5·3 우리나라 산림대

5·3·1 생물지리 및 생태권역

우리나라의 기후는 여름에 고온 · 다습하고 겨울에 한랭 · 건조하여 계절에 따른 변이가 심하며, 동북아시아 온대몬순기후대에 속한다. 온대림의 생물군계에 해당하지만 국토가 남북으로 길게 뻗어서 나타나는 남북의 기온 차이, 백두산에서 지리산까지 이어진 백두대간의 산줄기, 굴곡이 심하고 험준한 지형, 삼면이 바다로 둘러싸인 해양성기후, 화강암 · 편마암 · 석회암의 지질 등 다양한 환경 인자의 영향으로 온대림의 전형적인 생물군계 특성만 나타나지 않고 난대림, 온대림, 한대림, 초원, 툰드라 등의 생물군계 특성이 혼재하는 양상을 띤다.

따라서 우리나라 산림의 공간에 따른 변화를 보다 체계적으로 이해하기 위해서는 ①일차적으로 생물군계 구분의 인자로 이용된 기온과 강우량, ②식물의 생육에 필요한 적산온도 또는 온량지수, ③북방계 수종이 유적군락(relict community)으로 잔존하는 아고산대 생태계 특성, ④해양성기후 영향, ⑤남북으로 길게 뻗어 발달한 백두대간의 산줄기 특성, ⑥해발고에 따른 식물의 수직 분포 특성, ⑦산림식생의 분포에 영향을 미치는 지질 특성, ⑧한국전쟁, 연료림 채취, 산불과 같은 대형 교란 사건, ⑨산림 구성 종의 종내 · 종간 경쟁에 크게 기여하는 종간 내음성 차이, ⑩일차천이, 이차천이 등 숲의 발달 과정, ⑪공간 변화에 영향을 미치는 시간 규모, ⑫산림에 대한 인간 활동과 영향 등에 관한 기초 지식이 필요하다.

임경빈(1962)은 우리나라의 산림식생대를 연평균기온과 위도 및 고도를 바탕으로 난대림 · 온대림 · 한대림으로 구분하였으며, 임양재(1976)는 온량지수와 한랭지수로 우리나라의 온도

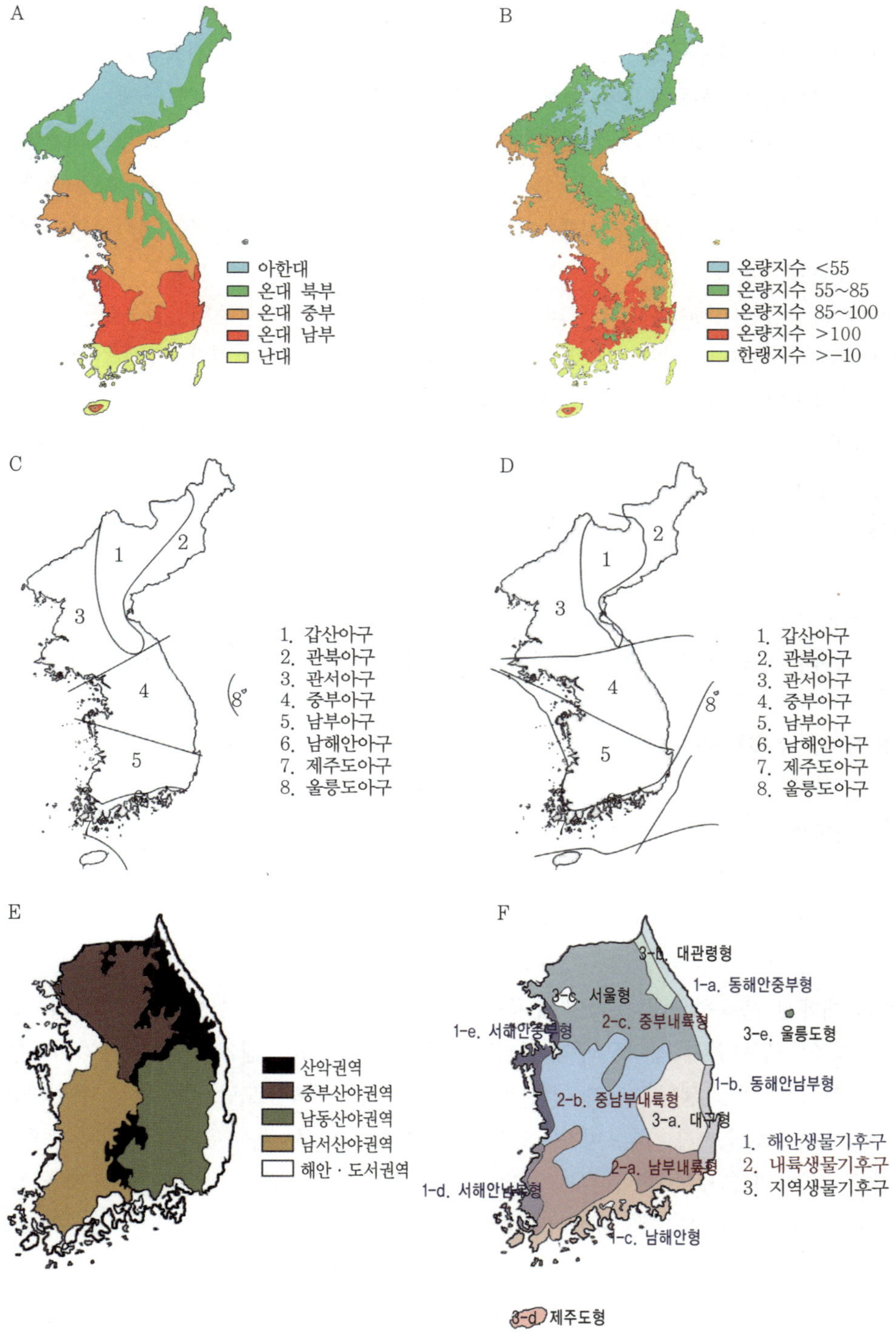

그림 2-125 우리나라 산림식생에 관한 주제별 분포도

A: 산림대[임경빈, 1962] B: 온도대[임양재, 1976] C: 식물구계도[이우철 · 임양재, 1978] D: 식물구계도[이우철 · 임양재, 2002] E: 생태권역도[신준환 · 김철민, 1996] F: 생물기후구계도[김종원, 2004]

대를 구분하였다. 이우철과 임양재(1978, 2002)는 1978년 105개소의 식물상을 조사·기록하여 얻은 자료와 북한에서 조사된 8개 지역을 포함한 113개 지역의 관속식물 분포 자료를 기준으로 각 분류군의 식물구계를 밝혔고, 종래의 권역 구분을 검토하여 구계 구분과 생태 분포의 관계 및 세계 각지의 각 분류군의 식물구계를 비교·정리하였다. 또한 2002년에는 이를 좀 더 명확히 밝히고 경계선을 좀 더 분명히 하여 객관성을 높이고자 2000년까지 직접 조사한 자료와 발표한 논문 자료를 이용하여 총 377개소의 식물상을 정리하여 식물구계를 새로이 나누었다.

신준환과 김철민(1996)은 우리나라의 생태적 특성에 따라 산악권역, 남동산야권역, 남서산야권역, 중부산야권역, 해안·도서권역의 5개 생태권역을 구분하였다. 김종원(2004)은 우리나라의 생물권역을 기후에 따라 크게 세 가지, 즉 해안생물기후구(동해안중부형, 동해안남부형, 남해안형, 서해안남부형, 서해안중부형), 내륙생물기후구(남부내륙형, 중남부내륙형, 중부내륙형), 지역생물기후구(대구형, 대관령형, 서울형, 제주도형, 울릉도형)로 구분하였다.

이와 같은 다양한 식물종 및 산림 분포와 관련한 지리분포도는 여러 연구 분야에서 활용된다. 식물상 분야의 연구는 식물구계도, 아고산대 수종 분포 연구는 생태권역도, 산림식생 유형의 연구는 생물기후구계도를 참고 자료로 활용할 수 있다. 세계의 생물군계와 유사한 맥락에서 우리나라 산림의 공간 분포에 대해서는 임경빈(1962)의 산림대를 널리 사용하고 있다.

5·3·2 수평적 산림대

1 난대림

난대림(暖帶林)은 북위 35° 이남(해안에선 35°30′ 이남)의 연평균기온 14℃ 이상인 지역으로 주로 해안을 따라 좁게 분포하며, 제주도 해발 600m 이하 및 그 밖의 섬들도 이에 속한다.

난대림대에서 생육하는 특징적인 수종을 살펴보면 소철과의 소철, 소귀나무과의 소귀나무, 자작나무과의 새우나무, 참나무과의 구실잣밤나무·가시나무·참가시나무·개가시나무·종가시나무·붉가시나무, 뽕나무과의 천선과나무·좁은잎천선과·모람·왕모람, 목련과의 초령목, 오미자과의 남오미자·흑오미자, 붓순나무과의 붓순나무, 녹나무과의 녹나무·생달나무·육박나무·까마귀쪽나무·후박나무·센달나무·참식나무·새덕이, 으름덩굴과의 멀꿀, 방기과의 방기, 후추과의 후추등, 홀아비꽃대과의 죽절초, 다래나무과의 섬다래, 차나무과의 동백나무·비쭈기나무·사스레피나무·우묵사스레피·후피향나무, 조록나무과의 조록나무, 범의귀과의 등수국·바위수국, 돈나무과의 돈나무, 장미과의 채진목·섬개벚나무·왕벚나무·다정큼나무·섬딸기·거지딸기·검은딸기·장딸기·가시딸기·겨울딸기, 콩과의 실거리나무·만년콩·된장풀·솔비나무, 굴거리나무과의 굴거리나무·좀굴거리나무, 운향과의 왕초피나무·머귀나무, 멀구슬나무과의 멀구슬나무, 옻나무과의 덩굴옻나무, 감탕나무과의 호랑가시나무·꽝꽝나무·감탕나무·먼나무, 갈매나무과의 상동나무, 담팔수과의 담팔수, 아욱과의 황근, 팥꽃나무과의 백서향, 보리수나무과의 보리장나무, 이나무과의 산유자나무 · 이나무, 층층나무과의 식나무, 두릅나무과의 황칠나무 · 팔손이 · 통탈목 · 섬오갈피나무 · 송악, 진달래과의 참꽃나무 · 모새나무, 자금우과의 백량금 · 자금우 · 산호수, 빌레나무과의 빌레나무, 노린재나무과의 섬노린재나무, 물푸레나무과의 광나무 · 당광나무 · 상동잎쥐똥나무 · 왕쥐똥나무 · 박달목서, 마전과의 영주치자, 협죽도과의 마삭줄, 지치과의 송양나무, 꼭두서니과의 호자나무 · 수정목 · 구슬꽃나무, 마편초과의 새비나무 · 층꽃나무, 인동과의 덧나무 · 아왜나무, 벼과의 제주조릿대 등이 있다(임경빈, 1985; 이창복, 1986; 국립산림과학원, 2009; 윤충원, 2016).

우리나라 난대림의 원식생인 상록활엽수림의 경우 개간, 연료 채취, 산불 등의 교란으로 파괴되어 낙엽활엽수림, 소나무림, 혼효림 등으로 변한 곳이 많다.

2 온대림

온대림(溫帶林)은 우리나라에서 가장 넓은 면적(약 85%)을 차지하는 산림대이다. 인간 생활과 가장 밀접한 산림대이고 농경지로 개간된 곳이 많다. 또한 한국 고유의 난방 방식인 온돌을 사용하면서 다량의 신탄재가 필요해짐에 따라 벌채가 많이 이루어졌다. 이로 인해 온대림의 고유 임상인 서어나무류 같은 낙엽활엽수림은 거의 파괴되고 많은 곳이 내화성인 참나무류나 소나무림으로 바뀌었다.

면적이 넓은 온대림은 지리 · 지형적 특성을 감안하여 온대 남부, 온대 중부, 온대 북부로 다시 구분할 수 있다. 조림수종으로는 소나무, 잎갈나무, 일본잎갈나무, 곰솔(해송), 전나무, 은행나무, 밤나무, 굴참나무, 떡갈나무, 느티나무, 호두나무, 오동나무 등이 있다.

1) **온대 남부**: 북위 35~38°의 전라남도와 경상북도 이남에 분포하며 연평균기온이 12~14℃인 지역이다. 이 지역에는 개비자나무, 대나무류, 곰솔, 서어나무, 졸참나무, 줄사철나무, 굴피나무 등이 분포한다.
2) **온대 중부**: 북위 36~40°의 경기도, 강원도, 황해도에 분포하고 연평균기온은 10~12℃이다. 이 지역에는 때죽나무, 소나무, 졸참나무, 신갈나무, 향나무, 전나무, 물박달나무 등이 분포한다.
3) **온대 북부**: 북위 38~43°의 평안도 이북에 분포하고 연평균기온은 5~10℃이다. 이 지역에는 박달나무, 거제수나무, 시닥나무, 산겨릅나무, 정향나무, 잣나무, 전나무, 잎갈나무 등이 분포한다.

3 한대림

한대림(寒帶林)은 평안도와 함경도 고원 및 고산의 연평균 5℃ 미만인 지역에 분포한다. 평지에서는 한대성 산림을 볼 수 없으며, 마찬가지로 중국의 베이징도 한대림이 아니라 온대림에 속한다. 한대림 지역에는 가문비나무, 구상나무, 분비나무, 잎갈나무, 잣나무, 전나무, 종비나무, 주목 등이 분포한다. 고도가 높아짐에 따라 특히 전나무류가 점점 증가하며, 잎갈나무는 주로 함경도의 고지에 분포한다.

한대림에 분포하는 포복성 또는 왜성 수종으로는 눈측백(찝빵나무), 눈향나무(누운향나무), 눈잣나무(누운잣나무), 월귤, 홍월귤, 산매자나무 등이 있다. 눈측백은 산림 중에 혼생을 하며, 눈잣나무는 한대의 상부에 주로 분포한다. 남한에서는 설악산의 해발고가 높은 지대에 이들 포복성 또는 왜성 수종이 대부분 생육하고 있다.

5·3·3 산림대별 산림면적과 임목축적

산림대별로 산림면적과 임목축적을 보면 온대 북부 침엽수림은 작은 면적임에도 불구하고 단위면적당 평균 161m^{3}로 축적이 매우 높으며 소나무류와 일본잎갈나무가 대부분을 차지한다. 온대 북부 지역은 임상별로도 다른 산림대에 비해 임목축적이 매우 높고, 반대로 난대림 지역은 상대적으로 임목축적이 낮다. 난대림 지역은 곰솔, 구실잣밤나무, 편백, 삼나무 등의 임목축적이 높고 기타 수종은 다른 기후대에 비해 비교적 낮은 편이다(그림 2-126, 표 2-24 참조).

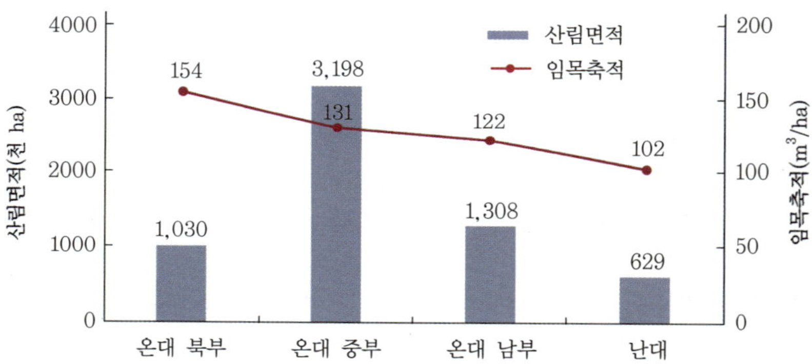

그림 2-126 산림대별 산림면적 및 임목축적[한국임업진흥원, 2013]

표 2-24 산림대 임상별 임목축적(단위: m^3/ha)

임 상	온대 북부	온대 중부	온대 남부	난대	평균
침엽수림	161	133	126	101	130
활엽수림	145	125	110	88	125
혼효림	158	133	123	109	133
평균	154	131	122	102	130

[한국임업진흥원, 2013]

5·3·4 수직적 산림식물대

우리나라의 산악 지역은 산록에서 산정으로 올라갈수록 기온이 낮아지고 바람이 강해짐으로 인해 고도에 따라 산림식생의 유형이 달라지며, 이러한 현상은 특히 한라산(해발 1,950m)

에서 잘 나타난다. 한라산, 지리산, 설악산, 금강산, 낭림산, 백두산의 수직적 산림식물대를 난대림, 온대림, 한대림으로 구분하면 난대림은 제주도 600m 이하에서만 나타나고, 한대림은 한라산 1,500m, 지리산 1,300m, 설악산 1,000m, 백두산 700m 이상에서 나타나며, 위도가 높아짐에 따라 더 낮은 고도에서 한대림이 주로 나타난다(표 2-25 참조).

표 2-25 우리나라의 수직적 산림식물대(단위: m)

구 분	한라산 (제주)	지리산 (전라 · 경남)	설악산 (강원)	금강산 (강원)	낭림산 (평북 · 함남)	백두산 (함경)
난대림	600 이하	–	–	–	–	–
온대림	600~1,500	1,300 이하	1,000 이하	1,150 이하	900 이하	700 이하
한대림	1,500 이상	1,300 이상	1,000 이상	1,150 이상	900 이상	700 이상

[임경빈, 1985]

우리나라의 수직적 산림식물대는 지리적 위치에 따라 아고산 · 고산 식생지역, 냉온대 북부 · 고산지 식생지역, 냉온대 중부 · 산지 식생지역, 냉온대 남부 · 저산지 식생지역, 난온대 식생지역 등 총 5개 식생지역으로 나뉘며(그림 2-127 참조), 위도와 고도를 따라 분포하는 패턴을 보인다.

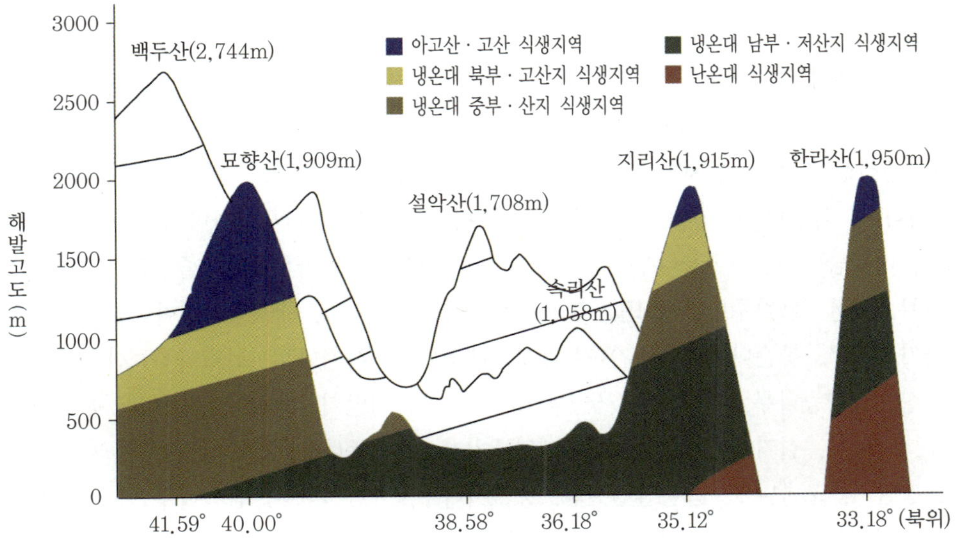

그림 2-127 지리적 위치에 따른 산림식생의 수직 분포[Kim, 1996]

5·3·5 산악 · 해안 · 계곡의 수종

우리나라는 생태적 특성에 따라 5개의 생태권역으로 구분할 수 있다. 생태권역은 기온, 해양성, 지형, 지질, 인간의 역사, 토지이용 유형 등 자연지리적 인자뿐만 아니라 인문지리적 인자도 함께 고려하여 구분한 결과이다. 즉 ①백두대간을 중심으로 어느 정도 규모가 있으면서 해발고도가 높은 지점을 연결한 산악권역, ②낙동강 유역을 중심으로 한 남동산야권역, ③한강 유역을 중심으로 한 중부산야권역, ④남서부에서 규모를 고려하여 금강 · 만경강 · 동진강 · 영산강 · 섬진강 등의 유역을 합친 남서산야권역, ⑤해양성기후의 영향을 많이 받는 해안 · 도서권역 등으로 구분한다(신준환 · 김철민, 1996). 따라서 고도가 높은 산악지대, 해양성기후의 직접적인 영향을 받는 해안 · 도서, 생물다양성이 풍부한 계곡부에는 각각 독특한 수종이 생육한다.

1 산악

산악(山岳) 지역은 향로봉에서 지리산까지 백두대간의 산줄기와 낙동정맥, 금북정맥, 호남정맥, 한남정맥 등의 정맥 산줄기를 따라 해발고도가 높은 산봉이 이어지며, 생물학적으로 독특한 성격을 띠고 있다. 이 지역에는 가문비나무, 가시오갈피, 갈매나무, 구상나무, 구슬댕댕이, 까치밥나무, 꼬리까치밥나무, 꽃개회나무, 나래회나무, 노랑만병초, 눈잣나무, 눈향나무, 댕댕이나무, 두메닥나무, 들쭉나무, 땃두릅나무, 마가목, 만병초, 매발톱나무, 명자순, 배암나무, 백리향, 복장나무, 부게꽃나무, 사스래나무, 산겨릅나무, 생열귀나무, 설악눈주목, 세잎종덩굴, 시닥나무, 요강나물, 월귤, 인가목, 주목, 홍괴불나무, 홍월귤, 회목나무, 흰인가목 등이 분포한다.

2 해안 · 도서

해안(海岸) · 도서(島嶼) 지역에서는 바다의 영향으로 상록활엽수가 주로 자란다. 생태적인 다양성과 생산성은 매우 높지만 인간의 간섭을 받아 생태계가 많이 훼손된 곳이다. 이 지역에는 가시나무, 감탕나무, 곰솔, 광나무, 구실잣밤나무, 굴거리나무, 까마귀쪽나무, 꾸지나무, 남오미자, 다정큼나무, 덩굴옻나무, 돈나무, 돌가시나무, 동백나무, 마삭줄, 말오줌때, 머귀나무, 먼나무, 멀꿀, 모감주나무, 모람, 모새나무, 방기, 백량금, 백서향, 병아리꽃나무, 보리밥나무, 붉가시나무, 붓순나무, 비쭈기나무, 사스레피나무, 사철나무, 산닥나무, 산유자나무, 상동나무, 상동잎쥐똥나무, 새비나무, 생달나무, 섬다래, 섬딸기, 소사나무, 송악, 송양나무, 순비기나무, 식나무, 실거리나무, 아왜나무, 영주치자, 왕쥐똥나무, 우묵사스레피, 자금우, 장구밤나무, 장딸기, 조록나무, 좁은잎천선과, 종가시나무, 참가시나무, 참식나무, 참으아리, 천선과나무, 층꽃나무, 팔손이, 팥꽃나무, 폭나무, 해당화, 황칠나무, 후박나무, 후추등 등이 분포한다.

3 계곡

계곡(溪谷, valley) 지역은 산지 골짜기에 물이 흐르거나 물이 흐르지 않더라도 V자형의 대상(帶狀) 지형이 나타나는 곳이다. 계곡부는 사면부나 능선부의 식생과 달리 토양 수분과 양분이 풍부하여 산림자원으로서 가치가 매우 높은 수종이 다양하게 분포한다. 이곳에는 전나무, 비자나무, 가래나무, 황철나무, 버드나무, 쪽버들, 호랑버들, 까치박달, 서어나무, 개서어나무, 졸참나무, 갈참나무, 느릅나무, 참느릅나무, 오미자, 비목나무, 다래, 개다래, 물참대, 고광나무, 명자순, 야광나무, 귀룽나무, 생열귀나무, 쉬땅나무, 꼬리조팝나무, 참조팝나무, 소태나무, 망개나무, 개머루, 보리수나무, 산호수, 섬노린재나무, 누리장나무, 말오줌나무, 느티나무, 사람주나무, 윤노리나무, 합다리나무, 소사나무, 산딸나무, 황벽나무, 등칡, 사시나무, 쪽동백나무, 좀깨잎나무, 작살나무, 고추나무 등이 분포한다.

5·4 산림식생

5·4·1 식생학의 개념과 발달

육상식물은 토지에 밀착하여 생활한다. 극지, 사막 또는 도시나 도로 등의 인공 구조물을 제외하고 식물이 생육하지 않는 육지는 거의 존재하지 않는다. 지표면의 어떤 범위 내에 생육하는 전 식물의 집단을 식생(植生, vegetation) 또는 식피(植被, plant cover)라고 부른다. 식생은 다양한 식물군락으로 이루어져 있고 산림, 초원, 습지 등 상호 간 식별 가능한 부분으로 나뉜다.

식생학(植生學, vegetation science)은 군락의 질서와 법칙을 연구하는 생태학의 한 분야이며 협의의 식물사회학(植物社會學, phytosociology)이라고 할 수 있다. 종간의 상호 관계를 밝히고 군락으로 구분되는 종 집단의 특징을 분석하며 군락과 환경 간의 관계를 파악하는 등의 일이 주요 연구 대상이다.

식생학은 약 300년에 걸친 역사를 가지고 있다. 유럽의 초기 자연과학자들 사이에서는 알프스 만년설 지역에서 순차적으로 바뀌는 식생 패턴과, 독특한 식생형 및 생활형에 의해 좌우되는 열대우림, 사바나, 사막 등의 경관을 묘사하는 연구가 주류를 이루었다. 19세기 초중부 유럽의 식물지리학자들(Humboldt, 1805; Schouw, 1823; Heer, 1835; Grisebach, 1838; Post, 1862; Warming, 1895)은 상관(相觀, physiognomy)에 의한 경관 구분과 지역 식물상(植物相, flora)에 대한 연구를 주로 수행하였고, 이는 곧바로 19세기 유럽 식물생태학의 중심적 연구 분야로 부상하였다.

헤켈이 생태학(ecology) 용어를 처음으로 사용하기 시작한 1866년 이후, 식생 분류를 위한 식생학은 유럽 및 각 지역의 다양한 자연환경에 따라 제각기 다른 방식으로 발달해 왔다. 군락의 각 계층 우점종(優占種, dominant species)과 입지 계열의 관계를 중시한 소련 방식, 동일 계층의 우점종에 착안하여 군락을 분층군락(分層群落, synusia)의 복합으로 취급한 북유럽 방식, 우점종과 다극상설적인 군락의 안정성을 중시한 영국 방식, 단극상설적인 군락 안정을 중시한 미국 방식, 군락의 특징적 종 조성을 근간으로 한 남유럽의 ZM(Zürich-

Montpellier) 방식 등이 있다. 오늘날 자연경관의 구분에 있어서 상관에 의한 전통적 분류를 보편적으로 적용하고 있으나, 경관을 구성하고 있는 식생에 대한 분류에는 종 조성에 의한 식물사회학적 측면을 중요시하는 ZM 방법을 가장 널리 사용하고 있다.

5·4·2 식생 자료의 수집 방법

식생과 입지에 관한 기초 자료는 모두 야외에서만 입수할 수 있다. 식생 연구의 성과는 먼저 현지 조사의 정확성에 기인한다. 야외 현장에서 획득한 불완전 자료를 실내에서 보충할 수는 없으며, 불완전한 자료가 혼입될 경우 최종 식생 분류 결과의 가치가 떨어질 수 있다. 따라서 표본 조사 방법, 표본구 선정 및 표본구의 크기 등에 대한 신중한 고려가 요구된다.

1 표본구 형태

표본구는 형태에 따라 원형표본구법, 방형구법, 선형조사법, 점조사법 등으로 나눈다. 표본구의 의미는 통계적으로 모집단으로부터 추출한 일정 개수의 표본 구역이므로 표본구 내의 모든 생태학적 정보를 기록할 필요가 있다. 원형표본구법은 명확하지 않은 경계선으로 인한 정보 누락의 가능성이 내재되어 있으므로 산림식생 조사에서는 일반적으로 방형구법을 널리 적용한다.

방형구법은 일정 면적의 조사구를 설정하여 그 구역 내의 모든 산림식생을 전수 조사 및 확인하는 방법이므로 매우 정확한 결과치를 제공한다. 방형구법은 기본적으로 대표적인 정량 조사 방법이며, 서식처에 따른 각 생물군의 특성을 상세히 비교할 수 있는 이점이 있으나 방형구법을 적용할 조사 지점이 정확한 대표성을 띠고 있어야 한다는 점이 중요하다. 즉 인접 생태계나 군락의 요소가 혼입되지 않은 균질한 식물공동체(植物共同體, phytocoenose)가 전제되어야 한다.

2 표본구 선정

조사 목적을 수립한 뒤에는 목적에 알맞은 조사지를 선정해야 한다. 지역 식생지를 조사할 경우에는 사전에 지도나 항공사진으로 대상 지역 내의 산등성이와 골짜기가 달리는 방향, 농경지와 산림지의 분포 상태를 일단 개관하여 알맞은 군락 조사 계획을 수립해야 한다.

다음으로 현지 조사를 실시한다. 이때 입지 조건이나 상관이 시각적으로 균질하다고 간주되는 장소를 조사 대상으로 선정한다(그림 2-128 참조). 임분의 주변은 인접 군락의 영향을 받고 있기 때문에 안쪽의 가장 전형적인 장소를 선정해야 한다. 임분의 균질한 부분이 광범위하게 넓을 경우 여러 표본구를 선정하는 것이 바람직하다. 또한 입지 조건이나 군락 형태의 조성에 차이가 있어 보이는 임분에는 별개의 표본구를 설치할 필요가 있고, 또 거리가 떨어진 곳에 같은 종류로 보이는 군락이 있을 때에도 반복하여 표본구를 선정한다.

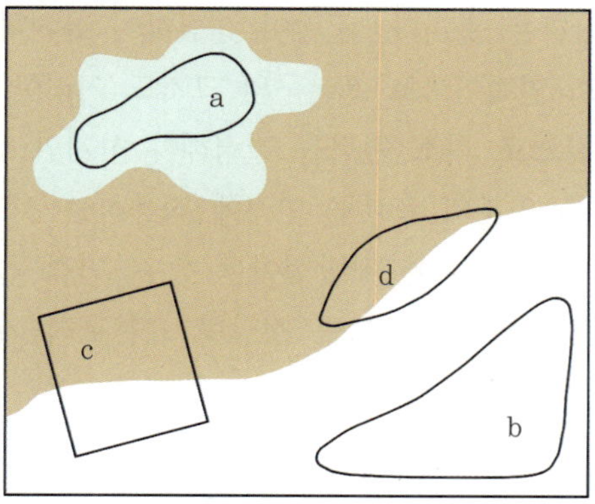

그림 2-128 표본구 설치 예시(a · b는 표본구 안에 바르게 설치했지만, c · d는 다른 군락에 걸쳐 있으므로 바람직한 설치로 보기 어렵다.)

3 표본구의 크기

식생 자료에는 임분에 출현하는 모든 식물종을 완전하게 기록해 두어야 한다. 여기서 표본구의 크기는 매우 중요하다. 만약 표본구의 면적이 작으면 출현종을 모두 기록하지 못하는 경우가 생긴다. 반대로 표본구가 너무 크면 때로는 인접 군락에 침범하여 이질적인 군락의 요소가 섞이면서 혼잡해질 수 있다.

표본구의 크기는 면적과 종수의 관계를 종수-면적 곡선으로 묘사하여 파악할 수 있다(그림 2-129 참조). 종수-면적 곡선에서 면적이 좁을 때 곡선이 급히 상승하고 면적이 넓어짐에 따라 완만하게 굽었다가 더 넓어지면 수평으로 된다. 즉 조사 면적을 넓히면 종수가 처음에는 급속하게 증가하나 곧 완만해져 이후로는 거의 증가하지 않는다. 면적을 더 넓히면 종수는 재차 증가한다. 두 번째의 종수 증가는 이질적인 군락에까지 조사가 미쳐 그 요소가 포함되었을 때 일어난다.

식물사회학적 식생 조사에서는 두 번째의 종수 증가가 일어날 정도까지 표본구 면적을 넓혀서는 안 된다. 이때의 종수 증가는 이질적인 군락의 요소가 포함됨을 뜻하기 때문이다. 그러나 첫 번째의 종수 증가가 완만해지기 이전의 좁은 면적이어서도 안 된다. 이는 임분을 구

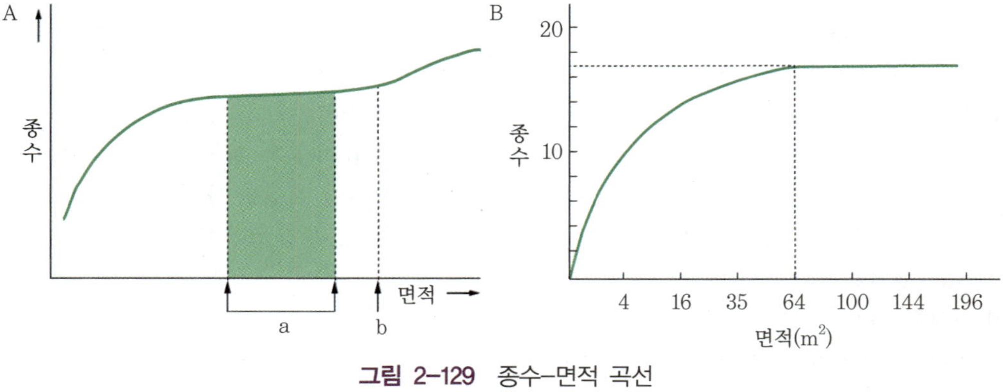

그림 2-129 종수-면적 곡선

A: 일반적인 곡선(면적 b에서 다른 군락의 요소가 혼입되면 종수는 재차 증가하므로 조사 면적은 a의 범위에서 정해야 함) B: 너도밤나무림에서의 실례(조사 면적이 8m×8m, 즉 $64m^2$ 이상이어야 함)[Sasaki, 1970]

성하는 종이 전부 포함된 면적보다도 표본구가 작다는 뜻이다. 군락이 성립하여 유지하기에 필요한 최소 면적이 식물사회학적 의미로서의 최소 면적이므로 표본구의 크기도 이러한 최소 면적을 일차 목표로 삼는다. 이상적으로는 각 임분별로 최소 면적을 결정해야 하지만 한 임분에서 결정한 최소 면적을 같은 군락에 대한 다른 임분의 표본구 면적에 적용하는 것이 일반적이다. 최소 면적이 일정하면 조사구의 모양은 정방형이든 장방형이든 종수-면적 곡선에 영향이 없다. 임지에서 식생 조사를 수행할 때에는 최대목 수고를 정방형 표본구의 가로와 세로 크기로 설정하는 것이 바람직하다.

5·4·3 야외 조사

임지의 산림식생 조사를 수행할 때에는 그림 2-130의 조사표를 기본으로 하여 다양한 입지 환경요인과 임분 구조의 특성, 군락 구성 종 목록, 우점도 및 군도 계급을 측정 · 기록해야 한다. 교목층, 아교목층, 관목층, 초본층, 이끼층 및 착생식물의 종 목록을 야장에 순차적으로 기입한다. 종 목록 작성이 끝나면 구성 종의 양과 생육 상태를 측정한다. 양은 지상부의 지엽이 지면을 덮고 있는 정도인 피도(被度, coverage)와 개체수를 조합한 우점도(優點度, dominance)의 계급을 측정하여 기록한다. 식물의 생육 상태는 종에 따른 군도(群度, sociability)나 활력도(活力度, vitality)로 기록한다. 군도는 어떤 종의 지엽의 넓이를 포함한 개체의 집합 혹은 이산의 정도를 말한다. 일반적으로 산림식생을 조사할 때 식생조사표에 다음과 같은 내용을 기입한다.

1) **조사 일자, 조사자**: 식생 조사 일자와 현장 조사에 참가한 조사자의 이름을 적어 자료의 신뢰도를 높인다.
2) **조사지, 도면(임소반) 번호**: 조사지의 위치를 기입한다.
3) **군락명, 해발고, 방위, 경사도, 조사 면적, 위치 좌표**: 군락명은 조사자의 판단하에 임의의 군락 명칭을 기입한다. 해발고와 위치 좌표(위도, 경도)는 GPS 등을 이용하고, 경사도는 클리노미터를 이용하여 측정한다. 조사 면적은 종수-면적 곡선을 고려하여 정한다. 방위는 GPS나 방위계를 이용하여 조사구 내 지면의 기울기 방향을 측정하여 기입한다.
4) **지형, 군계, 토양**: 조사지의 지형, 군계(임종), 토양을 작성한다.
5) **바람, 일광, 토습, 암석 노출도, 토양 노출도, 낙엽층 깊이**: 바람은 강 · 중 · 약, 일광은 양 · 중 · 음 중에서 해당하는 곳에 기입한다. 토습은 손으로 만져 보았을 때 수분이 맺히는 정도에 따라 기입한다. 조사지의 전체 면적에 대한 암석 노출도, 토양 노출도를 기입하며, 낙엽층(L층) 깊이를 측정한 후 기입한다.
6) **조사지 개황**: 조사지에 대한 모식도 등을 작성하여 조사 후의 이해를 돕도록 한다.
7) **식피율, 평균 수고, 평균 흉고직경, 우점종**: 층위별로 구분하여 각 층의 식물에 대한 식피율 및 평균 수고, 평균 흉고직경과 우점종을 작성한다.
8) **종명, 우점도, 군도**: 층위별로 각 출현종에 대한 우점도(D.S) 및 군도(V)를 작성한다.
9) **기타**: 조사지의 특이 사항을 기입한다.

식 생 조 사 표

❶ 조사일자 년 월 일 조사자

❷ No. 조사지 도면(임소반)번호

❸ 군락명 해발고(m) 방위 경사도(°) 조사면적(m^2) ×
위치좌표(GPS, 도상) 위도 경도

❹
지형 산정 능선 사면(상 · 중 · 하)
계곡 평지 기타( )

군계 천연림(고 · 중 · 저) 조림
초습원 기타( )

토양 갈색 적황색 암적색 회갈색
침식토 미숙토 암쇄토 자갈
모래 고습원 화산회토

❺
바람 강 중 약

일광 양 중 음

토습 과건 건 약건 적
약습 습 과습

암석 노출도 %
토양 노출도 %
낙엽층 깊이 cm

❻ 조사지 개황

❼

계 층	식피율(%)	평균수고(m)	평균흉고직경(cm)	우점종
교 목				
아교목				
관 목				
초 본				
이 끼				

❽

No.	교목층			아교목층			관목층			초본층		
	species	D.S	V	species	D.S	V	species	D.S	V	species	D.S	V
1												
2												
3												
4												
5												
6												
7												
8												
9												
10												
11												
12												
13												
14												
15												

❾ 기타

그림 2-130 식생조사표 양식

5·4·4 식생 자료의 처리

야외에서 조사한 식생 자료를 바탕으로 군락 분류를 한다. 식생 자료는 모두 상이하기 때문에 식생단위가 아닌 임분으로 볼 수 있다. 식생단위는 동질의 임분을 모아서 추상화하며 추상화의 정도에 따라 계급이 나뉜다. 즉 야외 식생 자료를 기초로 하나의 표에 식생학적 정보를 기입하여 각 임분의 종 조성을 일람할 수 있게 하는 자료 처리 방법을 표비교법(表比較法, tabulation method)이라고 부르며 ZM 식물사회학의 기본적 작업이다.

표비교법의 원리는, 종간의 상관과 임분 간의 상관을 검토하는 조작의 조합에 따라 유사한 출현 양식을 나타낸 종군과 유사한 종 조성을 나타낸 임분군을 모아서 정리하는 방식이다. 종간의 상관이란 어떤 종에 대해 다른 종이 어느 정도의 결합으로 출현하는지를 의미한다. 유사한 출현 양식을 갖는 종 사이에서는 높은 상관을 나타내고, 반대로 같은 임분 내에서 같이 출현하는 일이 적은 종 사이에서는 역의 상관을 나타낸다. 전자는 동일 종군에 포함되고 후자는 대립 종군이 된다. 임분 간의 상관이란 식생 자료 안에 나타나는 종 조성의 유사성이다. 종 조성이 비슷한 임분군을 동일한 식생단위로 모으고, 종 조성이 다른 임분군을 다른 식생단위로 모으면 군락 구분이 이루어진다.

표 조작의 진행은 모든 식생 자료를 한 표에 기입한 소표(素表, raw table)의 작성에서부터 부분표(部分表, partial table), 식별표(識別表, differential table), 상재도표(常在度表, constance table) 작성의 절차를 따르고 군락 분류의 목적에 맞는 최종 군락표를 작성한다.

5·4·5 식생도

식생도는 식물군락의 구체적인 배분을 지도상에 표시한 그림으로 식생지도 혹은 군락도라고도 한다. 식물군락을 식생도에 표시하는 일은 식생도화 혹은 식생도시(植生圖示, vegetation mapping)라고 한다. 식생도의 용도는 광범위하여 기초적 이용부터 응용적 혹은 실제적 이용에까지 이르고 있다(鈴木 등, 1985). 특정 환경에 특정 군락이 성립한다는 사실을 보여주는 식생도를 통해 환경에 관한 여러 가지 정보를 파악할 수 있다. 이는 기후 조건이나 입지 조건뿐만 아니라 인위적 영향이나 동물의 영향 등과도 관계되고, 또 군락의 천이나 지사적 측면에서도 연관이 있다. 이상적으로 작성된 식생도는 물리 · 화학적 수법에 따라 측정하여 만든 환경지도보다 한층 더 정확한 환경지도로 활용할 수 있다. 하지만 식생도에서 얻는 정보의 질과 양은 식생도의 종류나 축척에 따라 다양하다.

1 대상에 의한 구분

현존식생도(現存植生圖, actual vegetation map)는 본래의 자연군락에서 인간의 간섭에 의해 여러 가지의 형태로 변화한 대상 군락과 잔존한 자연군락으로 된 현존식생을 도면화한 것이다. 원식생도(原植生圖, original vegetation map)는 원식생, 즉 인간이 식생에 강한 영향을 가하기 시작한 직후의 식생을 복원한 도면이다. 따라서 원식생도는 자연식생을 나타내며, 현존식생도와 혼돈하기 쉬워 원식생복원도라고 하기도 한다. 현재 인간의 영향으로부터 벗어나 자연 상태를 유지할 때 그 입지에 형성될 수 있는 최고의 자연식생을 잠재자연식생이라 하며, 잠재자연식생을 대상으로 한 식생도를 잠재자연식생도(潛在自然植生圖, potential natural vegetation map)라고 한다. 즉 토지가 현재 어떤 자연식생을 형성할 수 있는 잠재력을 보유하고 있는가에 관한 이론적 식생도이다.

2 축척에 의한 구분

소축척식생도는 1 : 1,000,000(1cm가 10km를 가리킴) 또는 이보다 작은 축척의 식생도를 말한다. 소축척식생도는 대륙이나 대한민국과 같이 광범위 식생이나 생물군계를 일람하는 데 적합하다. 중축척식생도는 1 : 1,000,000 이상 1 : 100,000 미만의 지도에 표시한 식생도를 말한다. 우리나라 도 규모의 식생 개관 목적에 적합하다. 군계가 아닌 군단(群團, alliance) 우점종 군락과 같이 종 조성을 기본으로 한 식생단위를 범례로 이용할 수도 있다. 대축척식생도는 1 : 100,000 이상 1 : 10,000 미만의 지도에 나타낸 식생도이며, 지형을 판독할 수 있어 군락의 경계가 어느 정도 구체적으로 표시되므로 군집이나 아군집과 같이 비교적 상세한 식생단위도 적용 가능하다.

정밀식생도는 1 : 5,000 이상 1 : 1,000 미만의 지도에 나타낸 식생도를 말한다. 자연보존구역, 토지이용계획, 연구 표본지 조사의 식생단위 묘사와 같은 특수한 목적에 이용되며, 거의 모든 식생단위를 지도상에 구체적으로 표시할 수 있다. 집약적인 생태계 경영 · 관리를 위한 생태계 분류 경계를 자세하게 표시할 수 있으므로 미세환경, 토양 등의 입지 조건과 식생단위의 연관 관계를 묘사할 수 있고, 산림천이와 관련한 식생의 변화 양상을 추적하는 데 유용하다. 마지막으로 방형구식생도는 1 : 100 이상 1 : 10 미만의 지도에 나타낸 식생도이며 표본 방형구의 단기간 식생 변화, 생물계절학적 속성, 군집의 구조 분석, 목표 식물의 위치와 크기, 특정 식물 또는 식생과 입지 조건의 관계를 나타내기 위한 식생도 작성에 적합하다.

3 표현법(작성 방법)에 의한 구분

상관식생도(相觀植生圖, physiognomical vegetation map)는 식물군락의 상관을 식생 구분의 기준으로 하므로 우점 군락의 표현에 적합하고, 식물사회학적 식생도(植物社會學的 植生圖, phytosociological vegetation map)는 군락의 종 조성을 기준으로 한 식생단위로 표시한 식생도이다.

5·5 백두대간

5·5·1 백두대간의 개념

강과 개울의 물은 흐른다. 우리 선조는 산을 물줄기처럼 끊어지지 않는 맥으로 보았고, 산과 강이 독립적으로 존재하거나 서로 대립하는 관계가 아니라 서로 공존하여 조화를 이루는 관계로 인식하였다. 그리하여 "산은 물을 건너지 못하고 물은 산을 넘지 못한다."는 산자분수령(山自分水嶺)에 따라 산줄기와 물줄기를 동시에 하나로 인식하였다. 이는 우리의 전통적 지리 체계이었으며 이를 체계화한 개념이 바로 백두대간이다. 백두대간(白頭大幹, Baekdudaegan)은 백두산에서 지리산까지 이어진 큰 산줄기로 총 길이는 약 1,400km에 이른다. 지질구조에 기반한 산맥 체계와 달리 지표면의 분수계(分水界)를 중심으로 산의 흐름을 파악한 점이 특징이다.

일반적 지도인 등고선도와 우리의 전통 지리관인 산줄기 개념도를 비교해 보자. 먼저 등고선도(contour map)는 산과 산의 연결이 아니라 그림 2-131과 같이 동일한 해발고도를 이으면서 산의 높이와 요철(凹凸)이 심한 산지의 지형을 보다 쉽고 상세하게 이해할 수 있는 장점이 있지만 한반도 수준의 큰 공간 규모에서는 산과 물의 흐름에 대해 이해하기가 그다지 쉽지 않다.

우리의 전통 지리관 개념도를 보면 그림 2-132와 같이 인간 생활의 근거지인 가옥이 몰려 있는 취락을 중심으로 한 산줄기와 물줄기가 잘 그려져 있다. 16세기에 제작된 「조선방역지

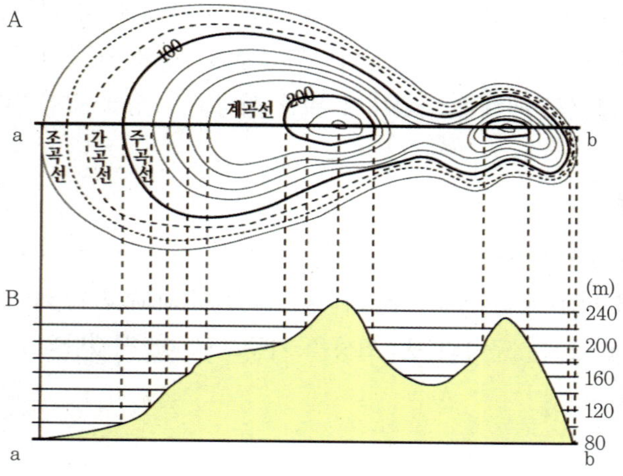

그림 2-131 해발고도가 동일한 지점을 선으로 이은 등고선도(1 : 50,000 축척; A: 평면도, B: 단면도)

그림 2-132 마을을 중심으로 산봉을 연결한 신안지도(연대미상)[국립중앙도서관]

도」에도 한반도의 산줄기와 물줄기가 현재와 거의 유사할 정도로 정밀하게 그려져 있다. 19세기(1864년)에 제작된 「대동여지전도」에는 등고선도에서 도저히 나타낼 길이 없는 한반도 전역의 모든 산줄기와 물줄기 외에도 다양한 정보가 일목요연하게 정리되어 있다(그림 2-133 참조). 「대동여지전도」는 조선 시대에 제작된 지도 중에서 가장 정확하고 정밀한 지도이며 산자분수령, 땅에 대한 철학(인간의 삶, 물 흐름, 산줄기 흐름, 사회, 연결성 등)을 읽어낼 수 있다. 따라서 백두대간, 정간, 정맥, 기맥 등을 이해하기 쉬운 장점도 있다.

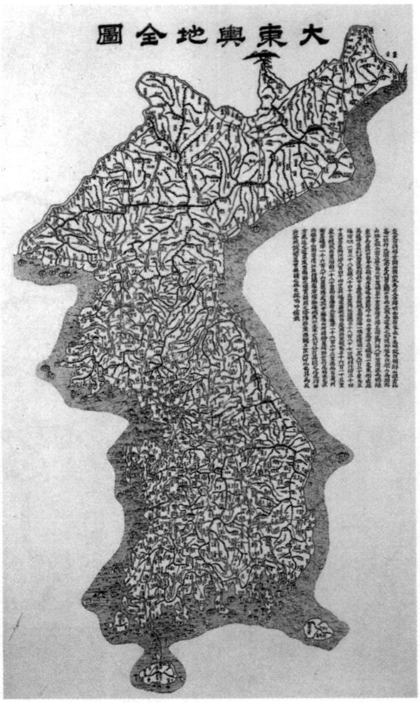

그림 2-133 대동여지전도(백두산이 강조되고 제주도, 울릉도, 대마도 등이 그려져 있으며, 전 국토가 선으로 매우 정밀하게 연결되어 있다.)

5·5·2 우리나라의 산줄기와 물줄기

우리나라 산줄기와 물줄기는 백두대간을 이루는 기본 골격이다. 백두대간은 1대간 1정간 13정맥으로 구성되어 있으며(그림 2-134 참조) 정맥에서 끝나지 않고 또 다시 여러 갈래의 지맥 또는 기맥으로 세분된다.

1 1대간

1대간은 백두대간을 의미한다. 백두산에서 출발하여 두류산, 금강산, 설악산, 오대산, 태백산, 소백산, 대미산, 대야산, 속리산, 추풍령, 황악산, 삼도봉, 대덕산, 덕유산, 육십령, 백운산, 지리산까지 마루금(능선)이 이어지는 한반도의 가장 큰 산줄기로 국토를 남북으로 종단한다. 두만강과 압록강, 남한강과 낙동강, 금강과 낙동강, 섬진강과 낙동강을 가르는 선이며 생물다양성의 보고인 생태축이다.

2 1정간

1정간은 장백정간을 의미한다. 백두대간상의 원산에서 분기하여 장백산, 마유령, 거문령, 계탕령, 구탐령, 차유령, 이현, 무산령, 가응석령, 엄명산, 녹야현, 갈파령, 송진산, 백악산, 조산, 서수라곶산까지 함경도를 동서로 관통하는 산줄기이며 두만강의 남쪽 유역경계를 이룬다.

3 13정맥

13정맥은 백두대간의 본류에서 갈라진 맥이며, 해서정맥과 호남정맥을 제외하고는 모두 강을 중심으로 방위에 따라 정맥명이 붙여졌다.

그림 2-134 백두대간의 체계[산림청]

1) **청북정맥**: 백두대간의 마대산–낭림산에서 분기하여 평안도 강계의 적유령, 삭주의 온정령과 천마산, 철산의 백운산과 서림산성, 용천의 용골산성을 지나 의주의 미곶산까지 이어진 마루금으로 청천강 이북 지역의 유역경계와 압록강 이남의 유역경계가 된다.
2) **청남정맥**: 마대산–낭림산에서 분기하여 평안도 영변의 묘향산, 안주의 서산, 자산의 자모산성을 거쳐 삼화의 광량진까지 이어지는 서남향의 산줄기로 청천강 이남 지역의 유역경계와 대동강 이북의 유역경계를 이룬다.
3) **해서정맥**: 백두대간의 두류산에서 분기하여 증격산, 언진산, 멸악산, 달마산, 장산곶까지 황해도로 뻗어 있는 산줄기로 예성강 이북의 유역경계를 이룬다.
4) **임진북예성남정맥**: 임진강과 예성강 사이에 있으며 화개산에서 시작하여 서남쪽으로 흘러 황해도 화개산, 성거산, 경기도 개성의 천마산, 백룡산을 거쳐 진봉산에 이르는 산줄기로 예성강 이남과 임진강 이북의 유역경계를 이룬다.
5) **한북정맥**: 백두대간의 식개산에서 분기하여 경기도 운악산, 홍복산, 도봉산, 삼각산, 노고산, 장명산에 이르는 서남으로 뻗은 산줄기로 임진강 이남과 한강 이북의 유역경계를 이룬다.
6) **낙동정맥**: 백두대간의 태백산(매봉산)에서 출발하여 경상도 울진의 백병산, 영해의 용두산, 청송의 주왕산, 경주의 단석산, 청도의 운문산, 언양의 가지산, 양산의 금정산, 동래의 몰운대까지 남쪽으로 이어진 낙동강 동쪽의 산줄기이다.
7) **한남금북정맥**: 백두대간의 속리산에서 분기하여 충청도 회인의 피반령, 청주의 상당산성, 괴산의 보광산, 음성의 보현산, 죽산의 칠현산(칠장산)에 이르는 산줄기로 금강과 한강의 유역경계를 구성한다.
8) **한남정맥**: 경기도 죽산의 칠현산(칠장산)에서 시작되어 안성의 백운산, 용인의 보개산, 인천의 소래산 등을 거쳐 문수산으로 이어진 산줄기로 한강의 남쪽 유역경계이다.

그림 2-135 설악산 황철봉에서 시작하여 저항령-마등령-공룡능선-대청-중청-끝청-한계령으로 이어지는 마루금(설악산권역)

그림 2-136 댓재에서 시작하여 두타산-청옥산-고적대로 이어지는 마루금(태백산권역)

그림 2-137 소백산 국망봉에서 바라본 비로봉-연화봉-죽령으로 이어지는 마루금

그림 2-138 덕유산 향적봉에서 본 중봉-백암봉-무룡산-삿갓봉-남덕유산-서봉-육십령으로 이어지는 마루금(덕유산권역)

그림 2-139 지리산 촛대봉에서 본 삼신봉-화장봉-연하봉-장터목-제석봉-천왕봉으로 이어지는 마루금(지리산권역)

9) 금북정맥: 경기도 죽산의 칠현산(칠장산)에서 시작하여 경기도 안성의 청룡산, 충청도 공주의 쌍령, 천안의 광덕산, 청양의 사잔산, 홍주의 오서산과 월산, 덕산의 가야산, 태안의 지령산과 안흥진으로 이어지는 금강 북쪽의 산줄기이다.

10) 금남호남정맥: 백두대간의 영취산(장안치)에서 남원의 수분현, 장수의 성적산, 진안의 마이산(주화산, 조약봉)에 이르는 서북 방향의 산줄기이다.

11) 금남정맥: 금남호남정맥의 마이산(주화산, 조약봉)에서 분기하여 북쪽으로 뻗어 전라도 진안의 운장산, 금산의 병산과 충청도 논산의 대둔산, 공주의 계룡산, 부여의 부소산과 조룡산에 이르는 금강 남쪽의 산줄기이다.

12) 호남정맥: 전라도 진안의 마이산(주화산, 조약봉)에서 시작하여 전주의 웅치, 정읍의 칠보산, 장성의 백암산, 담양의 금성산성, 광주의 무등산, 능주의 천운산, 장흥의 사자산, 순천의 조계산, 광양의 백운산으로 이어진 산줄기이며 섬진강, 영산강의 유역경계를 이룬다.

13) 낙남정맥: 백두대간의 지리산 남쪽 취령부터 경상도 곤양의 소곡산, 사천의 팔음산, 남해의 무량산, 함안의 여항산, 칠원의 청룡산, 창원의 불모산을 지나 김해의 분성산으로 이어지며 동쪽으로 흐르는 산줄기로 낙동강과 남강 이남에 위치한다.

5·5·3 백두대간과 산맥

백두대간 체계와 산맥 체계에는 많은 차이점이 있다(그림 2-140 · 2-141 참조). 백두대간도는 현존하는 산과 강에 기초하여 산줄기를 그리므로 지형과 일치하고 지리학적으로도 선이 자연스럽다. 반면에 산맥도는 땅속 지질구조선에 근거하여 땅 위의 산을 분류하므로 산맥이 강에 의해 단절되어 지형과 일치하지 않고 산과 하천의 모습이 배제되어 있다. 백두대간도는 체계화가 가능하고 백두산을 신성시하는 전통 지리관이 반영된 반면에 산맥도는 체계화가 어렵고 단순히 나열하는 식으로 기재되어 있으며 전통 지리관과도 무관하다. 백두대간도는

그림 2-140 백두대간도[산림청]

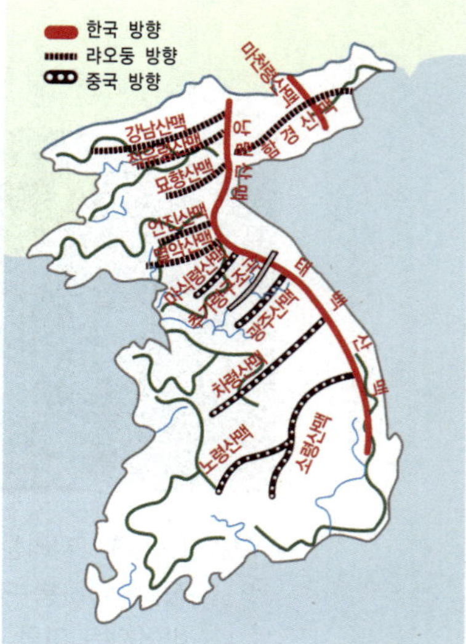

그림 2-141 산맥도[산림청]

경관상 잘 보이는 무단절의 분수령을 중심으로 그려져 있으므로 하천과 산줄기 등의 파악이 용이하고 산지 이용 계획과 실천, 풍수지리적 한국 지형과 산계(山系)의 이해에 편리한 장점이 있다. 산맥도는 국제 관행에 부합하고, 산맥 형성의 원인 및 지질구조를 이해하는 데 편리하다.

표 2-26 백두대간과 산맥의 비교[산림청, 2006]

구분	백두대간	산맥
체계	• 족보식 체계	• 족보와 같은 위계 개념을 적용하기 어려움
표기	• 백두산을 어미산, 대간을 몸으로 표현하여 백두산–대간을 인체의 모(母)–체(體), 나무의 근(根)–간(幹) 관계로 봄 • 지질구조와 관계없이 지표상에 나타난 산과 강의 모양과 방향을 기초로 하여 표기 • 1대간(백두대간) 1정간(장백정간) 13정맥(청북정맥, 한북정맥, 금북정맥, 낙동정맥, 호남정맥 등)의 체계	• 지질구조선에 의한 산맥 표기 • 지도상에 산맥을 표기하면서 산계나 산맥의 용어를 사용 • 산맥 방향을 한국 방향(마천령산맥, 낭림산맥, 태백산맥), 랴오둥 방향(함경산맥, 강남산맥, 멸악산맥 등), 중국 방향(마식령산맥, 광주산맥, 차령산맥, 노령산맥, 소령산맥)의 세 가지로 제시
특징	• 전통 지리관 반영 • 산과 강에 기초하여 산줄기 분류 • 산줄기는 강을 건너지 않고 산과 산이 이어짐 • 실제 지형과 일치하는 자연스러운 선	• 전통 지리관 미반영 • 지하의 지질구조선에 근거하여 지상의 산맥을 분류 • 산맥의 연결선이 강에 의해 끊김 • 실제 지형과 일치하지 않는 가공의 선
장점	• 경관상 무단절의 분수령을 중심으로 하천, 산줄기 등의 파악이 쉬움 • 산지 이용 계획과 실천에 편리함 • 풍수지리적 한국 지형과 산계의 이해에 편리	• 국제 관행에 부합 • 산맥 형성의 원인과 관련성이 높음 • 지질구조의 이해에 편리

5·5·4 보호지역 지정 및 전망

백두대간은 현재 보호지역으로 지정되어 있으며, 지정 과정을 개념의 탄생부터 시기별로 살펴볼 필요가 있다. 백두대간의 시작은 통일신라 말로 거슬러 올라간다. 통일신라 말 도선이 지은 『옥룡기(玉龍記)』에 "우리나라는 백두에서 일어나 지리에서 끝났으니 물은 근원이 되고 나무는 줄기가 되는 땅이다."라고 기록된 바 있다. 『옥룡기』는 우리나라의 지형 전체를 하나의 맥으로 이해한 최초의 문헌으로 볼 수 있으나 현재 온전히 전해지지는 않는다. 그러다 백두산에서 이어지는 산지 인식 체계는 18세기 중엽 이후에 확립되어 지리학자 이중환의 『택리지(擇里志)』, 이익의 『성호사설(星湖僿說)』 등에서 찾아볼 수 있다.

조선 후기 여암 신경준은 『산수고(山水考)』에서 12산을 개괄하여 수도인 한양과 관련한 1

개 산을 제외하고 백두산에서 남쪽으로 내려오는 산줄기를 따라 차례로 나머지 11개 산을 제시하였다. 18세기 후반 『산수고』, 『동국문헌비고(東國文獻備考)』, 『여지고(輿地考)』를 바탕으로 저술한 신경준의 『산경표(山經表)』는 우리나라의 산줄기와 산의 갈래, 산의 위치를 표로 나타낸 지리서로 1개의 대간, 1개의 정간, 13개의 정맥으로 조선의 산줄기를 분류하고 있다. 이로써 현재 우리가 적용하고 있는 백두대간 산지 체계가 정립되기에 이르렀다.

19세기 후반부터 일본은 조선의 지질과 광상을 조사하였다. 이 과정에서 일본의 지질학자 고토 분지로(小藤文次郎)가 한반도 지형에 관한 연구를 수행하여 1903년 「조선산악론(An orographic sketch of Korea)」을 발표하였다. 이 논문에서 백두대간의 산줄기는 사라지고 태백산맥, 소백산맥 등의 산맥 체계가 등장하였다. 『산경표』의 산줄기 개념을 잇고자 하는 이들이 있음에도 불구하고 해방 이후로도 산맥 체계가 계속 이어져 조선의 원형적 자연 인식 체계는 오랜 기간 단절될 수밖에 없었다. 1980년대에 고지도 연구가 이우형이 서울 인사동 고서점에서 『산경표』를 발견하면서 잊혔던 우리 선조의 전통 산지 인식을 되살리는 계기가 되었다.

2003년 「백두대간 보호에 관한 법률」이 제정되어 2005년 백두대간보호지역이 지정 고시되었다. 이 법의 제정으로 산맥 체계로 인해 사라졌던 백두대간이 법적으로 다시 부활하였을 뿐만 아니라 백두대간의 자연환경을 체계적으로 관리 · 보호할 수 있는 기반이 갖추어졌다(산림청, 2006).

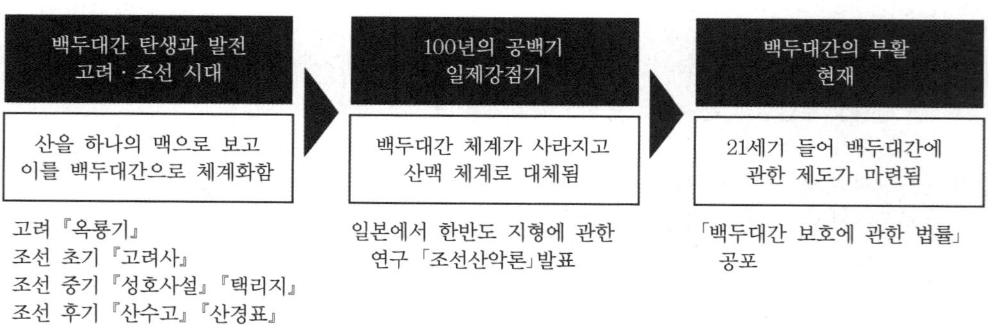

그림 2-142 백두대간 개념의 역사적 변천 과정

최근 백두대간에 관한 연구가 급증하고 있다. 앞으로 백두대간과 관련해 축적되는 정보는 산줄기 연결망과 연계한 산림 생물다양성의 지속적 관리 기반 구축, 산지 관리의 체계화 외에도 백두대간의 유네스코 생물권보전지역 지정을 위한 기초 자료로 활용될 것이다. 또한 한반도 생태 평화 통일과 남북한 동질성 회복에도 크게 기여할 수 있다. 더 나아가 지리산에서 백두산까지 뻗어 있는 기본 개념이 백두산에서 그치지 않고 아시아를 거쳐 유럽까지 또는 북아메리카를 향해 마루금을 확장함으로써 대륙 전체를 하나로 엮는 백두대간 개념의 국제화가 가능할 것이다(그림 2-143 참조). 백두대간 개념의 발상지로서 또한 종주국으로서 새로운 지리관을 선도하는 대한민국의 미래가 기대된다.

그림 2-143 대한민국에서 포르투갈까지 연결된 백두대간(산줄기) 기본 구상도
(한반도 지리산–백두산에서 뻗어나간 마루금은 유라시아 대륙으로 이어져 스페인과 포르투갈까지 확장된다. 산자분수령의 개념에 따라 대륙으로 뻗은 마루금은 아무르강, 황허강, 창장강, 메콩강, 레나강, 오비강, 볼가강, 인더스강, 갠지스강, 티그리스강, 유프라테스강, 라인강 등 주요 강의 유역경계가 된다. 단, 튀르키예 흑해와 마르마라해를 잇는 보스포루스해협으로 인해 대륙의 아래쪽 마루금 선은 연결이 끊겼다.)

연습문제 ▌

1. 공간 규모에 대해 설명하시오.
2. 생물군계의 정의와, 군계 구분에 영향을 미치는 요인에 대해 설명하시오.
3. 우리나라의 산림대를 구분하고, 각 산림대의 특성을 설명하시오.
4. 계곡부에 분포하는 수종을 기술하시오.
5. 식생학의 개념 및 식생도의 종류에 대해 설명하시오.
6. 백두대간의 개념, 산맥 체계와의 비교 및 전망에 대해 서술하시오.

참고문헌 ▌

1. 국가법령정보센터. law.go.kr.
2. 국립산림과학원. 2009. 지속가능한 산림경영에 관한 대한민국 국가보고서 2009.
3. 국립중앙도서관. nl.go.kr.
4. 국토교통부. 2022. 지적통계연보.
5. 국토지리정보원. 2023. 청소년을 위한 대한민국 국가지도집.
6. 김재근, 김흥태 (역). 2014. 생태학: 개념과 적용. 제6판. 라이프사이언스.
7. 김종원. 2004. 녹지생태학. 월드사이언스.

8. 문형태, 민병미, 박상규, 유영한, 이규송, 이은주, 이점숙, 이창석, 이훈복, 조경제, 조도순, 천영진. 2013. 생태학: 자연의 경제학. 제6판. 라이프사이언스.
9. 산림청. 2006. 백두대간 백서.
10. 산림청. 산림정책: 백두대간. forest.go.kr.
11. 손요환, 구창덕, 김춘식, 박필선, 윤충원, 이계한. 2016. 신고 산림생태학. 향문사.
12. 신준환, 김철민. 1996. 우리 나라의 생태계 구분(Ⅰ): 생태권역 구분. 산림과학논문집 54: 188-199.
13. 윤충원. 2016. 나무생태도감. 지오북.
14. 이돈구 외. 2012. 숲의 생태적 관리. 서울대학교출판문화원.
15. 이우철, 임양재. 1978. 한반도 관속식물의 분포에 관한 연구. 한국식물분류학회지 8(부록): 1-2.
16. 이우철, 임양재. 2002. 식물지리. 강원대학교 출판부.
17. 이창복. 1986. 신고 수목학. 향문사.
18. 임경빈. 1985. 신고 조림학원론. 향문사.
19. 한국임업진흥원. 2013. 한국의 산림자원평가(2006~2012).
20. 鈴木兵二, 伊藤秀三, 豊原源太郎. 1985. 植生調査法: 植物社會學的硏究法. 日新社.
21. Delcourt HR, Delcourt PA, Webb T. 1982. Dynamic plant ecology: The spectrum of vegetational change in space and time. Quaternary Science Reviews 1(3): 153-175.
22. Hsu F. 2005. Walking palm tree. flickr.com.
23. Kashian DM, Zak DR, Barnes BV, Spurr SH. 2023. Forest Ecology. 5th ed. Wiley.
24. Kim JW. 1996. Floristic characterization of the temperate oak forests in the Korean Peninsula using high-rank taxa. Journal of Plant Biology 39(2): 149-159.
25. Kotô B. 1903. An orographic sketch of Korea. Journal of the college of science, Imperial University, Tokyo 19: 1.
26. Molles MC. 2012. Ecology: Concepts and Applications. 6th ed. McGraw-Hill Companies.
27. Odum EP. 1997. Ecology: A Bridge Between Science and Society. Sinauer Associates.
28. Odum EP, Barrett GW. 2005. Fundamentals of Ecology. 5th Edition. Thomson Books/Cole.
29. Ricklefs RE. 2010. The Economy of Nature. 6th ed. W.H. Freeman.
30. Sasaki Y. 1970. Versuch zur systematischen und geographischen Gliederung der Japanischen Buchenwaldgesellschaften. Vegetatio 20: 214-249.
31. Walter H. 1979. Vegetation of the Earth and Ecological Systems of the Geobiosphere. 2nd ed. Springer-Verlag Inc.
32. Whittaker RH. 1975. Communities and Ecosystems. 2nd ed. Macmillan.
33. Yim YJ, Kira T. 1976. Distribution of forest vegetation and climate in the Korean peninsula: Ⅱ. Distribution of climatic humidity/aridity. Japanese Journal of Ecology 26(3): 157-164.

제6장

산림의 시간적 변화

6·1 시간의 의미와 위계 구조

6·1·1 시간의 의미

시간(時間, time)은 ①어떤 시각에서 어떤 시각까지의 사이, ②시간의 어느 한 시점, ③어떤 행동을 한 틈, ④때의 흐름, ⑤지구의 자전주기를 재서 얻는 단위 등으로 정의한다. 철학에서는 과거로부터 현재와 미래로 무한히 연속되는 것, 즉 사물의 현상이나 운동 및 지속성을 규정하는 객관적인 존재 형식을 말한다.

산림생태학에서는 산지 또는 임지라는 공간에서 벌어지는 식물, 동물, 미생물, 무생물의 정적인 관계성이나 상호작용만 보기 어렵다. 같은 공간에서도 시간에 걸쳐 나타나는 생물들의 반응은 다양하여 종에 따라 빠르게 반응하거나 느리게 반응한다. 빠르게 반응하는 종에서 느리게 반응하는 종의 순으로 나열해 보면 동물은 하루살이, 모기, 나비, 개미, 벌, 청설모, 토끼, 고라니, 곰 등이 있고 식물은 이끼, 냉이, 철쭉, 소나무, 느티나무 등이 있다. 이들의 생활사는 1년 안에 마치기도 하고 수십 년 또는 수백 년 이상의 기간이 소요되기도 한다. 따라서 산림생태학에서는 임지라는 공간뿐만 아니라 시간의 함수가 중요하다.

6·1·2 시간의 위계 관점

산림생태학 연구자와 학생들은 지나치게 복잡한 산림생태계에 대해 의문을 품고 야외 실험을 수행하며 공간과 시간의 다양한 규모에서 문제들을 해결해 나간다. 이때 규모는 생태계의 대상, 과정, 문제점, 질문, 적용 기술 등에 직접적으로 영향을 미친다.

생태계의 순환 과정이나 작동에서 공간의 크기와 시간의 길이는 서로 비례한다. 시간은 초, 분, 시, 일, 주, 월, 계절, 연 등의 길이로 점차 확장하고 공간은 제곱센티미터(cm^2), 제곱미터(m^2), 제곱킬로미터(km^2), 헥타르(ha) 등의 넓이로 확장한다. 물론 초 단위 이하에 0.1초, 0.01초, 0.001초 등 점차 더 짧아지는 시간 규모가 있고 제곱센티미터 이하에 제곱밀리미터(mm^2), 제곱마이크로미터(μm^2), 제곱나노미터(nm^2) 등 단계적으로 작아지는 공간 규모가 존재한다. 분자 · 세포 · 미생물은 극히 작은 시공간 규모에서 작동하고, 지의 · 선태식물은 조금 더 큰 규모, 그다음에 일년초 · 다년초, 교목성 수종이 우점하는 군집, 경관생태계, 생물권 등으로 규모가 확대된다.

사람은 태어나서 약 100년까지 생존한다. 제한된 공간에서 한 시간, 하루, 한 달, 1년, 10년과 같은 시간 단위에 적응하며 생활해 왔고, 익숙한 범위를 벗어난 적이 없으므로 지구 밖 우주 공간에도 시간이 항상 존재한다고 생각하기 쉽다. 지구의 공전으로 연 단위와 계절 단위의 시간이 만들어지고, 자전으로 밤과 낮으로 구성된 하루의 시간 단위가 생성된다. 하지만 우주선을 타고 날아간 태양이라는 별, 나아가 은하계를 벗어난 먼 우주 공간에는 인간이 지구에 살면서 접하고 이해한 모든 시간의 속성이 사라진다. 시간이라는 개념과 구조는 태양계 내에서만 벌어지는 지구 공전과 자전이라는 태양계 질서를 인간이 편의적으로 생활에 활용하기 위해 만들어 낸 인간 중심의 체계이다. 시간은 공간처럼 물리적으로 존재하는 것이 아니라 하나의 태양계 질서이다.

일반적인 시간의 규모는, 밤하늘에서 관찰되는 우주 공간의 무한대에 가까운 크기에서부터 1초 또는 그보다 매우 짧은 크기 단위로 구분할 수 있다. 지구에서 태양까지의 거리는 약 1억 5천만 km이며, 빛이 태양에서 출발해 지구에 도달하기까지 약 8분 20초가 걸린다. 그러나 태양계 밖의 우주 공간에서는 킬로미터, 헥타르, 일, 월, 연 등의 시공간 단위가 무의미하다. 지구가 태양을 한 바퀴 도는 동안 빛이 이동한 거리를 광년(light year)이라고 한다. 광년은 우주 공간에서의 수많은 별의 위치를 나타낼 뿐만 아니라 우주를 공간적으로 더 쉽게 이해할 수 있도록 해 준다. 광년은 시간과 공간이 혼합된 개념이다.

산림생태학은 산림과 산림, 그리고 산림과 이를 둘러싼 생물적 · 무생물적 환경의 상호 관계를 다루므로 광년 단위의 큰 시공간 규모는 무의미하다. 긴 시간에 걸쳐 일어나는 생물의 진화를 생각할 때도 지구 탄생 이전의 시간은 의미가 없다. 따라서 산림생태학에서는 지구 탄생부터 현재까지의 약 46억 년이라는 과거 시간과, 다양한 산림생태계의 변화를 예측할 수

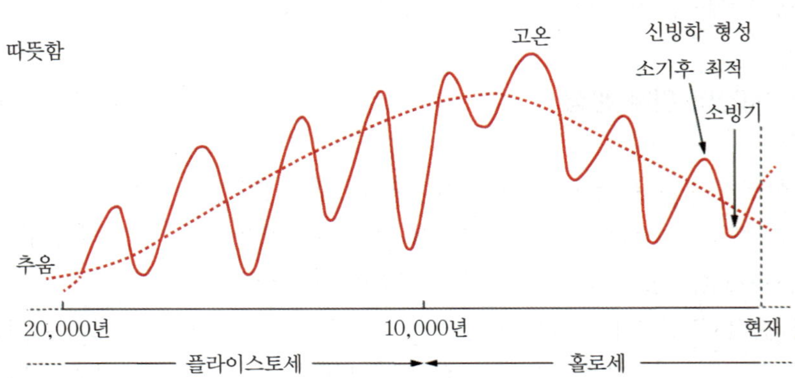

그림 2-144 지난 20,000년간의 기후변동(점선은 북위 65°에 도달하는 태양복사가 지구궤도의 주기적 변동으로 얼마나 변화하는가를 보여 주며, 실선은 실제 기온 변화의 추정치임)[Pielou, 1991]

있는 미래의 시간 범위까지 다룰 필요가 있다.

지구의 기후변동을 보면 과거 20,000년 전부터 약 2,500년의 주기와 다양한 진폭으로 춥고 더운 기후가 반복되어 왔다(그림 2-144 참조). 현재 시점은 상승곡선상에 위치하고 있어 적어도 향후 수백 년간은 기온이 올라갈 것으로 보인다. 그러나 지구궤도에 의한 태양복사의 변화는 좀 더 큰 시간 규모에서 보면 오히려 낮아지는 추세이다. 산림토양 위에 이루어진 산림군집의 생물상이 다른 유형으로 변화하는 과정인 천이에 걸리는 시간 규모는 수백 년에 해당하고, 숲 내의 개체군 동태, 생물계절학, 답압의 영향 등은 천이보다 훨씬 짧은 수년 정도의 시간 규모로 접근할 수 있다.

6·1·3 시간 규모와 생물 반응

식생 변화나 천이는 공간과 시간의 다양한 규모에서 나타나는 생태계 변화의 과정이다. 산불이나 병원균 발생과 같은 교란 사건은 수천 제곱킬로미터에 걸친 지역에서 발생하고, 바람은 노령 임분에서 하나의 개체목을 뿌리째 뽑는 좁은 공간에서 발생한다.

공간과 시간의 규모 범위에서는 작은 규모와 큰 규모의 연속성이 나타난다. 풍도로 생긴 조그마한 숲틈 안에서는 단지 수년 안에 식생이 변화하고, 이차천이는 수십 년이나 수백 년

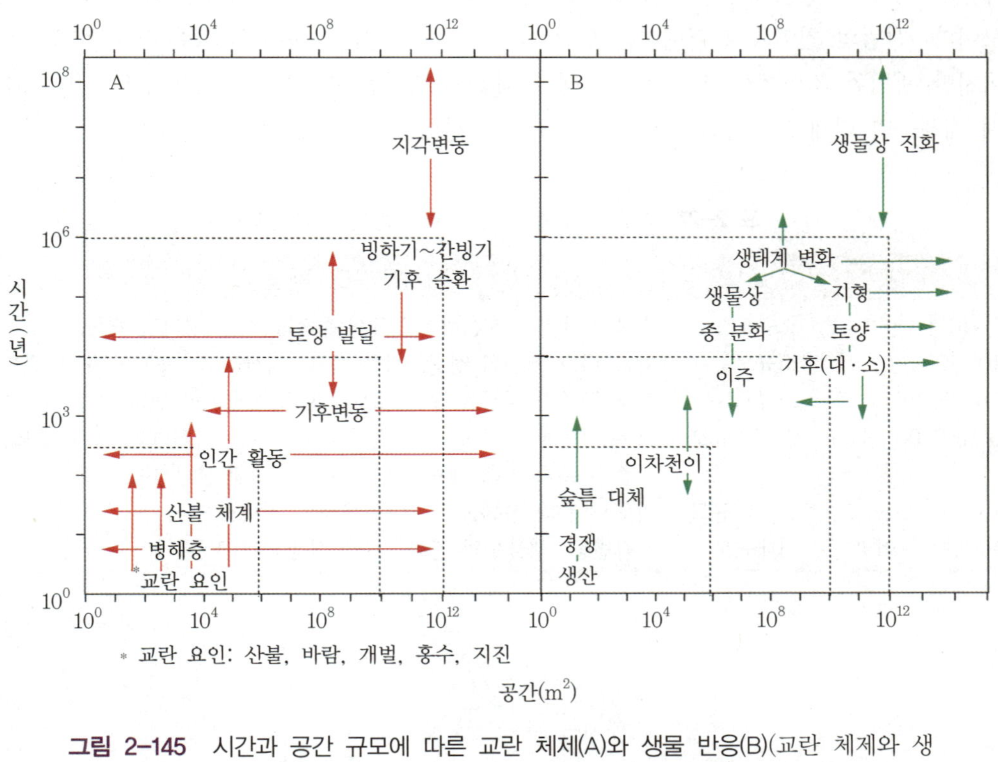

그림 2-145 시간과 공간 규모에 따른 교란 체제(A)와 생물 반응(B)(교란 체제와 생물 반응의 규모는 그림 2-119 시공간 패러다임의 소규모·중규모·대규모·거대규모 4단계를 동일하게 적용함)[Delcourt *et al.*, 1983]

에 걸쳐 발달하며, 진화는 대륙과 같은 큰 공간 규모에서 수천 년 또는 수만 년에 걸쳐 발생한다. 비교적 단기간 지속되는 교란(야생 산불, 풍도, 병충해, 개벌)은 생태계 과정과 군집 구성에 곧바로 영향을 미치고, 지형학적 과정에 따른 교란(토양 포행, 전석지, 유수에 의한 퇴적)은 식물 개체 수준부터 거대한 임분까지 다양한 크기의 식생에 영향을 미친다. 즉 교란의 영향은 표본구 크기(m^2)에서 소유역(ha) 또는 산계(km^2)의 면적에 이르기까지 다양하다.

교란 체제에서 지구 차원의 지각변동은 100만 년 이상의 거대규모에 속하고 공간 범위는 폭 1,000km 이상에 걸쳐 나타난다. 폭 100~1,000km의 면적인 대규모에 속하는 빙하기와 간빙기는 1만~수십만 년에 걸쳐 있다. 토양 발달은 소규모 · 중규모 · 대규모의 공간과 1,000~수십만 년의 시간에 걸쳐 나타난다. 1만 년의 시간 범위를 고려하는 기후변동과 인간 활동은 폭 1,000km 이상의 공간에 나타난다. 산불 체계는 1만 년의 시간과 대규모 공간에 걸쳐 있다. 병해충, 산불, 바람, 개벌, 홍수, 지진과 같은 교란은 약 100년의 영향을 고려할 수 있으며, 소규모 · 중규모 · 대규모의 공간 규모에 걸쳐 나타난다.

생물 반응을 보면 생물상의 진화는 100만 년 이상의 시간 규모와 거대규모의 공간에서 나타나 종 분화와 이주 등에 영향을 미치며, 지형 · 토양 · 기후의 영향을 받는 생태계 변화는 전반적으로 대규모의 시공간 범위에서 발생한다. 시간의 규모에 따른 생물 반응과 식생 동태를 보면(표 2-27 참조) 수목의 생장 속도와 바이오매스 축적과 같은 생리적 변화나 임분 내 개체군의 정착, 성장 속도, 치사율 등 개체군 구조의 변화는 1~10년 또는 10~100년의 시간 규모이다. 산림의 천이와 관련해서는 임분 내 우점종 개체군의 변화와 같은 반응은 50~500년이지만 광범위 지역에서 장기적인 식생 변화를 유발하는 기후변동, 토양 발달, 종 이주로 인해 개체군의 대체가 지속되는 일은 500~5,000년의 긴 시간에 걸쳐 반응한다.

표 2-27 시간 규모에 따른 생물 반응과 식생 동태

시 간	규 모	생물 반응 및 동태
1~10년	소규모	수목의 생장 속도, 바이오매스 축적과 같은 생리적 변화
10~100년	소규모	임분 내 개체군의 정착, 성장 속도, 치사율 등 개체군 구조 변화
50~500년	소규모	임분 구조와 임분을 구성하는 우점종 개체군의 변화(산림천이)
500~5,000년	소 · 중규모	넓은 면적에 장기적 식생 변화를 유발하는 기후변화, 토양 발달, 종 이주로 인해 개체군의 대체가 지속됨(산림천이)
1,000~100만 년	중 · 대규모	지구 차원의 분류군 멸종, 분류군의 진화
100만 년 이상	거대규모	지각변동, 생물상의 진화, 지구 식생 패턴의 발달

6·2 천이

6·2·1 천이의 개념

산림식생, 산림군집, 산림생태계는 변화되어 왔고 지금도 변하고 있다. 대표적으로 1930년대 한반도의 산림은 사막보다 더 황량한 폐허의 땅이었고, 전후 1960년대에는 황폐된 산림이 전국 어디서나 흔히 볼 수 있는 광경이었으며, 1970년대에도 국토의 절반이 민둥산으로 헐벗어 있었다. 즉 대한제국의 멸망, 일제 강점, 6 · 25전쟁이라는 극심한 혼란기를 거치면서 산에 나무와 식생이 거의 사라지고 산림토양은 유기물층이 매우 빈약한 상태였다. 1970년대부터 입산 금지, 치산녹화, 사방조림 등 적극적인 산림복구가 이루어졌고, 또한 자연적인 회복과정을 거치면서 산림천이가 진행되었다. 1970년대 치산녹화사업에서 조림한 수종은, 질소가 부족해 척박한 임지에 적합한 아까시나무, 사방오리나무, 좀사방오리, 물오리나무, 싸리 등 비료목이 대부분이었고 빠른 녹화를 위해 현사시나무, 이태리포플러 등 속성수를 식재하였다.

지난 70여 년 동안 우리나라의 산림은 크게 바뀌었다. 민둥산에 정착한 초기 식물은 광합성작용으로 엽량이 많아지면서 직경이 비대해지고 뿌리량도 증가하였으며, 낙엽 · 낙지에 의한 유기물이 지속적으로 공급되면서 척박했던 토양이 서서히 비옥해지는 등 산림생태계가 많이 성숙해졌다. 임목축적을 보면 한국전쟁 직후인 1953년 5.66m^3/ha이고 1963년 12.14m^3/ha, 1973년 11.31m^3/ha, 1983년 25.11m^3/ha, 1993년 43.94m^3/ha, 2003년 73.08m^3/ha, 2013년 137.6m^3/ha, 2020년 165.20m^3/ha로 증가하였다(산림청, 2021). 특히 1970년대 이후 임목축적이 기하급수적으로 증가한 사실로 미루어 이때부터 산림생태계가 급격히 변화하였음을 알 수 있다(표 2-28 참조).

표 2-28 연도별 산림면적 및 임목축적 변화

연 도	산림면적(ha)	임목축적(m^3)	산림 비율(%)	ha당 임목축적
1943	16,139,798	212,185,969	73.11	13.15
1953	6,415,419	36,314,543	64.64	5.66
1963	6,694,566	81,276,672	68.01	12.14
1973	6,586,185	74,466,041	66.69	11.31
1983	6,546,829	164,361,662	66.07	25.11
1993	6,459,834	283,829,270	64.99	43.94
2003	6,406,322	468,167,965	64.32	73.08
2013	6,339,368	872,612,975	63.23	137.65
2020	6,286,000	1,038,373,000	62.60	165.20

[산림청, 2021]

우리나라 산림은 대부분 이차림이다. 산림이 훼손되고 난 후 자연적인 천이 과정, 즉 이차 천이를 거쳐 현재와 같은 산림군집이 조성되었기 때문이다. 그림 2-146은 우리나라의 대표적 산림복구 성공지인 영일사방사업지의 변화상을 보여 준다(산림청, 1977). 사방사업 후 약 50년이 경과하면서 산림의 생물다양성이 풍부해지고 토양 유기물층이 두꺼워졌으며 지상부 생물 축적량이 증가하는 등 다양한 기능을 발휘하는 성숙한 생태계로 변모하였다.

그림 2-146 영일사방사업지의 변천 과정

A: 사방사업 전(1975년) B: 사방사업 완료 6개월 후(1975년) C: 복구 후 48년 후(2023년 6월) D: ㉠의 현존식생(2023년) E: ㉡의 현존식생(2023년)
(사방사업 후 48년이 경과한 소나무림으로 층위별 평균 수고가 사면 하부는 12m, 중부는 6m, 상부는 4m에 달하며, 상층에 소나무가 우점하고 하층에는 졸참나무, 해변싸리, 진달래, 때죽나무, 덜꿩나무, 초피나무, 산검양옻나무, 아까시나무, 싸리, 국수나무, 산딸기, 억새, 오이풀, 고사리, 은대난초, 병아리난초, 참취, 노루발, 솜나물, 삽주 등 다양한 식물종이 출현하여 종 다양도와 풍부도가 상당히 높은 상태이다.)

산불이나 태풍이 발생하면 단기간에 엄청난 식생 변화를 초래하므로 기존 산림 유형이 다른 유형으로 계승되는 현상을 볼 수 있다. 이와 같은 순차적인 식생의 계승을 천이(遷移, succession)라고 한다(Neufeldt & Guralnik, 1988). 산림생태학에서 천이의 개념이 차지하는 비중은 상당히 크다. 산림의 자연적인 과정을 이해하고 새로운 현상을 밝히는 학문적 동기뿐만 아니라 인위적 조작을 통해 산림을 생산하고 경영·관리하는 경제적 활동과 더불어 현대사회가 요구하는 보전적 차원에서도 새롭게 해석되고 있다(이경준 등, 1996).

산림생태계는 시간의 경과에 따라 동적 변화가 지속된다. 기후, 지형, 토양, 생물상을 비롯한 모든 생태계 구성 요소가 변화하며, 이 변화는 빠르게 또는 느리게 일어나고 때때로 입지 특성을 반영한 특정 교란에 의해 일어나기도 한다. 생태계의 발달과 변화를 가장 쉽게 관찰할 수 있는 것은 산림의 수종과 식생이다. 종 조성의 변화나 생물상의 대체와 같은 산림천이로 인해 토양이 발달하고 임분의 바이오매스 축적량이 증가한다. 산림천이는 수십~수천 년의 시간 규모에 걸쳐 발생하며 식생의 우점종 구조, 군집 종류, 상대풍부도 등의 계열적 변화가 특징이다. 교란, 교란 주기, 천이계열, 우점종의 수명 등은 천이와 생태계 변화의 중요한 인자로 작용한다.

6·2·2 천이 관련 용어

천이는 군집을 구성하는 생물종의 진화와 같은 긴 시간 규모에서는 영향력이 작지만 지구 생물군계 수준에서는 의미가 크다. 따라서 진화와 관련이 있는 평행진화 · 수렴진화, 생태계 유지와 관련이 있는 생태적 안정성 · 항상성 · 교란, 천이 유형 및 종류와 관련이 있는 천이계열 · 일차천이 · 이차천이 · 자발천이 · 타발천이 · 진행천이 · 퇴행천이 · 지형천이 · 숲틈천이, 그리고 생태계의 안정화 단계와 관련이 있는 극상림 · 기후극상 · 아극상 · 방해극상 · 다극상 등을 간략히 정리하였다. 각각의 용어는 천이뿐만 아니라 현장의 식생 구조를 이해하는 데에도 도움이 된다.

1) **평행진화**(parallel evolution): 같은 조상에서 파생한 생물이 서로 분리된 후 다른 집단으로 진화하면서도 공통된 유전자 때문에 종 고유의 독특한 특성이 발현된다.
2) **수렴진화**(convergent evolution): 각자 다른 진화적 기원에서 비롯하여 식물 계통수상 멀리 떨어져 위치하나 기능적 필요에 따라 서로 비슷한 형태로 진화한다. 식물의 과(Family)가 다른 칡(콩과), 다래(다래과), 머루(포도과), 노박덩굴(노박덩굴과)과 같은 덩굴식물이 교란이 빈번한 계곡부에 동시에 출현하는 점과 설악산 대청봉 일대에 눈측백, 눈잣나무, 눈주목, 눈향나무 등의 수종이 혹독한 환경에 적응하기 위해 누워서 생육하는 기능적 유사성도 생태적 수렴진화의 예로 볼 수 있다.
3) **생태적 안정성**(ecological stability): 생태계가 일정한 상태 또는 균형을 유지하는 성질로 지속성(constancy)과 회복력(resilience)이 필수 요소이다. 지속성은 외부의 영향력에 저항하는 생태계 능력의 척도인 저항력(resistance)으로 볼 수 있고, 회복력은 교란 이후 원생태계 방향으로 되돌아오는 능력을 말한다.
4) **항상성**(homeostasis): 체온, 산도 등 생체 내부의 환경을 일정하게 조절 및 유지하는 과정이며 세포, 조직, 기관, 유기체 전체 수준에서 일어난다. 지구 생물권 전체를 거대한 항상성을 지닌 초유기체로 보기도 한다.
5) **교란**(disturbance): 지진, 화산 폭발, 쓰나미, 기후변화, 산불, 태풍, 병해충, 개벌과 같은 자연적 · 인위적 외부 요인에 의해 기존의 생태계 또는 산림군집이 파괴되는 사건으로 물리적 구조나 생물 · 비생물 요소의 배열이 바뀐다. 장기간에 걸쳐 발생하기도 하며 군집의 개체군 크기, 종풍부도, 생물다양성 등에 영향을 준다.
6) **천이계열**(遷移系列, sere): 초기에 성립된 식생이 극상의 군집에 도달하기까지 거치는 일련의 변화 과정을 말한다.

7) **일차천이**(一次遷移, primary succession): 새롭게 형성된 강둑, 빙하토, 화산 분출로 용암이 흘러 생긴 땅과 같은 생물상이 없는 나지에서 시작되는 천이이다. 기존 식물군락의 식물이 남아 있지 않으므로 식물의 천이단계, 상호작용, 물리 환경 등이 선명하다.
8) **이차천이**(二次遷移, secondary succession): 극상군집 또는 다양한 천이단계에 머물러 있던 식물군집이 거대한 교란(산불, 산사태, 병해충, 폐경지, 개벌)에 의해 파괴되고 난 후 같은 장소에서 다시 시작되는 천이이다.
9) **자발천이**(自發遷移, autogenic succession): 정착한 나지에서 식물이 태양광을 차단하여 온도의 극한 상황을 막아 주고 토양 수분과 유기물 함량을 조절하고 물리 · 화학적 성질을 개선하는 등 미세환경을 변화시키면 변화된 환경이 기존 식물의 생육에는 불리하게 작용하지만 다른 종을 유인하는 원인이 되어 진행되는, 즉 식물군집의 내재적 성질에 의해 주도되는 천이이다.
10) **타발천이**(他發遷移, allogenic succession): 자발천이를 주도하는 군집의 내적 요인보다는 군집 외부의 힘에 의한 환경 변화가 먼저 발생하고 환경 변화에 적응한 새로운 식생이 유입되며 진행되는 천이이다.
11) **진행천이**(進行遷移, progressive succession): 외부의 교란 없이 복잡하고 안정한 극상군집으로 진행하는 천이이다.
12) **퇴행천이**(退行遷移, recessive succession): 기대하던 방향과 반대로 진행되는 천이이다. 군집의 속성은 단순하고 획일한 상태로 향한다.
13) **지형천이**(地形遷移, toposequence succession): 남사면과 북사면, 계곡과 능선, 암반, 너덜지대, 고갯마루, 아고산대, 풍충지 등 미세 지형 조건이 달라 이입 식물종과 진행 속도에서 차이가 나는 천이이다.
14) **숲틈천이**(gap phase succession): 산림 내 상층 임관이 소개되어 숲틈 공간이 생기면서 광, 온도, 수분 등의 환경조건이 달라지고 중하층을 차지하던 식물종의 빠른 생장으로 비어 있던 공간이 메워지는 현상이 부분적으로 반복되는 천이이다.
15) **직접천이**(直接遷移, direct succession): 사막, 툰드라와 같은 곳에서 교란 후 극상종이 다른 종으로 대체되지 않고 스스로 재정착하여 성숙하는 과정을 반복하는 천이이다.
16) **모자이크천이**(mosaic succession): 국지적 교란의 발생으로 군집이 하나의 모자이크 형태를 띠는 천이이며 군집 발달의 여러 형태가 조합되어 나타난다.
17) **극상림**(極相林, climax forest): 천이가 진행되어 성숙하고 안정한 마지막 천이단계에 도달한 식물군집 또는 산림을 말한다.
18) **기후극상**(氣候極相, climatic climax): 토양, 지형, 생물상보다는 기후에 따라 천이의 방향이 이미 결정되어 일정한 방향으로 진행되는 군집이다. 단극상설과 관계가 있고 아극상, 방해극상, 다극상 등은 인정되지 않는다.
19) **아극상**(亞極相, subclimax): 건조한 남사면의 사질토양이나 암반에 우점하는 소나무 군집과 같이 양수성 교목에서 음수성 교목으로의 천이가 진행하지 못하고 멈추어 있는 상태의 식물군집이다.
20) **방해극상**(妨害極相, disclimax): 산불, 바람 등에 의한 주기적 교란이 발생하여 극상 방향으로의 천이가 진전되지 못한 상태의 식물군집이다.
21) **다극상**(多極相, polyclimax): 기후극상에서 천이의 정상적인 진행을 저지하는 환경요인에

따라 토양극상(edaphic climax), 지형극상(physiographic climax), 산불극상(pyral climax), 생물극상(biotic climax) 등의 여러 극상이 존재하고 각각의 상이한 천이단계로 인해 모자이크형의 식생이 형성된 상태이다.

6·2·3 천이 진행에 대한 접근

산림천이의 진행 경로에는 식생 구조, 일차천이, 이차천이, 교란, 환경조건, 기후변화 등 다양한 인자가 영향을 미친다. 산불, 홍수, 폭풍과 같은 교란은, 화산재가 쌓인 나지나 빙하가 퇴각한 나지의 천이와 대조적으로 생태계 변화 경로를 추적할 수 있는 식물, 동물, 뿌리, 포자, 종자 등의 생물 유산을 남기는 점이 특징이다. 생물 유산으로 남겨지는 패턴은 ①임분을 갱신하는 대교란 이후 살아남은 생물, ②유기물 잔해, ③토양과 하층식생의 생물학적 패턴이 있다(Barnes *et al.*, 1998). 서서 죽은 나무, 넘어진 나무, 토양 집단, 균사 집단 등은 생물학적으로 중요한 구조로 교란 이전의 생태계에서 유래하였으며 산림 회복과 생태계 기능의 방향 및 진행에 끼치는 영향이 크다.

특정 생태계의 일차천이나 이차천이에 관한 실제적인 시계열이나 천이 경로를 이해하기 위해서는 해당 장소에서의 시간에 따른 생태계 및 식생의 변화를 추적해야 한다. 그러나 추적을 위한 모니터링은 산림수종의 긴 수명 때문에 거의 불가능하다. 따라서 천이에 관해 밝혀진 많은 정보와 지식은 동일 장소가 아니라 각기 다른 장소의 단기 관측에 의한 결과물임을 인지할 필요가 있다. 장기적 천이를 다루기 위한 전형적인 접근 방법은 임령을 기준으로 군집의 차이를 관찰하면서 천이 경향을 추론하며, 같은 장소 및 같은 교란 조건에서 현재의 생태계가 발달하였다는 점을 가정한다.

전통적으로 산림천이는 고정된 공간과 변화하는 시간에서 일어나는 생태계 변화이며, 여기서 실질적인 천이 경향을 결정하는 데 어려움이 따른다. 왜냐하면 산림생태계에서 천이의 많은 단계와 과정이 혼재되어 나타나기도 하기 때문이다. 즉 생태계와 산림군집의 시계열적 변화는 입지와 종의 상호작용 속에서 발생하는 변화로도 볼 수 있기 때문이다.

6·2·4 천이 개념의 발달

식생 동태와 천이는 카울스(H.C. Cowles, 1899 · 1901)가 창시자이다. 카울스는 미국 미시간호에 있던 식물이 없는 모래언덕이 성숙한 산림으로 변화하는 천이를 분석하였다. 모래언덕이 바람에 의해 형성되고 파괴될지라도 식생은 지형을 상당히 변화시킨다는 사실을 발견하였다. 카울스(1911)는 또한 어떤 서식지에 원래 자라고 있던 식물이 뒤따라오는 식물에게 길을 열어 준다는 점에 주목하였고, 기후 · 지형 · 생물상 변화는 식생의 변화 비율과 식생의 변화 방향도 바꾼다는 점을 인지하였다.

클레멘츠(F.E. Clements, 1916 · 1949)는 식물천이에 관한 정교한 철학적 구조의 토대를

표 2-29 주요 천이 관련 연구

연 도	연구자	연구 내용 또는 주제
1806	Adlum	동일한 토양에서 소나무가 다른 수종으로 변화
1830	Hundeshagen	산림의 종 조성 변화(너도밤나무, 소나무는 독일가문비로 대체)
1847	Dawson	벌채지, 산불 피해지, 농경지의 천이 경향(산불과 바람의 영향)
1860	Thoreau	산림수종의 계승을 산림천이로 명명
1899, 1901	Cowles	식물천이의 이론 제시(호수의 모래언덕→성숙림으로 천이)
1905, 1916, 1949	Clements	여러 종류의 천이 개념을 체계화(식물천이의 철학적 토대 마련, 군집 변화의 체계화 노력)
1926	Transley	계열 변화는 자발적 변화나 타발적 변화가 특징
1927	Gleason	개체와 생물종의 상호작용으로 생태천이 진행
1939	Shelford	동물과 미생물도 천이에서 중요한 역할을 담당
1953, 1975	Whittaker	환경 경사에 따라 연속되는 극상 패턴
1963	Troll	천이는 모든 생태계 구성 요소와 관련된 경관 과정
1969, 1971, 1983	Odum	인간과 자연의 관계에서 천이의 원리 중시
1974	Niering & Goodwin	생태계와 군집 내부에서의 교목성 종자의 정착 방해
1975	Damman	산불로 인한 새로운 천이 진행
1977	Grime	식생의 구조와 종 조성의 점진적 변화
1980, 1987	Peet & Christensen	천이에 관련한 임분 발달 모델과 개체군 접근 모델 적용
1981	Oliver	천이에 관련한 임분 발달 모델과 개체군 접근 모델 적용
1984	Finegan	종 조성과 식생 상관의 시간에 따른 방향적 변화
1987	Huston & Smith	촉진 · 내성 · 방해는 상대적 과정
1987	Kimmins	천이의 이론과 응용 집대성
1987	Walker & Chapin	천이 과정과 모델, 생태계 영향
1988	Delcourt & Delcourt	시간과 공간 규모에 따른 교란 체제와 생물 반응
1990	Oliver & Larson	교란, 종의 갱신 전략 및 임분 발달
1992	Matthew	일차천이에는 많은 유형이 존재
1992	Matthews	퇴빙 지역의 일차천이
1994	Palik & Pregizer	종자 공급원과 다양한 천이 경로
1994	Shapin *et al.*	퇴빙 지역의 일차천이
1994	Vise *et al.*	생태계와 군집 내부에서의 교목성 종자의 정착 방해
1994	Chapin *et al.*	퇴빙 이후 네 단계의 천이 및 촉진과 억제 효과
1995	Fastie	퇴빙 지역의 일차천이
2006	Schmitz *et al.*	식물천이의 동적 체제와 영양 제어
2011	Prach & Walker	생태천이의 네 가지 기회(생물다양성, 기후변화, 침입종, 복원)
2018	Prach & Walker	세계 생물군계에서 일차 · 이차 식물천이 비교
2019	Prach & Walker	극심한 교란지에서의 수동적 복원 가능성과 한계
2019	Chang & Turner	변화하고 있는 세계의 생태천이

마련하였고 식물군집 변화의 모든 가능성에 대한 체계화와 공식화를 시도하였다. 클레먼츠(1916)는 수분, 온도, 광 및 토양 환경이 극단적 조건에 처하지 않는 한 모든 나지에 새로운 군집이 조성된다는 식물천이(植物遷移, plant succession)를 제안하였고, 이후 많은 생태학자들의 검토, 비판 및 수정을 거치면서 생태학의 중심이 되는 개념으로 발전해 왔다(이경준 등, 1996).

오덤(E.P. Odum, 1969 · 1971 · 1983)은 인간과 자연의 관계에서 천이의 원리를 중요시하였고, 현대 산업사회가 겪고 있는 환경적 위기를 극복하기 위해서는 천이의 개념을 도입하는 일이 기본이라고 주장하였다. 이와 같이 전통적인 천이 개념과 이론은 카울스, 클레먼츠, 글리슨(H.A. Gleason, 1927) 등에 의해 정립되었고, 이후 오덤에 의해 상당히 발전하였다.

생태학의 짧은 역사에도 불구하고 수많은 학자들이 산림생태계를 대상으로 한 천이의 개념 역시 검토하고 정리해 왔다(Spurr, 1952). 1980년대에 웨스트 등(D.C. West *et al.*, 1981), 슈거트(H.H. Shugart, 1984), 키민스(J.P. Kimmins, 1987)가 산림천이의 이론적이며 실제 응용적인 면을 집대성하였다(이경준 등, 1996). 1980년대와 1990년대에 걸쳐 촉진 · 내성 · 방해 메커니즘, 시간과 공간 규모에 따른 교란 체제와 생물 반응, 임분 발달 및 개체군 발달 모델 등 다양한 천이 관련 연구가 활발히 진행되었다.

천이의 개념이 발달하는 과정에서 가장 중요시되는 점은 클레먼츠가 식물천이를 상세히 묘사하기 위한 명명법을 개발함으로써 복잡한 자연의 체계화가 가능해진 일이다. 클레먼츠가 개발한 관련 용어로는 식생 동태, 생물군계, 극상 등이 있고 이는 생태학자들이 활용하는 어휘에 영원히 자리하게 되었다.

6·2·5 클레먼츠의 천이

클레먼츠의 전통적 천이 이론은 식생학적 접근의 첫 번째 모델을 제공하였으며, 현재 우리가 이해하고 있는 천이의 원형이자 대립적 사고의 토대가 되었다. 20세기에 접어들어 공식화되었고(Clements, 1905), 유럽과 북아메리카의 천이 연구에 있어서 기초 지식이 되었다.

클레먼츠는 극상군계의 발달에 있어 필수적인 과정을 다음과 같이 묘사하였다(Clements, 1916). 모든 천이계열은 개시되어 생활형과 종이 선택되며, 한 단계에서 다른 단계로 진행되어야 하고, 최종적으로 주어진 기후 조건하에서 가장 안정한 단계로 종결되어야 한다. 따라서 천이는 개시, 선발, 지속, 종결의 과정을 거친다. 구체적으로는 식생 기능에 따라서 나지-이주-정착-경쟁-반응-안정 등의 여섯 단계로 나누어서 볼 수 있다. 초기에는 순차적으로 진행하지만 단계가 나아갈수록 상호작용이 일어나 매우 복잡한 방식으로 이어진다. 또한 클레먼츠는 명확한 용어로 천이의 법칙을 마련하였다(Clements, 1905; Weaver & Clements, 1929).

천이의 진행 양상에서 특히 일차천이는 체계적이고 방향적인 과정을 거친다. 그림 2-147은 식물이 어떤 장소에 이주한 뒤 바로 발아 · 활착하여 성장하면서 정착하는 과정을 설명한 클레먼츠의 모델이다. 우점종의 생물 반응은 그 입지에 경쟁력이 더 강한 다음 군집의 우점종에게 유리하거나 용이한 환경으로 변화시킨다. 이 과정은 순차적이고 예측할 수 있으며 결정적이다. 천이의 종점은 극상림 또는 극상군집으로 가장 안정하고 성숙한 단계이다. 극상군집의 우점종은 자신이 지속될 수 있는 환경으로 변화시켜 최대의 군집 안정성을 유지하며 스스로 영속한다.

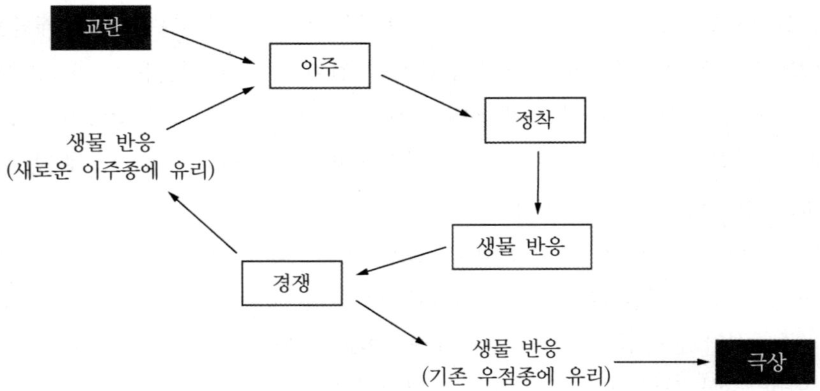

그림 2-147 클레먼츠의 전통적인 자발천이 모델
(교란으로 나지가 형성되면 번식체가 이주하고, 번식체는 발아와 성장을 통해 정착한 뒤 상호 경쟁 속에서 생물 반응을 통해 입지를 변화시킨다. 정착, 반응 및 경쟁은 가끔 동시에 발생하고, 경쟁과 반응은 새로운 이주 식물에 유리하므로 순환 구조(왼쪽)가 계속되며 새로운 군집이 형성된다. 궁극적으로 기존 우점종에 유리한 생물 반응에 의해 마지막 단계인 극상에 도달한다.)[Christensen, 1988]

클레먼츠의 이론에서 출발점이 다양한 모든 일차천이의 궁극적인 종점은 동일한 기후극상림이다. 클레먼츠의 이론은 유기체의 완전성으로 극상 개념을 이끌었다. 게다가 서식지 생물 반응에 대한 식물의 영향을 강조하면서 천이의 구동력인 내부 요인에 의해 변화(자발천이)가 야기된다고 주장하였다. 이는 식물군집의 성공적인 변화 단계를 설명하고 정상적인 천이의 통찰, 문제, 오해를 해결할 기초 이론으로서 매우 중요하다.

6·3 천이 유형

6·3·1 일차천이와 이차천이

일차천이(一次遷移, primary succession)는 이전에 식생이 없던 지역에서 파괴적 교란 없이 진행되는 생태계 변화이다. 반면에 산림이 이루어진 곳에서 생태계 과정이나 기존 생물상을 파괴하는 교란으로 인해 발생하는 천이를 이차천이(二次遷移, secondary succession)라고 한다. 때때로 일차천이와 이차천이의 구별이 애매하지만 산림생태계의 동적 변화를 설명하는 데에는 유용하게 적용된다.

1 일차천이

순수 광물질(암반, 토양 또는 암설)이나 물 그리고 이들이 혼재된 토양의 초기 식생이 없는 곳은 식물의 정착과 성장에 유리하다. 모든 입지에는 건조지부터 호수까지 연속되는 영역이 존재한다. 천이에 대한 연구는 편의상 연속적 영역 중 특정 지점을 선택하여 수행한다. 암석지나 광물질 토양과 같은 건조한 장소에서 시작하는 일차 식물천이를 건성천이(乾性遷移, xerarch succession)라고 하며, 물이 있는 장소에서 시작하는 천이를 습성천이(濕性遷移, hydrarch succession), 수분이 있는 적습한 토양에서 시작하는 천이를 중성천이(中性遷移, mesarch succession)라고 한다.

일차천이의 주요 단계는 학자 간의 의견이 대체로 일치하고 연구할 가치가 높다. 이때 일차천이에도 많은 유형이 존재한다는 점에 주의해야 한다. 표 2-30의 천이 10단계는 일차천이의 가장 대표적인 유형이고, 그림 2-148은 온대지방의 대표적인 6단계 천이 모델이다.

표 2-30 일차천이의 유형별 단계와 생활형

단계	건성천이	중성천이	습성천이
1	건조 암석지	습윤 암석지	호수 또는 습원
2	고착 지의류	–	침수식물
3	엽상 지의류 및 이끼류	–	부유식물
4	일년초	일년초	정수식물
5	다년초	다년초	사초속 및 물이끼
6	초본식물 혼합	초본식물 혼합	초본식물 혼합
7	관목	관목	관목
8	양수	양수	양수
9	중간수	중간수	중간수
10	음수	음수	음수

[Spurr & Barnes, 1980]

현실적으로 산림생태계에서의 천이는 ①1단계부터 반드시 시작하지 않고 비방향적 계열 단계를 거쳐 진행하고, ②2단계는 순차적 방식의 전형적인 진행이 아니라 상당히 중첩되어 발생하며, ③각 단계의 시작과 끝에 정해진 시간이 없고 입지에 따라 어떤 단계가 장기간에 걸쳐 나타나며, 입지 조건이 변할 때까지 천이가 진행되는 경우가 흔하다.

식생천이의 각 단계는 상호 배타적이지 않다. 다양한 생활형은 천이단계 이상의 큰 특징이 되고 사실 이는 여러 단계를 통해 지속된다. 예를 들어 천이 초기에 특정 입지에 침입하는 일부 이끼류가 내음성 수종이 특징인 천이 후기 단계에도 나타난다. 교목성 치수가 종종 일년초 · 다년초 또는 관목과 함께 초기 단계에 정착하기도 한다. 특히 이차천이에서 명백히 나

- **1단계 지의 · 선태류**: 담자균문, 자낭균문, 이끼류 등
- **2단계 일년초 및 이년초**: 벼룩이자리, 여뀌, 코스모스, 진득찰, 한련초, 닭의장풀, 달맞이꽃, 고들빼기, 봄맞이, 별꽃, 냉이, 개불알풀 등
- **3단계 다년초**: 새, 큰기름새, 억새, 실새풀, 대사초, 쇠뜨기, 참취, 미역취, 단풍취, 곰취, 박새, 노루귀, 고사리, 제비꽃, 민들레, 산국, 개별꽃, 동자꽃, 괭이밥 등
- **4단계 관목**: 두릅나무, 쥐똥나무, 철쭉, 진달래, 정금나무, 산딸기, 화살나무, 국수나무, 작살나무, 노린재나무, 싸리, 조록싸리, 생강나무, 오갈피나무, 사스레피나무, 다정큼나무, 광나무, 예덕나무, 돈나무, 병아리꽃나무, 수리딸기 등
- **5단계 양수**: 소나무, 곰솔, 자작나무, 박달나무, 거제수나무, 물박달나무, 오동나무, 개벚지나무, 버드나무, 사시나무 등
- **6단계 음수(극상림)**: 주목, 분비나무, 구상나무, 전나무, 서어나무, 까치박달나무 등

그림 2-148 온대지방의 6단계 천이 기본 모델

타나며 산불로 타거나 농경을 위해 식생이 제거된 지역의 주변으로부터 교목성 수종의 종자가 공급되어 출현한다. 따라서 모든 식물의 단계가 정해진 시점에 반드시 나타나거나 사라지는 것이 아니라 각 종의 생활형 특성에 따라 다양한 단계가 중첩되어 나타난다.

우리나라에서 소나무가 우점하고 있는 숲의 층위별 종 구성에서도 이러한 특징을 볼 수 있다. 그림 2-150을 살펴보면 교목층에 소나무, 신갈나무 등이 있으며, 특히 소나무의 우점도가 높으므로 소나무 상관군락 또는 소나무 군집으로 볼 수 있다. 아교목층에는 비목나무, 서어나무, 개서어나무, 주목, 산개벚지나무, 윤노리나무, 팥배나무 등 다양한 수종이 출현하고 있으며, 소나무림에서 내음성이 강한 주목, 서어나무, 비목나무로 향후 천이가 진행될 수 있어 지속적인 모니터링이 필요하다. 관목층에는 주목, 참꽃나무, 분단나무, 쥐똥나무 등이, 초본층에는 제주조릿대, 주목 등이 각각 출현하고 있다. 제주조릿대의 우점도가 매우 높음에도 불구하고 주목이 관목층과 초본층, 아교목층까지 분포하는 점으로 보아 양수인 소나무림이 주목림으로 천이될 가능성이 높다.

그림 2-149 온대지방의 천이단계별 군락 모습

A: 1단계, 강원 영월군 장산 지의 · 선태류 B: 2단계, 충남 공주대학교 예산캠퍼스 큰개불알풀 군락 C: 3단계, 덕유산 중봉 새(참취 · 동자꽃) 군락 D: 4단계, 한라산 윗세오름 산철쭉 군락 E: 5단계, 설악산 신흥사 소나무 군락 F: 6단계, 오대산 월정사 전나무 군락

그림 2-150 제주도 영실에 분포하는 소나무 군락

2 이차천이

산림을 연구하는 생태학자들은 교란 이후의 산림천이를 비교적 독특한 네 단계로 구분하는 임분 발달 모델(Oliver, 1981) 개념과 개체군 모델(Peet & Christensen, 1980) 개념을 주로 활용한다. 산림에 적용하는 두 모델은 ①주요 교란 이후에 나타나고, ②하나 또는 몇 개의 연도 계급으로 구분되며, ③교란 후 단기간에 걸쳐 수간이 갱신된다. 너도밤나무 모델은 적습지(중성지) 산림에서 전형적이지만 소규모의 숲틈이 특징적인 많은 산림 지역에도 적용된다.

표 2-31 이차천이의 발달 단계

모 델	1단계	2단계	3단계	4단계
임분 발달 모델 (Oliver, 1981)	임분 시작	수관 배제	하층 재진입	노령림
개체군 모델 (Peet & Christensen, 1980)	정착기	간벌기	과도기	안정기
너도밤나무 모델 (Watt, 1947)	숲틈	나지	괭이밥	산딸기

임분 시작이나 정착기의 식물들은 그 장소에서 갱신되고 발달한다. 그림 2-151 A에서 식물(종 b, c, d)의 기원은 ①새로운 산포종자나 매토종자, ②기존 수간과 근맹아, ③전생치수 등이며, 하층을 점유하고 있다가 교란 영향이 없을 때 급속히 성장한다. 교란, 종의 갱신 전략, 기후, 초식동물, 기타 요인이나 강도에 따라 임분이 개시되는 시기가 적어도 5년 내지 100년에 걸쳐 지속된다(Oliver & Larson, 1990).

수관 배제(또는 부피생장 배제) 단계에서는 모든 생육 공간이 실제로 이용되고 수관이 닫히며 피압된 치수는 고사한다. 따라서 수목 갱신은 제한되거나 정지한다. 그러나 초본류와 관목은 존재하기 때문에 임상 식생이 그림 2-151 A와 항상 일치하지는 않는다. 아울러 초기 강도의 간벌 현상이 나타난다(Peet & Christensen, 1987). 선구종 a가 사라지고 b, c, d 종이 생장 속도와 바이오매스 양에 따라 수직적으로 배열된다.

하층 재진입 또는 과도기에는 상층 세력이 약해지거나 파괴되기 시작하면서 하층에 도달하는 광이 증가하고 숲틈이 형성되기 시작한다. 수종의 갱신이 시작되며, 전생치수 개체들은 수~수십 년 생존하고 이후에 고사한다. 하층식생에서 이러한 전생치수의 수명이 참나무류는 3~4년, 1m 이하의 전나무류는 100여 년에 달한다(Oliver & Larson, 1990).

노령림 또는 안정기(천이 후기림)에는 침입과 갱신이 지속되고, 전생치수는 하층의 입지 조건이 개선되면서 증가한다. 노화, 만성적 병해충, 크고 작은 교란으로 수관이 붕괴되고 전체 나무가 죽거나 고립목이 남기도 한다. 노령림은 수령과 크기뿐만 아니라 생존한 나무와 고사한 나무의 생물학적 성질로 정의되고, 생태학적 과정이 임분 초기 단계와는 현저하게 다르다(Franklin *et al.*, 1981; Harmon *et al.*, 1986; Oliver & Larson, 1990). 그러나 노

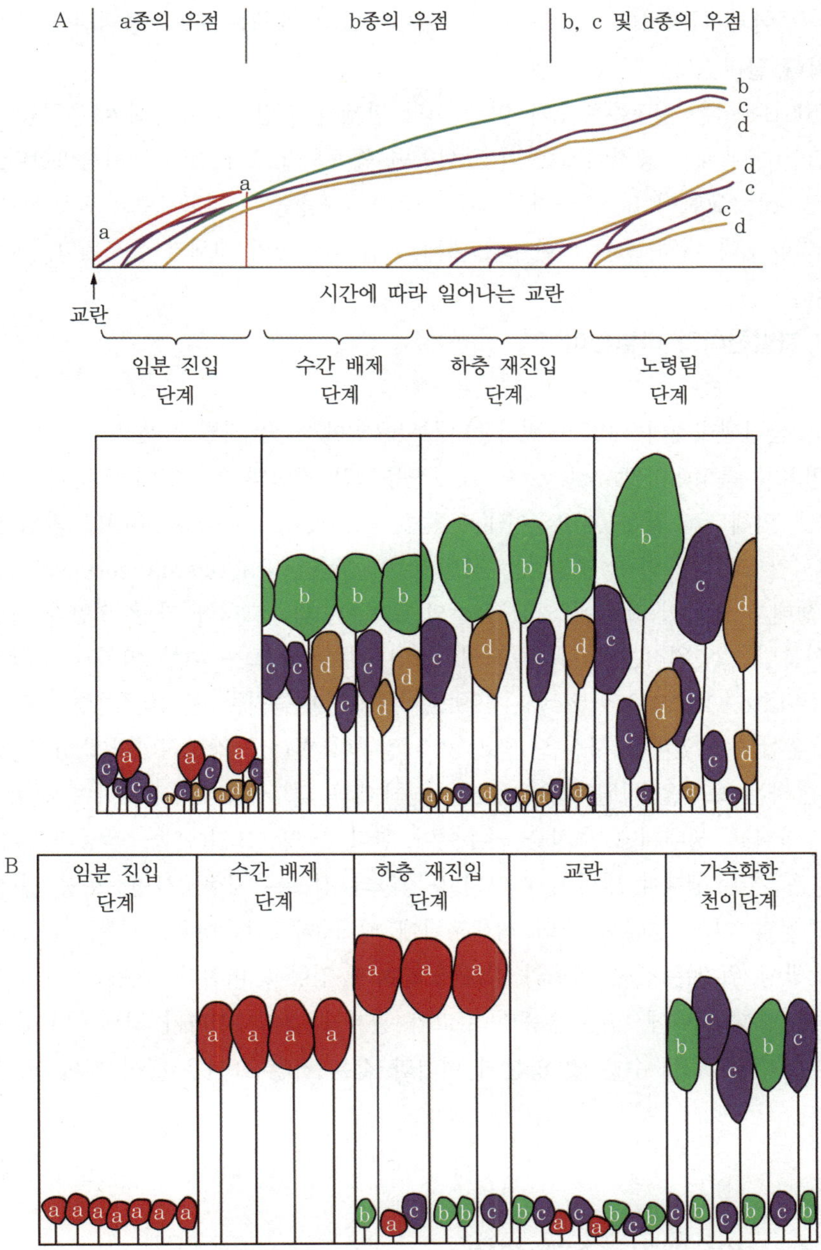

그림 2-151 주요 교란에 의한 임분 발달 단계[Abrams & Scott, 1989; Oliver, 1981]

A: 산림을 형성하는 모든 나무는 교란 이전부터 임분 내에 존재했거나 교란 후 곧바로 들어온 수종이다. 그러나 교목층 우점수종은 수간수가 감소하고 수종 발달의 수직층화가 진행된다. 임분의 수고 생장과 지속성은 수종, 입지 조건 및 교란 유형에 따라 다양하다. 교란이 없을 경우 적어도 200~500년 이상 지나면 노령림 단계에 진입한다.

B: 중간에 교란이 일어날 경우 선구 산림군집의 천이를 가속화한다. a는 선구수종, b와 c는 천이 후기 수종이다. 교란은 벌채, 풍도, 폭풍, 산불, 병해충을 포함한다.

령림 단계는 변이가 다양하다. 일반적으로 임분 발달의 체계는 지역 생태계의 특성과 식생 및 교란에 따라 달라진다.

그림 2-151 B에서는 선구수종 a가 임분 시작 단계와 수간 배제 단계의 우점종이다. 이어진 하층 재진입 단계에서 중간에 교란이 발생하면 종 b와 c로의 천이를 가속화한다. 그 다음 노령림에서 b, c는 교란이 없거나 거의 없는 지역의 표징종이 되고, 주요 교란이 있는 지역에서는 c에 의한 b의 대체, b에 의한 c의 대체, a에 의한 c의 대체가 유도된다.

6·3·2 자발천이와 타발천이

전통적으로 산림생태계의 계열적 변화는 내부 요인에 의한 자발적 변화나 외부 요인에 의한 타발적 변화가 특징이다(Tansley, 1926). 전통적인 관점의 일차천이는 생태계 내의 기존 식물상 자체에 의해 유도되는 자발천이(自發遷移, autogenic succession)의 과정이고, 이차천이는 주기적인 교란에 의해 발생하는 타발천이(他發遷移, allogenic succession)이다. 즉 타발천이는 생태계 외부의 요인에 의해 유발되는 천이이다. 그러나 자발 요인과 타발 요인으로 나누는 이분법은 인위적이며, 유발 요인이 하나의 영역 또는 외부 영역과 정확히 일치하지도 않는다(White, 1979; Matthews, 1992). 실제로 탠슬리는 천이의 진행 과정에 자발과 타발 요인이 혼합되어 있다는 사실을 결코 잊지 말아야 한다고 강조하였다(Tansley, 1929).

천이를 유발하는 요인을 이원화하기보다는, 생태계와 외부 요인이 결합하여 천이를 유도하므로 식물이 아니라 생태계에 초점을 맞추어야 한다. 타발 요인(산불, 폭풍과 같은 물리적 과정과 교란)은 기존 생태계 밖에서 시작되고 영향의 정도는 지형, 사면, 토양 깊이, 배수와 같은 입지 조건과 기존 생태계 내의 식생군집에 따라 다르다. 방위, 지형, 토성, 생태계의 식생과 산불 발생 위치는 산불 빈도와 강도에 강하게 영향을 미친다. 폭풍은 토심, 배수, 발근력과 생태계 영향권 내에 있는 수종의 수고와 관계가 깊다. 게다가 낙엽 · 낙지 축적과 식물에 의한 미세기후, 토양 수분 및 양분의 변화와 같은 자발 요인은 항상 타발 요인으로부터 영향을 받는다.

6·4 천이 메커니즘과 모델

6·4·1 종 특성과 갱신 전략

천이는 유전적으로 결정된 갱신 전략과 현저히 다른 생활사를 가진 종간의 상호작용에 의해 유도된다. 산림을 구성하는 수종별 갱신 요구도의 무한한 차이로 인해 산림의 세대교체가 가능해진다(Grubb, 1977). 종 자체의 이러한 특성과 전략에도 불구하고 천이는 본질적으로 입지 조건과 관련이 깊다. 천이와 관련이 있는 산림수종의 중요한 속성으로는 하층의 내음성, 종자 생산력, 종자 크기와 전파력, 생장 속도, 수명, 수관 구조, 병해충 저항력, 바이오매스 생산력, 광합성 능력, 양분 요구도 등이 있다. 이러한 종의 속성은 식생의 대체 계열을 결정하는 데 있어서 아주 중요하며(Noble & Slatyer, 1977 · 1980; Noble, 1981), 교란으로부터의 회복력, 경쟁력, 시간(우점종의 생활사 단계에 도달하는 데 필요한 시간) 등을 좌우한다. 특히 천이에서는 종간의 수명 차이와 같은 기본적인 특성이 중요할 뿐만 아니라(Egler, 1954 · 1977; Drury & Nisbet, 1973) 천이계열을 이해하기 위한 기초 인자이기도 하다. 단명의 선구종은 주기적인 교란지에서 갱신에 실패하고 천이 후기 단계의 장기 수명인 수종으로 대체된다.

종의 영속적 특징, 즉 종자 크기, 양분 요구도, 활력도, 수명 등은 생태계의 특수한 입지 조건에 반응하여 진화한 결과이다. 그중 산림수종의 내음성은 종자의 발아 환경이나 교란 체제(산불, 침식, 퇴적)와 같은 특수한 생태계에 적응하는 데 중요한 기초 인자로 작용한다. 예를 들어 가래나무는 내음성이 약한 속성수여서 수관 밀도가 높은 임관 아래에 활착하면 생육하기 어렵지만 교란이 발생한 비옥지인 나지에는 잘 적응한다. 결국 종의 생활사 속성과 갱신 전략은 많은 부분이 중첩되고 갱신, 경쟁, 상리공생, 바이오매스 축적, 생육 등은 연쇄적인 과정이자 생태계의 특수성이다. 장소 및 종과 관련한 동시적이고 연쇄적인 과정은 생태계 천이 메커니즘의 바탕이 된다.

바람, 산불 등의 교란이 발생한 임지에서의 이차천이는 하층 식물의 생존이나 매토종자의 발아로부터 시작된다. 교란된 장소의 천이 경로는 그곳에 남은 종의 활용성, 그리고 시차를 두고 이입하는 종의 특성에 따라 달라진다. 각기 다른 시간대에 다양한 종이 교란 장소에 침입하는 데다 인접한 생태계, 교란된 입지 환경, 종 생활사 특성, 교란 역사 등에 따라 활용 가능한 종이 달라진다. 유사한 입지에서 각기 다른 천이 경로가 나타나는 현상을 종의 시차적 이입으로 설명할 수 있다.

표 2-32 천이 초기 종과 후기 종의 특성 비교

특 성	초기 종	후기 종
종자 수	많음	적음
종자 크기	작음	큼
종자 산포	바람, 동물에 붙음	중력, 동물에 먹힘
종자 생존력	길, 매토종자로 생존	짧음
지상부 : 지하부 비율	높음	낮음
생장 속도	빠름	느림
생체 크기	작음	큼
내음성	낮음	높음
종 생활사	r-전략	K-전략
낮은 광도에서의 효율	낮음	높음
광합성 · 호흡 · 증산 속도	높음	낮음

[Ricklefs, 2010]

초기 단계에 정착하는 종과 후기 단계에 정착하는 종은 생활사의 특성에서 다른 경향을 보인다. 초기 종은 종자가 주로 바람에 의해 전파되고 수명이 길어서 나지의 정착에 성공할 확률이 높다. 그러나 내음성이 낮고 r−전략을 채택하여 수관 밀도, 환경 변화 등에 민감하게 반응한다. 반면에 후기 단계의 종은 K−전략을 채택하여 덩치가 크고 생장 속도가 느리며 바람보다는 동물에 의해 종자가 전파되는 경향이 있다. 후기 종은 또한 경쟁력을 유지하기 위해 동화물질의 상당량을 뿌리와 줄기에 배분하고, 산림이 울폐되어 광량이 적은 곳에서도 견디며 자랄 수 있고, 교란에 대한 저항성이 비교적 크다(표 2−32 참조). 천이 초기에는 식물상·동물상의 종풍부도가 낮지만 후기에는 급격히 증가하는 경우가 흔하다. 초기와 후기의 종들은 단계마다 생존과 생식이 최적화되도록 적응 범위를 분배하며 균형을 이룬다.

6·4·2 촉진·내성·방해 메커니즘

생태계의 촉진·내성·방해 메커니즘은 각기 다른 방식의 천이 모델이다(Connell & Slatyer, 1977). 촉진 메커니즘은 종의 교대에 관한 모델로, 천이 초기 종이 자신의 입지를 후기 종에게 유리한 환경으로 변화시킨다고 설명한다. 실제로 촉진은 ①침입 능력 향상, ②환경 스트레스 완화, ③자원 이용성 증가 등의 세 가지 방향으로 작동한다(Pickett *et al.*, 1987). 따라서 한 종이 정착하여 환경이 변하면 생활사 특성이 다른 조합의 종에게 유리한 조건이 된다(Huston & Smith, 1987). 그림 2−152는 촉진의 특별한 예로 알래스카 글레이셔만의 퇴빙 이후 천이를 조사한 결과이다(Chapin *et al.*, 1994). 천이의 네 단계별로 보면 생활사 특성은 천이 패턴을 결정하며, 초기 입지 환경과 촉진 및 억제는 변화 속도에 영향을 미치고 천이 후기 군락 구성과 생산성에도 영향을 미친다. 촉진 효과는 오리나무 단계에서

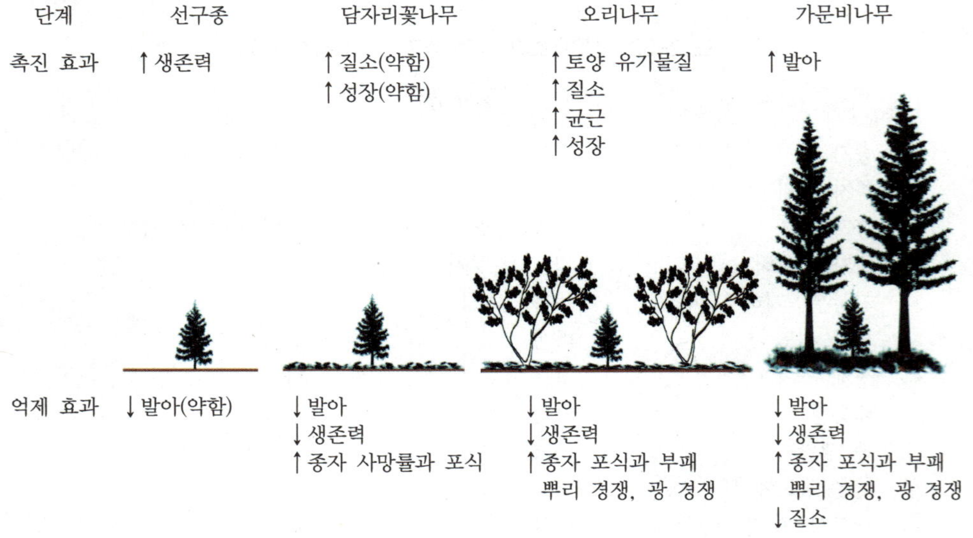

그림 2−152 가문비나무림의 천이단계별 촉진과 억제 효과[Chapin *et al.*, 1994]

나타나듯이 질소 증가, 토양 유기물질 증가, 토양 균근 증가 등과 밀접한 관련이 있다.

내성 메커니즘은, 초기 종이 환경을 바꾸지만 후기 종의 유입과 생장에 미치는 영향은 거의 없다는 주장이다. 내성은 종종 부족한 자원에 대한 인내력을 의미한다. 따라서 내성을 지닌 종은 왕성한 경쟁력과 긴 수명을 전략 삼아 천이 초기 종을 대체한다. 한편 방해 메커니즘에서는 처음에 정착한 수종이 공간과 자원을 선점하여 다음에 오는 모든 종의 정착을 방해하고 기존 수종의 생장도 저해한다. 교목의 침입을 방해하는 관목을 예로 들 수 있다.

촉진 · 내성 · 방해는 개별적 과정이 아니라 상대적 작용이며, 대부분의 일차천이와 이차천이에서는 여러 메커니즘이 주로 동시에 발생한다. 따라서 생태학자들은 촉진 · 내성 · 방해 메커니즘에 대해 제한적이고(Huston & Smith, 1987) 지나치게 단순화하였다고(Christensen & Peet, 1981) 비판하기도 한다. 자연에는 매우 다양한 경로가 있고, 특수한 메커니즘과 경로를 서로 병합할 수 없으며, 또한 일부 메커니즘은 복잡한 방식으로 계열 변화에 영향을 미친다.

6·4·3 천이 모델의 비교

우리나라 산림의 천이를 보다 쉽게 이해하기 위해서는 다양한 천이 모델을 고려해야 한다. 그림 2-153은 몇 가지 천이 모델과 우점종을 단순화한 경로로 설명한다. 우선 Ⅰ 모델은 전통적인 천이와 일차천이의 기본 모델이다. 즉 어떤 입지에서 A종→B종→C종→D종 순으로 우점종이 교체된 뒤 마지막 D종의 단계는 극상 단계로 영구적으로 지속된다.

Ⅱ 모델은 툰드라와 사막 식생에서 나타나고 1개의 종이나 군집이 우점한다. Ⅰ 모델과 같은 순차적 종 교대가 이루어지지 않고 처음에 정착한 A종이나 A군집이 지속된다. 소나무류나 사시나무류 순림에서도 소나무림이나 사시나무림의 우점형이 반복되는 경우가 있지만 극히 드물다.

Ⅲ 모델은 오래 버려둔 경작지의 이차천이에서 잘 나타난다. 초기 단계에서 A종, B종, C종, D종의 모든 종이 이입하여 초기 식물상(IFC)을 형성한다. 천이가 진행됨에 따라 생육 환경에 적합하지 않은 종이 사라지면서 마지막에 D종이 우점하는 단계에 이른다. 이 단계는 극상 단계로 영구적으로 지속된다.

Ⅳ 모델은, 초기에 모든 종이 이입하는 Ⅲ 모델과 대조적으로 교란 이후에 A종, B종, C종, D종이 각각 침입하여 출발점이 4개가 될 수 있다. 먼저 정착한 종을 대체하면서 천이단계가 순차적으로 진행되는 것이 아니라 생활사 속성과 교란에 따라 대체 종이 달라질 수 있다. 궁극적으로는 Ⅰ 모델, Ⅲ 모델과 마찬가지로 D종이 우점하는 극상 단계에 이른다.

Ⅴ 모델은 방해 메커니즘의 대표적인 예이다. 처음 정착한 A종이 우점하는 군집이 여러 가지 이유로 천이 후기 종의 침입을 일시적으로 방해한다.

Ⅵ 모델은 천이의 시작점과 진행 단계가 매우 다양하다. 이는 만성적 교란이 상존한다는 의미이다. 모든 종의 천이계열이 가능하고 천이의 종점인 안정화(변화에 대한 저항이나 회복력) 단계에는 도달하지 않는다.

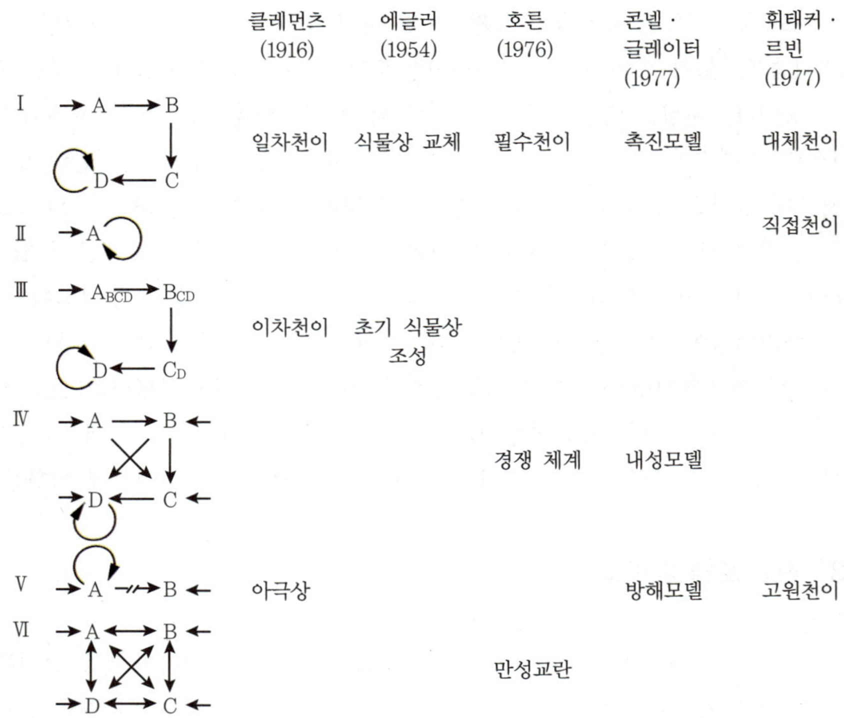

그림 2-153 6가지 천이 모델의 비교(긴 화살표는 우점종이나 군집 유형의 대체, 짧은 화살표는 교란 이후 천이의 출발점을 나타냄)[Noble, 1981]

6·5 생태계 변화

6·5·1 극상: 천이의 종점

1 단극상설과 다극상설

생태계 발달이나 변화 과정에 대한 인식은 자연사 연구의 초기부터 있었다. 그러나 천이단계가 무엇인지에 대한 지난 토론과 논쟁은 혼란만 초래하였다. 많은 학자들은 안정하고 균형 잡힌 조건이나 영속적인 상황보다는 변화에 대해서만 다양하게 접근하였다. 그러다 클레먼츠가 천이 과정의 종점을 극상(極相, climax)이라는 용어로 공식화하였다. 극상을 성숙한 유기체 또는 유기체의 완성으로 보았고 식생 분류의 기초로 사용하였다. 다극상(多極相, poly-climax), 다기후극상(多氣候極相, polyclimatic climax), 입지극상(立地極相, site climax), 극상유형(極相類型, climax-pattern) 또는 상대안정성(relative stability)과 같은 용어를 복원하려는 노력과 함께 용어가 변경되는 과정을 겪기도 했지만 극상이 의미하는 바는 식생을 유기체로 보는 함축적 사고에 기반한 천이의 종점이다.

기본적으로 극상은 경관생태보다는 식생천이 측면을 강조한다. 따라서 생태학적 접근에서는 극상의 용어가 부적합하므로 사용하지 않는다. 대신에 식생 변화를 특성화하기 위해서 특수한 입지 생태계의 시간 규모에 따른 선구종이나 집단의 위치를 인식하는 데에는 유용하다. 초기 · 중기 · 후기와 같은 표현은 특수한 경관의 생태계에 대해 절대적이 아닌 상대적인 의미로 쓰인다.

클레멘츠의 단극상 이론에서 대기후는 우점 군집 형성의 주요인인 반면에 지형, 토양, 산불, 생물상과 같은 인자는 부차적이다. 이에 반해 기후 인자와 동등하게 중요하다는 논쟁 속에서 지형, 토양, 교란 인자에 따라 다른 극상군집을 이룬다는 이론이 다극상설이다(Transley, 1939). 이는 환경과 생물의 조합으로 유지되는 이론으로 생물천이는 극상을 향해 진행하지만 극상의 성격은 특수한 환경 인자와 생물 조건에 따라 다양하다. 미국 미시간호의 모래언덕은 천이의 종국에 가서 중성의 낙엽활엽혼효림 단계에 도달하지만(Cowles, 1899) 이 지역의 더 건조하고 노출된 장소는 토양 자체의 비옥도가 낮아 낙엽활엽혼효림 군집에 이르지 못하고 블랙오크-블루베리형의 관목형 식생으로 피복된다는 결과가 도출되었다(Olson, 1958).

시간의 경과에 따라 식생 변화가 계속될지라도 점진적으로 느려지고 결코 완전한 안정화 단계에는 도달하지 못한다. 생태계의 식생, 토양 그리고 기타 성질이 초기에 급속도로 변화하고 후기에는 점차 느려진다. 만일 변화가 결국 한계에 도달하였다면 이 한계가 성숙 토양의 극상군집이어야 한다. 한계 자체는 시간과 공간에 걸쳐 다양하다. 이상적으로 어떤 지역의 군집이나 생태계의 단계적 극상 유형을 묘사할 수 있으나 기후극상과 같은 한 가지 형태는 아니다. 수년간 극상 개념은 확장하였고 다극상설 개념에 접근하였다.

탠슬리는 동적 관점을 채택하여 극상 개념을 확장하였고 상대적인 균형의 위치에 도달하면 식생 환경과 조성은 시간의 경과에도 지속적으로 유지된다고 하였다(Tansley, 1939). 그러나 다극상설은 극상이라는 용어(기후극상, 토양극상, 지형극상, 산불극상, 암석극상, 염분극상 등) 자체 때문에 많은 비판을 받아 왔다(Oosting, 1956; Daubenmire, 1968). 다극상은 단극상과 많은 부분에서 유사하거나 동일하고, 단지 좀 더 특수하고 독특한 경우일 뿐이라는 주장이다. 다극상설에서는 단극상을 단순히 기후극상이라고 하였다. 클레멘츠의 아극상은 토지극상이나 지형극상이 될 수 있고, 방해극상은 산불극상이나 암석극상이 될 수 있다. 또한 클레멘츠와 유사한 점은 기후극상에 대해서는 단지 하나의 극상림을 상정한다는 점이다.

2 극상유형설

단극상설이나 다극상설과 달리 환경 경사에 따라 연속적인 극상 패턴이 나타난다는 주장이 극상유형설이다(Whittaker, 1953 · 1975). 극상유형설에 따르면 수종별 성질, 기후, 토양, 입지, 생물 상호 관계, 종 조성, 동물, 종 분산과 상호작용 기회 등의 환경 경사에 따라 연속적으로 생태계가 성숙한다. 어떤 입지의 절대적 극상 유형은 없고, 기후도 하나의 요인으로서 환경 경사에서의 상대적인 위치를 의미한다.

6·5·2 천이와 생태계 속성 변화

한 지역의 여러 가지 생태계 속성은 산림이 천이의 초기 단계를 거쳐 후기 단계에 이르는 동안 변화한다. 이러한 변화는 산림식생의 적응력과 상관관계를 이루며, 천이 진행을 유발하는 원인이 된다. 산림천이가 진행함에 따른 생물상의 변화는 군집의 구조적 변화를 유발하여 물리적인 환경 변화까지 초래한다. 또한 환경이 변화함에 따라 그 지역에 새로운 생물상이 적응 또는 발달하는 과정이 계속되므로 산림천이와 생태계 속성 변화는 밀접한 연계성을 가진다(이경준 등, 1996).

1 에너지론적 생태계 발달 모형

천이단계에 따라 생태계의 총생산량과 호흡량 그리고 순생산량이 변화한다(그림 2-154 참조). 일반적으로 천이의 초기 단계에는 총생산량이 급격히 증가하기 시작하여 최고치에 도달한 후 일정해진다. 순생산량이 최고치에 달하고 나면 호흡량이 광합성량보다 많아진다. 천이가 진행됨에 따라 입지의 대부분을 차지한 군집이 성숙림으로 발달하고 군집 내 임목 간의 경쟁이 심화하며 노쇠목이 생기면서 순생산량이 감소한다. 노령목이 고사하거나 교란에 의해 쓰러지면 대부분 임상에서 분해된다. 또한 이렇게 생긴 숲틈을 다른 임목이 대체함으로써 산림생태계의 총생체량은 산림의 광합성량이 호흡량을 초과하는 동안 계속 축적된다.

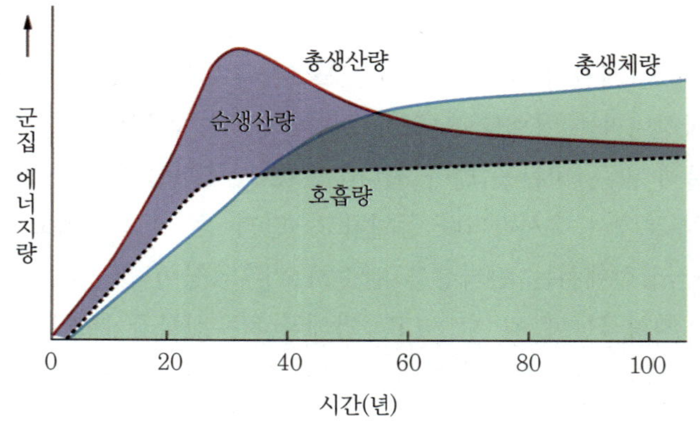

그림 2-154 천이 진행에 따른 에너지 속성 변화[Odum, 1997]

천이 초기 단계의 먹이사슬에서는 에너지 흐름의 양상이 단순하고 직선적이므로 다양성도 낮다. 반면에 성숙한 단계에서는 보다 복잡하게 얽힌 먹이그물 구조를 이루며 상당량의 생체량이 미생물에 의해 분해된다. 이와 같은 생태계 기능은, 성숙한 천이단계 이후 복잡하지만 균형 있는 군집 구조를 형성하며 외부 교란에 대한 내성을 강화하는 요인이다.

2 자생적 생태계 속성 변화 모형

천이가 진행되는 동안 생태계 내의 다양한 속성 변화가 수반된다. 과거 지구상의 여러 곳에서 천이를 연구한 생태학자들은 대부분 종 구성 또는 영양소 수준에서의 변화만을 강조하였으며, 기능적인 측면은 최근 들어서야 고려하고 있다. 표 2-33의 항목 중 일부는 야외에서 수집한 자료 및 적절한 실험 검정에 의해 충분히 입증되지 않은 가설이지만(Odum, 1997), 천이에 따른 산림생태학적 속성 변화의 기초 정보가 될 수 있다.

표 2-33 천이 진행에 따른 생태계의 속성 변화 모델

생태계 속성		생태계 발달에 따라 나타나는 변화 (초기 단계 → 극상, 미숙 → 성숙, 성장 단계 → 안정 상태)
군집 구조	생물 구성	처음에는 빠르나 차차 느린 속도로 변화(식물상과 동물상이 교체됨)
	개체 크기	커지는 경향
	종다양성	처음에는 증가, 성숙 단계로 가면서 감소
	총생물량(B)	증가
	비생물적 유기물질	증가
에너지의 흐름 (생물군집의 대사)	총생산성(P)	일차천이의 초기 단계에는 증가하나 이차천이 동안은 거의 증가하지 않음
	순군집생산성	감소
	군집의 호흡(R)	증가
	P/R 비율	P>R에서 P=R로 변화
	P/B 비율	감소
	B/P와 B/R 비율(단위 에너지당 유지되는 생물량)	증가
	먹이사슬	선형에서 복잡한 먹이그물로 변화
생지화학적 순환	물질 순환	점차 폐쇄적으로 변화
	필수원소 대사 회전시간과 저장력	증가
	내부 순환	증가
	양분 보존력	증가
자연선택과 제어	성장형	r-전략에서 K-전략으로 변화
	생활사	전문화, 길이, 복잡성 증가
	공생	점차 상리공생
	엔트로피	감소
	정보	증가
	에너지 · 양분 이용효율	증가

[Odum, 1997]

천이에 따른 군집 구조의 속성 변화를 살펴보면 우선 생태계가 발달함에 따라 기존의 식물·동물·미생물 종 구성의 변화가 처음에는 빠르게 진행되다가 차차 느려진다. 개체의 크기는 전반적으로 커지고, 종다양성은 처음에는 증가하나 점차 감소하는 경향이 있다. 초기의 증가 추세는 분류학적·영양단계적 생물군에 따라 다를 수 있다. 총생물량과 비생물적 유기물질은 증가하는 경향이다.

생물군집의 대사로서 에너지의 흐름을 보면 천이와 함께 생물량 및 유기물의 현존량이 증가한다. 예를 들어 시간이 지남에 따라 수중 및 육상 생태계에 살아 있는 총생물량과 분해과정에 있는 유기물량은 평형 상태에 이를 때까지 증가한다. 이러한 과정으로 생물종의 천이가 용이해진다. 총생산성이 일차천이 초기 단계에는 증가하지만 이차천이 동안에는 거의 증가하지 않고, 호흡량이 증가하므로 순군집생산성은 점차 감소 추세를 보인다. 따라서 생산량/호흡량의 비율은 1보다 큰 값에서 1에 수렴하고, 생산량/생물량은 점차 감소하는 추세를 나타낸다. 단위에너지당 유지되는 생물량(B/P와 B/R) 비율은 증가하는 모습을 보인다. 순생산량의 감소에 따른 호흡의 증가는 천이에서 가장 뚜렷하다. 그림 2-155는 생산과 호흡 사이에 분배되는 에너지 비율의 기본 변화를 보여 준다. 생태계의 발달 초기에는 부양할 생물량이 적으며 에너지의 큰 몫이 새로운 생산(성장)에 투자된다.

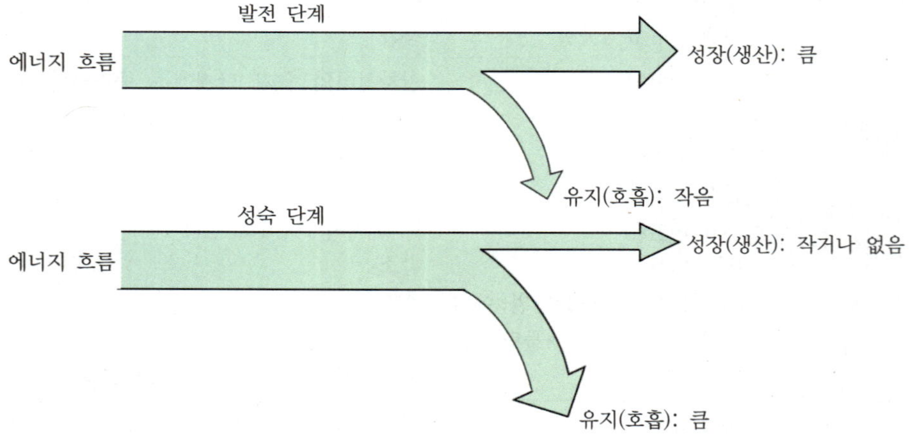

그림 2-155 생태적 천이에 대한 에너지 흐름의 모형[Odum, 1997]

생지화학적 순환을 보면 천이가 진행됨에 따라 물질 순환 구조가 점차 폐쇄적으로 변화하고 필수원소의 대사 회전시간과 저장력, 내부 순환 및 영양물질의 보존력은 증가한다. 개체군의 자연선택 유형은 r-전략(빠른 성장)에서 K-전략(피드백 조절)으로 변천한다. 생태계가 성숙함에 따라 몸집 크기 또는 저장 능력, 종 사이의 협동 능력이 생식 능력보다 더 중요한 요인이 된다.

6·5·3 숲틈 동태

산림수종이 임지에 정착하여 상층 임관에 성공적으로 도달하는 방식에는 세 가지가 있다(Veblen, 1992). 즉 ①재앙적 교란이 발생한 후 상층 숲틈 내에 정착하고, ②교란이 없는 하층에서 지속적으로 갱신하며, ③숲틈이 없는 상층에 진입하는 방식으로 구분할 수 있다. 내음력이 약한 양수는 하층에서 전형적으로 많은 교란을 이용하고, 중용수와 음수는 비교적 작은 도복 지역의 숲틈에서 성공적으로 갱신을 달성한다. 음수는 주요 임관이 지나치게 조밀하지 않을 경우 세 번째 방식을 이용한다.

교란이 없는 하층에서 지속적으로 정착하는 수종이더라도 적어도 상층 임관을 소개할 정도의 주기적인 교란 발생이 필요하다(Lorimer *et al.*, 1988; Busing, 1994). 상층림이 소개되거나 숲틈이 형성되면 전생치수와 숲틈에 침입한 새로운 나무가 식생의 패치(patch)를 형성하여 변화한 환경조건에 반응하며, 이는 숲틈 동태(gap dynamics) 또는 패치 동태(patch dynamics)라고 하는 천이를 유발한다(Pickett & White, 1985). 와트(A.S. Watt, 1925 · 1947)는 영국 유럽너도밤나무 순림의 발달 과정에서 나타난 네 개의 숲틈상을 묘사하였다. 그 중 하나가 너도밤나무 장령림에서 발생한 숲틈상이다. 숲틈은 크고 작은 교란에 의해 시작된다. 바람, 산불, 홍수, 산사태와 같은 교란을 제외하고 나무가 쓰러져 생기는 숲틈은 내음성 수종이 하층을 우점한 상황에서 전 세계 중생 산림의 구조와 종 조성에 상당한 영향을 미친다.

작은 숲틈의 예는 북아메리카 동서부 지역의 중생 산림에서 볼 수 있다. 이 산림에서는 교란 주기가 긴 대규모 교란이 거의 발생하지 않고, 작지만 만성적인 교란에 의해 생긴 상층 임관의 숲틈이 수종갱신에 주요한 역할을 한다. 북아메리카 동부와 애팔래치아산맥 지역에서 중생 산림을 연구한 결과 전령임분이 특징이었고 임분 구조가 역 J자형 구조를 나타내고 있었다(Lorimer, 1977 · 1980). 북아메리카 동부의 중생 노령림에서 조사한 바에 따르면 연평균 교란 발생률은 단지 0.8~0.9%이고 평균 임관 형성 주기는 약 110~125년이었다(Runkle, 1982). 열대림과 온대림에서의 조사 결과에서는 임관 형성 주기가 평균 약 100년이고 범위로는 50~575년이었다(Veblen, 1992).

연습문제 ▌

1. 시공간 규모에 따른 교란 체제와 생물 반응에 대해 설명하시오.
2. 천이의 일반적인 개념에 대해 설명하시오.
3. 일차천이와 이차천이에 대해 설명하시오.
4. 천이단계별 산림수종의 종류와 특징을 설명하시오.
5. 촉진 · 내성 · 방해의 천이 메커니즘에 대해 설명하시오.
6. 천이 진행에 따른 생태계 속성의 변화에 대해 설명하시오.

참고문헌

1. 김동필, 김재은, 김창환, 노백호, 박석곤, 백운기, 송인주, 오충현, 윤충원, 이상돈, 이수동, 임동옥, 최송현, 홍석환, 홍선기. 2023. 환경생태학. 제2판. 라이프사이언스.
2. 산림청. 1977. 영일지구 사방사업 완료 보고.
3. 산림청. 2021. 2020년 산림기본통계.
4. 손요환, 구창덕, 김춘식, 박필선, 윤충원, 이계한. 2016. 신고 산림생태학. 향문사.
5. 이경준, 한상섭, 김지홍, 김은식. 1996. 산림생태학. 향문사.
6. Abrams MD, Scott ML. 1989. Disturbance-mediated accelerated succession in two Michigan forest types. Forest Science 35(1): 42-49
7. Barnes BV, Zak DR, Denton SR, Spurr SH. 1998. Forest Ecology. 4th ed. Wiley.
8. Busing RT. 1994. Canopy cover and tree regeneration in old-growth cove forests of the Appalachian Mountains. Vegetatio 115: 19-27.
9. Chapin FS, Walker LR, Fastie CL, Sharman LC. 1994. Mechanisms of primary succession following deglaciation at Glacier Bay, Alaska. Ecological Monographs 64(2): 149-175.
10. Christensen NL. 1988. Succession and natural disturbance: paradigms, problems, and preservation of natural ecosystems. In Agee JK, Johnson DR (ed). Ecosystem Management for Parks and Wilderness. University of Washington Press.
11. Christensen NL, Peet RK. 1981. Secondary forest succession on the North Carolina Piedmont. Forest succession: Concepts and Application: 230-245.
12. Clements FE. 1905. Research Methods in Ecology. University Publishing Company.
13. Clements FE. 1916. Plant Succession: An Analysis of the Development of Vegetation. Carnegie Institution of Washington.
14. Connell JH, Slatyer RO. 1977. Mechanisms of succession in natural communities and their role in community stability and organization. The American Naturalist 111(982): 1119-1144.
15. Cowles HC. 1899. The ecological relations of the vegetation on the sand dunes of Lake Michigan (continued). Botanical Gazette 27(3): 167-202.
16. Daubenmire RF. 1968. Plant Communities: A Textbook of Plant Synecology. Harper & Row.
17. Delcourt HR, Delcourt PA. 1988. Quaternary landscape ecology: Relevant scales in space and time. Landscape Ecology 2: 23-44.
18. Delcourt HR, Delcourt PA, Webb T. 1982. Dynamic plant ecology: The spectrum of vegetational change in space and time. Quaternary Science Reviews 1(3): 153-175.
19. Drury WH, Nisbet ICT. 1973. Succession. Journal of the Arnold arboretum 54: 331-368.
20. Egler FE. 1977. The Nature of Vegetation, its Management and Mismanagement: An Introduction to Vegetation Science. Aton Forest.

21. Franklin JF, Cromack Jr K, Denison W *et al.* 1981. Ecological characteristics of old-growth Douglas-fir forests. USDA Forest Service. Pacific Northwest Forest and Range Experiment Station. General Technical Report PNW-118: 48.
22. Grubb PJ. 1977. The maintenance of species-richness in plant communities: The importance of the regeneration niche. Biological Reviews 52(1): 107-145
23. Harmon ME, Franklin JF, Swanson FJ *et al.* 1986. Ecology of coarse woody debris in temperate ecosystems. Advances in Ecological Research 15: 133-302.
24. Huston M, Smith T. 1987. Plant succession: Life history and competition. The American Naturalist 130(2): 168-198.
25. Kashian DM, Zak DR, Barnes BV, Spurr SH. 2023. Forest Ecology. 5th ed. Wiley.
26. Lorimer CG, Frelich LE, Nordheim EV. 1988. Estimating gap origin probabilities for canopy trees. Ecology 69(3): 778-785.
27. Matthews JA. 1992. The Ecology of Recently-deglaciated Terrain: A Geoecological Approach to Glacier Forelands and Primary Succession. Cambridge University Press.
28. Miles J. 1985. Vegetation succession: past and present perceptions. In Gray AJ, Crawley MJ, Edwards PJ (ed). Colonization, Succession and Stability.
29. Neufeldt V, Guralnik DB (ed). 1988. Webster's New World Dictionary. 3rd ed. Simon & Schuster.
30. Noble IR, Slatyer RO. 1977. Post-fire succession of plants in Mediterranean ecosystems [*Eucalyptus*]. USDA Forest Service General Technical Report WO.
31. Noble IR, Slatyer RO. 1980. The use of vital attributes to predict successional changes in plant communities subject to recurrent disturbances. Vegetatio 43: 5-21.
32. Odum EP. 1997. Ecology: A Bridge Between Science and Society (3rd ed). Sinauer Associates Inc.
33. Oliver CD. 1981. Forest development in North America following major disturbances. Forest Ecology and Management 3: 153-168.
34. Oliver CD, Larson BC. 1990. Forest Stand Dynamics (Biological Resource Management Series). McGraw-Hill.
35. Olson JS. 1958. Rates of succession and soil changes on southern Lake Michigan sand dunes. Botanical Gazette 119(3): 125-170.
36. Oosting HJ. 1956. The Study of Plant Communities: An Introduction to Plant Ecology. 2nd. ed. W.H. Freeman.
37. Peet RK, Christensen NL. 1980. Succession: A population process. Vegetatio 43: 131-140.
38. Peet RK, Christensen NL. 1987. Competition and tree death. BioScience 37(8): 586-595.
39. Pickett STA, Collins SL, Armesto JJ. 1987. Models, mechanisms and pathways of

succession. The Botanical Review 53: 335–371.

40. Pickett STA, White PS. 1985. The Ecology of Natural Disturbance and Patch Dynamics. Academic Press.
41. Pielou EC. 1991. After the Ice Age: The Return of Life to Glaciated North America. University of Chicago Press.
42. Ricklefs RE. 2010. The Economy of Nature. 6th ed. W.H. Freeman.
43. Runkle JR. 1982. Patterns of disturbance in some old-growth mesic forests of Eastern North America. Ecology 63(5): 1533–1546.
44. Spurr SH. 1952. Origin of the concept of forest succession. Ecology 33(3): 426–427.
45. Spurr SH, Barnes BV. 1980. Forest Ecology. 3rd ed. John Wiley.
46. Tansley AG. 1926. Practical Plant Ecology: A Guide for Beginners in Field Study of Plant Communities. Allen & Unwin.
47. Tansley AG. 1939. The British Islands and their Vegetation. Cambridge University Press.
48. Veblen TT. 1992. Regeneration dynamics. In Plant Succession: theory and prediction. Population and Community Biology Series 11: 152–187.
49. Watt AS. 1947. Pattern and process in the plant community. Journal of Ecology 35(1/2): 1–22.
50. White PS. 1979. Pattern, process, and natural disturbance in vegetation. The Botanical Review 45: 229–299.
51. Whittaker RH. 1953. A Consideration of climax theory: The climax as a population and pattern. Ecological Monographs 23(1): 41–78.
52. Whittaker RH. 1975. Communities and Ecosystems. 2nd ed. MacMillan.

제 Ⅲ 편

산림생태계 관리

미래의 기후변화가 산림생태계에 미치는 영향을 예측하기 위해 기후변화 시나리오에 근거하여 인위적으로 온도(가운데 반달 모양의 적외선등을 이용한 가열)와 강수량(투명한 비닐을 덮어 강수 유입을 차단하거나 지상에서 관수로 추가 공급)을 조절한 다음 묘목과 토양의 반응을 관찰하기도 한다(국립산림과학원 산림기술경영연구소 묘포장).

제1장

기후변화와 산림생태계

1·1 기후변화의 증거와 원인

기후는 지구 전체 산림생태계의 구조와 기능을 조절하는 원동력으로, 생물적 구성 인자의 유전성(유전변이와 종 분화)과 생리 기작, 경쟁, 분포, 생장, 탄소 순환 등을 결정짓는 요인이다. 과거 기후변화로 인해 산림생태계의 종 구성과 분포 및 생장이 변화해 왔듯이 현재 진행 중인 기후변화도 산림생태계의 구조와 기능을 바꾸고 있다.

지구의 기후 시스템은 주로 지구의 자전축과 태양 활동, 화산 폭발 그리고 온실가스 농도의 자연적 변동 등으로부터 영향을 받는다. 그중 지구의 자전축은 공전궤도에 대해 23.5° 기울어져 계절 변화를 일으키지만 41,000년을 주기로 기울기가 22.1~24.5° 사이를 오르내리고 있으며, 과거 지구의 빙하기와 간빙기가 반복적으로 나타난 원인이었다. 하지만 19세기 중반 이래로 지구에서 발생한 대기 중 온실가스 농도 증가와 기온 상승은 유례가 없는 일이며 자연적 원인만으로 설명할 수 없다. 이는 인류가 저지른 화석연료 과다 사용과 산림 파괴로 인해 지구 표면과 지중에 저장되었던 탄소가 대기로 방출되었기 때문이다(그림 3-1 참조). 기후변화

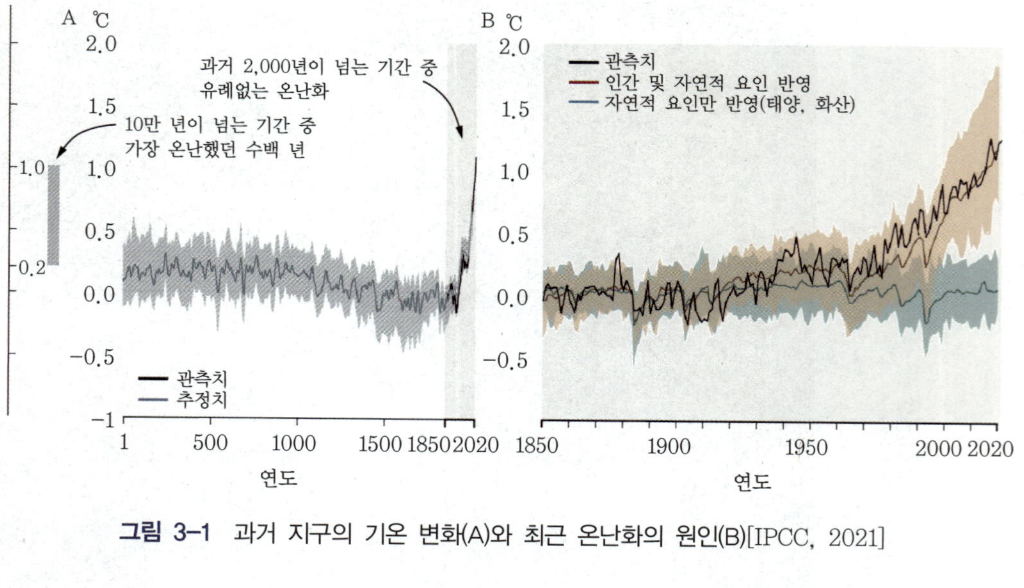

그림 3-1 과거 지구의 기온 변화(A)와 최근 온난화의 원인(B)[IPCC, 2021]

에 관한 정부간 협의체(IPCC)는 과학적 근거로써 1850년 이래로 이산화탄소(CO_2)를 비롯한 온실가스의 증가는 오로지 인간 활동에서 기인한다고 단정적으로 선언하였다(IPCC, 2021).

기후변화를 측정이 쉬운 기온 변화에만 국한하여 지구온난화라는 용어와 동일시하는 일은 지나친 단순화이다. 지난 150년 동안 지구에서 발생한 기후변화의 증거에는 지구 표면의 기온 상승 외에도 강우와 강설량의 변화, 빙하의 감소 등이 아울러 포함된다. 우리나라의 최근 30년(1991~2020년)과 과거(1912~1940년)의 기상관측 자료를 비교·분석한 보고에 따르면 평균기온이 1.6℃ 상승하였고 특히 봄과 겨울의 기온 상승이 뚜렷하다(그림 3-2 참조). 강수량 또한 증가(약 135mm)하였으나 강수일수는 21일 정도 감소하여 강수강도가 강해진 것으로 나타났다(그림 3-3 참조). 이러한 결과는 1950년 이래로 전 세계적인 극한 고온 현상의 증가와 극한 저온 현상의 감소, 그리고 폭우 빈도의 증가를 보고한 IPCC의 발표(2015)와 유사하다. 또한 봄과 여름의 시작일이 빨라지면서 여름은 20일 정도 길어지고 겨울은 22일 정도 짧아진 것으로 나타났다. 이에 따라 식물의 생육기간도 과거 30년에 비해 22.3일 정도 늘어났다(그림 3-4 참조).

화석연료의 과다 사용과 더불어 산림의 토지이용 변화도 온실가스 증가의 중요한 요인이다(그림 3-5 참조). 벌채로 인한 즉각적인 온실가스 배출에 더해 비교적 서서히 이루어지는 토양 탄소의 방출로 인해 산림생태계가 CO_2의 배출원이 되었음을 의미한다. 산림생태계의 파

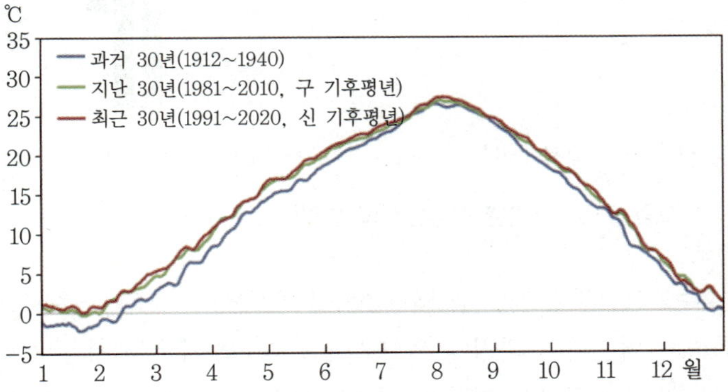

그림 3-2 우리나라의 연간 기온 변화[기상청, 2021]

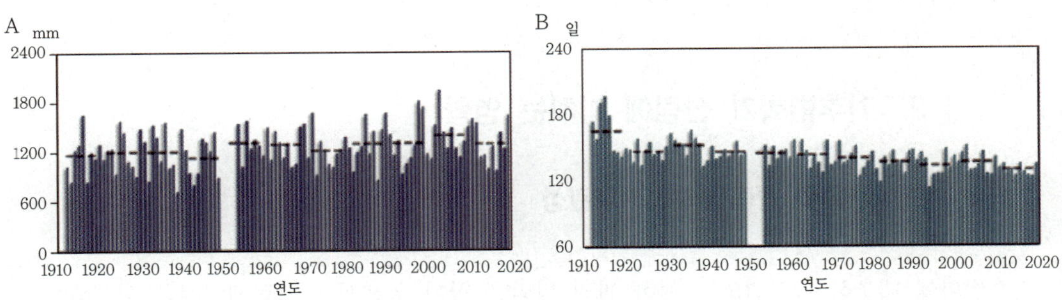

그림 3-3 우리나라의 연평균강수량(A)과 강수일수(B) 변화[기상청, 2021]

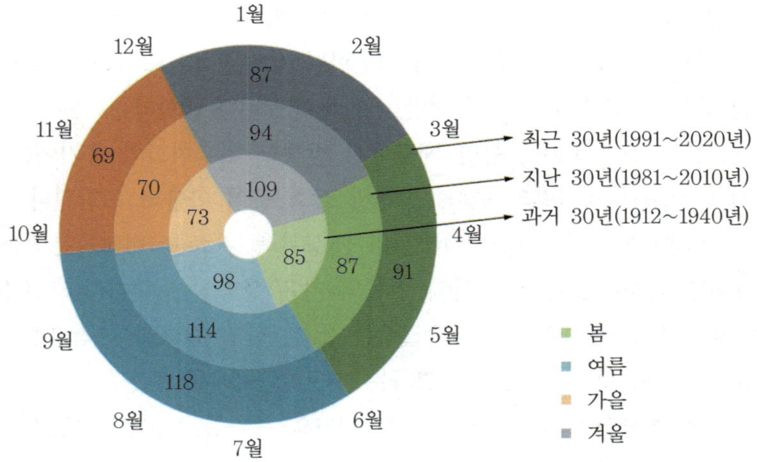

그림 3-4 우리나라의 계절 길이 변화[기상청, 2021]

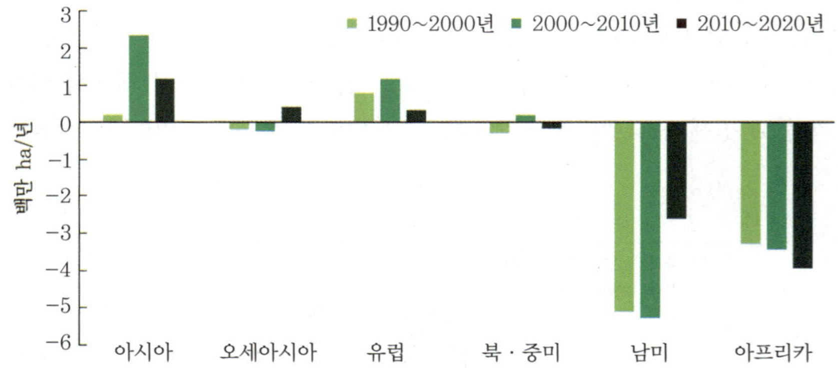

그림 3-5 대륙별 산림면적의 변화[FAO · UNEP, 2020]

괴로 인한 기후변화는 산림생태계의 구조와 기능을 악화하고 교란 인자로 작용하면서 다시 기후변화를 가속화하는 악순환의 과정에 있다. 이에 대응하기 위해서는 산림의 전용을 줄이는 노력과 함께 CO_2의 흡수원이자 저장소 역할을 하는 산림생태계가 기후변화에 미치는 영향을 파악하고 적절한 관리 방안을 찾아야 한다.

1·2 기후변화가 산림에 미치는 영향

1·2·1 기후변화와 산림생태계의 연관성

기후변화에 대응하는 산림의 적절한 관리 방안을 찾기 위해서는 산림생태계를 이해해야 한다. 산림은 다른 어떤 육상생태계보다도 많은 양의 탄소, 물, 에너지를 대기와 교환하면서 지구의 기후 조절에 중대한 역할을 한다. 산림생태계의 생물은 기후와 토양 환경하에서 각각의 생활사 전략을 가지고 경쟁과 먹이사슬의 체계 속에서 생태계 구조와 기능의 안정에 기여하면서 수자원 함양, 기후 조절, CO_2 흡수와 같은 다양한 생태계서비스를 제공한다.

기후변화가 일으키는 산림생태계 구조와 기능의 변화를 다음과 같이 요약할 수 있다. 우선 기능적으로는 생리적 변화, 분해율의 변화, 양분 순환 체계의 변화, 탄소 순환과 관련한 생산성의 변화가 일어난다. 구조적으로는 식물의 분포와 생육 범위가 바뀌어 산림식생대가 달라지면서 생물다양성의 변화가 일어난다. 즉 기후변화가 산림생태계에 영향을 끼치는 과정은 식물체 잎 표면에서의 물, 열에너지 및 CO_2의 교환에 따른 생리적 변화에서 출발하여 생장 및 생식 양상의 변화, 미생물과 동식물을 포함한 생물군집의 종 조성 변화 및 산림생태계의 생산성 변화, 그리고 크게는 식생대의 이동까지 이어진다. 이와 함께 생태계 안에서의 먹이사슬, 수분 수지, 양분 순환 체계, 교란 체계 등도 바뀌어 다시 되먹임 효과를 나타내므로 기후변화는 생태계의 구성 요소뿐만 아니라 산림생태계를 종합적으로 변화시킨다.

산림생태계는 구성 요소가 서로 복잡하게 얽혀 있는 복잡한 계이므로 각 요소의 변화를 분리하여 파악하기는 매우 어렵다. 아울러 산림생태계에 일어난 구조와 기능의 변화가 반대로 기후변화에 영향을 주기도 하며, 이는 산림생태계가 탄소 순환, 물 순환 등과 관련하여 다양한 기능을 하고 있기 때문이다.

1·2·2 기후변화에 따른 생장 제한요인의 변화

온도는 강수량과 함께 산림생태계의 종 분포와 생산량에 영향을 미치는 중요한 환경 인자이다(제Ⅱ편 제1장 참조). 지구 표면의 온도는 1850년 이래로 1.09℃ 상승하였으며(IPCC, 2021), 우리나라는 1912년 이래로 1.6℃ 상승하여(기상청, 2021) 지구 평균을 상회하고 있다. 평균기온의 상승과 아울러 기온의 시공간적 변이도 커지고 있다. 기온의 상승과 변이가 산림생태계에 어떤 영향을 주는지 파악하는 일은 매우 어려운 과제이다. 지구온난화에 따른 계절의 변화는 식생으로의 물 공급과 수분이용효율에 영향을 미치고 결과적으로 식생 분포도 바꿀 수 있다. 또한 극한기후 현상도 증가하고 있는데, 비정상적인 폭염이 지속되면 수목은 극심한 수분 스트레스를 겪으며 쇠약해진다. 그후 병해충 또는 빈번하고 강도 높은 산불이 발생하면 2차적인 피해를 입을 수 있다.

강수량의 변화가 산림생태계에 미치는 영향은 기온의 영향보다 파악하기 더 어렵다. 강수량의 변화, 즉 강수 빈도와 강도의 변이가 지난 150년 동안 발생한 기후변화의 큰 특징이 되었고(IPCC, 2021), 빈번한 폭우로 인한 산사태, 홍수 등의 증가와 함께 가뭄의 피해도 커지고 있다. 가뭄에 따른 수목의 생장 둔화, 개화량과 종자 생산량 및 발아 감소, 치수 고사 등의 직접적인 피해에 더해 산불, 병충해와 같은 2차적인 피해도 늘면서 산림생태계가 더욱 위협받고 있다.

우리나라의 연평균강수량은 지난 109년 동안 1180.1mm에서 1315.5mm로 135.4mm(10년마다 17.71mm씩) 증가하였으나 강수일수는 154.4일에서 133.2일로 21.2일(10년마다 2.73일씩) 감소하였다. 강수 패턴을 계절별로 보면 여름철, 특히 7~8월의 강수량 및 강수강도 증가가 뚜렷하다(기상청, 2021). 우리나라의 강설량 변화에 대한 적절한 자료를 구하기는 어렵지만 미국의 사례를 보면 1930년 이후부터 매년 약 0.2%씩 강설량이 감소하였다. 고산 지역에서의 적설량 감소는 기온 상승과 함께 고산생태계의 물 수지를 바꾼다. 이른 봄 서서히 녹는 눈으로 수분을 충당하는 고산지대의 침엽수는 강설량과 적설량의 부족으로 수분이 결핍되어 쇠퇴하고 있으며, 건조한 봄철로 이어져 산불 발생의 위험이 크게 증가하였다(Kashian *et al.*, 2023).

기후변화와 수목 생장의 관계는 지역의 생장 제한요인이 무엇인지에 따라 달라질 수 있다. 수종과 입지에 따라 기후 인자에 반응하는 정도가 다르기 때문이다. 예를 들면 강설량이 많은 수목한계선 부근의 산림은 온도가 생장 제한요인이다. 쌓인 눈이 녹아 수분은 충분히 공급되지만 기온이 매우 낮기 때문이다(Sanchez-Salguero *et al.*, 2018). 고위도와 고지대의 산림에서 기온이 오르면 생육기간이 길어지므로 생장이 증가하지만 이는 수분 조건이 양호할 경우이고(Vaganov *et al.*, 1999), 고위도와 고지대에서도 지속적으로 기온이 상승하면 수분 스트레스가 증가하여 생장이 감소한다(Seo *et al.*, 2011). 중위도 고지대에 위치한 산림의 경우 기온 상승에 동반된 수분 스트레스로 인해 주요 수종인 침엽수의 생장이 둔화하고 고사가 늘고 있다(Allen *et al.*, 2010). 온대 지역의 경우에는 온도·수분과 같은 기후 인자와 함께 환경오염도 생장의 제한요인이 되고 있다.

기후변화에 따른 임목의 생장 변화를 파악하기 위해 나무의 나이테를 분석하여 연간 생장량과 기후의 상관관계를 분석하는 연륜연대학이 유용하게 활용되고 있다. 우리나라 산림을 대표하는 수종인 소나무, 굴참나무 등 6개 수종의 나이테 정보를 이용한 산림 유형별 탄소 저장량 변동과 기후변화의 영향 해석을 위한 연구가 수행된 바 있다. 특히 나이테의 탄소 안정동위원소 지표는 온도, 강수량, CO_2 농도, 대기오염 등 환경 변화에 민감하게 반응하기 때문에 탄소 동위원소를 활용하면 기후변화에 따른 수목의 적응 과정을 광합성 수준에서 구명할 수 있다(Choi & Lee, 2012).

지구온난화에 따라 우리나라 산림의 주요 수종은 생장량이 전반적으로 증가하였지만 대기오염으로 인해 수목 생장의 증가 폭은 감소하였다. 특히 소나무는 산성비 피해에 따른 질소 흡수 저해, 굴참나무는 대기 CO_2 및 오염물질 증가에 따른 기공전도도 감소의 영향을 크게 받은 것으로 나타났다(Kwak *et al.*, 2013; Dinh Viet *et al.*, 2013). 연륜분석을 통한 칠레의 산림 생장 예측 연구에서는 RCP2.6과 RCP8.5 기후변화 시나리오를 적용하여 미래의 생장 변화를 추정하였다. 기온이 상승하고 강수량이 감소하는 미래의 기후 조건하에서는 산림 생장이 감소할 것으로 예측되어 산림생태계가 기후변화에 취약함을 보여 주었으며, 기후변화가 산림생태계에 미치는 전 지구적 악영향에 대응해야 함을 강조하였다(Matskovsky *et al.*, 2021).

대표농도경로

대표농도경로(Representative Concentration Pathways, RCP)는 IPCC 「5차 평가보고서」(AR5, 2013)에서 인간 활동이 대기에 미치는 복사량으로 온실가스 농도를 결정하고 이에 따른 미래 기후 예측을 수행한 시나리오이다. 하나의 복사강제력에 대해 사회·경제 시나리오는 여러 가지가 될 수 있다는 의미에서 대표(representative)라는 단어를, 온실가스 배출 시나리오의 시간에 따른 변화를 강조하기 위해 경로(pathway)라는 단어를 포함하고 있다. RCP 시나리오는 RCP8.5, RCP6.0, RCP4.5, RCP2.6의 총 4종으로 나뉘며, 시나리오의 숫자는 복사강제력, 즉 온실가스 등으로 에너지의 평형을 변화시키는 영향력의 정도(온실가스로 인해 지구가 추가적으로 흡수하는 에너지양)를 의미한다. RCP8.5, RCP6.0, RCP4.5, RCP2.6의 복사강제력은 입사 태양복사량의 약 3.6%, 2.5%, 1.9%, 1.1%에 해당한다.

표 3-1 RCP 시나리오의 종류와 2100년 기준 CO_2 농도

시나리오	의 미	2100년 CO_2 농도
RCP2.6	지금부터 즉시 온실가스 감축 수행	420ppm
RCP4.5	온실가스 감축 정책이 상당히 실현될 경우	540ppm
RCP6.0	온실가스 감축 정책이 어느 정도 실현될 경우	670ppm
RCP8.5	현재 추세대로(저감 없이) 온실가스가 배출될 경우	940ppm

IPCC 「6차 평가보고서」(AR6, 2021)는 공통사회경제경로(Shared Socioeconomic Pathways, SSP)와 대표농도경로(RCP)를 통합하여 사회·경제적 예측이 반영된 미래 기후 시나리오를 적용하고 있다. 2100년 기준 복사강제력 강도(RCP 개념)와 함께 미래 사회·경제 변화를 기준으로 기후변화에 대한 미래의 완화와 적응 노력에 따라 5개의 시나리오로 구별하며 인구통계, 경제 발달, 복지, 생태계 요소, 자원, 제도, 기술 발달, 사회적 인자, 정책을 고려한다.

표 3-2 SSP 시나리오의 종류

시나리오	의 미
SSP1-2.6	재생에너지 기술 발달로 화석연료 사용이 최소화되고 친환경적으로 지속가능한 경제성장을 이룰 것으로 가정한 경우
SSP2-4.5	기후변화 완화 및 사회·경제 발전 정도를 중간 단계로 가정한 경우
SSP3-7.0	기후변화 완화 정책에 소극적이며 기술 개발이 늦어 기후변화에 취약한 사회구조를 가정한 경우
SSP5-8.5	산업기술의 빠른 발전에 중심을 두어 화석연료 사용이 높고 도시 위주의 무분별한 개발이 확대될 것으로 가정한 경우

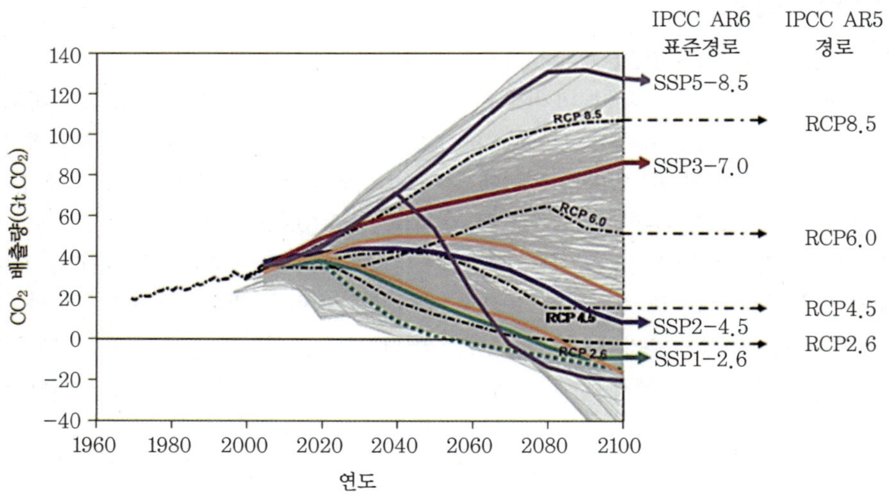

그림 3-6 과거(1970~2014년) 및 미래(2015~2100년)의 온실가스 배출 경로 (IPCC 「6차 평가보고서」의 표준 경로 4종 외에 표기되지 않은 선은 기타 가능한 배출 경로를 나타내며, 가능한 배출 경로의 전체 범위를 회색 음영으로 표기함)[기상청 기후정보포털]

1·2·3 수목 생장과 산림 생산성에 대한 영향

기후변화 때문에 수목 생장과 산림 생산성이 어떻게 달라질 것인가는 온도와 강수량의 변화뿐만 아니라 대기 중 CO_2 농도, 수분이용효율, 질소의 무기화 속도와 같은 다양한 생장요인의 변화도 종합적으로 고려하여 판단해야 한다. 즉 기후변화의 수목 생장에 대한 생리적 영향은 크게 물과 양분의 가용성, 대기 CO_2 농도, 기온의 계절적 변이, 변화한 기후에 대한 수종의 적응력, 수목의 생장 최적온도, 수목의 경쟁력 변화를 비롯한 여러 요인에 의해 결정된다(Way & Oren, 2010).

산림생태계에서 온도는 수목 생장의 주요 변수이다. 고위도의 고지대에서 따뜻한 생장기간 동안 수목의 직경 생장이 증가한 결과를 보면 기온 상승이 생장에 긍정적 영향을 미친다고 볼 수 있다(Bunn *et al.*, 2005). 하지만 생장과 온난한 기온의 상관관계는 1950년 이후로 약화해 왔다. 약화의 원인은 가용 수분이 증가하지 않은 상태에서 온도가 상승할 때 나타나는 수분 스트레스로 판단된다(D'Arrigo *et al.*, 2008).

수목 생장에 대한 온도의 영향을 조사한 메타분석 연구에 의하면 상대적으로 높은 온도에 노출된 수목은 ①엽량 증가와 뿌리 감소로 인해 수분 부족에 대한 민감성이 증가하고, ②수고 생장은 주로 주간 온도의 영향을 받으며, ③수간의 직경 생장은 주로 야간 온도의 영향을 받고, ④낙엽활엽수에 대한 온도의 영향이 침엽수보다 큰 것으로 나타났는데 보통 척박한 토양에서 자라는 침엽수는 토양 조건이 좋아지더라도 생장 증가가 크게 나타나지 않기 때문이다

(Way & Oren, 2010).

광합성과 호흡은 최적온도 범위 내에서 기온 상승에 따라 증가하지만 임계온도를 벗어난 고온에서는 급격히 감소한다. 또한 기온이 올라가면 광합성이 증가하지만 동시에 충분한 수분 공급이 이루어지지 않을 경우 기공을 닫아 광합성을 멈춘다. 이러한 이유로 기온 상승에 따라 광합성이 증가함에도 불구하고 강수량과 토양 수분이 부족하면 수목의 광합성작용이 저하하면서 쇠약해지거나 고사할 수 있다(Allen *et al.*, 2010 · 2015). 결론적으로 수분 조건이 생장 제한요인인 지역에서는 온난화가 산림의 생장량을 떨어뜨린다.

온난화와 CO_2 농도 증가에 따른 수목의 반응을 관찰한 대부분의 연구 결과에서, 대기 CO_2 농도가 높은 조건에서 자란 수목의 광합성과 생장이 증가한 것으로 나타났다. 대기 CO_2 농도가 높아짐에 따라 수목의 수분이용효율도 증가하며, 이는 기공을 통한 증산이 감소하기 때문이다(Keenan *et al.*, 2013). 이처럼 대기 중 CO_2 농도의 증가로 인해 수목 생장이 증가하는 현상을 CO_2 비료효과라고 한다. 기온 상승과 CO_2 농도 증가에 대한 수목의 생장 반응은 다양하지만, CO_2 시비에 따른 광합성과 수분이용효율의 증가는, 기온 상승으로 생장이 감소한 경우 이론적으로 그 감소분을 상쇄한다(Sperry *et al.*, 2019). 미래의 CO_2 농도가 상승한 조건에서 수목의 생장은 증가하겠지만 반드시 수분이용효율의 증가가 전제되어야 한다(Adams *et al.*, 2020). 참고로 수분이용효율(water use efficiency)은 식물이 흡수한 물의 양에 대한 생산된 건물중의 비율(건물중 : 흡수한 물의 양)을 뜻한다. 식물의 잎 수준에서는 광합성에 의한 CO_2 흡수 속도와 증산 속도의 비율(광합성속도 : 증산량)을 말한다.

대기 중 CO_2 농도가 높아져 수목 생장과 산림바이오매스 내의 탄소 고정이 증가하면 대기 중 CO_2 증가를 완화할 수 있다. 이러한 CO_2 비료효과를 검증하기 위해 많은 FACE(free-air CO_2 enrichment) 연구와 상부 개방형 온실(open-top chamber) 연구가 수행되었다. 연구 결과에서 토양 양분, 특히 질소가 제한요인일 때 CO_2 비료효과는 짧았으며, 노령 임분에서의 효과는 미미하였다(Reich *et al.*, 2006; Norby *et al.*, 2010). 1997년부터 시작된 미국 테네시의 FACE 연구에서는 실험 초기인 2001년에 24% 생장 증가를 보이다가 11년째인 2008년에는 생장 증가율이 9%로 감소하였다(Norby *et al.*, 2010). 이 결과는 CO_2 시비로 인해 수목 생장이 증가하지만 효과가 짧음을 의미한다. 이어진 연구에서는 동일 시험구에 대한 질소 시비로 수목의 생장 증가 효과가 바로 나타났다(그림 3-7 참조). 결론적으로 임분에 대한 CO_2 시비 처리로 생장이 증가하지만 오래 지속되지는 않았고, 질소가 생장 제한요인으로 나타났다. 또 다른 연구에서도 유사한 경향이 나타나 수목 생장에 대한 CO_2 비료효과는 시간이 지남에 따라 전 지구적으로 감소하였으며, 이는 질소와 가용 수분의 감소가 원인이었다(Wang *et al.*, 2020).

다른 연구에 의하면 CO_2 비료효과로 인해 증가한 수목 생장은 수목의 고사(수명 단축)로 인해 상쇄될 수 있다. 즉 캐나다 한대림에서 1960~2009년 조사한 자료를 분석한 결과 50년간 수목의 고사율이 증가하였다. 생장률이 낮은 수목에 비해 생장률이 높은 수목의 고사율이 더 높았다(Searle & Chen, 2018). 고사의 원인은 주로 수분 감소 때문이었고, 생장이 빠르

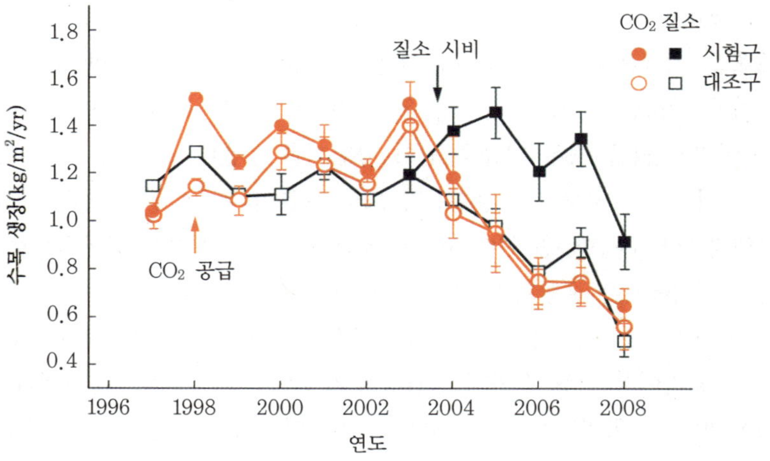

그림 3-7 CO_2 공급과 질소 시비에 의한 수목 생장의 변화[Norby *et al.*, 2010]

거나 큰 수목에 미치는 영향이 더 컸다(Hember *et al.*, 2017). 수목 고사율의 증가는 최근 전 지구적인 현상이 되었으며, 지구온난화와 더불어 산림생태계의 탄소 순환 과정을 바꿀 수 있다(그림 3-8 참조). 생장이 빠른 나무는 대기 CO_2를 빠르게 흡수할 수 있는 반면에 노령의 큰 수목은 바이오매스에 탄소를 저장하고 유지하면서 지구적 탄소 순환에 기여하고 있다. 수목이 고사하면 장기간에 걸쳐 고정된 탄소가 대기로 환원되고 CO_2 비료효과를 상쇄해 버린다.

온대 지역에서 기온이 상승하고 대기 중 CO_2 농도가 증가하면 질소의 무기화 속도가 빨라

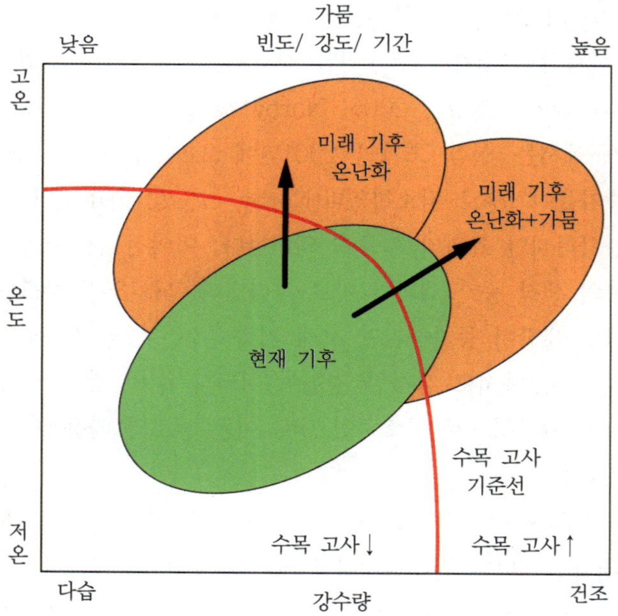

그림 3-8 지구온난화에 따른 수목 고사율의 변화[Allen *et al.*, 2015]

지면서 생산성이 증가한다. 그러나 이는 수분이 충분히 공급되는 조건에서나 가능하고, 건조한 지역이나 강수량이 줄어든 지역에서는 증발산량의 증가와 함께 건조 피해가 발생하기 쉬어서 생산성이 떨어진다. 이러한 기후변화로 인한 생산성의 변화는 수종의 생리적인 적응력에 따라 다르게 나타난다.

국내의 동적생장모형을 활용하여 기후변화에 따른 산림 생장량을 추정한 결과, RCP8.5 시나리오를 적용할 경우 산림 생장량이 감소할 것으로 예측되었다(환경부 MOTIVE 연구단, 2016). 우리나라 산림의 주요 수종인 소나무, 일본잎갈나무, 참나무류 등에 대해 RCP8.5 시나리오를 적용하여 생장 변화를 분석한 연구에서도 참나무류를 제외한 수종의 생장 둔화가 예측되었다(Choi *et al.*, 2014). 나무의 연륜 자료를 활용하여 소나무와 참나무류의 직경 생장과 기후 인자의 관계를 파악한 연구에 따르면 기온 상승으로 소나무와 참나무류 모두 생장이 촉진되지만 일정 수준 이상으로 기온이 상승하면 침엽수의 생장은 둔화하는 반면에 참나무류의 생장은 계속 증가할 것으로 예측되었다(Byun *et al.*, 2013).

1·2·4 산림의 탄소 저장에 대한 영향

산림은 전 지구적 탄소 순환의 주요 저장소이다. 산림이 CO_2를 흡수·저장한다는 개념의 탄소 고정은 기후변화를 완화하기 위한 산림의 중요성을 의미한다. 산림생태계에 저장된 탄소의 양은, 산림이 광합성(순1차생산량, NPP)을 통해 흡수한 CO_2의 양과, 산림의 유기물 분해 과정과 타가호흡에서 배출된 CO_2의 양이 균형을 이룬 결과이다. 순1차생산량이 분해량보다 클 때 산림은 탄소 저장소가 되고 반대의 경우에는 배출원이 된다. 산림에서의 탄소 흡수와 배출 간의 균형은 전 지구적 탄소 순환에서 중대한 역할을 하며, 이 균형을 깨뜨리는 산림 교란, 인간 활동, 기후변화 또는 이들 요인의 상호작용으로 인해 대기의 CO_2 농도가 변화한다.

1 순생산성

기후변화와 관련한 수목의 반응에 대해 지금까지 기술한 내용을 요약하면 수목의 생장은 기온이 상승하면 일반적으로 저하하지만 CO_2 농도가 높으면 향상한다. 수분 요인을 고려하면 상승한 기온에서 수분이 제한요인일 경우 수목의 생장이 줄지만, 상승한 CO_2 농도에서 수목의 수분이용효율이 높으면 생장이 증가하기 때문에 온도 요인에 의한 생장 감소를 상쇄한다. 수목의 다양한 생장요인(온도, 수분, CO_2 농도, 토양 양분 등)의 변화로 인한 종합적인 영향을 살펴보면 산림의 순1차생산량은 수분이 충분한 조건에서 기온 상승에 의해 증가하지만 강수량 감소나 가뭄의 상황에서는 줄어든다. 양분의 순환 및 가용성도 기온 상승으로 증가할 수 있으나 이 또한 수분 가용성이 낮으면 감소한다(Norby *et al.*, 2010).

이러한 기후변화에 대한 수목의 생리적 반응에 식물계절 반응도 포함되며, 길어진 생장기간으로 인해 산림의 생산성이 증가할 수 있다(Keenan *et al.*, 2014). 하지만 산림 생산성에 대한 기후변화의 영향은 지역에 따라 극명한 차이를 나타낸다. 춥고 서늘한 기후 지역의 온난화는 산림 생산성을 높이지만, 온난 · 건조한 기후 지역에서는 그렇지 않다. 산림의 생산성은 기온 상승, CO_2 농도 증가, 강수량 감소와 같은 다양한 기후변화 요인의 복합적인 영향을 받기 때문이다. 척박하고 추운 지역에서는 온난화로 인해 양분 순환이 촉진되지만 증발량의 증가로 토양 수분의 감소가 발생한다. 온난화로 토양 수분이 감소하더라도 CO_2 농도가 상승하여 수분이용효율이 높아지면 수분 스트레스를 낮추는 효과가 나타날 수 있다.

국내 산림의 우점종인 소나무와 굴참나무의 생장량과 탄소 흡수량을 평가한 연구에서 기후변화에 따른 수목의 생장 둔화로 미래에 탄소 흡수율이 지속적으로 감소할 것으로 예측되었다(이종열 등, 2015). 또한 활엽수림(참나무류)에 비해 침엽수림(소나무, 일본잎갈나무, 잣나무)의 탄소 흡수량이 더 저하하였다(환경부 MOTIVE 연구단, 2016). 고사율의 경우 활엽수에 비해 침엽수가 높은 것으로 나타났다(Kim *et al.*, 2017). 따라서 기후변화에 참나무보다 침엽수종이 더 민감함을 알 수 있다(이우균 등, 2022).

[2] 타가호흡

뿌리와 미생물의 호흡을 통해 토양으로부터 CO_2가 대기로 방출된다. 토양에 저장된 막대한 양의 탄소를 에너지원으로 이용하는 미생물은 온도 상승에 따라 호흡이 지수적으로 증가하기 때문에 지구온난화로 인해 토양 탄소가 감소하고 대기로의 CO_2 방출은 많아질 수 있다.

분해는 양분 순환의 중요한 과정이며 수목 생장에 필요한 양분을 공급하는 필수 과정이다. 낙엽 · 낙지에 의한 탄소 유입량이 분해율을 초과하면 토양에 탄소가 축적된다. 그러므로 온난화가 산림 생산성을 높이면 낙엽 · 낙지에 의한 토양으로의 탄소 유입량이 증가하고 토양 탄소의 축적량도 증가한다.

온도와 수분이 분해 과정의 중요한 영향 인자이듯이 기후변화는 분해에 직접적인 영향을 끼치면서 토양 탄소의 저장과 탄소 순환에까지 영향을 미친다. 토양미생물의 활성은 온도에 따라 크게 변하므로 온난화에 의해 분해율이 크게 증가할 것이라는 결론이 일반적이다. 이와 함께 토양 수분도 미생물에 영향을 미치지만 보통 온난화와 함께 토양 수분의 감소가 나타나므로 분해율이 낮아진다. 하지만 배수가 좋지 않은 토양이 건조되는 과정에서는 분해가 잘 이루어지는 경우도 있다.

연평균기온이 10℃ 이하인 지역에서는 낙엽 분해가 느리게 진행되지만 10℃ 이상인 지역에서는 낙엽 분해율의 변이가 매우 크다(Zhang *et al.*, 2008). 낙엽 분해율은 낙엽의 성질에 따라서도 차이가 생기며, 기후변화로 식생이 생산하는 낙엽의 질이 바뀜으로써 분해율이 변할 수 있다. 즉 기온 상승과 강수량 감소 조건에서 실행한 연구에서 건생관목류 잎의 인과 철 함량이 감소하였고, 탄소 : 인(C : P)과 탄소 : 질소(C : N) 비율이 감소하여 잎의 분해율도 감소한 것으로 나타났다(Prieto *et al.*, 2019). 장기적으로는 기후변화로 바뀐 식생의 유형에 따라 분해율이 변할 수 있다. 전반적으로 분해율은 산림의 순생산성과 유사하게 온난화로 인해 증가하겠지만 수분이 충분히 공급되어야 가능하다(Aerts, 2006).

1·2·5 식물계절에 미치는 영향

기후변화의 영향 중 가장 두드러지게 눈에 띄는 현상은 기후로 표현되는 계절의 특성 변화이다. 전국적으로 여름 시작일이 빨라지고 여름 길이도 길어지고 있으며, 겨울 기온이 다른 계절보다 훨씬 빠르게 상승하고 있다. 이같은 기후변화로 인한 계절의 변화는 농업, 산업, 일상생활 등에 많은 영향을 미친다. 최근 우리나라의 산림생태계에서는 이상기후로 인한 여러 현상이 발생하고 있다. 일례로 수목의 잎과 꽃이 나오는 시기가 앞당겨졌다. 또한 산림재해가 많이 발생하는 가운데 기온 상승으로 아열대성 병해충의 발생이 늘어나고 있고 앞으로도 빈도가 계속 증가할 것으로 예상된다.

수목은 다른 식물과 마찬가지로 개화, 개엽, 낙엽, 종자 성숙 및 산포와 같이 수종 고유의 정기적이고 독특한 계절적 생체리듬을 가지고 있다. 계절에 따른 기온의 변화가 식물의 생체리듬을 유도하는 가장 중요한 요인이며, 이를 식물계절(phenology)이라고 한다. 기후변화는 식물계절도 바꾸고 있다. 많은 연구에서 도시 지역의 식생은 인근 외곽 지역의 식생에 비해 봄이 일찍 시작되었다. 도시에서 개화와 개엽이 빠르고 생장기간이 보다 긴 것으로 나타났다. 주된 원인은 도시 지역이 더 따뜻한 미기후를 보이기 때문이다. 온도와 식물계절의 관련성을 보여 주는 이러한 사례는 지구온난화가 수목의 식물계절에 미치는 영향을 예견하는 데 충분한 근거가 될 수 있다. 따라서 식물계절의 변화는 기후변화를 이해하는 효과적인 척도가 되고 있다.

식물계절 현상을 보이는 다른 종간 또는 같은 종의 개체 사이에서도 기온 상승에 따른 식물계절의 변화가 같은 방향으로 나타나지 않는다. 동아의 휴면, 장일 · 단일 식물과 같은 수목의 생리적 반응 유형에 따라 방향이 달라진다. 이른 봄 수목이 일찍 개엽할 경우 만상의 피해를 입기 쉽고 기후변화에 의한 종 조성의 변화를 촉진할 수 있다. 개화가 동시에 이루어지지 않을 경우 특히 동종 개체 간의 수분(pollination)이 어려워질 수 있다. 식물계절의 변화는 교목뿐만 아니라 관목과 치수에서도 발생한다. 관목과 치수는 교목보다 며칠 또는 몇 주 일찍 잎이 나오는데 이는 수관층이 완성되기 전에 광합성을 하기 위함이다(Heberling *et al.*, 2019). 하층식생은 그 짧은 기간에 탄소동화를 최대한 해야만 살 수 있기 때문에 생존에 필수적인 피음 전략이다(Lee & Ibáñez, 2021).

영국에서 여러 수종의 개엽시기를 조사한 결과 기온이 1℃ 상승할 때 개엽시기가 5~7일 앞당겨졌다는 보고가 있다(Sparks & Carey, 1995). 우리나라에서도 1995~2002년 강원도 계방산에서 수목의 개엽시기에 관한 연구를 진행한 바 있다. 신갈나무, 복장나무, 분비나무를 대상으로 매년 동일한 시기에 잎과 신초가 얼마나 자랐는지 조사하였더니 영국에서의 조사 결과와 매우 유사하게 개엽이 봄철 기온의 영향을 크게 받는 것으로 나타났다(임종환, 2009). 이러한 결과는 수목뿐만 아니라 산림 하층에 있는 초본류나 곤충, 곤충을 먹는 조류에 이르기까지 여러 생물의 생활사에 변화를 일으킬 수 있음을 시사한다. 더욱이 변화가 심해지면 생활사 시기를 맞추지 못해 적응에 실패하거나 경쟁에서 밀려나는 종이 생길 수 있다는 점도 알려 준다.

1·2·6 산림갱신에 미치는 영향

지구온난화와 가용 토양 수분의 변화에 대한 성숙목의 반응만큼 임분 내 하층식생의 반응도 매우 중요하다. 기후변화와 무관하게 산림은 주로 치수 발생의 변화와 함께 환경조건의 변화에 적응해 왔다. 치수 발생의 양상은 미래의 산림 구조와 분포를 예측하는 데 유용하다. 치수 발생은 기온과 강수량의 변화로부터 직접적인 영향을 받는다. 이는 생식 · 생장의 과정, 즉 개화, 구과 생산, 종자 발아, 치수의 생장과 생존에 대한 영향을 말한다. 생장기간 동안 상승한 온도 조건은 초기 단계의 생식 · 생장 과정, 즉 개화, 수분과 발아 과정을 촉진한다. 치수 단계에서는 토양 수분의 가용성이 낮을 경우 생장과 생존율이 극히 낮아지며 이는 근계의 발달이 아직 충분히 이루어지지 않았기 때문이다. 하층의 식생과 치수는 대부분 내음성이 강한 수종이지만 낮은 토양 수분 조건에는 취약하다. 기후변화에 따른 기온 상승과 토양 수분 감소로 인해 산림의 자연적 갱신이 어려워지고, 빈번하게 발생하는 산불과 가뭄의 증가는 자연적 갱신을 더욱 어렵게 할 수 있다.

1·2·7 산림식생대의 변화

지구온난화로 인한 산림생태계의 변화 중에서 비교적 쉽게 예상할 수 있고 과거 역사 기록에서도 찾아볼 수 있는 현상이 산림수종 분포 범위의 이동, 즉 식생대의 변화이다. 한 지역 또는 산림을 정해 놓고 장기간 살펴보면 수종 구성의 변화를 알아낼 수 있다. 모든 생물종은 오랜 기간 동안 적응해 온 기후 조건이 있고, 어느 정도 느린 변화에는 적응할 수 있는 능력을 가지고 있다. 그러나 과거의 기후변동과 지금 우리가 직면한 기후변화의 차이는 인간의 활동이 주요 원인이라는 점과 변화의 속도가 매우 빠르다는 점이다. 따라서 기후변화가 산림생태계에 미치는 영향은 생태계의 구성원인 생물 개체군들이 변화하는 환경에 어떻게 적응하는가에 달려 있다.

산림수종은 기온이 상승하면 저위도에서 고위도로, 저지대에서 고지대로 이동한다. 수종 이동에 있어서 가장 큰 위협을 받는 식생은 고산 및 아고산 지대의 식생이다. 우리나라에서 이들 식생은 빙하기 이후 산의 정상부에 고립되었기 때문에 새로운 서식지로 이동할 수 없고 빠른 기후변화에 적응하기 힘든 데다 저지대에서 올라오는 식물종과의 경쟁에서도 밀려나고 있다. 최근 이러한 현상이 더욱 심각해져 기온 상승과 가뭄 일수 증가에 따라 고산 · 아고산 지대의 침엽수림에서 고사가 증가하고 있다. 기후변화에 따른 수종별 고사의 정도를 파악하기 위해 소나무, 일본잎갈나무, 잣나무, 굴참나무, 신갈나무의 고사에 대한 기온의 영향을 평가한 연구에 따르면 침엽수종(소나무, 일본잎갈나무, 잣나무)은 기온 상승에 따라 고사율이 증가하였지만 참나무류는 고사율이 감소하였다. 기후변화에 참나무류보다 침엽수종이 민감하다는 뜻이다. 이를 토대로 미래의 국내 산림수종 분포에 있어 침엽수림의 축소와 활엽수림의 확대를 예측할 수 있다. 특히 고산지의 가문비나무, 분비나무, 구상나무 등의 쇠퇴가 급격히 진행될 것으로 예상된다.

기후변화에 따른 산림생태계 수종 구성의 변동은 종별로 다른 생리적 반응을 나타내므로 수종별 경쟁력이 변화하고 천이의 진행 방향도 바뀌어 현재의 구조와는 다른 군집 구조로 변화할 것이다. 따라서 군집 구조의 변화는 번식능력과 경쟁력의 변화를 가져와 하층에서 갱신되는 치수의 종 조성도 달라질 것이다. 미국 동부에서 40개 산림수종의 분포 범위 변화를 위도별로 수종별 성목과 치수 밀도를 조사하여 비교하였다. 한대(북방계) 수종의 경우 치수 발생지 평균 위도가 평균 분포 위도보다 20km 이상 북쪽에 위치하였다. 이는 이들 수종의 분포지 중 주로 북쪽 지역에서 갱신이 이루어지고 있고, 한 세기 동안 100km가량 고위도 지역으로 이동하였다는 사실을 말해 준다.

과거 유럽과 미국에서 수종의 이동속도는 100년 동안 4~200km이었다. 그러나 중위도 지역의 경우 평균기온이 1℃ 상승하면 현재의 기후대가 위도로는 극지방 쪽으로 약 150km, 고도로는 위쪽으로 150m 정도 이동하는 것과 같은 효과를 나타낸다(IPCC, 2007). 20세기 동안의 기온 상승으로 실제 이러한 식생대의 이동에 대한 관찰 결과가 다수 보고되고 있다. 스칸디나비아 산악지대에서 19세기 후반과 20세기 후반 사이의 약 100년 동안에 주요 수종(소나무류, 자작나무류)의 한계고도선이 100~165m 상승하였으며, 이는 이 일대의 연평균기온이 약 0.8℃ 상승하였기 때문이다(Kullman, 2001).

자연식생의 분포 변화, 즉 종별로 각자 서식하기 알맞은 환경의 지역으로 이동하면서 자연생태계의 종 조성과 지리적 분포가 달라질 것이다. 또한 산림 훼손과 같은 토지이용 변화에 따른 서식지 분할이나 환경오염과 같은 환경적 압력이 함께 작용하는 상황에서는 빠른 속도의 기후변화로 인해 생물종이 서식지 이동이나 적응에 상당한 어려움을 겪게 될 것이다. 따라서 미세한 크기의 종자를 가진 식물을 제외하고 인간의 보조 없이는 수종의 이동속도가, 현재 나타나고 있거나 앞으로 나타날 것으로 예측되는 기후변화 속도에 미치지 못할 것으로 보인다.

국내에서는 난대림 분포 범위가 늘어나는 반면에 한대림의 분포 범위는 줄어들 것으로 예측된다. 연평균기온이 2℃ 상승하면 남부 해안 지역에 분포하고 있는 동백나무를 비롯한 상록활엽수가 서울을 포함한 중부 내륙 지역에서도 생육할 것으로 예상된다. 현재 소나무는 거의 우리나라 전역에 분포하고 있지만 생육과 갱신 능력이 유지되는 적정 생육 범위가 2060년대에는 지리산, 덕유산 등 남부 고지대와 경상북도 북부 및 강원도에 국한되고 나머지 지역에서는 점차 쇠퇴하거나 개체군이 축소될 것으로 예상되며, 2090년대에는 강원도 산간 지역에서만 생육할 것으로 예상된다. 설사 적정 생육 범위를 벗어난다고 하더라도 소나무림이 완전히 없어지지는 않겠지만, 병해충과 가뭄 피해로 인한 고사가 늘고 후대로의 갱신이 어렵거나 다른 수종과의 경쟁에서 더욱 불리해지면 개체수와 유전적 다양성이 상당히 줄어들 수 있다.

1·3 산림재해에 대한 영향

산림에 대한 기후변화의 영향은 단순히 기온과 강수량 변화에 의한 영향에 국한하지 않는다. 다양한 교란의 양상이 기후와 연관성을 갖기 때문에 기후변화는 당연하게 교란의 장소, 빈도, 범위, 강도 등에 직접적인 영향을 준다. 교란 양상의 변화는 산림의 탄소 저장, 생물다양성, 수자원 보전과 같은 생태계서비스 기능의 변화를 가져온다. 산림에 대한 기후변화의 가장 광범위한 영향으로 산림의 종 구성과 구조에 일어나는 변화를 들 수 있으며, 직접적인 원인은 교란 양상의 변화이다. 교란은 단시간의 환경 변화를 초래하는 데 반해 기온, 강수량, CO_2 등의 변화에 따른 수목의 생리적 반응은 상대적으로 느리기 때문이다. 기후변화는 각종 재난(산사태, 산불, 병해충, 가뭄, 풍해, 강설 등)의 빈도와 강도를 증대하고 있다.

1·3·1 산사태

최근 우리나라에서 발생하고 있는 이상기후의 대표적인 형태는, 금세기 최대로 발생한 엘리뇨의 축적된 에너지로 인한 여름철의 집중호우이며 그 결과 산사태의 발생이 심화하고 있다(그림 3-9 참조). 산사태는 토양의 응집력을 약화하는 강수나 지진과 같은 외부의 힘에 의해 토양이나 암석이 균형을 잃고 중력을 받아 일시에 아래로 무너져 내리는 현상이다. 비가 내리면 빗물은 대부분 비탈면을 따라 아래로 흘러가지만 일부는 땅속으로 침투하며, 이때 침투수의 이동속도는 흙의 종류에 따라 다르다. 사면 토층 내 침투수가 불투수층을 만나면 더 이상 흐르지 못하고 흙 속에 머물러 고인다. 이렇게 무거워진 흙 덩어리는 마찰력이 줄어 미끄러져 내린다. 우리나라에서 산사태는 대부분 이와 같은 강수에 의해 돌발적으로 발생한다.

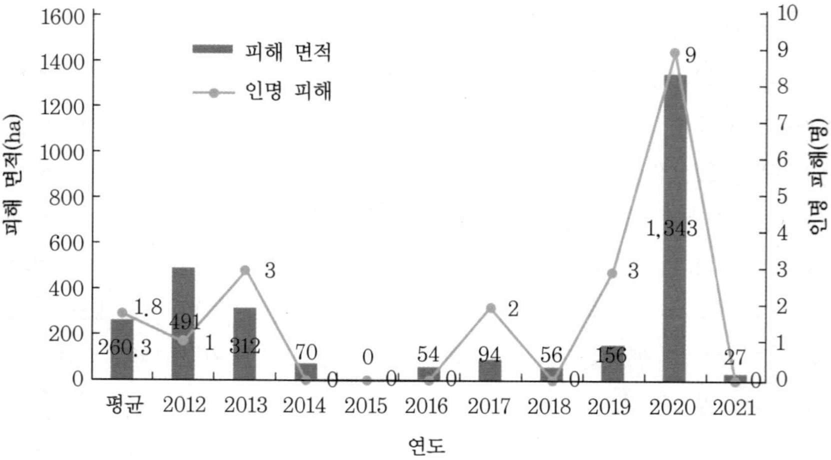

그림 3-9 우리나라의 산사태 발생 현황[산림청 산사태정보시스템]

현재까지 연구된 바에 의하면 30° 이상의 경사를 이루는 비탈면 어디서나 산사태가 일어날 수 있으며, 지형 · 지질학적으로 지하수가 모여 있는 곳에서 발생하기 쉽다. 또한 지층의 경사가 비탈면에 거의 평행한 곳과 비탈면이 요형(凹形)에서 철형(凸形)으로 변하는 어깨 부분에서 주로 일어난다. 산사태는 강우 시 돌발적으로 발생하고 고속으로 운동하는 특징이 있어 발생 예측이 어렵다. 또한 홍수나 산불에 비해 규모는 작으나 인명 피해로 이어질 가능성이 더 높으며, 붕괴 발생 후 다량의 물과 토석이 섞여 흐르면서 토석류(土石流)로 발전하여 계곡을 침식한다. 이로 인해 다량의 운반 물질이 퇴적되어 하천 범람 등 2차 피해를 유발하는 등 막대한 피해를 가져온다.

토심이 깊은 곳에서는 산사태가 발생할 빈도가 낮지만 발생 시 규모가 크다. 나무가 자라는 곳보다 나무가 없는 곳에서, 그리고 임분 밀도와 경급이 낮을수록 발생 빈도가 높다고 알려져 있다. 산지 전용과 개발에 따른 절개 사면이 늘어나면서 산사태의 발생 또한 빈번해지고 있다. 강수량 증가와 함께 집중호우가 자주 내리면서 산사태 위험성이 증가하고 있으며 태풍의 위력도 계속 강해지고 있어 더욱 심화할 것으로 예측된다.

1·3·2 산불 피해

기후변화가 덥고 건조해지는 방향으로 진행될 것으로 예측되는 가운데 산림에 가장 심각한 피해를 주는 교란은 산불이다. 산불의 빈도, 범위, 강도, 계절성 등은 날씨 및 기후와 밀접한 관련이 있을 뿐만 아니라 임분 구조와 종 구성, 입지의 특성과도 관련되어 있다. 기후변화는 산불의 양상에 직접적인 영향을 미치며, 연료의 수분량에 따라 산불의 발화와 확산 양상의 변화가 일어난다. 하지만 우리나라에서 발생한 산불은 사람의 부주의로 인한 경우가 대부분(80%)이며, 발생 빈도와 강도가 갈수록 심화하고 있다(그림 3-10 참조).

우리나라 산림의 39%에 침엽수가 자라고 있고, 그중 불에 잘 타는 소나무가 단일 수종으

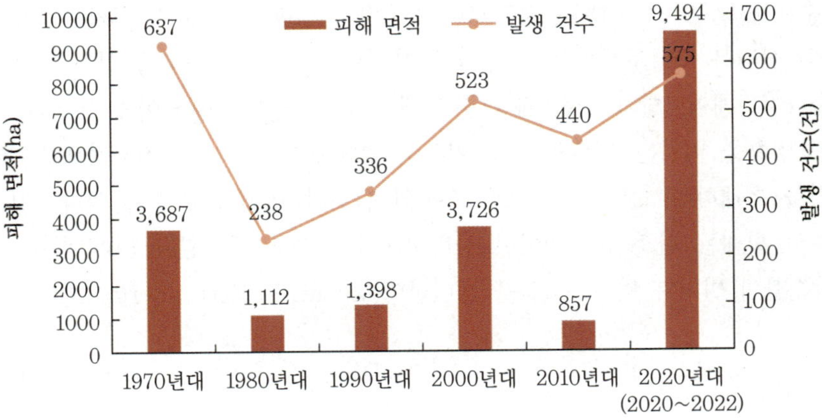

그림 3-10 우리나라의 산불 발생 현황[산림청]

로는 가장 넓은 면적에 분포하여 전체 산림의 22%가량을 차지하고 있다. 그로 인해 대형 산불은 주로 소나무림에서 발생하고 있다. 산불 발생을 계절별로 보면 봄철이 61%로 단연 빈번하고 대형 산불도 많았다. 이는 기후변화로 인한 봄철의 온난·건조 현상이 지속되는 가운데 건조한 봄바람이 불어오고 산림의 낙엽층이 빛에 노출되어 낙엽이 건조해지기 때문이다. 산불에 강한 바람이 동반될 경우 강도와 피해 면적이 급격히 증대한다.

산불 피해지에서는 이어질 장마기에 산사태의 위험이 커지고 자연적 식생 회복이 어려워지는 문제가 뒤따른다. 종자를 공급할 모수와 매토종자의 소실이 주된 이유이다. 이에 더해 다음해 봄에도 온난·건조한 기상이 지속된다면 발생한 치수도 생장과 생존이 힘들어져 산불 후의 자연적 식생 회복이 불가능해진다.

1·3·3 병충해

기후변화, 특히 기온 상승은 산림 병해충의 발생에도 영향을 미치고 피해는 산불과 견줄 만하다. 미국의 경우 해충에 의한 피해가 수목 고사의 주요 원인이며, 1984~2012년 사이 소나무좀 피해 면적이 산불 피해 면적보다 더 넓었다(Hicke *et al.*, 2016). 유례없는 소나무좀 창궐은 기온 상승과 강수량 감소에 기인한다. 병해충의 활동은 기온의 영향을 크게 받으며, 온난화가 해충 생활사의 변화를 초래하여 발생률을 크게 높인다. 예를 들면 2~3년에 걸친 생활사를 가진 해충이 온난화로 인해 1년 만에 발생을 마침으로써 개체수가 폭발적으로 증가하고 피해가 커지고 있다. 소나무좀은 1년에 1회 발생하는 생활사를 가지고 있었으나 기온 상승으로 인해 발생 횟수가 연 2회로 늘어났다. 수목 병해충의 생존은 겨울철 기온과 관련이 있으며 겨울철 평균기온에 따라 곤충의 분포 영역이 달라진다. 겨울철의 미세한 기온 상승에도 곤충의 분포 영역이 크게 넓어질 수 있다. 대부분의 병해충은 온난화 또는 가뭄 등으로 활력이 저하한 나무를 먼저 공격한다.

수목병도 해충과 마찬가지로 산림에 막대한 피해를 주는 요인이다. 수목병의 경우는 번식과 확산에 수분을 요구하기 때문에 온도보다 강수량의 영향이 크게 작용하는 경향이 있다.

우리나라의 산림은 소나무재선충병, 참나무 시들음병 등의 큰 피해를 입어 왔으며 그 외에도 미국흰불나방, 매미나방과 같은 해충에 의해 산림의 건강성이 낮아지고 있다. 산림 병해충의 확산에 영향을 미치는 기후요소 중 기온은 병해충의 생활사에 직접적으로 관여하여 개체수의 변화를 초래하며, 강수량은 기주 수목의 활력과 밀접한 관련이 있다. 지구온난화에 의한 병충해의 확대는 탄소 흡수원이던 산림생태계가 탄소 배출원이 되어 다시 기후변화를 조장하는 악순환의 빌미가 될 수 있음을 의미한다(Mitton & Ferrenberg, 2012).

1·4 탄소중립과 산림생태계 관리

국제사회는 기후변화에 대응하기 위해 온실가스 배출 농도별 기후변화 시나리오(그림 3-6 참조)를 작성하고 그에 따른 적응 및 감축 노력을 기울이고 있다. 즉 온실가스 배출을 최대한 줄이고 대기에 축적된 온실가스를 최대한 흡수함으로써 실질적인 배출량이 0(zero)이 되게 하는 탄소중립(net-zero)이라는 목표를 설정하여 구체적인 실행 방안을 실천해 나가고 있다. 산림은 유엔기후변화협약(United Nations Framework Convention on Climate Change, UNFCCC)에서 인정하는 핵심 탄소 흡수원이자 저장고이다. 따라서 산림을 유지 및 확대하고, 지속가능한 산림관리를 해 나가며, 이러한 활동을 산림탄소계정으로 관리하는 일이 기후변화 대응을 위한 탄소중립에 기여하는 길이다.

1·4·1 기후변화 대응의 필요성

국제사회는 기후변화 문제의 심각성을 인식하고 이를 해결하기 위해 1997년 선진국에 온실가스 감축 의무를 부여한 교토의정서(Kyoto Protocol)를 채택한 데 이어 2015년에는 선진국과 개발도상국이 모두 참여한 파리협정(Paris Agreement)을 채택하였다. 파리협정은 국제사회의 적극적인 노력으로 2016년 11월 4일 발효되었으며 우리나라도 2016년 11월 3일 비준하였다. 파리협정의 목표는 산업화 이전 대비 지구 평균기온 상승을 2℃보다 훨씬 아래(well

왜 2050년 1.5℃인가?

1992년 유엔기후변화협약 채택 이후 장기적 목표로서 산업화 이전 대비 지구 평균기온 상승을 어느 수준으로 억제해야 하는지에 대한 논의가 본격화하였다. 유럽연합(EU) 국가들은 1990년대 중반부터 2℃ 목표를 강하게 주장해 왔으며, 2007년 기후변화에 관한 정부간 협의체(IPCC)의 「4차 평가보고서」에 2℃ 목표가 제시되었다. 2℃ 목표는 2009년 제15차 당사국총회(COP15) 결과물인 코펜하겐협정(Copenhagen Accord)에 포함된 뒤 이듬해 제16차 당사국총회(COP16) 시 칸쿤합의(Cancun Agreement) 채택으로 공식화되었다. 이후 2015년 파리협정에서 2℃보다 훨씬 아래로 유지하고 나아가 1.5℃로 억제하기 위해 노력해야 한다는 목표가 설정되었다.

2018년 10월 인천 송도에서 개최된 제48차 IPCC 총회에서는 치열한 논의 끝에 「지구온난화 1.5℃」 특별보고서를 승인함으로써 파리협정에서 합의된 1.5℃ 목표의 과학적 근거를 마련하였다. IPCC는, 2100년까지 지구 평균기온 상승 폭을 1.5℃ 이내로 제한하기 위해서는 전 지구적으로 2030년까지 CO_2 배출량을 2010년 대비 최소 45% 이상 감축해야 하고 2050년경에는 탄소중립을 달성해야 한다는 경로를 제시하였다.

below)로 유지하고 나아가 1.5℃로 억제하기 위해 노력해야 한다는 것이다. 지구 기온 상승을 1.5℃ 이내로 억제하기 위해서는 2050년까지 탄소 순배출량이 0이 되는 탄소중립 사회로의 전환이 필요하다.

1·4·2 우리나라 2050 탄소중립 전략과 산림 부문

우리나라도 2020년 10월 탄소중립을 선언하면서 장기 저탄소 발전 전략으로 '지속가능한 녹색사회 실현을 위한 대한민국 2050 탄소중립 전략'을 수립하였다. 이 전략의 5대 기본 방향에 포함된 산림 부문의 내용에는 산림 등의 탄소 흡수 기능 강화를 위한 유휴토지(갯벌, 습지, 도시숲) 신규조림 확대, 산림경영 촉진(산림 연령↓, 목재 이용↑)이 들어 있다. 이에 대한 세부 추진 전략은 다음과 같다.

(탄소 흡수원) 산림, 갯벌, 습지 등 자연 · 생태 기반 솔루션 강화로 탄소 흡수 능력을 높여 우리나라 탄소중립 달성에 기여한다.

- 산림경영의 혁신을 통해 산림의 노령화 문제를 개선하고 목재 제품의 이용률을 제고하여 탄소 저장량을 높여 나간다.
- 도시숲과 정원 등 생활권 녹지를 조성하고, 훼손지와 주요 생태축의 산림을 복원하고, 유휴토지에 대한 조림사업을 통해 탄소 흡수원을 확대해 나간다.
- 수종갱신과 숲가꾸기 활동을 통해 산림의 흡수 능력이 최대가 되는 상태를 지속적으로 유지 · 관리한다.

1·4·3 탄소중립을 위한 산림의 역할

산림에서는 나무의 광합성을 통해 CO_2를 흡수하며 흡수된 CO_2는 나무와 토양에 유기탄소의 형태로 저장된다. 이로써 산림은 지구 생태계에서 가장 중요한 탄소 흡수원이자 저장고이다. 하지만 흡수 · 저장된 탄소는 산림을 어떻게 관리하느냐에 따라 저장 탄소의 형태로 장기간 유지될 수도 있고, 산불과 같은 재난에 의해 쉽게 대기로 방출될 수도 있다. 이는 곧 CO_2의 흡수 및 저장 능력을 높여 탄소중립 달성에 기여하기 위해서는 산림 경영과 관리가 중요함을 의미한다.

산림의 경영 과정에서 수확한 목재를 가공하여 생산한 목제품을 장기간 활용한다면 탄소를 지속적으로 저장하는 효과를 거둘 수 있다. 목제품은 또한 철강, 콘크리트, 플라스틱과 같이 생산에 많은 화석연료를 소모하는 산업용재를 대체할 수 있다. 즉 목제품이 화석연료의 대체재라고 할 만하다. 목재와 목제품은 지속적으로 사용할 수 있도록 재생 가능한 자원이라는 장점도 있다.

1·4·4 탄소중립을 위한 산림관리

산림생태계의 구조와 기능을 이해해야만 탄소 흡수원으로서의 산림 기능을 이해할 수 있다. 아울러 산림생태계에 대한 기후변화의 영향을 파악하고 우리나라 산림의 특징과 현황을 바탕으로 탄소중립에 기여하기 위한 적절한 산림관리 방안을 강구해야 한다.

탄소중립에 기여하는 산림의 가치는 나무의 생장에서 비롯된다. 나무가 왕성하게 자랄수록 이산화탄소 흡수량이 증가하고, 생장이 더뎌지면 이산화탄소 흡수량도 줄어든다. 이러한 임령의 증가에 따른 생장량의 감소에 대한 설명은 제Ⅱ편 제1장 1·2·3에 상세히 서술되어 있다. 우리나라의 산림은 침엽수와 활엽수 모두 21~30년생까지 가장 왕성한 생장을 보이다가 이후에는 점차 생장량이 감소한다(그림 3-11 참조).

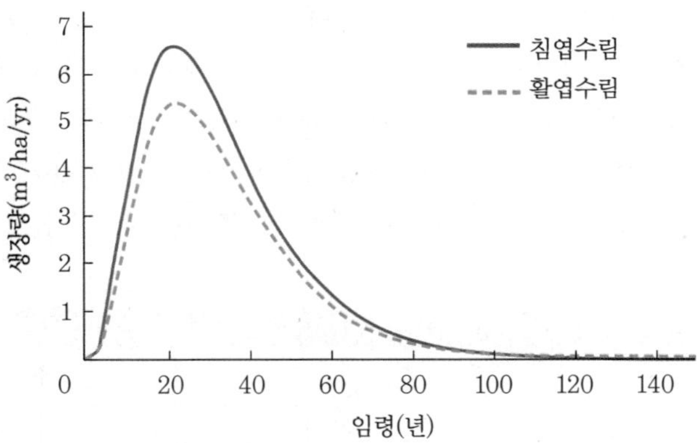

그림 3-11 우리나라 임상별 임령과 연간 물질 생산의 관계
[국립산림과학원, 2022]

기후변화로 인한 나무의 생장 둔화 및 침엽수종의 쇠퇴와 수종 분포의 변화, 재해의 증가 등으로 산림의 탄소 흡수량 감소는 더욱 심각해질 수 있다. 또한 가까운 미래에 벌기령에 도달할 산림이 많아져 갑자기 많은 양의 목재를 수확해야 하고, 이에 따라 산림의 탄소 저장량이 급격히 감소할 수 있다.

산림의 탄소 흡수량이 증가하려면 나무를 새로 심어 산림면적 자체를 넓히거나 기존 산림의 생장량이 늘어나야 한다. 그러나 우리나라는 새롭게 조림하는 면적이 좁을 뿐만 아니라 최근 들어 산림의 생장량도 많이 감소하고 있다. 현재 우리나라 산림은 대부분 왕성한 생장기를 지나 흡수량이 점차 감소하는 시기에 접어들었다(그림 3-12 참조). 결국 임령 분포의 불균형이 우리나라 산림의 흡수량이 감소하는 주요한 이유라고 할 수 있다. 이에 따라 산림 1ha당 연간 자라는 임목의 평균 생장량도 현재 4.3m^3에서 30년 뒤에는 1.9m^3로 50% 이상 줄어든다. 임목 생장량의 감소는 결국 탄소 흡수량의 감소로 이어지므로 우리나라 산림의 온실가스 흡수량은 계속해서 감소하여 2050년 약 1,400만 톤에 그칠 것으로 전망된다.

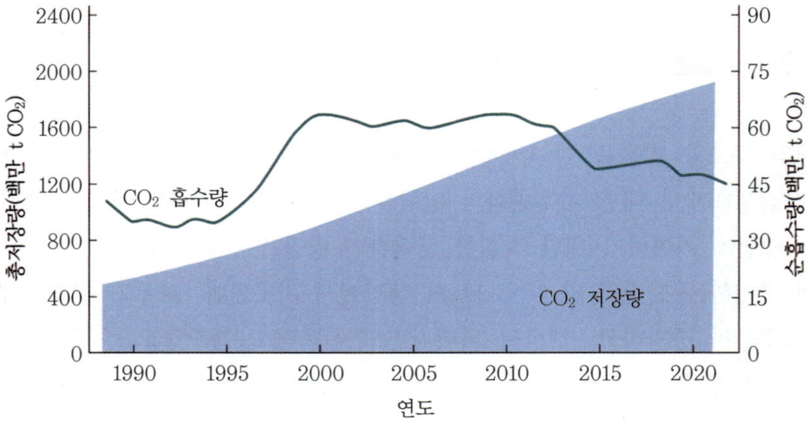

그림 3-12 우리나라 산림의 CO_2 저장량과 순흡수량[산림청, 2023]

산림을 방치하면 이런 현상이 더욱 심해질 것이다. 기후변화 대응을 위한 적극적인 산림관리가 필요한 때이고 산림의 적절한 영급 조절 관리가 시급하다는 점을 시사한다. 임령 증가에 따른 과밀과 고사가 발생하지 않도록 임분 밀도를 적절히 관리할 필요가 있다. 적기의 숲 가꾸기 등 산림관리를 통해 임목의 고사를 최소화해야 한다. 이를 통해 산림의 생육 환경을 개선하고 기후변화 적응 능력을 높여 온실가스 흡수를 증진할 수 있다(그림 3-13 참조).

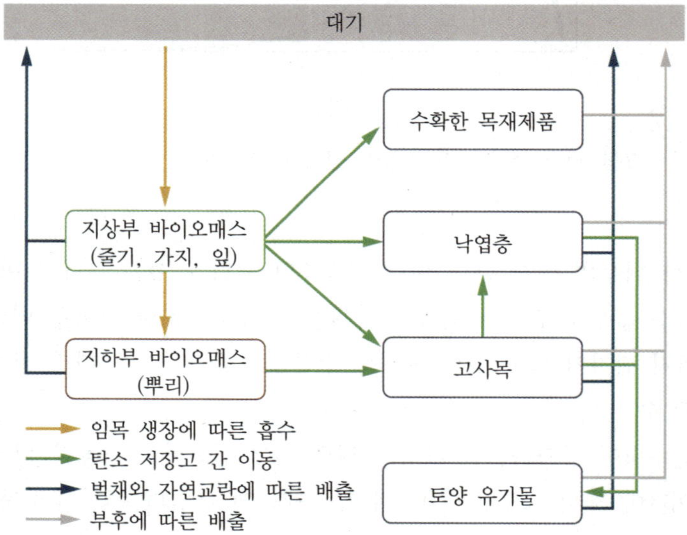

그림 3-13 산림의 탄소 저장고와 탄소 순환 과정[국립산림과학원, 2022]

또한 벌기에 도달한 산림에서 목제품을 수확하는 등 임목 자원을 활용하여 산림의 경제적·사회적 가치를 높여야 한다. 산림청의 제6차 산림기본계획에 근거하여 현재보다 산림관리의 규모를 늘려야 임령 증가에 따른 탄소 흡수량의 감소 추세를 둔화할 수 있다. 국제적으로도 경영 중인 산림에서 흡수하는 탄소량만 산림의 탄소 흡수량으로 인정하기 때문에 산림 관리의 규모를 늘려야 할 필요성이 더욱 크다.

지속가능한 산림경영을 기반으로 한 탄소 흡수원 관리가 필요하다. '2050 탄소중립 시나리오'에서는 산림 부문의 흡수원 확보 수단으로 "녹화기를 거쳐 수확기에 이른 우리 숲의 지속가능성을 증진하기 위하여 산림순환경영을 강화하는 것"을 제안하고 있다. 산림순환경영은 나무를 심고 가꾸고 수확하여 지속가능하게 함으로써 경제 · 사회 · 환경적 부가가치를 창출하는 일을 의미한다. 즉 유휴토지 숲 조성, 도시숲 확대 등으로 신규조림을 확대하고, 숲가꾸기 등 산림순환경영 강화, 생태 복원, 산림재해 피해 방지를 통해 흡수능을 강화하는 일을 포함한다. 또한 수확한 목제품, 특히 탄소를 오랫동안 저장하는 건축용 · 가구용 목제품을 널리 이용함으로써 사회적 탄소 저장고를 확대해야 한다.

산림관리는 보호 활동도 당연히 포함한다. 생태적으로 가치가 높은 산림은 적극적으로 보호하고, 산불이나 산사태 등 재해가 발생한 곳은 다시 흡수원의 역할을 할 수 있도록 복구해야 한다. 탄소중립에 산림이 기여할 수 있도록 보다 적극적인 산림관리가 필요한 때이다.

연습문제 ▌

1. 우리나라에서 지난 100여 년 동안 발생한 기후변화와 예측되는 미래의 기후변화를 요약하여 설명하시오.
2. 기후변화가 산림생태계의 구조와 기능에 어떠한 영향을 미치는지에 대해 논하시오.
3. 기후변화 완화를 위한 산림생태계의 역할에 대해 설명하시오.
4. 산림은 탄소 흡수원이자 저장고이지만 기후변화의 영향으로 변화가 예상된다. 현재 우리나라 산림의 영급 구조와 임상별 적절한 탄소 흡수원 관리 방안을 설명하시오.

참고문헌 ▌

1. 국립산림과학원. 2022. 2022 산림 · 임업 전망: 뉴노멀 시대, 산림 · 임업 · 산촌.
2. 기상청. 2021. 우리나라 109년(1912~2020년) 기후변화 분석 보고서.
3. 기상청 기후정보포털. climate.go.kr.
4. 산림청. 2023. 제3차 탄소흡수원 증진 종합계획(2023~2027).
5. 산림청. 산림정책: 산불. forest.go.kr.
6. 산림청 산사태정보시스템. 2023. 산사태 통계. sansatai.forest.go.kr.
7. 손요환, 구창덕, 김춘식, 박필선, 윤충원, 이계한. 2016. 신고 산림생태학. 향문사.
8. 이우균, 김영환, 민경택, 박주원, 서정욱, 손요환, 우수영, 이경학, 이창배, 최솔이, 최정기. 2022. 산림탄소경영의 과학적 근거: 기후위기 대응 탄소중립 시대. 지을.
9. 이종열, 한승현, 김성준, 장한나, 이명종, 박관수, 김춘식, 손영모, 김래현, 손요환. 2015. RCP 8.5 기후변화 시나리오에 따른 소나무림과 굴참나무림의 산림 탄소 동태 변화 추정 연

구. 한국농림기상학회지 17(1): 35-44.

10. 임종환. 2009. 기후변화에 따른 산림부문 영향과 관리방향. 농업전망 2009(Ⅰ): 한국농업·농촌, 도전과 새로운 희망. 975-996pp. 한국농촌경제연구원.
11. 환경부 MOTIVE 연구단. 2016. 부문별 기후변화 영향 및 취약성 통합평가 모형 기반구축 및 활용 기술 개발 최종보고서.
12. Adams MA, Buckley TN, Turnbull TL. 2020. Diminishing CO_2-driven gains in water-use efficiency of global forests. Nature Climate Change 10: 466-471.
13. Aerts R. 2006. The freezer defrosting: global warming and litter decomposition rates in cold biomes. Journal of Ecology 94(4): 713-724.
14. Allen CD, Breshears DD, McDowell NG. 2015. On underestimation of global vulnerability to tree mortality and forest die-off from hotter drought in the Anthropocene. Ecosphere 6(8): 1-55.
15. Allen CD, Macalady AK, Chenchouni H *et al.* 2010. A global overview of drought and heat-induced tree mortality reveals emerging climate change risks for forests. Forest Ecology and Management 259(4): 660-684.
16. Bunn AG, Graumlich LJ, Urban DL. 2005. Trends in twentieth-century tree growth at high elevations in the Sierra Nevada and White Mountains, USA. The Holocene 15(4): 481-488.
17. Byun JG, Lee WK, Kim M *et al.* 2013. Radial growth response of *Pinus densiflora* and *Quercus* spp. to topographic and climatic factors in South Korea. Journal of Plant Ecology 6(5): 380-392.
18. Choi K, Kim M, Lee WK *et al.* 2014. Estimating radial growth response of major tree species using climatic and topographic condition in South Korea. Journal of Climate Change Research 5(2): 127-137.
19. Choi WJ, Lee KH. 2012. A short overview on linking annual tree ring carbon isotopes to historical changes in atmospheric environment. Forest Science and Technology 8(2): 61-66.
20. D'Arrigo R, Wilson R, Liepert B, Cherubini P. 2008. On the 'divergence problem' in northern forests: A review of the tree-ring evidence and possible causes. Global and Planetary Change 60(3-4): 289-305.
21. Dinh Viet H, Kwak JH, Lee KS *et al.* 2013. Foliar chemistry and tree ring $\delta^{13}C$ of *Pinus densiflora* in relation to tree growth along a soil pH gradient. Plant and Soil 363: 101-112.
22. FAO, UNEP. 2020. The State of the World's Forests 2020: Forests, biodiversity and people.
23. Heberling JM, Cassidy ST, Fridley JD, Kalisz S. 2018. Carbon gain phenologies of spring-flowering perennials in a deciduous forest indicate a novel niche for a widespread invader. New Phytologist 221(2): 778-788.
24. Hember RA, Kurz WA, Coops NC. 2017. Relationships between individual-tree

mortality and water-balance variables indicate positive trends in water stress-induced tree mortality across North America. Global Change Biology 23(4): 1691-1710.

25. IPCC. 2007. Climate Change 2007: Impacts, Adaptation and Vulnerability.

26. IPCC. 2021. Climate Change 2021: Summary for Policymakers.

27. Kashian DM, Zak DR, Barnes BV, Spurr SH. 2023. Forest Ecology. 5th ed. Wiley.

28. Keenan TF, Gray J, Friedl MA *et al.* 2014. Net carbon uptake has increased through warming-induced changes in temperate forest phenology. Nature Climate Change 4: 598-604.

29. Keenan TF, Hollinger DY, Bohrer G *et al.* 2013. Increase in forest water-use efficiency as atmospheric carbon dioxide concentrations rise. Nature 499: 324-327.

30. Kim M, Lee WK, Choi GM *et al.* 2017. Modeling stand-level mortakity based on maximum stem number and seasonal temperature. Forest Ecology and Management. 386: 37-50.

31. Kullman L. 2001. 20th century climate warming and tree-limit rise in the southern Scandes of Sweden. Ambio 30(2): 72-80.

32. Kwak JH, Lee KS, Lim SS *et al.* 2013. Historical responses of *Quercus variabilis* growth to environmental changes in Southern Korea: Evidence from tree ring width and δ^{13}C. Journal of Korean Society for Applied Biological Chemistry 56: 583-590.

33. Lee BR, Ibáñez I. 2021. Spring phenological escape is critical for the survival of temperate tree seedlings. Functional Ecology 35(8): 1848-1861.

34. Matskovsky V, Venegas-González A, Garreaud R *et al.* 2021. Tree growth decline as a response to projected climate change in the 21st century in Mediterranean mountain forests of Chile. Global and Planetary Change 198: 103406.

35. Mitton JB, Ferrenberg SM. 2012. Mountain pine beetle develops an unprecedented summer generation in response to climate warming. The American Naturalist 179(5): 163-171.

36. Norby RJ, Warren JM, Iversen CM *et al.* 2010. CO_2 enhancement of forest productivity constrained by limited nitrogen availability. Proceedings of the National Academy of Sciences of the United States of America 107(45): 19368-19373.

37. Prieto I, Almagro M, Bastida F, Querejeta JI. 2019. Altered leaf litter quality exacerbates the negative impact of climate change on decomposition. Journal of Ecology 107(5): 2364-2382.

38. Reich PB, Hobbie SE, Lee T *et al.* 2006. Nitrogen limitation constrains sustainability of ecosystem response to CO_2. Nature 440: 922-925.

39. Sanchez-Salguero R, Camarero JJ, Gutierrez E *et al.* 2018. Climate warming alters age-dependent growth sensitivity to temperature in Eurasian alpine treelines. Forests 9(11): 688.

40. Searle EB, Chen HYH. 2018. Temporal declines in tree longevity associated with faster lifetime growth rates in boreal forests. Environmental Research Letters 13: 125003.
41. Seo JW, Eckstein D, Jalkanen R, Schmitt U. 2011. Climatic control of intra- and inter-annual wood-formation dynamics of Scots pine in northern Finland. Environmental and Experimental Botany 72(3): 422-431.
42. Sparks TH, Carey PD. 1995. The responses of species to climate over two centuries: an analysis of the Marsham phenological record 1736-1947. Journal of Ecology 83(2): 321-329.
43. Sperry JS, Venturas MD, Todd HN *et al.* 2019. The impact of rising CO_2 and acclimation on the response of US forests to global warming. Proceedings of the National Academy of Sciences of the United States of America 116(51): 25734-25744.
44. Wang S, Zhang Y, Ju W *et al.* 2020. Recent global decline of CO_2 fertilization effects on vegetation photosynthesis. Science 370: 1295-1300.
45. Way DA, Oren R. 2010. Differential responses to changes in growth temperature between trees from different functional groups and biomes: a review and synthesis of data. Tree Physiology 30(6): 669-688.
46. Vaganov EA, Hughes MK, Kirdyanov AV *et al.* 1999. Influence of snowfall and melt timing on tree growth in subarctic Eurasia. Nature 400: 149-151.
47. Zhang D, Hui D, Luo Y, Zhou G. 2008. Rates of litter decomposition in terrestrial ecosystems: global patterns and controlling factors. Journal of Plant Ecology 1(2): 85-93.

제2장

산림 생물다양성 보전

인류는 역사 이전부터 필요한 물자를 산림에서 얻으며 산림을 활발하게 이용해 왔다. 산림은 인간을 포함하여 그 생태계에 의존하는 모든 생명체에게 다양한 혜택을 제공한다. 특히 인류는 식량과 물, 연료, 건축자재를 비롯해 기후 조절, 홍수 예방, 생물다양성 유지 그리고 사회·경제·문화적 서비스 등 일일이 나열하기 어려울 정도로 많은 산림의 생태계서비스를 누리고 있다. 이와 같이 다양한 편익을 주는 산림생태계의 지속가능성과 인류 문명의 공존이 쉽지 않음은, 세계 4대 문명의 쇠락과 산림 황폐화가 밀접하게 관련되어 있다는 역사적인 사실들을 통해 확인할 수 있다. 따라서 인류 문명의 지속가능성은 지구 생태계의 안정과 직결되어 있는 산림의 존속 여부에 달려 있다.

하지만 오늘날 지구는 '생물다양성 손실'과 '인간이 초래한 기후변화'라는 이중의 비상 상황에 직면해 있다. 서로 연계되어 있는 두 상황으로 인해 산림생태계는 위험에 처해 있으며 이는 곧 인간이 얻고 있는 산림생태계의 혜택이 사라지고 있을 의미한다. 이미 전 지구적으로 생물다양성의 감소가 빠르게 진행되고 있다. 「지구생명보고서 2022」에 의하면 지구생명지수가 지난 반세기(1970~2018년) 동안 평균 69% 감소한 것으로 나타났다(WWF, 2022). 지구생명지수(Living Planet Index, LPI)는 생물종 개체군 규모의 변화를 말하며, 전 세계 야생동물(포유류, 조류, 양서류, 파충류, 어류) 개체군의 상대적 풍부도가 반세기 만에 평균 69% 감소하였다는 의미이다(그림 3-14 참조).

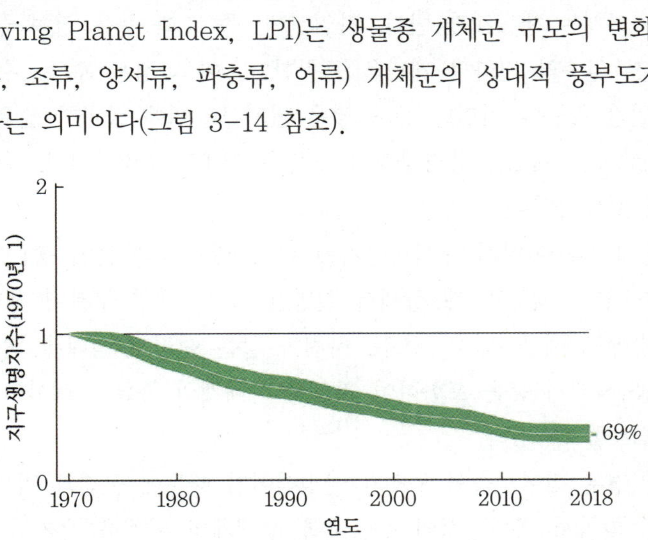

그림 3-14 지구생명지수의 변화[WWF, 2022]

지구 생명체를 지탱하는 근간인 식물의 멸종 위험도 포유류의 멸종 위험과 유사한 정도이고 조류의 위험보다는 크다고 한다. 전 세계 식물다양성의 분류학적 범위와 지리적 범위를 대표하는 수천 종의 식물 표본에 대한 평가를 실시한 결과 전체의 22% 정도가 멸종 위기 상태이며 그중 대부분이 열대 지역에 서식하고 있다(Brummitt *et al.*, 2015). 이러한 전 지구적인 생물다양성 감소는 서식지 파괴와 감소, 과도한 자원 이용, 침입 외래종, 환경오염, 기후변화 및 질병이 주된 요인으로 나타났다. 지구 생태계가 현재 심각한 위기 상황에 처해 있으므로 생물다양성의 감소 추세를 되돌리기 위해 전 세계가 근본적 변화를 이끌어 내는 행동에 나서야 할 때이다.

2·1 생물다양성의 개념

생물다양성(生物多樣性, biological diversity 또는 biodiversity)은 어느 지역 생물군계 또는 지구의 동식물·미생물 등 종다양성(species diversity), 종 내 유전자다양성(genetic diversity), 그리고 이들이 속하는 생태계다양성(ecosystem diversity)을 포함하는 광범위한 개념이다.

유전자다양성은 한 생물종의 개체군 내에 존재하는 유전자 정보의 다양성을 의미한다. 그 생물종이 환경 변화나 질병 등에 대응하여 다양한 유전적 변이를 통해 적응·진화해 갈 수 있는 힘이라고 할 수 있다. 즉 유전자다양성이 높을수록 환경 변화에 대한 적응력이 커서 장기적으로 생존할 가능성도 높아진다.

종다양성은 일반적으로 받아들여지고 있는 가장 기본적인 생물다양성의 단위이다. 특정한 환경에서의 동식물, 미생물 등 생물종의 다양성을 뜻할 뿐만 아니라 작게는 변화하는 환경에 대한 적응적 개념을, 크게는 생물체가 변이, 자연선택, 종 분화 등을 거쳐 끊임없이 여러 종류로 갈라지면서 생긴 일종의 진화적 개념을 포함한다. 이 과정은 수백, 수천 세대에 걸쳐 느리게 일어나지만 인간 활동에 기인한 종 소멸은 단지 몇 년에 불과한 짧은 시간에 일어나고 있다(Barnosky *et al.*, 2011). 종다양성의 구분은 제Ⅰ편 제2장에서, 측정 방법은 제Ⅰ편 제3장에서 상세히 설명하였다.

생태계다양성은 생태계를 어떻게 구분하는가에 따라 다르기 때문에 종다양성의 경우처럼 명확하게 규정하기 어렵다. 제Ⅱ편 제5장에서 설명한 생물군계의 구분이 생태계다양성의 한 예에 해당한다. 그 밖에도 해양, 담수, 호수, 하천과 같은 여러 수생태계, 인간에 의해 조성되거나 관리되는 인공 생태계 등을 포함하여 지구상 생태계의 종류는 헤아리기 어려우며, 이를 생태계다양성이라고 할 수 있다.

종다양성이 풍부할 경우 먹이사슬의 구조가 안정적이기 때문에 군집과 먹이사슬 구조의 평형을 유지하기 쉽다. 따라서 종다양성이 높을수록 생태계의 안정을 유지하는 데 유리하다. 생태지위가 서로 비슷한 동물 개체군들은 공간과 먹이를 두고 경쟁하거나 경쟁을 피하기 위해 생활공간이나 먹이 등을 달리하는 분서(分棲), 서로가 먹고 먹히는 관계인 포식과 피식 등이 나타난다. 이때 종이 다양하지 않으면 동물들은 쉽게 멸종할 수 있다.

생태계는 특정한 지역에 살고 있는 모든 생물종의 집합인 군집과 그들을 에워싸고 있는 모든 물리적 환경요인을 포함한다. 온도, 습도, 강수량, 풍속 등 여러 물리적 환경요인은 생물군집의 구조와 특성을 결정짓고 생물군집의 특성 역시 온도와 습도 등의 환경에 영향을 미친다.

구조적으로 다양한 생태계는 그렇지 못한 생태계보다 종다양성과 유전자다양성을 유지하는데 유리하다. 경작지와 같은 유형의 생태계는 산림, 초지, 경작지 등 다양한 유형으로 구성된 생태계에 비해 상대적으로 종의 수가 적으며 그에 따라 유전적으로 구조가 훨씬 단순하다는 사실은 잘 알려져 있다.

현재 우리가 마주하고 있는 지구의 생물다양성은, 약 35억 년 전 생명체의 출현 이후 지속된 기후, 교란, 경쟁 등의 생태적 요인으로부터 영향을 받아 진행되어 온 진화의 산물이다. 이 과정에서 지구적인 대규모 교란에 의한 다섯 번의 대멸종과 여러 번의 크고 작은 종 소멸을 거쳤다. 5대 대멸종 중 조류만 남고 공룡은 멸종했던 중생대 말기의 대멸종이 가장 최근의 일이다. 대멸종의 원인은 소행성 충돌로 인한 기후의 급변과 화산 및 조산 활동에 의한 자연현상으로 추정하고 있다.

인류의 출현 이후로는 주로 산림 서식지의 파괴로 인한 생물다양성의 감소가 지속되고 있다. 개체수와 종수가 감소하는 규모와 속도 면에서 보면 지구 역사의 평균에 비해 1,000배 이상 높다. 이에 지구상의 여섯 번째 대멸종이 될 수 있다는 경고까지 나오고 있다(Pimm *et al.*, 2014).

생물다양성의 급격한 감소가 인류의 생존 환경을 위협하는 수준에 이르자 국제사회는 생물다양성의 중요성을 인식하고 생물다양성협약(Convention on Biological Diversity, CBD) 채택과 더불어 생물다양성 보전을 위한 연구와 협력에 노력을 기울이고 있다. 생물다양성협약은 1992년 6월 유엔환경개발회의(United Nations Conference on Environment and Development, UNCED), 일명 리우회의에서 채택되어 1993년 12월 발효되었으며, 기후변화협약(UNFCCC) 및 사막화방지협약(Convention to Combat Desertification, UNCCD)과 더불어 유엔 3대 환경 협약 가운데 하나이다. 생물다양성협약은 산림 생물다양성의 중요성을 강조하였고, 기후변화협약은 온실가스를 줄이기 위한 산림의 역할을 중시하고 있으며, 사막화방지협약도 산림의 기여도를 인정하고 있다. 전 세계 산림보호와 지속가능한 산림관리를 위한 산림의정서(Forest Principles)도 1992년 유엔환경개발회의에서 채택되었다.

2·2 산림 생물다양성의 중요성

지구상 생물의 종류는 3백만~1억 종으로 추정하고 있다(May, 2010). 하지만 이 중 80% 이상이 아직까지 인간에 의해 규명되지 않은 상태이고, 밝혀진 20% 미만의 생물종 중에서도 겨우 30여 종만 인류가 식량자원으로 이용하고 있다. 생물다양성은 인류 건강의 근간이다(그림 3-15 참조). 인류는 의식주, 특히 음식물과 의약품 및 산업용 산물을 생물다양성의 구성요소로부터 얻어 왔고 한때는 거의 모든 의약품이 식물과 동물로부터 비롯되기도 하였다. 미국의 경우 조제약 처방의 25%가 식물에서 추출한 성분을 포함하고 있다. 3,000종류 이상의 항생물질을 미생물에서 발견하였으며, 동양의 경우에도 5,100여 종의 동식물을 전통 의약품으로 이용하고 있다. 이처럼 지구 생태계의 보전과 인류 식량자원의 획득을 위한 생물다양성의 잠재성은 크고 중요하다(UNEP, 2001).

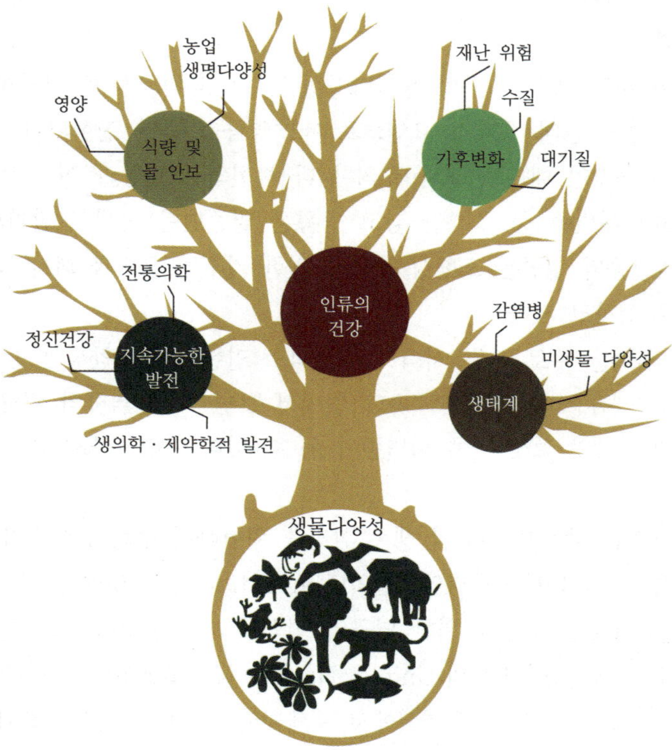

그림 3-15 생물다양성과 인류의 건강[WWF, 2020]

전 지구적으로 산림은 육지 면적의 약 1/3을 차지하고 육상생태계 생물다양성의 80% 이상을 포함하고 있다. 세계자연보존연맹(International Union for Conservation of Nature, IUCN)에 의하면 지구상 생물종의 분포는 한대 1~2%, 온대 13~24%, 열대 74~84%로 추정되며, 열대 지역 중에서도 열대우림은 지구 표면적의 7% 정도이지만 지구 생물종의 약 절반이 서식하고 있어 생물다양성이 가장 풍부한 지역이다. 열대우림의 생물다양성이 풍부함을 보여 주는 예로, 단 한 그루의 나무에서 26속 42종의 개미가 발견된 일이 있다. 인도네시아에서는 10ha 숲에서 700여 종의 나무가 관찰되었으며 이는 북아메리카 대륙 전체에 자생하는 종수와 맞먹는다.

최근 세계 100여 명의 과학자들이 방대한 산림 데이터베이스를 토대로 연구한 결과 지구상에 존재하는 수목은 총 73,247종으로 추산되었다. 이 가운데 9,200종은 미발견되었으며 그중 대다수는 남아메리카에 있을 것으로 추정되었다(그림 3-16 참조). 이러한 열대우림의 풍부한 종다양성에도 불구하고 아마존 열대우림에 서식하는 수종의 절반 이상이 멸종 위기에 처해 있다(ter Steege *et al.*, 2015).

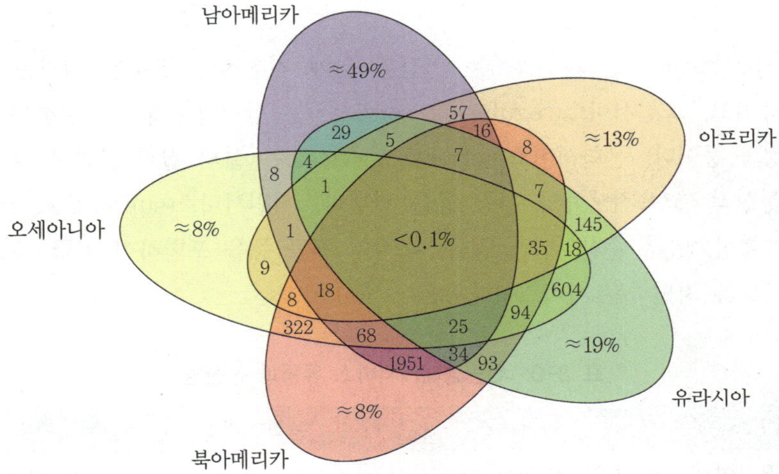

그림 3-16 대륙별 수종 분포(바깥쪽 수치는 고유종 추정 비율)[Gatti *et al.*, 2022]

멸종 위기의 주원인은 남벌, 산불, 가뭄, 광산 개발과 댐 건설 등으로 인한 산림 파괴이며, 현 상황이 지속되면 21세기 중반까지 최소 36%에서 최대 57%에 이르는 수목이 멸종할 것으로 예측되었다. 산림 파괴에 의한 산림수종의 소멸과 종다양성의 감소는 자체만으로도 심각한 문제이지만, 산림수목에 의존하는 다른 많은 생물종도 함께 사라질 수 있어 지구의 생물다양성을 훼손하는 직접적인 원인이 된다.

상대적으로 풍부한 산림생태계의 생물다양성은 복잡한 상호작용으로 얽혀 있는 생태계, 경관, 종, 군집 및 유전자 단위 등의 다양한 수준에서 확인할 수 있다. 산림생태계의 이러한 생물학적 복잡성으로 인해 생명체는 끊임없이 변화하는 환경조건에 적절하게 적응할 수 있고, 또한 생태계의 안정성과 기능이 잘 유지된다. 아울러 생존에 필수적인 생산물, 그리고 환경적 조절 기능과 사회 · 경제 · 문화적 혜택을 인류에게 제공하고 있다. 생물다양성이 인류에게 미치는 영향과 혜택에 대한 관심이 커지면서 생태계의 가치를 평가하기 위한 다양한 시도의 하나로 생태계서비스의 개념이 도입되었다(MEA, 2005).

생물다양성은 직간접적인 생태계서비스를 제공함으로써 인류의 생존 환경과 다양한 구성요소에 기여하고 있으며, 생태계 자체의 건강성과 인류에게 부여되는 혜택으로서의 생태계서비스는 생물다양성에 전적으로 의존하고 있다. 생물다양성협약에서 다루고 있는 생물다양성은 생물종의 수라는 단순한 종다양성 개념을 넘어 유전자에서 자연경관, 인간의 문화 · 복지에 이르기까지 다양한 개념과 관련되어 있다. 이에 따라 최근에는 생태계서비스 관점에서 인류의 생존을 담보하기 위한 필수적인 수단으로서 생물다양성 보전을 인식하고 있다.

생태계서비스(ecosystem services)는 산림생태계가 인류에게 가져다준 다양한 혜택 또는 서비스를 말한다. 사람들이 독립적으로 생물다양성으로부터 생태계서비스를 끌어낸다기보다는 전체적으로 생태계가 수행하는 기능으로부터 얻어진다. 산림생태계로부터 인류가 받는 서비스는 공급서비스, 조절서비스, 문화서비스, 지원서비스의 네 가지 유형으로 나뉜다(표 3-3 참조).

공급서비스(provisioning services)는 인간의 삶에 직접적인 영향을 미치는 식량, 목재, 섬유, 연료 등이고, 조절서비스(regulating services)는 산림생태계가 조절하는 기후, 홍수, 질병, 물의 정화 등이다. 문화서비스(cultural services)는 삶의 질과 관련이 깊은 자연이 주는 심미적 · 정신적 · 교육적 · 휴양 기능 등을 말한다. 지원서비스(supporting services)는 1차생산, 토양 형성, 양분 순환, 산소 공급, 서식처 제공 등을 포함하며 공급 · 조절 · 문화 서비스가 가능하도록 지원하는 서비스이다(MEA, 2005).

표 3-3 산림생태계서비스 유형과 생산물

공급서비스	조절서비스	문화서비스	지원서비스
• 음식, 섬유, 연료 • 유전자원 • 생화학물질 • 깨끗한 물	• 침입 저항성(invasion resistance) • 초식(herbivory) • 수분(受粉) • 종자 산포 • 기후 조절 • 병해충 억제 • 자연재해 보호막 • 침식 방지 • 물 정화	• 정신적 · 종교적 가치 • 지식 체계 • 교육, 영감 • 휴양과 심미적 가치	• 1차생산 • 서식지 제공 • 양분 순환 • 토양 생성과 유지 • 산소 공급 • 물 순환

[MEA, 2005]

생물다양성은 직접적으로는 생태계서비스를 제공 · 제어하고 간접적으로는 생태계서비스를 유지함으로써 인류의 행복과 안녕을 책임지고 있다. 가치평가 기법이 발전하면서 생물다양성의 사회 · 경제적 가치가 매우 크다는 사실이 밝혀졌지만, 생물다양성 훼손에 따른 생태계 변화와 관련하여 우리가 알고 있는 것보다 훨씬 많은 비용이 드는 데 그치지 않고 아예 돌이킬 수 없는 경우가 생길 수도 있다.

지구의 생물다양성은 수십억 년에 걸친 진화의 결과물로서 자연적 과정을 통해 형성되었지만 근래 들어 생물다양성에 미치는 인간의 영향이 갈수록 커지고 있다. 지구의 다양한 생태계 중에서도 산림생태계는 생물다양성의 보고이므로 생물다양성의 보전은 바로 인류가 산림을 어떻게 이용하느냐에 달려 있다. 그럼에도 멸종 위기에 놓인 생물종을 지키고자 하는 대책 마련과 보전을 위한 실행 노력은 너무도 느리게 진행되고 있다.

2·3 산림 생물다양성의 위협 요인

인구가 증가함에 따라 식량 생산을 위한 농업용지 확대가 전 세계적으로 가속화하고 있다. 이는 곧 생물다양성의 보고인 산림에 대한 파괴 압력의 증가를 뜻한다. 생물다양성을 위협하는 상황이 악화하면서 1992년 생물다양성협약 채택 후 국제적으로 다양한 노력을 기울여 왔지만, 여전히 지구 생물다양성의 감소 경향은 완화되지 않고 오히려 더욱 심각해지고 있다.

생물다양성의 위협 요인으로는 서식지 파괴, 침입 외래종, 기후변화, 질병 확산, 남획 및 남벌, 영양염류 부하와 오염 등을 들 수 있다. 이들 요인 간에 복잡한 인과관계가 있고 서로 다양한 영향을 미치며, 일반적으로 생물종은 요인들로부터 복합적인 영향을 받는다. 생물다양성을 위협하는 인간 활동의 예는 다음과 같다.

1) 서식지 파괴(destruction; 주로 물리적 구조 훼손)
2) 서식지 파편화(fragmentation)
3) 서식지 훼손(degradation; 오염을 포함한 질적 저하)
4) 침입 외래종
5) 기후변화
6) 질병 확산
7) 천연 생물자원의 과도한 이용(남벌과 남획)

2·3·1 산림 파괴로 인한 서식지 변화

서식지는 생물이 생존에 필요한 먹이를 얻고 생식 활동을 하는 공간이므로 서식지의 파괴는 멸종을 초래하거나 생물종의 다양성을 급격히 떨어뜨릴 수 있어 기후변화와 침입 외래종과 더불어 육상생태계의 생물다양성에 대한 가장 큰 위협 요소이다. 전 지구적인 산림면적의 감소뿐만 아니라 현존하는 산림의 질 저하에 따른 생물다양성의 피해도 심각하다. 멸종 또는 멸종 위기, 희귀종 발생의 73%가 서식지 파괴와 관련이 있는 것으로 나타났다.

특히 열대우림의 파괴가 가장 심각하며 이로 인해 전체 생물종의 5~15%가 멸종할 가능성이 제기된다. 열대우림이 포함된 '생물다양성 보존 중요 지역(biodiversity hotspot)'은 지구 육지 면적의 2.3%에 불과하지만 전 세계 식물의 50%, 척추동물군의 77% 이상이 서식하고 있다. 그러나 대부분 심각한 파괴 및 훼손으로 인해 천연식생의 약 14.9%만 남아 있어 우선적인 보존이 절실한 지역이다(Sloan *et al.*, 2014). 열대우림의 대규모 벌목 후 목축과 농업으로의 토지이용 변화는 과거 매우 빠른 속도로 진행해 오다가 2000년대 이후 약간 둔화하는 추세이지만 여전히 심각하다.

또한 서식지 파괴에 따른 서식지의 파편화가 생물다양성 13~75%의 감소 원인으로 보고되었고, 이는 주요 생태계의 기능과 바이오매스 및 양분 순환의 변화를 초래하였다(Haddad *et al.*, 2015). 섬생물지리학 이론에 따르면 숲 면적이 원래의 10%로 줄어들면 생물종의 수가 50%로 감소하며, 특히 열대우림의 생물종은 분포가 매우 국지적이기 때문에 산림식생의 제거는 곧 생물종의 절멸로 이어진다. 서식지의 파편화에 의한 생태학적 섬의 형성은 종다양성을 저하하고 개체군의 밀도를 낮추어 유전적 변이성과 함께 생존 가능성을 떨어뜨린다. 파편화한 산림 가장자리는 외부의 영향으로 인해 종 구성 및 풍부도가 변하며, 외래종은 산림 가장자리 인접한 곳에서 높은 출현율을 보인다. 외래종은 생태계의 구조뿐만 아니라 양분 순환 및 생태계서비스 전반에 부정적인 영향을 미친다(MEA, 2005).

2·3·2 침입 외래종

생태학자들은 21세기 생물다양성을 위협하는 가장 큰 두 가지 요소로 기후변화와 침입 외래종(invasive alien species)을 꼽는다. 특히 지구온난화가 가속화하는 가운데 세계화와 무역량 증가에 따른 국가 간 인적 · 물적 교류가 확대되면서 침입 외래종이 급속하게 퍼져 나가고 있다. 침입 외래종으로 인한 생태계 파괴와 생물다양성 훼손이 전 세계적으로 심각하게 일어나고 있으며, 경제적 손실 또한 막대한 것으로 나타났다(Kleunen *et al.*, 2015).

1992년 생물다양성협약 제2조에서는 침입 외래종에 대해 "생태계 · 서식지 또는 생물종을 위협하는 외래종(an alien species which threatens ecosystems, habitats or species)"으로 정의하였다. 세계자연보전연맹은 침입종(invasive species)에 대해 생태계에 위협이 될 수 있지만 인간이 통제할 수 있고 정착하지 않은 경우에는 포함되지 않는다고 보아 "자연적인 또는 반(半)자연적인 생태계나 서식지에 정착하여 변화시키고 토착 생물다양성을 위협하는 외래종"으로 정의하였다.

세계침입종프로그램(Global Invasive Species Program, GISP)은 외래종에 대해 "과거나 현재의 정상적인 분포 지역 밖에서 유입된 종 · 아종 또는 그 하위의 분류군으로서 생존하여 번식할 수 있는 모든 부분, 배우자 · 종자 · 난자 또는 육아"로 정의하고, 침입 외래종에 대해서는 "정착과 확산이 경제적 또는 환경적으로 생태계 · 서식지 또는 종에게 위협이 될 수 있는 외래종" 또는 "환경 · 경제 또는 인간의 건강에 해를 주거나 해를 줄 가능성이 있는 비자생종"으로 정의하였다.

외래종의 정의는 시간이 지남에 따라 각 주체마다 조금씩 변화하고 있다. 최근에는 대표적인 용어로 외래종과 침입종을 주로 사용하고 있으며, 번식능력이 있는 모든 생물체를 포함하는 추세이다. 외래종의 유입 경로는 더욱 다양하고 광범위해지고 있다. 의도적 유입의 경우 토양침식 방지, 사료, 관상 또는 토지 비옥화 등의 목적으로 들여온 이후 생태계를 위협하는 침입종으로 자리 잡은 경우가 많다. 대략 침입 외래종 식물의 60%가 무역을 통해 유입되고, 나머지 40%는 화물과 여행객 등에 의해 우발적으로 유입된 것으로 추정한다.

미국에서는 침입 외래종이 서식지 파괴 다음으로 생물다양성을 위협하는 요인이 되었다.

1930년대 토양보전청(Soil Conservation Service)이 토양침식을 막기 위해 농민들에게 공급한 칡이 현재는 미국의 대표적인 침입 외래종이 되어 지난 수십 년간 남부의 산림과 마을까지 빠르게 확산하며 토종 식물의 서식지를 점령하고 있다. 극동아시아가 원산지인 노박덩굴의 경우에는 관상 목적으로 도입되었으나 동부 전역에 걸쳐 하천 주변과 산림 등에 번성하면서 자생식물을 고사시키는 침입 외래종으로 자리 잡았다(Bradley *et al.*, 2012). 서부에서는 주요 침입 외래종인 위성류과의 타마리스크(tamarisk)를 포함한 다섯 수종이 최근에 서식지를 크게 확장하고 있다. 이로 인해 농장 및 방목장의 침입 외래종 제어 비용이 크게 증가하고 있으며, 지구온난화가 이러한 상황을 악화할 것으로 예상하고 있다(Bradley *et al.*, 2010).

우리나라의 경우에도 아열대나 열대 지역에서 주로 살던 생물이 한반도로 유입되고 있으며, 온난화가 진행되면서 지금보다 침입 외래종이 생존하기에 더 좋은 환경이 만들어질 가능성이 높다. 이와 같이 침입 외래종이 생태계 및 생물다양성에 미치는 영향은 기후변화, 환경오염 및 인간에 의한 생태계 교란 등으로 인해 더욱 심화할 수 있다.

2·3·3 기후변화

생물의 분포와 생산력은 온도와 습도를 포함한 주변 환경요인의 영향을 크게 받기 때문에 현재 진행 중인 대기 이산화탄소 농도와 기온 상승, 강수 패턴의 변화 및 빈번한 극한 기상의 발생 등은 생태계의 교란 및 생물다양성의 감소를 초래하고 있다. 기후변화가 산림 생물다양성에 미치는 영향은 매우 복잡하다. 즉 각 생물종의 생활사(life cycle-phenology), 종구성, 분포 범위 등의 변화뿐만 아니라 생태계 내의 먹이사슬의 균형이 무너지는 등의 직접적인 변화와 침입 외래종, 산불 위험의 증가 등 복합적 위협 요인이 함께 영향을 미치기 때문이다.

서식지 환경이 바뀌면 원래 서식지에 최적화되어 있는 생물은 새로운 환경에 적응하거나 자신에게 적합한 새로운 서식지로 이동해야 한다. 그러나 기후가 급격하게 변화하면 생물종이 새로운 환경에 적응하기 매우 어렵다. 특히 스스로 이동할 수 없는 식물은 기후변화의 속도에 맞춰 서식지를 옮기는 일이 거의 불가능하기 때문에 급격한 기후변화는 전 지구적 규모의 생물다양성 감소를 초래한다.

기후변화가 생물다양성에 미치는 영향을 파악 · 감시하고 기후변화에 적응하기 위한 장기적 생물다양성 보전 방안을 추진하는 일이 필요하다. 우리나라의 경우 기후변화에 따른 고위도 지역으로의 산림수종 분포 변화와 고립된 고산지 식생의 쇠퇴 가능성 등을 감안하여 다양한 대비책을 강구해야 한다. 첫째, 기후변화의 영향으로 소멸하거나 개체군 감소로 인한 유전자 다양성의 저하가 예상되는 식물종에 대한 감시와 보전 대책을 마련해야 한다. 취약한 생물에 대한 새로운 서식지로의 이동과 현지 외 보전 노력이 필요하고, 생태계 복원을 통해 산림 파편화를 완화하는 일도 중요하다. 아울러 새로 침입하는 외래종과 기존 식생의 경쟁도 중요하게 다루어야 할 문제이다. 둘째, 기후변화로 인한 수종별 생육 범위의 변동에 따른 생산성 유지 대책이 필요하다. 특히 난대림 지역의 북상과 아열대기후화를 대비하여 적합한 수종을 탐색하고 새로운 유전자원을 확보해야 한다.

2·3·4 질병 확산

생물다양성 보전에 있어 핵심이 되는 생물종은 개체수가 적거나 서식지가 지역적으로 한정된 희귀종이 대부분이다. 보호 대상이 되는 희귀종은 대체로 집단 내부의 유전자다양성이 낮고, 지금까지 접한 적 없는 외부의 병원체에 대해서는 면역체계가 형성되어 있지 않기 때문에 특정 질병에 매우 취약하다.

지구온난화에 따라 질병의 원인이 되는 바이러스, 곰팡이류, 그리고 이를 매개하는 곤충의 생활사가 변화하고 생존 기간이 늘어나면서 이들의 활동 영역 또한 넓어져 고산지대와 고위도 지역으로까지 확대되고 있다. 이 때문에 전 세계적으로 산림생태계가 지금까지 겪어 보지 못한 새로운 질병에 노출되거나 그동안 잠잠하던 해충이 갑자기 대번성하고, 특히 침입 외래종에 의한 피해가 늘어나면서 산림 생물다양성이 크게 훼손되고 있다.

대표적으로 미국 서부 산림을 초토화하고 있는 소나무좀을 들 수 있다. 소나무좀은 외래종이 아니라 토착종이며, 그동안 안정 상태의 산림생태계에서는 비교적 적은 수가 서식하면서 여기저기에서 한두 그루의 피해만 입혀 왔다. 그러나 1990년대 이후로 뉴멕시코 북부부터 캐나다 브리티시컬럼비아까지 산림 피해가 확대되었다(Bentz *et al.*, 2010). 기온 상승은 소나무좀의 생활사를 바꾸어 개체수 증가와 서식 범위 확대를 가져왔고, 소나무는 반대로 온난화와 가뭄으로 인한 스트레스를 받은 상태여서 피해가 커졌다. 산림생태계의 평형이 기후변화에 의해 무너진 사례라고도 할 수 있다.

최근 우리나라에서도 지구온난화로 인해 산림 병해충의 발병 여건이 변하면서 피해가 늘어나고 있으며, 산림에 위협적인 주요 산림 해충은 외래종인 경우가 대부분이다. 1960~1990년대에는 솔나방, 솔잎혹파리 등 소나무류 해충의 피해가 대부분이었지만 2000년 이후 소나무재선충병, 참나무 시들음병 등 병원체에 의한 피해가 늘고 신종 · 외래 해충이 출현하기 시작하였다. 2010년 이후로는 꽃매미, 미국선녀벌레, 아까시잎혹파리 등 외래 해충의 국내 유입과 기후변화에 따른 병충해가 확산하고 있다(국립환경과학원, 2015).

2·3·5 남획과 남벌

예로부터 인간은 의식주, 즉 생활에 필요한 요소 대부분을 자연에서 얻었다. 산업화 이전에는 인간 능력의 한계 또는 자연에 대한 경외심 때문에 자연자원을 과다하게 이용하지 않았다. 하지만 인간의 기술이 발달하면서 자연자원을 효과적으로 얻는 수단도 점차 발전해 나갔다. 기술적 능력이 이윤 극대화라는 경제적 동기와 만나는 순간 자연자원에 대한 남획과 남벌(overexploitation)이 시작되었다.

어떤 종의 개체군이 미래에도 유지될 수 있도록 적당한 수준에서 동식물 자원을 이용하면 생물다양성에 미치는 영향이 미미할 수 있다. 그러나 한계점을 넘으면 사람들이 자원으로 여기는 동식물의 개체수는 지속적으로 감소한 뒤 회복이 불가능한 수준에 이른다. 결국 남획과 남벌은 직접적으로 생물다양성을 감소시킨다(MEA, 2005). 오늘날 지구상의 생물 종류는 산림의 남벌과 파괴, 무분별한 남획과 개발, 기후변화와 환경오염 등으로 인해 놀라운 속도로 줄어들고 있다. 지난 30년간 야생 척추동물의 31%가 멸종하였으며, 만일 이러한 추세가 지속된다면 20~30년 내에 전체 생물종의 25%가 추가 멸종할 것으로 우려된다.

불법 벌목은 세계적으로 산림에 가장 큰 위협이 되고 있다. 아마존에서도, 인도네시아의 열대우림에서도, 그리고 극동 러시아에서도 벌목의 상당 비율이 불법으로 이루어지고 있다. 전 세계 목재 생산의 불법 벌목 비율은 20~40%로 추산되고 있다. 특히 열대 지역에서 불법 벌목으로 인해 전체 천연림의 72%가 파괴되어 대책 마련이 시급하다.

2·4 산림 생물다양성 보전 대책

지금까지 살펴본 바와 같이 서식지 감소, 기후변화, 침입 외래종, 질병 확산 그리고 인간의 과도한 자원 사용은 생물다양성에 심각한 악영향을 미친다. 생물종 감소는 단지 해당 생물종이 사라지는 데 그치지 않는다. 생물다양성의 감소는 생태계의 균형을 무너뜨려 결국에는 인류의 생존마저 위협할 수 있다. 따라서 생물다양성을 보전하는 일이 인류의 건강과 복지 그리고 생존을 지키는 길이라 생각하고 생물다양성 감소에 영향을 미치는 기후변화와 그 밖의 요인에 적극적으로 대처해야 한다.

이와 같은 노력의 일환으로 개발도상국의 산림 감소와 파괴를 방지하고 산림축적을 증진하여 온실가스를 감축함으로써 기후변화에 대응하기 위한 산림 분야의 레드플러스(Reducing Emissions from Deforestation and Forest Degradation Plus, REDD+)가 주목받고 있다. 개발도상국은 산림 전용이나 산림 황폐화를 막기 위한 다양한 현장 활동을 진행하고 선진국은 그에 맞는 투자 또는 지원을 하는 사업이다. 이를 통해 산림 파괴 방지에 기여한 국가에게는 탄소배출권 또는 온실가스 감축 실적을 부여하고 있다.

생물다양성 보전의 목표는 전 세계에 걸쳐 현존하고 있는 유전자와 종의 다양성을 감소시키지 않고 중요한 서식처와 생태계를 파괴하지 않는 방법으로 생물자원을 이용함으로써 지속가능한 발전을 하는 데 있다. 따라서 생물다양성 보전을 위한 전략은 적어도 세 가지 기본 요소를 포함해야 한다. 첫째는 현재 그나마 남아 있는 생물다양성을 철저히 지키고 둘째, 이들을 면밀히 연구하며 셋째, 이들을 지속가능하게 그리고 공평하게 이용하는 일이다. 현재 남아 있는 생물다양성을 지킨다는 것은 유전자, 종, 서식지와 생태계를 보호하기 위해 여러 조치를 취함을 뜻한다. 생물다양성을 유지하는 최선의 길은 서식처를 그대로 유지하는 것이다. 그러나 많은 서식처가 이미 파괴되었기 때문에 생물다양성을 지키기 위한 프로그램에는 이미 훼손된 산림의 생물다양성을 복구하는 방법도 포함되어야 한다.

생물다양성은 인류가 지속적으로 생존·발전하기 위해 필수적인 기본 자산이며, 이는 생물다양성의 핵심 가치이기도 하다. 이에 국제사회는 전 지구적으로 생물다양성이 더 이상 감소하지 않도록 생물다양성협약을 채택하였다. 협약의 목적 달성을 위한 생태계접근법의 활용을 강조하고, 지속가능한 산림경영(SFM)과의 병행 실행 등의 방법을 제안하였다. 또한 생물다양성의 보전을 위해 보호구역이나 보호종을 지정하는 등의 노력을 각국에 요청하고 있으며, 생물다양성을 활용하는 토착민의 전통지식에도 주목하고 있다. 전통지식을 통해서만 지역의 지속가능한 발전이 가능할 뿐만 아니라 해당 지역의 생물다양성도 유지·보전할 수 있기 때문이다.

국제 협약의 이행이나 전통 생태지식의 발굴·계승과 같은 활동도 중요한 의미가 있지만, 현재 인류가 당면한 생물다양성의 유지·보전은 이 정도의 노력만으로 쉽게 성취할 수 있는 과제가 아니다. 기본적으로 인류 사회는 생물다양성이 제공하는 생태계서비스에 의존해 살고 있고 우리의 문화도 생물다양성에서 기원하며 서로 영향을 주고받는 '불가분의 관계'에 놓여 있다는, 학계를 넘어선 폭넓은 사회적 이해가 필요하다. 생태학이 생물학적 관심을 넘어 사회 현상에 관심을 표명하는 까닭도 여기에 있다.

쿤밍-몬트리올 글로벌 생물다양성 프레임워크

2022년 제15차 생물다양성협약 당사국총회(COP15)에서는 쿤밍-몬트리올 글로벌 생물다양성 프레임워크(Kunming-Montreal Global Biodiversity Framework, GBF)를 채택하였다. '자연과 조화로운 삶(Harmony with Nature)'이라는 비전을 세우고, 2050년까지 이를 달성하기 위한 4개의 목표(global goal)와 2030년까지 이행할 구체적인 실천목표(global target) 23개를 수립하였다. 각 목표 및 실천목표의 내용은 다음과 같다.

- 목표 A: 생태계를 유지·강화·복원한다. 멸종 위기를 막고 멸종률 및 위험을 1/10로 줄이며, 유전자다양성을 유지하여 적응력을 보호한다.
- 목표 B: 생물다양성을 지속가능하게 이용·관리한다. 생태계 기능 및 서비스 등 자연이 인간에게 주는 혜택을 평가·보존·강화·복구한다.
- 목표 C: 유전자원, 유전자원과 관련한 디지털 염기서열 정보 및 전통지식의 이용에서 발생하는 이익을 늘려 토착민과 지역사회에 공정·공평하게 배분한다.
- 목표 D: 재원, 역량 개발, 과학기술 협력, 기술 접근 및 이전을 포함한 이행 수단을 모든 당사국이 공평하게 접근할 수 있도록 보장하고, 개발도상국의 재정 격차를 줄여 나간다.

- 실천목표 Ⅰ: 생물다양성 위협 요인 감소(실천목표 1~8),
- 실천목표 Ⅱ: 지속가능한 이용과 이익 공유 확대(실천목표 9~13),
- 실천목표 Ⅲ: 이행 및 주류화 수단 강화(실천목표 14~23)

2·5 우리나라의 산림 생물다양성 보전

우리나라에서 산림은 자연자원의 관리와 지속가능한 이용은 물론이고 생물다양성 보전에 있어서도 역할이 매우 크다. 과거 황폐했던 우리나라의 산림은 국가적인 산림복구 노력과 체계적인 산림관리, 보호지역의 지속적 확대 등으로 본래 모습을 되찾았고, 산림생태계의 생물다양성 또한 상당한 수준으로 회복되었다.

1970년대와 1980년대에는 산림복구를 위해 사방사업과 연료림 조성용으로 리기다소나무와 아까시나무를 주로 식재하였고 용재수로는 일본잎갈나무와 잣나무를 대규모로 식재하였다. 또한 자연림에서도 소나무가 우점하는 경우가 많아 전체 산림에서 침엽수림이 차지하는 비율이 높았다. 최근 리기다소나무는 갱신 대상 수종으로 선정되면서 다른 수종으로 대체되고 있고, 연료림으로 이용되었던 아까시나무는 더 이상 관리되지 않아 대부분 우리 고유 수종에게 자리를 내주고 있다. 현재 우리나라 산림은 참나무류를 비롯한 활엽수림으로 점차 바뀌고 있으며, 30~50년생 나무가 대부분을 차지하고 있다.

과거에는 과다한 산림 이용이나 개발에 따른 산림 훼손이 산림 생물다양성을 위협하는 주된 요인이었지만 최근에는 산림생물 유전자원에 대한 수요 증가, 기후변화와 환경오염 같은 환경문제, 산불이나 폭우에 의한 자연재해 등이 위협 요인으로 자리하고 있다. 이러한 위협에 대응하기 위해 '국가 산림 생물다양성 기본계획'을 수립하여 추진해 왔다. 이 기본계획은 생물다양성 위협 요소의 통제, 생물다양성 조사 및 모니터링, 현지 내 보전 확대, 현지 외 보전 강화, 복원 및 지속가능한 이용 증진 등의 내용을 담고 있다.

우리나라에서는 생물종의 산림 내 서식지를 보호하고 산림 생물다양성을 보전하기 위해 백두대간보호지역, 산림유전자원보호구역, 국립공원, 생태 · 경관보전지역, 내륙습지보호지역, 천연기념물 등 다양한 형태로 산림보호지역을 지정해 관리하고 있다. 기후변화와 인간 간섭 등이 초래한 자생지 교란으로 인한 희귀식물과 특산식물의 멸종을 방지하고 이를 보존하기 위한 방안도 마련하고 있다. 유전자 은행(gene bank), 종자 은행(seed bank), 종자 저장고(seed vault) 등을 통해 산림유전자원과 산림종자를 보존하고, 기후변화로 서식지가 감소하거나 기후변화에 취약한 수종의 경우에는 수목원이나 대체 서식지 조성을 통해 현지 외 보전을 확대해야 한다.

생태계를 교란하는 침입 외래종에 대해서는 지속적인 제거 작업과 함께 다양한 확산 방지 방안을 세워 추진해야 한다. 또한 산지전용을 위한 개발을 제한하여 산림의 감소를 막고 공단 주변의 산림과 같이 오염에 취약한 지역을 관리함으로써 산림생태계에 미칠 인위적 요인에 의한 악영향을 차단해야 한다. 산림생태계 회복을 위한 다양한 방안 중에서 한반도 핵심 생태축으로 보전 가치가 높은 백두대간과 비무장지대(DMZ) 지역 내 훼손된 산림을 복원한 예가 대표적이다. 이 밖에 숲을 통해 도시 지역의 생물다양성을 회복하고 보전하기 위해 도시숲, 학교숲, 가로수 등의 조성을 확대해 나가야 한다.

산림 생물다양성은 산림의 지속가능성을 높일 수 있는 자연의 선물이다. 따라서 산림생태계가 지속가능하고 건강한 상태를 유지할 수 있도록 관리해야 한다. 생태계 보전을 위해 지정한 산림 지역은 잘 보호하고, 이용을 위해 마련한 산림 지역은 정해진 수준을 늘 유지하도록 잘 관리해야 한다. 보전과 이용의 양면적 가치가 균형과 조화를 이룰 때 산림 생물다양성 보전이라는 우리의 목표도 달성할 수 있다.

연습문제 ▮

1. 생물다양성의 개념을 간략히 설명하시오.
2. 산림 생물다양성의 중요성에 대해 논하시오.
3. 산림생태계와 관련이 있는 세 가지 국제 협약의 의미를 각각 논하시오.
4. 산림생태계서비스의 네 가지 유형을 구분하여 설명하시오.
5. 산림 생물다양성의 주요 위협 요인에 대해 설명하시오.
6. 산림생태계의 생물다양성 보전을 위한 방안에 대해 논하시오.

참고문헌 ▮

1. 국립환경과학원. 2015. 한국 기후변화 평가보고서 2014.
2. 손요환, 구창덕, 김춘식, 박필선, 윤충원, 이계한. 2016. 신고 산림생태학. 향문사.
3. Barnosky AD, Matzke N, Tomiya S *et al.* 2011. Has the Earth's sixth mass extinction already arrived? Nature 471: 51–57.
4. Bentz BJ, Régnière J, Fettig CJ *et al.* 2010. Climate change and bark beetles of the western United States and Canada: Direct and indirect effects. BioScience 60(8): 602–613.
5. Bradley BA, Wilcove DS, Oppenheimer M. 2010. Climate change increases risk of plant invasion in the Eastern United States. Biological Invasions 12: 1855–1872.
6. CBD. 2023. Monitoring and reporting under the Kunming–Montreal Global Biodiversity Framework. 2020 UN Biodiversity Conference COP15.
7. Gatti RC, Reich PB, Gamarra JGP *et al.* 2022. The number of tree species on Earth. Ecology 119(6): e2115329119.
8. Haddad NM, Brudvig LA, Clobert J *et al.* 2015. Habitat fragmentation and its lasting impact on Earth's ecosystems. Science Advances 1(2): e1500052.
9. MEA. 2005. Ecosystems and Human Well–being: Biodiversity Synthesis. Island Press, Washington DC.
10. Mittermeier RA, Turner WR, Larsen FW *et al.* 2011. Global biodiversity conser-

vation: The critical role of hotspots. In Zachos FE, Habel JC (ed). Biodiversity Hotspots: Distribution and Protection of Conservation Priority Areas. Springer.
11. Pimm SL, Jenkins CN, Abell R *et al.* 2014. The biodiversity of species and their rates of extinction, distribution, and protection. Science 344(6187): 1246752.
12. Sloan S, Jenkins CN, Joppa LN *et al.* 2014. Remaining natural vegetation in the global biodiversity hotspots. Biological Conservation 177: 12–24.
13. Ter Steege H, Pitman NCA, Killeen TJ *et al.* 2015. Estimating the global conservation status of more than 15,000 Amazonian tree species. Science Advances 1(10): 1500936.
14. UNEP. 2001. GLOBIO global methodology for mapping human impacts on the biosphere: the Arctic 2050 scenario and global application. In Report UNEP/DEWA/TR 25.
15. Van Kleunen M, Dawson W, Essl F *et al.* 2015. Global exchange and accumulation of non–native plants. Nature 525: 100–103.
16. WWF. 2020. Living Planet Report 2020 - Bending the curve of biodiversity loss. Almond REA *et al.* (ed).
17. WWF. 2022. Living Planet Report 2022 - Building a nature–positive society. Almond REA *et al.* (ed).

제3장

산림생태계 지속가능성과 산림복원

3·1 지속가능성의 개념

지속가능성(sustainability) 개념의 유래를 논할 때 많은 연구자가 「성장의 한계(The Limits to Growth)」 보고서가 발표된 1972년을 기점으로 삼지만, 독일에서는 18세기 칼로비츠(Hans Carl von Carlowitz)의 『산림경제(Sylvicultura Oeconomica)』까지 거슬러 올라간다. 18세기 유럽에서 산림은 당시 경제문제 해결을 위한 중요한 자원이었기 때문에 산림을 보호하고 관리하는 일이 산림학의 과제였다. 여기에서 보존, 신중한 경영전략, 비축, 보호, 산림경영이라는 단어와 조심스럽게, 관리될 수 있게, 배려하면서 등의 단어에 이어 '지속가능한(nachhaltig)'이라는 단어가 등장한다. 이는 250여 년 전 독일 임업의 주요 개념이었으며, 미래 세대를 위해 비축해 두는 것이 산림학의 의무라고 규정하였다(Wiersum, 1995).

지속가능성이 국제사회의 전면에 등장한 계기는 1987년 출간된 「우리 공동의 미래(Our Common Future)」에서 찾을 수 있다. 세계환경개발위원회(World Committee on Environment and Development, WCED)에서 발표한 이 보고서에서 지속가능한 발전(sustainable development)에 대해 "미래 세대의 필요를 충족시킬 수 있으면서 현재 세대의 필요를 충족시키는 발전"으로 정의하였다. 그 후 1992년 브라질 리우에서 개최된 유엔환경개발회의(UNCED)에서 지속가능한 발전은 지구 환경 보전을 위한 기본 원칙이 되었다. 여기에서 지속가능한 발전을 위해서는 산림생태계의 유지·발전이 매우 중요하다고 인식하였고, 산림의 지속가능한 발전을 위한 구체적인 기준으로서 지속가능한 산림경영(sustainable forest management, SFM)이 등장하게 되었다.

지속가능한 산림경영이란 보편적으로 현세대 및 후세대의 편익을 위한 환경적·경제적·사회적·문화적 기회의 제공과 동시에 산림생태계의 장기적 건전성의 유지·증진이라고 할 수 있다. 지속가능한 산림경영의 목표는 장기적으로 다양한 재화 및 용역을 제공할 수 있는 산림의 총체적인 잠재력을 극대화함으로써 궁극적으로는 인류 사회의 복지를 향상하는 일이다.

우리나라는 2001년 「산림기본법」을 제정하여 지속가능한 산림경영을 산림관리의 기본 이념으로 명시하였으며, 목재 생산 위주의 산림정책에 대한 변화를 추진해 오고 있다. 구체적으로는 산림생태계의 생산력(productivity), 재생력(regeneration), 생물다양성(biodiversity), 생태적 다양성(ecological diversity)을 허용 수준 이상으로 훼손하지 않고 영구히 유지하며 산지 및 산림의 다양한 경제적 · 환경적 가치를 이용하는 것이다.

결국 지속가능한 산림경영이란 산림의 다양한 편익을 영구적으로 제공할 목적으로 산림을 보전하고 경영활동 조직을 구축하며 관련 제도를 정비하는 과정을 아우르는 매우 포괄적인 개념이다. 여기에 사회 · 경제적 필요성 또는 요구의 변화에 신속하게 대처하는 방안까지도 포함하고 있으며, 국제적으로 산림을 관리하는 가장 중요한 가치 기준이 되었다(FAO, 2003).

3·2 몬트리올프로세스

지속가능한 산림경영의 기준 및 지표를 설정하기 위한 국제 협의체로는 몬트리올프로세스(Montreal Process), 헬싱키프로세스(Helsinki Process), 국제열대목재기구(International Tropical Timber Organization, ITTO) 등이 있으며, 우리나라는 1993년 설립된 몬트리올프로세스에 포함되어 있다. 몬트리올프로세스는 온 · 한대림 지역의 12개국(한국, 미국, 중국, 러시아, 일본, 캐나다, 멕시코, 아르헨티나, 칠레, 우루과이, 오스트레일리아, 뉴질랜드)이 참여한 협의체로 지구 온 · 한대림의 90%를 차지하는 방대한 산림이 이 협의체에 속한다.

몬트리올프로세스에서는 산림 보전과 지속가능한 산림관리의 필수 요소인 7가지 기준과 각 기준의 평가를 위한 54개의 지표를 설정하였다. 여기에서 기준은 산림의 변화를 평가하기 위해 주기적으로 모니터링하는 관련 지표의 집합을 말하며, 지표는 산림의 상태를 정기적으로 측정하여 산림 변화 추세를 보여 주는 정량적 또는 정성적 변수를 말한다. 7개의 기준은 측정이나 설명이 가능한 관련 지표들로 정의된다. 기준이나 지표의 나열에 우선순위나 순서를 부여하지 않으며 모두 중요하다.

- 기준 1. 생물다양성의 보전
- 기준 2. 산림생태계의 생산력 유지
- 기준 3. 산림생태계의 건강도와 활력도 유지
- 기준 4. 토양과 수자원의 보전 및 유지
- 기준 5. 산림생태계의 지구 탄소 순환에 대한 기여도 유지
- 기준 6. 산림의 사회 · 경제적 편익의 유지 및 증진
- 기준 7. 지속가능한 산림경영을 위한 법적 제도 및 경제구조

기준 1~6과 관련한 지표들은 산림의 건강성과 산림이 제공하는 환경적 · 사회적 · 경제적 재화 및 서비스와 연관된 다각적인 가치나 편익에 관한 정량적 지표이다. 기준 7과 관련한 지표들은 지속가능한 산림경영을 촉진할 수 있는 전반적인 법적 · 제도적 · 경제적 체계에 관

한 정성적 지표이다(Montreal Process, 2015). 수차례 개정 작업을 거친 몬트리올프로세스 기준의 내용과 지표를 요약해 보면 다음과 같다.

3·2·1 기준 1. 생물다양성의 보전

산림, 특히 자연림은 지구의 생물다양성을 유지하는 주요 기반이다. 생물다양성은 교란으로 인해 피해를 입은 생태계의 회복이 가능하게 하며 필수적인 생태계 과정을 유지할 수 있게 한다. 인간 활동과 자연적 원인에 의해 서식지의 파괴 및 파편화, 외래종의 침입, 개체군의 크기 또는 분포지의 감소와 같이 생물다양성에 부정적 영향을 미치는 요인이 발생한다. 생물종의 다양성과 서식지를 보전하는 일이 곧 산림생태계의 기능, 재생산 및 생산성을 유지하는 길이다. 생물다양성 보전의 지표는 생물다양성의 구성 요소인 생태계 · 종 · 유전자 다양성으로 세분화되어 각각의 지표가 다음과 같이 구분되어 있다.

- 1–1. 생태계다양성
  - 1–1a. 산림생태계 유형별, 천이단계별, 영급별 또는 산림소유별 산림면적
  - 1–1b. 보호구역 내 산림생태계 유형별, 영급별 또는 천이단계별 산림면적
  - 1–1c. 산림 파편화 정도
- 1–2. 종다양성
  - 1–2a. 산림 서식 종의 수
  - 1–2b. 법규 및 과학적 평가에 의해 소멸의 위험에 처한 산림에 의존하여 살아가는 종의 현황 및 수
  - 1–2c. 종다양성 보전에 집중된 현지의 노력 및 외부 노력 현황
- 1–3. 유전자다양성
  - 1–3a. 유전적 변이를 상실할 위험에 처한 산림에 의존하여 살아가는 종 및 지역적으로 채택된 유전자의 분포와 종류
  - 1–3b. 유전자다양성을 묘사하기 위한 선택된 산림에 의존하여 살아가는 대표 종의 개체군 크기
  - 1–3c. 유전자다양성 보전에 집중된 현지의 노력 및 외부 노력 현황

3·2·2 기준 2. 산림생태계의 생산력 유지

산림의 생산력이란 산림에서 직간접적으로 생산되는 광범위한 재화와 서비스를 공급할 수 있는 잠재적인 능력을 말한다. 이 기준에는 산림을 효율적으로 이용하여 생산력을 지속적으로 유지 · 관리하는 생태환경적 측면과, 산림을 계획적으로 경영하여 생산력을 증진하는 경제적 측면이 모두 포함되어 있다. 산림의 지속가능성을 위해서는 산림생태계의 기능과 과정을 훼손하지 않는 범위 내에서 임산물의 생산 가능량과 서비스의 이용 가능 수준이 어느 정도인가를 알아야 한다.

수확기에 도달한 목재 및 비목재 임산물을, 연간 생장량을 초과하지 않는 범위에서 환경친화적으로 지속가능하게 생산하면 산림의 생산력을 유지할 수 있어 영속적인 재생산이 가능하다. 따라서 산림생태계의 목재 및 비목재 자원이 외부 간섭에 의해 파괴되거나 고갈되지 않도록 지속가능한 산림경영을 통해 산림의 생산력을 유지·증진하는 일이 중요하다. 산림의 생산력을 판단하기 위한 지표는 다음과 같다.

- 2a. 총산림면적 대비 목재를 생산할 수 있는 순산림면적의 비율
- 2b. 목재를 생산할 수 있는 산림의 상업용과 비상업용 수종의 연 축적 증가 및 임목축적
- 2c. 자생종 및 외래종의 인공조림 면적과 축적
- 2d. 지속가능하다고 판단된 총축적량 대비 연간 벌채량
- 2e. 지속적으로 수확할 수 있는 비목재 임산물 총량 대비 연간 수확량

3·2·3 기준 3. 산림생태계의 건강도와 활력도 유지

산림의 건강도와 활력도는 교란에 적응하거나 회복하기 위한 산림생태계의 능력을 말한다. 다양한 자연적 교란도 산림생태계를 구성하는 요소이지만 생태계 과정과 기능을 지나치게 훼손하는 경우가 크게 증가하고 있다. 산림의 건강도와 활력도 저하는 산림이 주는 다양한 혜택의 감소와 환경오염과 같이 생태적·경제적 손실을 초래하기 때문에 산림의 건강도와 활력도를 유지하는 일은 지속가능한 산림경영의 기초라고 할 수 있다. 생물적·비생물적 요인에 의해 피해를 입은 산림의 면적과 비율을 산정하는 다음의 두 가지 지표가 있다.

- 3a. 정상적인 변이 과정을 벗어난 생물적 과정 및 요인(질병, 해충, 외래종)에 의해 피해를 입은 산림의 면적과 비율
- 3b. 정상적인 변이 과정을 벗어난 비생물적 과정 및 요인(산불, 폭풍, 산사태)에 의해 피해를 입은 산림의 면적과 비율

3·2·4 기준 4. 토양과 수자원의 보전 및 유지

토양과 수자원은 육상생태계를 구성하는 기본 요소이다. 토양은 식물과 동물의 서식지를 이루고 물과 양분을 공급하며 오염물질을 정화하는 기능을 한다. 토양과 수자원은 인간과 야생동식물 모두에게 중대한 영향을 미치며, 토양과 수자원의 양과 질에 따라 산림생태계의 구성원이 변화하고 산림생태계가 지닌 사회·경제적 가치가 결정된다.

산불, 산사태, 불법 산지전용 등은 토양을 교란하여 특성 변화를 일으킬 수 있다. 실제로 자연적·인위적 요인에 의한 토양의 물리적·화학적 변화가 장기적 모니터링을 통해 관측되고 있다. 또한 산불과 산사태 등으로 인한 토양 교란은 수온 변화와 토사유출 및 탁도 증가를 초래하여 수질과 수중생태계 기능의 저하를 가져올 수 있다. 토양과 물 그리고 수생태계의 화학적·물리적·생물적 속성을 장기적으로 관찰하면 지속가능한 산림경영을 위한 중요한

정보를 얻을 수 있다. 이에 해당되는 지표는 다음과 같다.

- 4–1. 보호 기능
  4–1a. 토양과 수자원 보호를 위해 지정하거나 경영하고 있는 산림의 면적과 비율
- 4–2. 토양
  4–2a. 산림토양을 보전하기 위한 최적 산림관리 기법 또는 관련 제도의 실행 정도
  4–2b. 토지 황폐화가 심각한 산림의 면적과 비율
- 4–3. 수자원
  4–3a. 산림 수자원 보호를 위한 최적 산림관리 기법 또는 관련 제도의 실행 정도
  4–3b. 대조 조건으로부터 물리적·화학적 또는 생물적 속성에 중대한 변화가 있는 산림 내에서의 수체 면적 및 계류 길이

3·2·5 기준 5. 산림생태계의 지구 탄소 순환에 대한 기여도 유지

산림은 재생 가능하면서도 육상생태계에서 가장 큰 바이오매스와 토양 탄소의 저장고이다. 관리 여부에 따라 산림은 탄소 저장소가 될 수도 배출원이 될 수도 있다. 이와 관련이 있는 지표는 다음과 같다.

- 5a. 산림생태계 총탄소 저장량 및 변화
- 5b. 산림생태계의 임산물 탄소 저장 및 변화
- 5c. 산림바이오매스 에너지화에 의한 화석연료 탄소 배출 예방

3·2·6 기준 6. 산림의 사회·경제적 편익의 유지 및 증진

사회적 수요를 충족하기 위한 장기적이고 다양한 사회·경제적 혜택의 유지 및 증진은, 국제적으로 중요성이 강조되고 있는 생태계서비스의 개념을 보다 잘 이해하기 위한 기준이다. 생산과 소비, 산림 부문 투자, 고용과 사회적 요구, 휴양과 관광, 문화적·사회적·정신적 요구와 가치 등 다섯 가지로 나뉘며, 총 20가지의 지표로 세분화되어 있다.

3·2·7 기준 7. 지속가능한 산림경영을 위한 법적 제도 및 경제구조

산림 보전 및 지속가능한 경영을 위한 법적·제도적·경제적 구조를 나타내는 10가지의 지표로 세분화되어 있다.

우리나라도 새로운 산림자원의 필요성을 인식하고, 과거와는 다른 다각적인 시각과 접근 방법으로 국제적 기준이 된 지속가능한 산림관리 원칙에 맞게 숲이 가진 다양한 경제·사회·환경적 기능이 조화롭게 발휘될 수 있도록 산림을 관리해야 한다.

3·3 지속가능발전목표와 전 지구적 산림목표

2015년 9월 유엔개발정상회의(United Nations Sustainable Development Summit, UNCSD)에서는 2030년까지 달성할 지속가능발전목표(Sustainable Development Goals, SDGs)를 채택하면서 17개 목표와 169개 세부 목표를 담아 제시하였다(그림 3-17 참조). 그 중 열여섯 번째 목표로 "육상생태계 보호, 복원 및 지속가능한 이용 증진, 지속가능한 산림 관리, 사막화 방지, 토지 황폐화 중지와 회복, 생물다양성 손실 중단"이 포함되어 산림생태계의 핵심적 역할을 강조하고 있다. 지속가능발전목표의 달성을 위해서는 각 목표 간 통합적 접근과 연계가 필요하다. 특히 산림은 다른 목표들과 긴밀하게 연결돼 있는 자원이기 때문이다. 예를 들어 산림이 제공하는 다원적 기능은 육상생태계 보전에 국한되지 않고 식량안보, 물 관리, 에너지, 일자리 확대, 기후변화 대응 등 여러 목표와의 연계성이 매우 높다.

그림 3-17 17개 지속가능발전목표[지속가능발전포털]

유엔산림포럼(United Nations Forum on Forests, UNFF)은 지속가능발전목표의 달성을 위한 장기 전략으로 2030년까지 달성해야 할 전 지구적 산림목표(Global Forest Goals, GFGs)를 세워 이행을 촉구하고 있다. 전 지구적 산림목표는 ①산림피복 손실률 회복, ②산림을 통한 경제 · 사회 · 환경적 편익과 주민 소득 증진, ③산림보호 면적 증대, 지속가능한 산림 면적 및 생산 증진, ④재원의 확보, ⑤거버넌스 강화, ⑥파트너십 강화 등의 내용을 담고 있다.

우리나라의 경우 사막화나 토지 황폐화가 거의 없기 때문에 산림의 지속가능한 관리를 통한 이산화탄소 흡수량 증진 등이 더 중요한 정책 목표가 된다. 오래된 산림을 무조건 보전하는 게 아니라 적극적인 산림 관리 · 경영 · 이용 정책을 통해 건강한 산림이 지속가능한 발전에 기여하도록 해야 한다. 또한 백두대간 생태축 복원 등 생물다양성 보전을 위한 노력과 함께 미세먼지와 같은 도심 환경문제를 해결하기 위해 건강한 도시생활권 확대를 추진하는 등 지속가능발전목표를 달성하기 위한 적극적 산림관리가 필요하다.

3·4 산림복원

인구 증가와 산업화를 거치면서 막대한 연료 · 목재의 수요 증가가 대규모 벌채에 따른 산림 파괴를 초래하였고 농지와 도로, 산업용지로의 용도 전용이 지속되어 왔다. 산림 파괴는 인류의 장기적 생존을 위협하고 생태계서비스의 제공을 가로막기 때문에 훼손된 산림의 복원을 서둘러야 한다.

훼손된 산림에 대한 복원의 개념이 불분명하던 과거에는 생태계의 구조적 다양성과 토착수종에 대한 고려 없이 피해 지역의 피복과 침식 방지 차원의 단순한 식생 회복 또는 부분적으로 파괴된 자연의 회복과 재생, 그리고 척박한 자연 조건에서의 식생피복을 포함한 녹화(綠化, revegetation)라는 포괄적인 개념을 사용하였다. 폐광산지와 같이 토양 훼손이 심한 지역에서는 토착종을 이용한 녹화가 쉽지 않기 때문에 대안으로서 물리적 기반 조성과 토양 개량 작업 및 외래종을 이용한 피복을 통해 침식 방지라는 특별한 목적을 달성할 수 있었지만 토양 보호 이외의 생태계서비스를 기대하기는 어려웠다.

산림복원(forest restoration)은 자연적으로나 인위적으로 훼손된 산림을 훼손되기 이전의 구조와 기능을 가진 원래의 상태로 회복하는 일을 말한다. 하지만 한번 훼손된 산림을 완전한 상태로 회복하기는 불가능에 가깝다. 그래서 「산림자원의 조성 및 관리에 관한 법률」에서는 산림복원을 "자연적 · 인위적으로 훼손된 산림의 생태계 및 생물다양성이 원래의 상태에 가깝게 유지 · 증진될 수 있도록 구조와 기능을 회복시키는 것"으로 정의하고 있다. 결국 산림복원은 생물다양성을 증진하고 산림의 구조와 기능을 회복하여 건강성을 높이고 산림생태계가 지속되도록 하는 과정이다. 국제사회에서도 기후위기 대응 및 생물다양성 증진을 위한 자연 기반 해법으로 산림복원을 강조하고 있으며, 우리나라의 '2050 탄소중립 추진전략'에서도 산림복원을 중요한 과제로 제시하고 있다.

3·4·1 산림생태계 복원

[1] 복원의 개념

산림의 지속가능성과 생물다양성 보전의 중요성이 강조되면서 산림생태계 복원의 다양한 개념이 정립되고 세분화되어 왔다. 대표적인 사례가 복원, 복구, 개선, 대체 등과 같은 개념의 구분이다. 그 밖에 향상, 완화, 신규조림, 재조림 등 복원과 관련한 다양한 용어가 등장하였다(표 3-4 참조).

표 3-4 복원과 관련한 용어의 개념

용 어	개 념	출 처
복원	훼손되기 이전의 상태로 되돌리기 위한 행위 - 군집 구조와 종 구성 등 생물적 완결성을 추구함	SER(2004) Bradshaw(1997) Stanturf *et al.*(2014a,b)
복구	훼손되기 이전의 상태로 되돌리기 위한 행위 - 생태계의 과정과 생산성 및 생태계서비스에 치중함	SER(2004) Bradshaw(1997) Stanturf *et al.*(2014a,b)
개선	주로 농업 목적으로의 토지이용 변화를 의미하지만 실제로는 북아메리카에서의 폐탄광지의 지형 안정화와 피복을 위한 행위	SER(2004) Bradshaw(1997) Stanturf *et al.*(2014a,b)
대체	현재의 상태를 개선하기 위해 다른 생태계로 변화시키는 행위	Stanturf *et al.*(2014a,b)
완화	환경 피해를 경감하기 위한 행위	SER(2004) Bradshaw(1997)
향상	하나 이상의 기능을 향상하기 위한 행위(습지의 경우)	NOAA *et al.*(2003)
개조	교정하여 좋게 만드는 행위 - 환경의 피해를 멈추거나 되돌리기 위함	Bradshaw(1997)
신규조림	최소 과거 50년 동안 산림이 없던 지역에 산림을 조성하는 행위	UNFCCC(2002)
재조림	본래 산림이었다가 산림 이외의 용도로 전환되어 이용해 온 토지에 인위적으로 다시 산림을 조성하는 행위	UNFCCC(2002)

먼저 복원(restoration)은 훼손 또는 파괴된 생태계의 회복을 도와주는 과정으로 정의한다(SER, 2004). 또한 생태적 복원(ecological restoration)은 생태계 복원을 위해 행해지는 다양한 전략과 방법을 포함하는 일련의 행위이다. 생태계 수준에서의 복원 행위는 훼손된 생태계의 구조와 기능을 회복하는 일이 실질적 목적이다(Bradshaw, 1997). 따라서 복원은 다양한 방법을 적용하여 목적을 달성하기도 한다. 이와 같은 방법으로서의 복원에 대한 사전적인 정의는 "생태계나 경관을 원래의 상태 또는 위치, 훼손되지 않은 온전한 상태로 되돌리는 행위"이므로 복원하기(restore)는 원래의 생태계와 경관의 상태, 건강하고 활력이 있는 상태로 되돌리는 것으로 정의할 수 있다. 결국 복원은 건전하고 활력이 있는 원래의 상태로 되돌리는 행위로서 가장 완벽한 방법이다(그림 3-18 참조).

복구(rehabilitation)는 이전 단계나 상태로 되돌리는 행위이며, 복원 행위와 유사하지만 생태적 완결성에서 차이가 있다. 생태적 완결성(ecological integrity)이란 자연 서식지의 종 구성과 다양성 및 기능적 조합을 가지고 적응한 군집생태계의 평형을 유지할 수 있는 생태계의 능력을 말한다. 완결성은 단지 기능과 생산력의 지속성만 의미하는 것이 아니라 손상되지

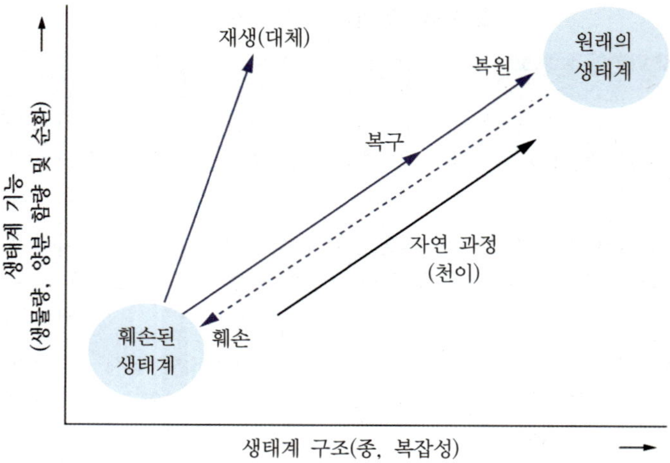

그림 3-18 훼손된 생태계 복원을 위한 다양한 접근법(원래의 또는 훼손 이전의 생태계 구조와 기능적 속성으로 복원하는 방법이다.) [Bradshaw, 1997]

않은 상태, 또는 완벽하고 분리되지 않은 상태와 질, 그리고 원래의 상태와 일치하는 또는 자연적으로 발달한 상태를 의미한다. 산림복원의 궁극적 목표는 이와 같은 산림생태계의 완결성을 추구한다(DellaSala *et al.*, 2003). 실제로 훼손된 생태계를 과거의 온전했던 상태로 짧은 시간 내에 되돌리기는 거의 불가능하기 때문에 현재 시행하고 있는 복원 행위는 복구에 해당하는 경우가 많다.

개조(remediation)는 교정하여 좋게 만드는 행위이며 목표보다는 과정을 강조한다. 개선(reclamation)도 원래 완전한 상태로 되돌리는 행위로 정의하지만, 영국에서는 경작지를 만들기 위한 토지 개간 또는 간척에 주로 이용하고, 북아메리카에서는 폐탄광지의 안정화에 이용한다. 향상(enhancement)은 주로 미국의 습지 복원에 쓰이는 용어이며 하나 이상의 기능 향상을 위한 행위이다. 완화(mitigation)는 더욱 악화하여 파괴되려고 하는 부위를 진정시켜서 영향을 줄이는 과정이다. 신규조림(afforestation)과 재조림(reforestation)은 유엔기후변화협약에서 청정개발체제(Clean Development Mechanism, CDM)로 인정받는 산림 작업의 유형이다.

복원 목표의 설정과 그에 따른 복원 방법의 선택은 훼손된 산림생태계의 상태와 정의에서 출발한다. 산림 벌채(deforestation)란 극단적인 산림 파괴로서 벌목 후 다른 용도로의 토지 이용 변화를 말하며, 상대적으로 쉽게 확인할 수 있고 정량화할 수 있다. 반면에 산림 훼손(forest degradation)은 정의하기가 쉽지 않으며 정량화는 더욱 어렵다. 산림 훼손은 산림 내 임분의 구조 또는 기능에 대한 부정적 변화이며 임산물과 서비스 공급력을 떨어뜨린다. 특히 산림 생물다양성 및 인간 활동과 결부된 산림 훼손에 대해 훼손된 산림(degraded forest)이라는 표현을 사용하며, 이는 자연 상태이던 산림의 구조와 기능, 생물다양성 및 생산성이 인간 활동으로 인해 저하한 이차림을 말한다.

또한 산림 훼손은 지속가능성과 관련하여 교란에 대한 저항성 또는 회복력의 감소라고 할 수 있다. 수분 매개자나 종자 산포자 또는 두 가지 모두 사라질 경우 갱신이 저해되고 대규모 불규칙한 교란에 매우 취약해진다. 훼손은 생물다양성과 탄소 고정 그리고 보호와 생산적 기능 등 산림의 생태계서비스를 위협하는 요인이다.

표 3-5 산림의 지속가능성에 영향을 미치는 산림 훼손의 지표와 원인

<table>
<tr><th>지속가능성 인자</th><th>훼손 지표</th><th>원 인</th></tr>
<tr><td>산림 규모</td><td>면적 감소
파편화
수관 밀도의 감소
과소(understocking) 또는 과밀(overstocking)
종 손실
구조적 복잡성의 감소
비산림 목적의 개발</td><td rowspan="5">벌목 후 타용도 전용
도로
자연재해
오염물질(대기, 물, 토양)
염류화
과잉수확
남벌
구조의 단순화
산불 상황의 변화
침수 상황의 변화
1차소비자의 과다
동물 손실</td></tr>
<tr><td>산림 건강성과 활력도</td><td>간벌
생장 감소
고사율의 증가
줄기와 뿌리의 부패(썩음) 현상 증가
수분 매개자의 손실
종자 산포자의 손실</td></tr>
<tr><td>생물다양성</td><td>서식지보호지역의 면적 감소
종풍부도의 감소
연결성의 손실
산포를 저해하는 장애물의 증가
관심종의 손실
개체군 내의 유전자다양성 감소
침입 외래종의 증가</td></tr>
<tr><td>보호 기능</td><td>보호림(보호 목적의 산림) 면적의 감소
식생피복의 손실
토양유실 증가
침전물의 이동 증가</td></tr>
<tr><td>생산적 기능</td><td>지위 잠재력의 감소
변화된 양분 순환
허용치 이하로 감소한 개체수
가치 있는(중요한) 수종의 감소
축적량 감소와 고사율의 증가
치수 발생의 감소
침입 외래종
산불 위험의 증가</td></tr>
</table>

[Stanturf *et al.*, 2014b]

표 3-5의 지표는 산림의 과거 상태와 이력 그리고 현재의 관리 상태 등을 반영한다. 예를 들면 지속가능한 수확을 위한 솎아베기(간벌) 작업은 훼손이라고 볼 수 없으며, 적절한 갱신의 대책 없이 상업적으로 가치가 큰 수종만 선택적으로 벌채하는 경우는 훼손에 해당한다. 또한 훼손은 대개 한 가지 원인보다 다양한 원인이 복합적으로 작용해 일어나기 때문에 지표와 원인 간의 일대일 상관은 존재하기 어렵다. 생태계의 훼손 정도에 따라서는 훼손(degraded), 손상(damaged), 파괴(destroyed) 등의 상태로 구분할 수 있다(SER, 2004).

2 복원의 방법

복원 방법은 복원 대상이 생물종인지, 개체군 · 군집서식지 · 생태인지, 아니면 수질이나 토양을 포함한 환경인지에 따라 다르게 적용한다. 그러나 생물과 비생물 환경이 상호작용하는 생태계 수준의 복원은 훼손된 생태계의 구조를 단지 원래 상태로 되돌리는 목적뿐만 아니라 생태계 자체가 수행하는 생태적 기능 또는 과정을 회복하도록 돕는 시간까지도 고려해야 한다. 현대적 산림생태계 복원 방법은 신규조림과 같은 전통적 방법부터 최근 이슈가 되고 있는 의도적 이전까지 다양하다.

복원 방법의 구체적인 적용 예를 들어 보면 재생(reconstruction)은 농지와 초지 등으로 활용되던 토지를 산림으로 바꾸는 일이다. 이때 적극적인 토양개량 작업을 선행하고 밀식 또는 직파기술 등의 조림기술을 응용하면 효과적인데, 이와 같은 경우를 신규조림이라고 할 수 있다. 이는 산림 시업의 한 종류로서 벌채 수확 후 새로운 임분을 형성하기 위해 실시하는 재조림과는 다르다.

신규조림과 유사하게 사구를 보전하거나 하천둑의 침식을 방지하거나 또는 수변 지역의 식생을 복원하는 데 식재나 파종과 같은 적극적 방법을 적용할 수 있다. 자연적 식생 유입을 활용하는 수동적 접근의 경우에는 훼손 상태와 종자 공급원이 될 개체나 집단의 유무를 고려해야 한다. 여러 방법을 조합한 다양한 접근이 가능하며, 일례로 핵심종의 경우 식재 또는 파종을 통해 복원하고 부가적으로 자연 산포에 의해 다른 식생이 유입되도록 하는 방법이 있다.

탄소상쇄(carbon offset) 프로그램의 일환으로 여러 신규조림 · 재조림 프로젝트에서 식재하고 있는 수종은 대부분 조직이 연하고 생장이 빠르며 수명이 짧다. 하지만 장기간의 탄소 고정에는 치밀한 조직을 형성하고 느리게 생장하며 수명이 긴 수종이 바람직하다. 단기적 성과를 얻기 위한 유혹이 크지만, 산림의 재생과 복원은 100년 이상이 걸리는 장기 과정임을 염두에 두어야 한다(Stanturf *et al.*, 2014b).

복구는 산불과 홍수 피해지에서 바람직한 수종 구성과 구조 및 기능 등을 복원하고자 할 때와 침입 외래종의 제거를 목적으로 할 때 적용할 수 있다. 복구에는 전용과 변경의 두 가지 접근법이 있다. 전용(conversion)은 우점종을 전체적으로 다른 수종으로 대체하는 일이고, 변경(transformation)은 부분적인 교체를 의미한다(Stanturf *et al.*, 2014b). 예를 들면 산림의 우점종을 바꿀 필요가 있을 경우 시차를 두고 선택적 수확(택벌)을 시행하면서 수종

변경을 유도하면 산림 피복을 지속적으로 유지할 수 있다. 모두베기와 그에 따른 자연적 또는 인공적 갱신 작업은 개조라고 할 수 있다.

개선은 폐탄광지와 같이 훼손 정도가 심할 경우 적용할 수 있는 전략이다. 보통 지형의 기계적 안정화와 함께 식생을 도입하며, 토양의 물리·화학적 특성을 개선하기 위한 토양개량 작업이 선행되어야 한다. 파종 또는 밀식에서 초기 생존율을 높이려면 관수와 잡초 방제 등의 집중적 관리가 필요하다. 생존력이 강한 외래종을 우선적으로 도입하여 토착종의 생존 환경을 확보하는 방법도 있다. 개선 전략의 궁극적 목표가 달성되기까지는 수십 년에 걸친 수정과 보완이 필요하다.

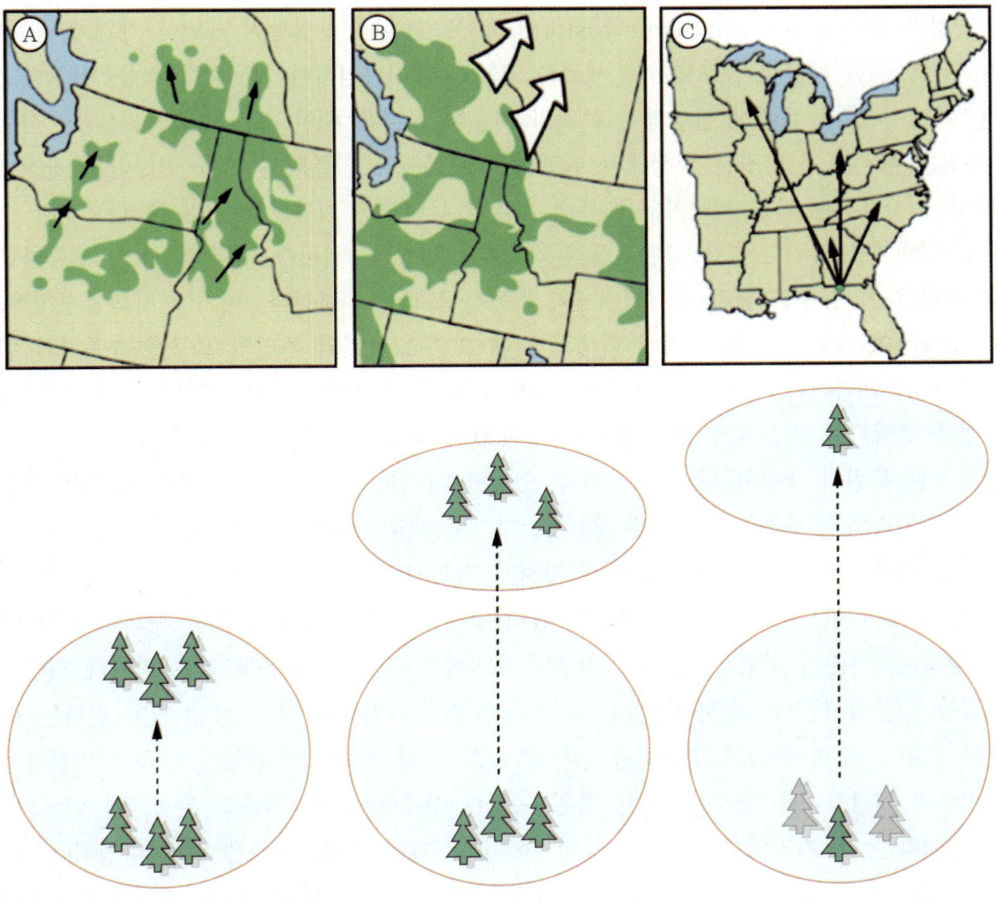

그림 3-19 기후변화 적응을 위한 대체의 수단인 의도적 이전의 북아메리카 사례[Williams & Dumroese, 2013]

A: 의도적 개체군 이전 – 서양잎갈나무(*Larix occidentalis*) 종자 공급원을 현 자생지 내에서 북쪽으로 200km 옮김

B: 의도적 서식지 확장 – 폰데로사소나무(*Pinus ponderosa*) 종자 공급원을 이동하여 넓힘

C: 의도적 종 이전 – 주목잎비자나무(*Torreya taxifolia*) 멸종 방지를 위해 현 자생지인 북 플로리다 외부에 식재함

대체(replacement)는 다른 유형의 생태계로 바꾸는 방법이다. 최근에 기후변화 대응 전략의 하나로 제안된 산림종의 서식지 대체 방법인 의도적 이전(assisted migration) 또는 인위적 재배치(managed relocation)에 대한 관심이 커지고 있다(그림 3-19 참조). 이 방법의 효과와 비용, 적절성에 대한 많은 논란에도 불구하고 심각한 기후변화에 직면한 상황에서 복원의 목표를 달성하기 위한 중요한 수단으로 기대를 모으고 있다(Williams & Dumroese, 2013).

3·4·2 산림경관 복원

산림경관 복원(forest landscape restoration)은 기존의 산림복원 개념에 생태계, 인간의 복지, 산림 주변 경관까지 포괄하는 새로운 국제적 패러다임이며 기후변화 적응, 생물다양성 보전, 사막화 방지 등에서 산림경관 복원의 적용이 폭넓은 대안으로 제시되고 있다. 산림경관 복원은 훼손된 산림경관의 생태적 완결성을 회복하고 인류의 복지를 향상하는 과정으로 정의한다. 산림경관 복원 패러다임은 특정 지역의 산림식생 회복보다는 더 폭넓은 경관 수준의 산림생태계를 복원하는 데 주안점을 둔다. 특히 임산물, 서비스, 생태적 과정, 생물다양성과 미래의 대안 등을 포함한 산림생태계의 기능성 복원에 치중한다. 여기에 사회 · 경제적 기능을 포함하며 산림 보전의 목적에 더해 산림에 의존하는 지역 주민의 요구를 충족하기 위한 목표를 가진 개념이다. 산림경관 복원은 보통 지속가능한 산림경영의 다양한 수단 및 생태계 접근법과 병행하여 추진하고 있다(Maginnis & Jackson, 2007).

산림경관 복원의 개념이 새롭다고 할 수 있지만 이 접근법의 전체적인 원칙과 적용 기술은 기존 산림기술의 범주를 크게 벗어나지 않는다. 산림경관 복원의 추진 시에는 생태계 복원, 지역사회 개발, 국가경제와 관련한 이해 당사자 간의 토지이용에 대한 조화로운 합의점을 찾기 위한 협력이 필요하다. 따라서 생태계 관리 접근 원칙을 적용하기 위한 사회적 선택 방식을 반영하며, 기존의 하향식, 전문가 위주의 토지이용계획과는 다음과 같은 차이가 있다. 첫째, 경관 수준의 목적을 가져야 한다. 모든 산림경관 복원의 규모가 항상 커야 한다는 뜻이 아니라 경관 수준의 목적과 영향력을 염두에 두고 복원 계획을 수립해야 함을 의미한다. 둘째, 이중의 여과장치를 가져야 한다. 복원은 경관 수준에서, 즉 생태적 완결성과 인류의 복지 증진이라는 두 가지의 향상이 함께 이루어져야 한다. 셋째, 복원은 협력 과정이다. 최적의 기술과 사회적으로 수용할 수 있는 복원 방법을 선택하기 위해서는 이해 당사자 간의 폭넓은 합의 도출 과정이 필요하다. 넷째, 원래의 산림경관 상태로 되돌리려는 일방적 목적을 가지지 않는다. 경관 수준에서 산림경관의 복원력과 임산물 및 산림서비스의 강화를 위한 미래 지향적 목적을 가지고 있다. 다섯째, 일차림에만 적용되는 것이 아니라 이차림, 산림 지역, 농업 지역도 포함할 수 있다. 이는 미래 산림경관의 복원력 향상과 다양한 대안의 적용 가능성을 열어 놓기 위함이다.

산림경관 복원사업의 복합적 응용 가능성과 유연성을 위한 다양한 대안을 요약해 보면 다음과 같다.

1) **훼손된 일차림의 적극적 관리 및 복원**: 훼손된 일차림의 생산성과 생태계 완결성의 만족할 만한 중·단기적 회복을 위해서는 향후 황폐화를 가속할 수 있는 산불 금지, 솎아베기를 통한 임분 회복의 촉진과 같은 적극적 관리가 필요하다. 목재와 기타 임산물에 대한 지역 주민의 장기적 권리 보장 또한 필수적이다.
2) **이차림에 대한 적극적 관리**: 화전이나 농경지, 목축 목적으로 전용되었다가, 또는 실패한 조림지에서 자연적으로 회복된 산림의 경우 상대적으로 초기 생장이 빠른 수종이 동령림을 이루어 종 구성이 단순한 천이 초기의 산림인 경우가 많다. 이러한 산림은 솎아베기와 같은 조림 기술의 적용에 유리하고 이는 지역 주민과 소규모 산주의 관리 방법일 수 있다.
3) **훼손된 산림에서의 일차림 기능 복원**: 훼손된 일차림의 경우와는 다른 심각한 훼손지이며 남벌과 잘못된 농경지 관리, 화전이나 과도한 목축과 같은 지속적인 교란에 의해 더 이상 산림이라고 정의할 수 없는 경우이다. 토양이 척박하고 침식이 심하고 수목 종자의 발아가 어려운 물리적 환경이며, 보통 외래 초본류가 점유하여 생태적 기능을 상실한 경우라고 할 수 있다. 이러한 상태에서는 원래의 산림 구조의 회복과 원식생의 도입에 우선하여 물과 양분 순환 및 에너지 흐름과 같은 생태계의 기본적 과정의 회복이 필요하다. 척박지에 강한 적응력을 지닌 외래 선구종을 도입하여 해결할 수도 있다.
4) **훼손된 농경지의 자연 회복**: 앞에서 언급한 훼손된 산림보다 생산성과 생태적 기능성이 낮지만 약간의 자연적 식생 회복을 기대할 수 있는 경우이다. 예를 들어 중앙아메리카 지역에서 풍화된 라테라이트 토양의 생산성이 낮은 목초지의 경우 훼손의 원인, 즉 방목압(방목 두수)을 낮추거나 산불을 금지하는 등의 조치를 통해 회복을 기대할 수 있다.
5) **생태적 복원**: 멸종 위기에 놓인 산림의 경우 원래의 산림 구조와 식생으로의 회복을 목적으로 토착 수종의 도입과 아울러 야생동물의 보전을 달성하고자 하는 노력을 기울이고 있다. 이러한 방식의 생태 복원은 지나친 비용과 생태적 실행 불가능성(더 이상 대조 생태계가 남아 있지 않기 때문)의 문제를 안고 있으며, 사회적인 합의 도출 또한 어려운 경우가 많다. 그럼에도 불구하고 멸종위기종의 새로운 서식지 형성 및 파편화한 서식지의 연결 등을 통한 생태계 복원을 지속해야 한다.
6) **조림지와 식재된 산림**: 작은 단위사업 또는 대규모의 조림지 경영과 같은 임업은 산림경관 복원사업의 핵심 요소이다. 조림지 설립과 관리를 위한 가이드라인에 따라 경관 차원에서 조림지의 기능이 극대화할 수 있도록 적절한 경영과 관리 방법을 결정해야 한다.
7) **혼농임업**: 농작물 생산뿐만 아니라 목재 공급과 경관 차원에서의 생태계 연결성 및 종자 공급원으로서 혼농임업(混農林業, agroforestry)의 중요성이 인정받고 있다. 농업용지의 면적이 지속적으로 늘어나는 추세이기 때문에 향후 혼농임업은 산림경관 복원의 중요한 요소가 될 것이다.

3·4·3 산림복원 방법의 결정

전 세계적으로 산림 훼손과 농지로의 전용이 계속되고 있지만 산림면적이 증가하고 있는 국가도 있다. 예전에 농지였던 곳에서 새로운 나무가 자라고, 상업적 또는 복원 목적의 조림지가 계속 확장하고 있기 때문이다. 조림지와 복원된 산림은 생태계서비스를 향상하고 생물다양성 보전에 기여하지만 원래의 산림이 가졌던 종 구성이나 구조와 같을 수는 없다. 산림생태계의 복원을 위한 접근법의 결정은 복원 대상지의 식생과 토양의 훼손 정도, 복원 소기의 성과, 기간 및 비용에 달려 있다(그림 3-20 참조).

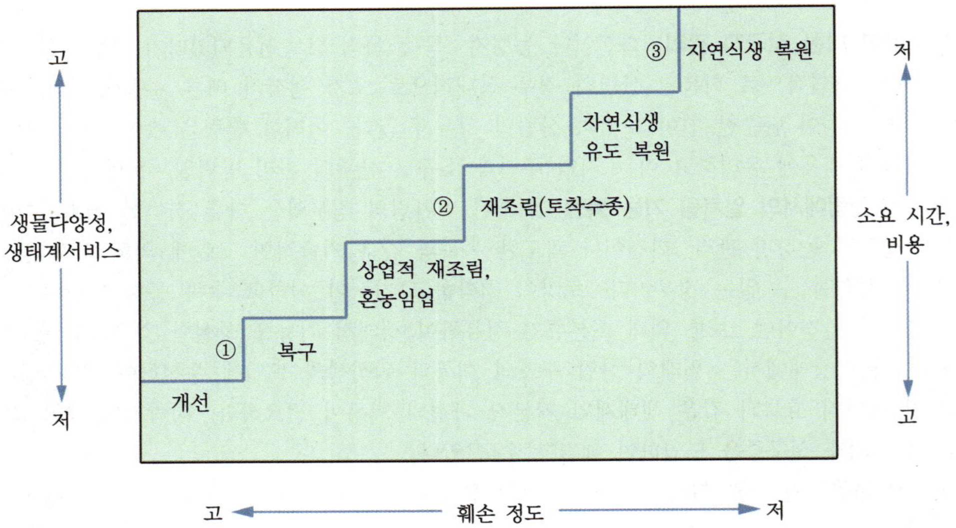

① 복구: 농업과 임업 용도의 토양 비옥도 복구
② 재조림: 목재와 비목재 산림 생산을 위한 복원
③ 자연식생 복원: 생물다양성과 생태계서비스 회복을 위한 복원

그림 3-20 복원 대상지의 훼손 정도, 시간과 비용, 생물다양성과 생태계서비스의 목표 수준에 따른 단계적 복원 유형 [Chazdon, 2008]

새로운 산림에 대해서는 기후변화, 서식지 파편화와 같은 인위적 요인의 스트레스를 극복할 수 있는 역동적이면서도 탄력적인 적응 관리를 해 나가야 한다. 따라서 적응 관리 기법의 개발과 적절한 복원 방법의 결정을 위한 연구가 필요하다. 구체적으로 토지이용 유형, 토양 조건, 종자 산지까지의 거리, 방치 기간 등을 고려한 여러 복원 방법(자연 스스로의 복원을 포함)의 효과에 대한 연구가 아직 부족하다. 또한 복원 방법에 따른 생물다양성과 생태계서비스의 회복과 관련한 연구도 필요하다(Chazdon, 2008).

복원 성과를 확인하기까지는 수십 년이 걸릴 수 있다. 예를 들면 토양침식이 심한 지역에서는 침엽수 식재 후 토착 활엽수로 갱신하는 방법을 활용할 수 있지만 복원 과정에 오랜 시간이 소요된다. 따라서 성공적 복원을 위해 각 대상지의 피해 환경에 따른 맞춤형 전략 수립과 함께 다양한 방법을 복합적으로 활용할 필요가 있다. 아울러 지속가능한 복원은 변화하는 환경에 대비하고 미래의 기후변화에도 적응할 수 있는 튼튼한 산림생태계를 목표로 해야 한다(Stanturf *et al.*, 2014b).

3·4·4 우리나라의 산림복원

우리나라 산림복원의 역사를 보면 과거에는 황폐한 산림의 조기 녹화와 자연재해로부터 벗어나기 위한 사방사업 위주로 진행되었다. 근래에 이르러서는 제한적인 국토 면적 내에서 생활환경을 확장하기 위한 각종 개발 활동으로 인해 산림의 훼손이 심각하다. 산불, 산사태, 탄광 및 석산 개발 그리고 병해충에 의한 산림 피해지도 증가하고 있다. 또한 기후변화로 인한 산림생태계 교란의 증가와 건강성의 저하로 복원사업의 수요가 계속 늘고 있다. 산림복원은 이제 산림의 지속가능성과 생물다양성 및 생태적 완결성의 증진을 위한 관리 개념으로 전환함에 따라서 산림복원에 대한 접근법도 생태적 · 경관적 차원의 새로운 패러다임으로 변화하고 있다.

「산림자원의 조성 및 관리에 관한 법률」에서 명시한 산림복원의 기본 원칙은 다음과 같으며, 우리나라 산림에서 이루어지고 있는 복원의 계략적 추진 절차와 방법은 표 3-6과 같다.

1) 산림생태계가 모든 국민의 자산으로서 공익에 적합하게 보전 · 관리되고 지속가능한 이용이 이루어지도록 한다.
2) 산림 내 생물이 생태적으로 보호되고 산림생물다양성이 유지 · 증진될 수 있도록 한다.
3) 산림 내 서식공간 및 기능이 확보되도록 지형 · 입지에 적합한 자생식물 · 자연재료를 사용하여 식생을 복원한다.
4) 산림 내 생태계 균형이 파괴되거나 그 가치가 낮아지지 않도록 한다.
5) 산림복원 시 계획, 모니터링, 평가의 유기적 연계를 강화한다.

산림복원의 유형은 크게 기반환경 복원, 식생 복원, 서식지 및 종 복원으로 구분한다.

1) 기반환경 복원

- 지형 복원: 산림의 기반환경 조성을 목적으로 단절된 생태축을 연결하거나 훼손된 산림에서 토양침식 및 토사유출 저감을 우선적으로 고려할 필요가 있는 곳
- 수리 · 수문 복원: 산림의 기반환경 조성을 목적으로 훼손된 산림으로부터의 재해 방지를 위해 수계에서의 토양침식 및 토사유출 저감을 우선적으로 고려할 필요가 있는 곳
- 토양 복원: 산림의 기반환경 조성을 목적으로 지형 · 수리 · 수문 조건이 안정화한 곳 중에서 산림식생의 회복 및 산림생태계의 다양성 증진을 위해 산림토양의 이화학적 개량을 고려해야 할 곳

2) 식생 복원

- 식생 및 생태수림 복원: 산림의 생물다양성 증진을 목적으로 지형 · 수리 · 수문 · 토양 조건이 안정화한 곳 중에서 산림식생의 회복을 우선적으로 고려할 필요가 있는 곳과 다층 구조의 수림 조성을 고려할 필요가 있는 곳
- 산림경관 복원: 생태계 건강성 및 대국민 복지 향상을 목적으로 산림경관의 증진을 도모할 필요가 있는 곳으로 지형 · 수리 · 수문 · 토양 · 식생 · 서식지 복원을 통해 수행

표 3-6 산림복원의 단계별 추진 절차

추진 절차	시행 주체	주요 내용	검토 사항
1단계 산림복원 기본계획 수립	산림청장	계획기간 10년 목표, 추진 방향, 사후 관리, 정보 관리, 인력 육성, 국제 교류 등 지자체, 지방산림청은 광역 지역계획 등 수립	산림복원의 기본 목표 및 추진 방향 산림복원 대상지 산림복원지 사후 관리
2단계 산림복원 대상지 실태 조사	지자체장 지방산림청장	연 1회, 수시(필요시), 전국 현장 조사(서면, 항공, 원격 병행)	훼손지 현황(훼손 원인 및 유형, 훼손 규모 및 2차 피해, 복원의 필요성 · 시급성)
3단계 산림복원사업 타당성 평가	지자체장 지방산림청장	평가 기준: 필요성, 적합성, 환경성	사업의 시급성 · 효과성 기본계획과의 연계성 대상지 훼손 원인 및 정도 복원 목표 및 참조 생태계
4단계 산림복원사업 계획서	지자체장 지방산림청장	산림복원사업 실행 전 수립 복원 목표, 대상지 현황, 적용 공법, 모니터링 · 평가계획 등	목표종 선정의 적정성 소재 확보 계획 현장 실행 가능성
5단계 산림복원사업 실행	지자체장 지방산림청장	설계, 시공, 감리 산림사업법인, 산림조합 등 자생식물과 자연재료 활용	자생식물 · 자연재료 활용 현장 시공 방법 주변 생태계 교란 · 피해
6단계 산림복원지 사후 모니터링	지자체장 지방산림청장	준공 후 10년 이상 실시(1단계 1 · 2년, 추가 3 · 4년, 2단계 5 · 10년) 모니터링 기관: 한국수목원정원관리원, 한국산지보전협회	모니터링 계획서 기반 환경 · 현장 여건의 변화 생물다양성의 증감 재료 · 시설물 상태 등 사후 관리 방안
7단계 산림복원지 사후 유지 · 관리	지자체장 지방산림청장	(유지)복원 진행 상황 양호: 풀베기 등 기본적인 사후 관리 (보완)예상치 못한 현상 발생: 부식, 피해 발생지 등 보완 (수정)목표 달성이 어려운 경우: 개선안 마련 및 목표 수정	모니터링 결과보고서 유지 · 보수(하자) 계획(여건, 시기 등 검토) 보완 · 수정 목표, 공법, 효과성 검토

[산림청, 2022]

3) 서식지 및 종 복원

- 서식지 복원: 산림의 생물다양성 증진을 목적으로 야생동식물의 서식 공간 조성을 고려할 필요가 있는 곳으로 지형 · 수리 · 수문 · 토양 · 식생 복원과 함께 먹이식물 식재와 은신처 조성 등을 통해 수행
- 종 복원: 산림의 생물다양성 증진을 목적으로 개체군이 감소하고 있거나 훼손된 희귀 및

보호 대상 식물종을 원래의 서식 범위 안으로 인위적으로 옮겨 종의 자연계 내 생존 가능성을 높이는 활동

여기에서 기반환경 복원은 훼손된 산림의 재해 방지를 위한 토양의 침식·유출 차단 등 산지 또는 계류의 안정과 산림식생의 회복을 병행하는 산림복원을 말한다. 또한 식생 복원은 토양의 붕괴·침식·유출 우려가 적은 훼손지의 생물다양성 및 온전성·건강성 회복과 경관 유지를 위한 산림식생의 회복을 우선으로 하되, 필요한 경우에는 재해 방지를 위한 토양의 침식과 유출 차단 등 산지 또는 계류의 안정을 병행하는 산림복원을 말한다.

산림복원의 추진은 산림 훼손의 원인 분석으로부터 시작한다. 산림 훼손은 쇠퇴, 피해, 파괴의 세 가지 원인으로 구분한다. 쇠퇴는 기후변화, 산성비, 대기오염 등으로 인한 산림 생산성, 수목의 활력도 저하 및 토양 화학성 변화를 말하고, 피해는 산불, 산림 병해충, 벌채 등 산림 피해로 인한 표토층의 변화 및 산림식생의 감소를 말하며, 파괴는 산사태, 토석 채취, 산림 훼손 등에 의한 산림의 토양·지형의 안정성 저하를 말한다. 이를 통해 복원 대상지의 여부를 밝히고 기술적·경제적·사회적 측면의 복원 가능성을 종합적으로 검토·판단하여 산림복원의 추진을 결정한다.

산림복원의 성공적 수행을 위해서는 체계적인 기초 조사를 실시하여 검토 자료로 활용해야 하며, 여기에는 토양, 식생, 수리(水理), 수문(水文) 등과 지리·기후적 특성, 지역적·역사적 특성 등이 포함된다. 이를 기반으로 복원 목표를 설정하고 구체적 계획을 수립한다. 또한 현지 자생식물과 자연재료를 사용하여 산림식생이 조기 회복되도록 하며, 정기적 모니터링을 통해 복원사업의 성과를 평가하고 문제점을 개선하는 등의 사후 관리가 이루어져야 한다.

연습문제 ▌

1. 지속가능한 산림관리를 간략히 정의하시오.
2. 지속가능한 산림관리를 위한 몬트리올프로세스의 7가지 기준을 제시하시오.
3. 현재 전 세계 산림 현황과 산림복원의 필요성에 대해 논하시오.
4. 생태계의 구조 및 기능적 속성의 복원을 위한 다양한 접근 방법을 설명하시오.
5. 복원 방법을 결정할 때 고려해야 할 사항에 대해 논하시오.

참고문헌 ▌

1. 국가법령정보센터. law.go.kr.
2. 산림청. 2022. 산림복원 업무처리지침.
3. 손요환, 구창덕, 김춘식, 박필선, 윤충원, 이계한. 2016. 신고 산림생태학. 향문사.
4. 지속가능발전포털. ncsd.go.kr. 국무조정실, 국무총리비서실.

5. 환경부. 2015. 유엔 지속가능발전목표.
6. Bradshaw AD. 1997. What do we mean by restoration? In Urbanska KM, Webb NR, Edwards PJ (ed). Restoration Ecology and Sustainable Development. Cambridge University Press.
7. Chazdon RL. 2008. Beyond deforestation: Restoring forests and ecosystem services on degraded lands. Science 320(5882): 1458–1460.
8. DellaSala DA, Martin A, Spivak R *et al.* 2003. A citizen's call for ecological forest restoration: Forest restoration principles and criteria. Ecological Restoration 21(1): 14–23.
9. FAO. 2003. Sustainable forest management and ecosystem approach: Two concepts, one goal. Forest Management Working Papers.
10. Maginnis S, Jackson W. 2007. What is FLR and how does it differ from current approaches? In Rietbergen-McCracken J, Maginnis S, Sarre A (ed). The Forest Landscape Restoration Handbook. Earthscan.
11. Montreal Process. 2015. The Montreal Process Criteria and Indicators for the Conservation and Sustainable Management of Temperate and Boreal Forests. 5th ed.
12. NOAA, EPA. 2003. An Introduction and User's Guide to Wetland Restoration, Creation, and Enhancement.
13. SER. 2004. The SER International Primer on Ecological Restoration.
14. Stanturf JA, Palik BJ, Dumroese RK. 2014a. Contemporary forest restoration: A review emphasizing function. Forest Ecology and Management 331: 292–323.
15. Stanturf JA, Palik BJ, Williams MI *et al.* 2014b. Forest restoration paradigms. Journal of Sustainable Forestry 33: 161–194.
16. Sustainable Development Goals. un.org/sustainabledeveopment, United Nations.
17. UNFCCC. 2002. COP7 - Reports. Marrakech Climate Change Conference, October 2001.
18. Wiersum KF. 1995. 200 years of sustainability in forestry: Lessons from history. Environmental Management 19: 321–329.
19. Williams MI, Dumroese RK. 2013. Preparing for climate change: Forestry and assisted migration. Journal of Forestry 111(4): 287–297.

찾아보기

저자약력

손 요 환
(孫堯丸)

고려대학교 농과대학 임학과(농학사)
고려대학교 대학원 임학과(농학석사)
미국 Colorado State University 임학과(M.S.)
미국 University of Wisconsin-Madison 임학과(Ph.D.)
고려대학교 생명과학대학 환경생태공학부 교수

구 창 덕
(具昌德)

서울대학교 농과대학 임학과(농학사)
서울대학교 대학원 임학과(농학석사)
미국 Oregon State University 임학과(Ph.D. in Forest Science)
충북대학교 농업생명환경대학 산림학과 명예교수

김 춘 식
(金椿埴)

전남대학교 농과대학 임학과(농학사)
전남대학교 대학원 임학과(농학석사)
미국 Michigan Technological University 산림자원환경학부(Ph.D.)
경상국립대학교 농업생명과학대학 환경산림과학부 교수

노 남 진
(魯南賑)

고려대학교 생명환경과학대학 산림자원환경학과(농학사)
고려대학교 대학원 산림자원학과(농학석사)
고려대학교 대학원 환경생태공학과(이학박사)
강원대학교 산림환경과학대학 산림과학부 교수

박 필 선
(朴必善)

서울대학교 농업생명과학대학 산림자원학과(농학사)
서울대학교 대학원 산림자원학과(농학석사)
미국 University of Washington 산림자원학과(Ph.D.)
서울대학교 농업생명과학대학 산림과학부 교수

윤 충 원
(尹忠遠)

경북대학교 농과대학 임학과(농학사)
경북대학교 대학원 임학과(농학석사)
경북대학교 대학원 임학과(농학박사)
공주대학교 산업과학대학 산림과학과 교수

이 계 한
(李啓漢)

전남대학교 농과대학 임학과(농학사)
전남대학교 대학원 임학과(농학석사)
미국 Iowa State University 임학과(Ph.D. in Forestry)
전남대학교 농업생명과학대학 산림자원학과 교수

이 저서에는 한국연구재단의 중점연구소 연구사업(NRF-2021R1A6A1A10045235)
지원으로 수행된 연구의 결과물이 인용되었다.

삼고 산림생태학

초판 1쇄 발행 2024년 2월 5일

저자 손요환, 구창덕, 김춘식, 노남진, 박필선, 윤충원, 이계한
발행인 나규성
발행처 **향문사**
주소 서울특별시 강서구 공항대로 227, 1004호
전화 02-584-5671~2
팩스 02-584-5673
등록 1957년 11월 25일 제2020-000135호
인쇄 ㈜청아디앤피
제본 민성바인텍
ISBN 978-89-7187-276-5 93520

정가 44,000원